中国石油大学(北京)学术专著系列

人工智能地球物理勘探

王尚旭 袁三一 著

科学出版社

北 京

内 容 简 介

本书在概述人工智能与地球物理勘探的基本原理及二者关系的基础上，总结了以深度学习为代表的新一代人工智能技术在地球物理勘探领域中取得的研究进展与核心成果；主要介绍不同人工智能算法在地震资料处理、地震资料解释、地震资料反演和储层流体预测四大类场景中的实现原理及数值模拟数据、物理模拟数据和实际数据的效果分析，并对人工智能地球物理勘探的未来发展方向进行总结与展望。

本书适合从事地球物理勘探与人工智能交叉研究的本科高年级学生、研究生阅读，也可以供高校、企业、科研院所等从事人工智能地球物理勘探及其他应用场景相关的研究人员借鉴与参考。

图书在版编目(CIP)数据

人工智能地球物理勘探 / 王尚旭，袁三一著. — 北京：科学出版社，2025.1. — (中国石油大学(北京)学术专著系列). — ISBN 978-7-03-079029-3

Ⅰ. P631-39

中国国家版本馆CIP数据核字第2024B8K551号

责任编辑：万群霞　崔元春 / 责任校对：王萌萌
责任印制：师艳茹 / 封面设计：无极书装

科学出版社 出版

北京东黄城根北街 16 号
邮政编码：100717
http://www.sciencep.com

中煤(北京)印务有限公司印刷
科学出版社发行　各地新华书店经销

*

2025 年 1 月第 一 版　开本：720 × 1000 1/16
2025 年 1 月第一次印刷　印张：29 3/4
字数：595 000

定价：350.00 元

(如有印装质量问题，我社负责调换)

丛 书 序

科技立则民族立，科技强则国家强。党的十九届五中全会提出了坚持创新在我国现代化建设全局中的核心地位，把科技自立自强作为国家发展的战略支撑。高校作为国家创新体系的重要组成部分，是基础研究的主力军和重大科技突破的生力军，肩负着科技报国、科技强国的历史使命。

中国石油大学（北京）作为高水平行业领军研究型大学，自成立起就坚持把科技创新作为学校发展的不竭动力，把服务国家战略需求作为最高追求。无论是建校之初为国找油、向科学进军的壮志豪情，还是师生在一次次石油会战中献智献力、艰辛探索的不懈奋斗；无论是跋涉大漠、戈壁、荒原，还是走向海外，挺进深海、深地，学校科技工作的每一个足印，都彰显着"国之所需，校之所重"的价值追求，一批能源领域国家重大工程和国之重器上都有我校的贡献。

当前，世界正经历百年未有之大变局，新一轮科技革命和产业变革蓬勃兴起，"双碳"目标下我国经济社会发展全面绿色转型，能源行业正朝着清洁化、低碳化、智能化、电气化等方向发展升级。面对新的战略机遇，作为深耕能源领域的行业特色型高校，中国石油大学（北京）必须牢记"国之大者"，精准对接国家战略目标和任务。一方面要"强优"，坚定不移地开展石油天然气关键核心技术攻坚，立足油气、做强油气；另一方面要"拓新"，在学科交叉、人才培养和科技创新等方面巩固提升、深化改革、战略突破，全力打造能源领域重要人才中心和创新高地。

为弘扬科学精神，积淀学术财富，学校专门建立学术专著出版基金，出版了一批学术价值高、富有创新性和先进性的学术著作，充分展现了学校科技工作者在相关领域前沿科学研究中的成就和水平，彰显了学校服务国家重大战略的实绩与贡献，在学术传承、学术交流和学术传播上发挥了重要作用。

科技成果需要传承，科技事业需要赓续。在奋进能源领域特色鲜明、世界一流研究型大学的新征程中，我们谋划出版新一批学术专著，期待我校广大专家学者继续坚持"四个面向",坚决扛起保障国家能源资源安全、服务建设科技强国的时代使命,努力把科研成果写在祖国大地上,为国家实现高水平科技自立自强,端稳能源的"饭碗"做出更大贡献,奋力谱写科技报国新篇章!

中国石油大学(北京)校长

2024 年 3 月 1 日

前　言

随着我国油气资源的勘探开发程度不断加深，油气勘探稳步向低孔渗、隐蔽性、非常规和双复杂（复杂地表、复杂构造）等方向发展，深层和超深层、深水和超深水等成为目前保障油气增储上产的主要领域。日益复杂的勘探目标需要更精确、更高效和更经济的地球物理勘探技术为油气藏的持续发现提供支撑。2018年以来，以大数据和深度学习为标志的新一代人工智能技术由于解决复杂非线性问题能力的优势，已经成为地球物理勘探领域新的研究热点和重要的创新驱动力。结合地球物理勘探技术特点和多源、多尺度数据特征，将人工智能技术应用到地震资料处理、解释和反演的技术环节，发展与完善人工智能地球物理勘探理论，形成定量化、精准化、智能化、一体化的地球物理勘探技术，有望突破传统地球物理勘探理论与技术框架的瓶颈，提升地下油气藏的描述精准度，推动并实现人工智能在地球物理勘探领域的工业化应用。

本书系统介绍了人工智能在地球物理勘探领域的研究进展及理论与方法体系，展示了 30 余种人工智能算法在 13 种典型地球物理勘探问题中的应用实例及效果。本书共分为 5 章：第 1 章为绪论，主要介绍人工智能地球物理勘探的研究内容和基本概念与原理；第 2 章～第 5 章分别介绍人工智能在地震资料处理、地震资料解释、地震资料反演和储层流体预测中的研究进展、算法原理、案例分析和未来展望。

全书所列的成果内容是油气人工智能研究课题组协同努力完成的。其中，王尚旭负责本书总体结构设计和统筹定稿，袁三一和桑文镜负责第 1 章的撰写，王尚旭、袁三一、张海风、许言午、桑文镜、贺粟梅负责第 2 章的撰写，袁三一、王尚旭、贺粟梅、于越、吴祖光、胡维负责第 3 章的撰写，袁三一、王尚旭、丁智强、李明轩负责第 4 章的撰写，王尚旭、袁三一、桑文镜、宋朝辉负责第 5 章的撰写，最后由王尚旭和袁三一对全书内容进行汇总、整理和校稿。此外，陈帅、袁焕、李祺鑫、高杨、程健勇等也对本书部分小节进行了撰写。本书的撰写和出版以期达到以下三个目的：一是系统总结人工智能在地球物理勘探领域的发展历程、研究成果和未来发展方向；二是将人工智能地球物理勘探的基本理论、方法原理、应用场景和典型案例介绍给国内的地球物理从业人员，推动人工智能在油气地球物理勘探中的应用与发展；三是提升地球物理勘探描述地下地层构造形态和储层性质的准确性与时效性，服务于国家油气资源的精细勘探与开发。

本书是国家重点研发计划"变革性技术关键科学问题"专项项目"高分辨率

地震实时成像理论与技术"(负责人：王尚旭；批准号：2018YFA0702504)、国家自然科学基金面上项目"模型和数据联合驱动的叠前时间偏移速度建模流程智能化研究"(负责人：袁三一；批准号：42174152)和"五维叠前地震信息驱动的深度学习致密砂岩储层表征机制及含气性预测"(负责人：袁三一；批准号：41974140)、中国石油天然气集团有限公司-中国石油大学(北京)战略合作科技专项课题"多源信息深度融合的储层预测和精细描述"(负责人：袁三一；批准号：ZLZX2020-03)、中国石油天然气集团有限公司科技管理部项目"物探应用基础实验和前沿理论方法研究"(负责人：袁三一；批准号：2022DQ0604-01)共同资助的研究成果，本书的出版得到了中国石油大学(北京)学术专著出版基金的资助。同时，也获得了中国石油勘探开发研究院西北分院、中国石油化工股份有限公司胜利油田分公司、中国石化石油勘探开发研究院、中国石油集团科学技术研究院有限公司等单位的大力支持。在此，一并感谢。

由于人工智能地球物理勘探的研究方向众多、智能算法的发展日新月异，加之作者经验、水平有限，书中难免挂一漏万、以偏概全。不妥之处恳请广大读者不吝赐教，我们将深表谢意！

作　者

2024 年 6 月于北京

目　　录

第1章 绪　　论

本章首先介绍油气勘探的基本方法和数据特征，在此基础上，介绍地震勘探的基本问题与面临的发展瓶颈，由此介绍引入人工智能突破传统地球物理勘探技术的必要性与可行性。其次对人工智能的发展历程、人工智能地球物理勘探（简称智能勘探）的基本原理、神经网络的数学和物理理解进行概括总结。最后比较以数据驱动为代表的人工智能框架和以模型驱动为代表的地球物理框架的异同。

1.1　地球物理勘探概述

1.1.1　油气勘探的基本方法

20 世纪初，地震学家莫霍洛维契奇（Mohorovicic）和古登堡（Gutenberg）根据地震波在地下传播过程中速度的突然变化，分别发现了莫霍面和古登堡面两个速度间断面，并以此将地表到地球内部划分为地壳、地幔和地核三个圈层，如图 1.1 所示。平均厚度约 33km 的地壳内部蕴藏着丰富的矿产资源，已探明包括石油、天然气、煤炭和金属在内的 2000 多种矿物。油气勘探的主要目标是利用勘探方法寻找地下 1～10km 范围内的油气资源。根据方法原理和勘探设备的差异，油气勘探

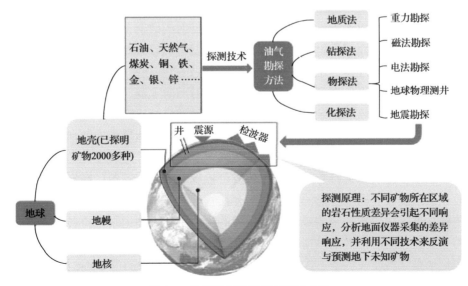

图 1.1　油气勘探的目标与基本方法

方法主要分为地质法、地球化学勘探法(简称化探法)、钻探法和地球物理勘探法(简称物探法),其中以物探法最为常用。

物探法利用含油气岩石与围岩的物理性质差异寻找油气。基于不同的物理性质,物探法进一步分为重力勘探、磁法勘探、电法勘探、地球物理测井(简称测井)和地震勘探。重力勘探使用重力仪测量出地下密度分布不均匀的地质体引起的局部重力异常,发现与重力异常有关的矿产资源。磁法勘探用磁力仪高效甄别不同位置的磁性差异,从而找到引起磁异常的地下矿产。例如,磁铁矿等含磁性矿物产生的磁场叠加在正常的地球磁场之上容易产生异常磁场。与磁法勘探类似,电法勘探通过专用仪器测定人工或天然的直流电场或交流电磁场获得电性差异参数,包括电阻率、激发极化率、介电常数和磁导率等,综合电性差异参数在地下的分布特征及其他勘探手段,寻找油气藏和金属矿等资源。常用的电法勘探方法包括大地电流法、激发极化法、瞬变电磁法、大地电磁法和探地雷达法等。地球物理测井使用电缆将测井仪器下放到井中,连续测量和记录反映井筒周围附近地层的声、光、电、磁、热和放射性等性质的地球物理参数随井深的变化,依靠获取的测井信息解释地层岩性和流体等。目前,测井已经广泛应用于矿产资源(石油、天然气和煤炭等)开发及水文地质和环境评价等诸多领域。其中,9 种常规的测井方法是自然伽马、自然电位、井径、浅侧向电阻率、深侧向电阻率、微球形聚焦、声波、密度和补偿中子测井,非常规测井方法有感应测井、介电测井、成像测井和核磁共振测井等(陆孟基,1993)。

地震勘探是油气勘探场景中应用最广泛的地球物理勘探法。类似于医学上的B 超成像,B 超成像的原理主要是利用 B 超仪器中的探头或换能器发射超声波,超声波在组织中传播时遇到不同的界面会发生反射或散射,然后通过探头接收的信息进行成像,进而了解组织有无病变的情况发生。以常规陆地地震勘探为例,地震勘探的主要原理是利用地下介质物理性质(如速度和密度)的差异,由人工激发产生的地震波向下传播到地层界面时发生反射而向上返回,直到被地面单分量或多分量检波器接收和记录。不同时刻返回的地震信号反映地下地层起伏形态的变化,经过一系列的地震资料处理步骤后生成刻画地下地质构造的地震图像,用于推断地下岩层形态和性质,寻找潜在的油气分布区域。地震勘探的主要工作流程:①在工区地表附近打井并放置炸药或可控震源等人工震源,激发震源发射地震波;②地震波在向下传播的过程碰到存在物性差异的地层界面会发生反射而向上传播,地表附近按一定的观测规则布置的检波器接收和记录来自各个地层分界面的地震波引起的地面震动情况;③结合地震资料处理和解释技术,利用接收的地震记录重建地震波的地下传播路径,实现高信噪比(signal-to-noise ratio, SNR)、高分辨率和高保真度的地下地质结构准确成像。地震勘探不仅用于大范围查明地下地质构造和圈闭形态，还能提供有关岩性和流体的信息从而预测油气分布。

1.1.2　油气勘探的数据特征

　　大数据是海量具有高增长率和多样化特性的有价值的信息资产的集合。油气勘探经过多年的发展已经来到了油气勘探大数据时代，数据体量可以达到万亿字节（又称太字节，TB）和千万亿字节（PB）级别。根据不同的油气勘探方法，可以获得地震、测井、地质和岩心等多类型油气勘探数据，它们为油气勘探与开发提供了比较可靠的信息。因此，油气勘探数据符合大数据的"4V"特征（Reichstein et al., 2019），即数据规模大（volume）、数据类型多（variety）、更新速度快（velocity）和数据价值高（value）。

　　充分认识油气勘探数据的来源与特征是有效挖掘其数据价值的前提条件。"4V"特征是油气勘探数据的数学特征，油气勘探数据的物理特征是其本质特征，具有多源、多尺度和多类型的特点。如图 1.2 所示，油气勘探数据来源多样，包括岩石薄片、岩心、测井、地震和地质等数据。野外采集的岩石样本经过加工处理制作成岩石薄片，用于显微镜下观察岩石的形态和组成成分，也可以生成薄片图像进行存储和处理。野外钻井取心获得的岩心数据用于建立地层剖面，了解岩性、含油气性和储集特征。岩石薄片和岩心等地质数据是地层的直接反映，而测井和地震数据是通过记录地层的地球物理响应推断地层情况。不同的数据采集和观测方式造成油气勘探数据具有多尺度和多类型的特点，岩石薄片、岩心、测井、地震和地质数据在纵向上分辨地层厚度的能力逐渐降低，能分辨的地层级别依次为纳米级、毫米级、厘米级、米级和千米级。能分辨的地层越薄，对地层的描述越精细，但是相应的经济成本也越高。

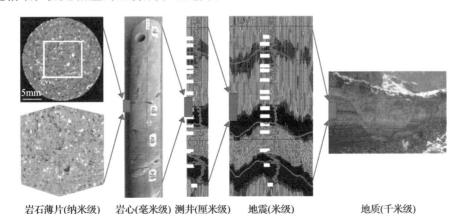

岩石薄片(纳米级)　岩心(毫米级) 测井(厘米级)　　地震(米级)　　　　　地质(千米级)

图 1.2　不同尺度的油气勘探数据

　　油气勘探数据的多类型特征不仅指数据类别多样，还指同一类数据的生成方式和表现形式丰富。地震数据的生成方式多，主要包括数值模拟、物理模拟和实际采集三种。数值模拟是假定已知地质模型的构造特点和相应的物理参数，在计算机上基于褶积模型、射线追踪或波动方程等方式模拟地震波在地下介质中的传播特点和规律，依据地震响应特征分析和辨别不同地质体（张永刚，2003）。例如，图 1.3（b）是三维波阻抗数值模型[图 1.3（a）]通过褶积模型数值模拟生成的三维地震数据。物理模拟是参考野外探测结果解释的构造形态和层位，按照一定缩放比例制作与实际地质体相对应的物理模型，并通过三维地震物理模型数据采集系统理解地震波场的传播过程和特点（Wang et al.，2007，2010）。采集系统的接收点记录的地震响应经过振幅补偿、叠前去噪、反褶积、速度分析、偏移和叠加等处理后，得到较准确反映物理模型地质构造特点的地震数据。图 1.3（c）为模拟不同尺度断裂和裂缝带的三维物理模型俯视图，图 1.3（d）为物理模拟得到的三维地震数据的沿层振幅切片。数值模拟和物理模拟是对地下地质情况的近似模拟，而野外采集的地震数据[图 1.3（f）]为真实可靠地了解实际地质环境[图 1.3（e）]提供了可能性。如图 1.4 所示，根据人工震源的差异，陆地实际采集的地震数据

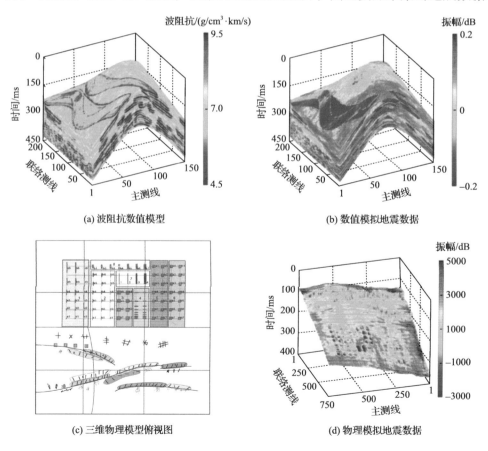

(a) 波阻抗数值模型　　　　　　　　　　　(b) 数值模拟地震数据

(c) 三维物理模型俯视图　　　　　　　　　　(d) 物理模拟地震数据

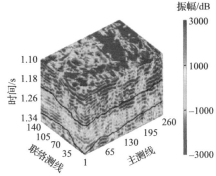

(e) 实际地质环境　　　　　　　　　(f) 实际采集地震数据

图 1.3 不同方式生成的地震数据

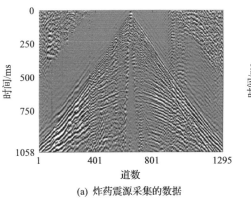

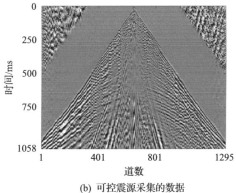

(a) 炸药震源采集的数据　　　　　　　(b) 可控震源采集的数据

图 1.4 基于不同激发震源采集的实际地震数据

主要分为炸药震源和可控震源两类。可控震源是目前使用最为广泛的激发方式，它比炸药震源更为安全环保，并且激发产生的能量可控。对比图 1.4(a) 和 (b) 的中深部可以看出，可控震源激发得到的地震数据受随机噪声和面波等干扰的影响较小。依据震源和接收器的位置关系，地震采集可分为地面地震、垂直地震剖面 (VSP) 和井间地震等，其中以地面激发并且地面接收的地面地震最为常用。

地震数据除生成方式和采集方式多样外，还具有多样化的表现形式。如图 1.5(a) 所示，不同激发震源采集的地震数据起初以单炮的形式记录下来。为方便后续的地震资料处理，单炮需要按照一定的规则抽取形成共反射点 (CRP) 道集、共中心点 (CMP) 道集和共偏移距道集 [图 1.5(b)] 等，炮集数据经过振幅补偿、去噪、静校正、反褶积、速度分析、动校正 (NMO correction)、叠加、剩余静校正和偏移等地震资料处理步骤后，最终得到偏移叠加数据[图 1.5(c)]。时移地震技术和"两宽一高"（宽频带、宽方位、高密度）地震技术在地面地震的基础上进一步采集不同年代和更高维度的地震数据。如图 1.6 所示，时移地震测量同一区域在不同时期的地震响应，根据地震响应差异表征弹性和含油气性的变化(田楠等，2021)。如图 1.7(a)～(c)所示，根据数据的维度，地震数据可分为一维单道地震记录、二维地震剖面、三维地震数据体及三维地震振幅切片等。不同维度的地震数据从不同角度反映地质体的响应特征。例如，图 1.7(b)中垂直于河道走向的地震剖面比平行于河道走向的地震剖面对河道的强波谷反射特征刻画得更加清晰。
"两宽一高"技术在三维地震数据的基础上增加入射角（或偏移距）和方位角两个维度构成五维地震数据。图 1.7(d)展示了不同入射角和不同方位角的三维地震数据，它们更准确地反映地下油气藏的各向异性，提高了油气藏识别精度。

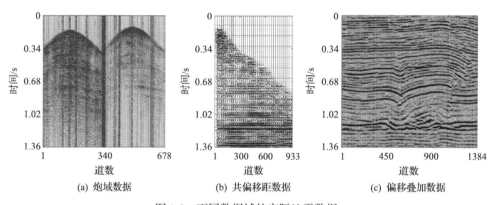

(a) 炮域数据　　　　　　(b) 共偏移距数据　　　　　　(c) 偏移叠加数据

图 1.5　不同数据域的实际地震数据

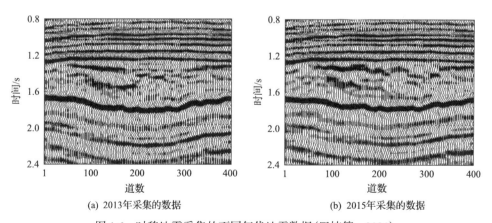

(a) 2013年采集的数据　　　　　　(b) 2015年采集的数据

图 1.6　时移地震采集的不同年代地震数据(田楠等，2021)

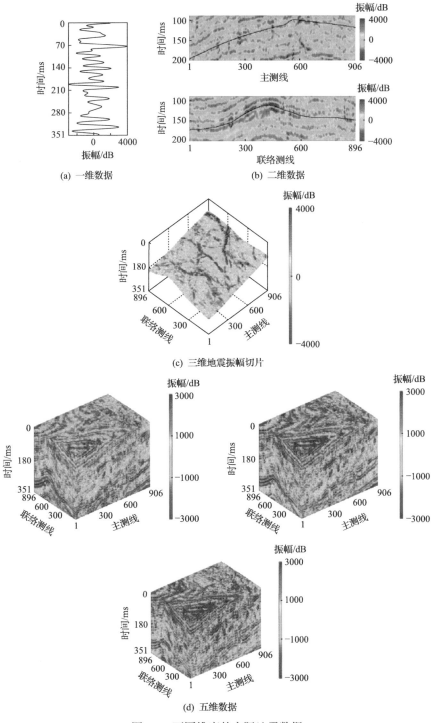

(a) 一维数据

(b) 二维数据

(c) 三维地震振幅切片

(d) 五维数据

图 1.7 不同维度的实际地震数据

1.1.3　地震勘探的基本问题

地震勘探是油气勘探的代表性探测技术,其寻找地下油气时面临的主要问题是正问题和反问题。地球物理学家经过大数据统计分析,总结了一套表征地震勘探正问题和反问题的"万能"近似方程:

$$d = G(m) \times w + n \tag{1.1}$$

式中,d 为地震数据;$G(\cdot)$ 为格林函数;m 为模型参数;w 和 n 分别为地震子波和噪声。

如图 1.8 所示,地震勘探的正问题是在已知地下真实地质结构的地球模型 m 的前提下,通过物理模拟,或基于几何射线理论、波动理论的数值模拟,以此描述地震波场在地下的传播过程。通过这一过程,我们能够深入理解地震波在地下介质中的传播特点和规律,并最终正演生成地震数据 d。正问题是研究反问题的基础。地震波正演模拟不能精准模拟实测的地震波场,二者的残差中既有随机噪声,又有不能模拟的地震波场成分。提高格林函数的表达精度、准确表达地震子波及其时空变特征或回避地震子波未知的问题、减少正演模拟条件与实际介质条件的差异是正问题的核心研究内容,也是提高地震波场正演模拟效果的主要途径。

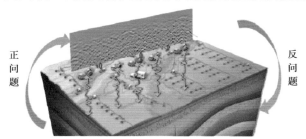

图 1.8　地震勘探的基本问题

地震勘探的反问题存在于地震数据处理和解释的全过程及全部内容中。通常是在一定的假设条件下(如假设地下介质是各向同性或完全弹性的),基于地震数据与地球物理参数的近似方程,利用采集的地球物理数据推测和演绎地球内部的空间形态与地质体内部的物质成分。例如,在给定初始模型和地层介质假设条件的情况下,全波形反演充分利用地震全波场的运动学和动力学信息,基于不同形式的波动方程正演模拟地震波场,通过减小合成数据和观测数据之间的误差而逐步建立高精度的地层速度模型。典型的地震勘探反问题主要有高分辨率处理、地震反演和流体识别等。

地震勘探的终极目标是根据观测数据尽可能清楚地描述地下油气分布,这是地震勘探的基本问题,也是一个更大的反问题。由于待求解的模型参数数量远多于观测数据数量,反问题是典型的不适定问题,其解具有物理存在性、多解性(即

不唯一性)和不稳定性特点。解的多解性和不稳定性是存在的主要问题,二者具有
一定的相关性。多解性是存在的根本问题,而不稳定性加剧了多解性。多解性本
质上是由观测数据与模型参数的复杂非线性关系和描述二者关系的正演模型的不
准确引起的。多解性可以减弱,但不能消除。提高数据空间到模型参数空间的非
线性表征、提升初始模型精度、增加更多的先验信息和多元信息是减少反问题的
多解性、提高求解精度的核心研究内容与可行途径(王华忠等,2015)。

1.1.4　地震勘探的发展瓶颈

随着勘探开发程度的不断加深和油气勘探目标愈发复杂,地震资料采集、处
理和解释三大环节都存在着地震勘探进一步发展的瓶颈问题。地震资料采集方面,
波前扩散、地层吸收和散射等,使地震波在地下介质传播过程中存在着能量吸收
和衰减,导致实际采集得到的通常是 $10\sim80\mathrm{Hz}$ 的窄带地震数据。低频和高频信
息的缺失会分别影响岩层厚度解释和岩层界面划分。低分辨率的模糊地震图像会
导致地震解释不准确,需要进一步发展宽频、高精度、高分辨率的地震采集技术,
获得高信噪比、高分辨率、高保真度的地震数据。地震资料处理方面,原始地震资
料需要经过大量的处理步骤,以获得尽可能满足解释要求的地震数据。初至拾取、
速度分析和偏移成像等处理环节费时费力,不同环节使用的技术与方法也存在着近
似假设,且不同环节环环相扣,共同影响处理成果数据的质量。

地震资料解释方面,地震数据质量、数学物理方程模拟地下情况的精度和反
问题求解算法的性能等都制约着精细地震解释。首先,需要高质量的地震数据满
足波动方程和反射系数方程的前提条件,但经过地震资料处理后的地震数据仍然
难以满足固定的数学物理方程所表达的物理关系。其次,尽管褶积模型、声波方
程、弹性波方程、黏弹性波动方程和各向异性波动方程等数学物理方程模拟地下
介质的精度不断提高,相应的计算成本也显著增加,且固有的假设条件导致它们
仍难以准确描述强非均质性和强各向异性的复杂地下介质。再次,即使地震数据
能满足不同方程的假设条件且方程也能描述地下情况,反问题求解时也会存在求
逆不稳定和多解性等问题。最后,现有的地震解释框架利用信息单一,需要不同
研究领域的油气勘探专家利用"会议室模式"开展多学科语言的交流与对话,人
为实现地震、测井和地质等多元信息的融合,从而对油气目标进行综合判断和决
策。会议室模式难以充分融合或同时高效利用不同来源和不同尺度的多类型地球
物理数据寻找油气资源。

类似于描述模型参数与地震数据关系的正演模型经历了由简单的褶积模型逐
渐发展到复杂的波动方程的演变过程,人工智能也经历了由简单的神经网络到复
杂的神经网络的演变过程。不同于特定的正演模型,神经网络是以数据为驱动,通
过大数据的学习与建模模拟人类的归纳与推理过程,找到新的"正演模型",以建

立不同地球物理数据或参数之间的隐式关联。人工智能技术有望解决包括地震勘探在内的地球物理勘探瓶颈问题，其立足点和应用层面主要体现在以下几个方面。

(1)大幅度提高地震资料处理效率，极大程度缓解人类参与高重复性的工作和任务。

(2)实现对现有地球物理方法的改进或替代，跳过物理过程的理解直接建立数据驱动模型，解决数学物理方程无法精确描述地震波场的问题，提高地震等信息的挖掘和油气表征能力。

(3)克服现有的地球物理技术框架和理论体系的限制，形成多元地球物理信息深度融合和多学科知识交叉互补的科学研究新范式，缓解单一地球物理数据带来的局限性和多解性，突破传统理论做不了的技术瓶颈和实际难题，建立人工智能地球物理勘探新理论，推动人工智能地球物理勘探的工业化与产业化应用。

1.2　人工智能地球物理勘探概述

1.2.1　人工智能的发展历程

正如人类社会的发展进程充满曲折离奇，过去 70 多年间的历史见证了人工智能发展历程的潮起潮落。当前，人工智能正处于第三次快速发展的浪潮中，人工智能、机器学习和深度学习受到更多领域的关注与应用。人工智能的概念由 McCarthy 等在 1956 年的达特茅斯会议上正式提出，因此 1956 年也成为人工智能的元年。Samuel(1959)在谈到编程计算机相比跳棋程序能够更好地下国际象棋时，首次创造性地提出"机器学习"一词，并认为不需要编写明确的程序而让计算机具有学习能力的研究领域是机器学习。深度学习是机器学习的一大分支，其概念最早由 Hinton 和 Salakhutdinov(2006)提出，其主要论点：多个隐藏层组成的神经网络具有良好的特征学习能力，学习得到的特征对数据有更本质的刻画，从而有利于可视化或分类；逐层初始化给解决深层神经网络的训练难题带来希望。

人工智能技术一直在尝试模拟人脑的工作机制，构建智能化机器系统，代替人脑从事相关的体力和脑力劳动。人工智能技术的发展历程大致如图 1.9 所示，其主要经历了达特茅斯会议诞生人工智能学科、专家系统、深度学习等标志性事件的三次发展浪潮，以及早期人工智能算法机器翻译和定理证明失误、专家系统和神经网络的研究与发展乏力两次低谷。早在 1943 年，McCulloch 和 Pitts 提出了模拟单个生物神经元工作原理的 M-P(McCulloch-Pitts)模型。信号通过该模型时符合兴奋性输入(强信号)通过、抑制性输入(弱信号)不通过的特点(McCulloch and Pitts, 1943)。在 1950 年，Turing 提出了判断机器是否具有人类智能的图灵测试。图灵测试通过多次向人和机器两种被测试者进行随机提问，若超过 30%的测试者不能分出被测试者是人还是机器，则认为这台机器是有人类智能的，通过了图灵测试(Turing,

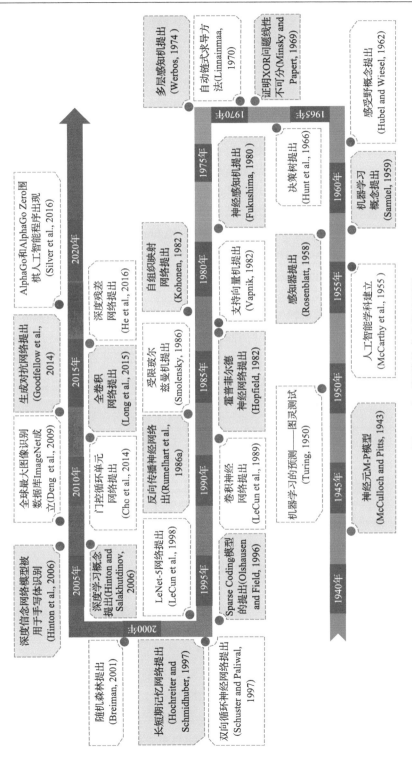

图 1.9 人工智能技术的发展历程

1950)。Rosenblatt(1958)引入损失函数发展 M-P 模型为感知器。感知器模型是一种最为简单的单层前馈神经网络，它通过梯度下降法不断修正错误分类的样本，使所有样本被分类超平面正确地线性分割为两类。Rosenblatt 感知器是一种二元分类的线性分类器，Minsky 和 Papert(1969)出版的著作 Perceptrons: An Introduction to Computational Geometry 中证明其不能解决线性不可分的异或(XOR)分类问题，即 Rosenblatt 感知器无法在某个超平面找到一条分类线性不可分的数据为两类的直线。20 世纪 70~80 年代，神经网络学者一直在寻找解决非线性问题(如 XOR 问题)的算法。Linnainmaa(1970)提出的自动链式求导方法是反向传播(back-propagation, BP)算法的雏形。Werbos(1974)和 Rumelhart 等(1986a)先后引入反向传播算法训练多层感知机，有效解决 XOR 问题中数据不可分类和学习的难题。同一时期，支持向量机(Vapnik, 1982)、自组织映射(SOM)网络(Kohonen, 1982)、霍普菲尔德神经网络(Hopfield neural network, HNN)(Hopfield, 1982)、受限玻尔兹曼机(Smolensky, 1986)、自编码器(Rumelhart et al., 1986b)等浅层机器学习算法先后兴起。

Hubel 和 Wiesel(1962)对猫视觉皮层系统进行研究时提出感受野的概念，认为猫利用不同区域的脑细胞对物体的不同区域做出反应，并综合不同反应最终识别出物体。受此启发，Fukushima(1980)仿照猫神经元的局部感知和视觉皮层分层处理信息的机制，第一次构建出基于神经元之间局部连接和逐层处理物体信息的神经感知机。神经感知机等浅层神经网络朝深层神经网络发展的过程中，产生了循环神经网络(RNN)和卷积神经网络(CNN)两大分支。循环神经网络是一类以序列数据为输入，在序列的演进方向进行递归，且所有节点按链式连接的神经网络，其代表性网络包括乔丹(Jordan)网络、埃尔曼(Elman)网络、双向循环神经网络、长短期记忆网络和门控循环单元(GRU)网络等(Jordan, 1986; Elman, 1990; Schuster and Paliwal, 1997; Hochreiter and Schmidhuber, 1997; Cho et al., 2014)。LeCun 等(1989)将卷积滤波器和神经网络相结合发明了卷积神经网络，并于 1998 年以字符识别为例，系统介绍了 LeNet-5 卷积神经网络局部感知、权重共享和时空亚采样三种典型结构的思想，证明卷积神经网络能建立更好的模式识别系统(LeCun et al., 1998)。卷积神经网络缓解了深层神经网络只能处理少量数据和网络参数众多的问题，为日后处理海量的高维数据奠定了基础。Hinton 课题组于 2006 年提出深度学习的概念，并在同年提出基于多个受限玻尔兹曼机的深度信念网络，解决深层神经网络训练时由于 Sigmoid 激活函数的饱和特性而出现梯度消失的问题(Hinton and Salakhutdinov, 2006; Hinton et al., 2006)。6 年后，Hinton 课题组设计的卷积神经网络 AlexNet 一举夺得 2012 年 ImageNet(Deng et al., 2009)图像识别比赛的冠军，该事件也成为深度学习爆发的起点(Krizhevsky et al., 2017)。众多学者于 2012 年后相继提出多种深层神经网络解决计算机视觉等领域的现实问题，如生成对抗网络(GAN)、深度残差网络和全卷积网络等(Goodfellow et al., 2014; Long et al., 2015; He et al., 2016)。

1.2.2　人工智能地球物理勘探的基本原理

人工智能技术在物探领域的应用由来已久，近几年，大数据、人工智能算法和计算机算力的快速发展使油气物探迈入智能化新时代。人工智能地球物理勘探的主要方法为机器学习算法。机器学习近似等于机器系统根据数据寻找适合特定任务的决策(或拟合)"函数"的能力。如图 1.10(a)所示，机器学习的基本任务为通过学习数据的全局和局部特征，寻找一种或一组"函数"，以解决初至拾取、速度分析、层位拾取、断裂识别、波阻抗反演、叠前弹性参数反演、储层孔隙度预测和储层流体预测等地震勘探场景中的具体问题。机器学习的基本问题[图 1.10(b)]是"要学什么"、"从哪里学"和"怎样学习"。"要学什么"指机器以得出一种最优的决策(或拟合)"函数"为学习目标，具体实现途径为设计机器学习模型；"从哪里学"指机器通过训练数据集学习出"函数"，验证数据集用于评估机器学习模型的好坏；"怎样学习"指使用求解算法寻找机器学习模型，完成"函数"的建立。这三个问题对应机器学习的核心三部曲，即设计模型、评估模型好坏和寻找最佳模型，相应的实现流程如图 1.10(c)所示。首先，根据具体任务和数据特点选择合适的机器学习算法，调整该算法的具体架构配置，定义出一组"函数"，每个"函数"代表一个机器学习模型。其次，使用训练数据训练这组机器学习模型，机器根据数据自动寻找"函数"，并通过验证数据评估每个机器学习模型的优缺点，寻找到"最佳函数"。最后，将"最佳函数"推广应用到之前未见过的测试数据，机器"自己"举一反三，完成当前回归或分类等问题的建模。

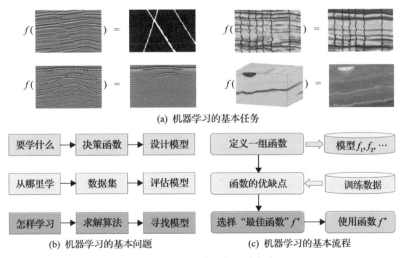

(a) 机器学习的基本任务

(b) 机器学习的基本问题　　　　　(c) 机器学习的基本流程

图 1.10　机器学习的基本框架

以神经网络为例，下面介绍机器学习的核心三部曲的具体实现过程。工欲善其事，必先利其器。设计合理的机器学习模型是开展智能勘探的核心内容。设计的神经网络模型(图 1.11)采用输入层、隐藏层和输出层三个部分模拟人脑接收、处理和判断信息的过程，表达输入数据和输出数据之间任意复杂的内在关系。输入层和输出层使用的油气勘探数据与当前预测(或分类)任务直接相关。例如，随机噪声、多次波、面波、海洋涌浪等噪声压制时，准备的是含噪声地震数据和干净地震数据。而叠前弹性参数反演时，准备的是叠前地震数据(角道集数据或偏移距)和测井测量的弹性参数。神经网络的隐藏层包括 L 个全连接层(fully connected layer, FCL)，每个全连接层的神经元个数可以自由设定。通过改变全连接层数及不同神经元个数可以设计出不同的神经网络模型。输入数据 $\boldsymbol{x} = [x_1, x_2, \cdots, x_N]^{\mathrm{T}}$ 进入隐藏层后，第一个全连接层的神经元对初始输入值乘上不同的权重，再求和加上偏置，最后经过激活函数输出 $\boldsymbol{x}^1 = [x_1^1, x_2^1, \cdots, x_N^1]^{\mathrm{T}}$。输出 $\boldsymbol{x}^1$ 与输入 $\boldsymbol{x}$ 的关系为

$$\boldsymbol{x}^1 = \sigma(\boldsymbol{W}^1 \boldsymbol{x} + \boldsymbol{b}^1) = \sigma \left(\begin{bmatrix} w_{11}^1 & w_{12}^1 & \cdots & w_{1N}^1 \\ w_{21}^1 & w_{22}^1 & \cdots & w_{2N}^1 \\ \vdots & \vdots & & \vdots \\ w_{K1}^1 & w_{K2}^1 & \cdots & w_{KN}^1 \end{bmatrix} \times \begin{bmatrix} x_1 \\ x_2 \\ \vdots \\ x_N \end{bmatrix} + \begin{bmatrix} b_1^1 \\ b_2^1 \\ \vdots \\ b_K^1 \end{bmatrix} \right) \tag{1.2}$$

式中，$\boldsymbol{W}^1$、$\boldsymbol{b}^1$ 和 $\sigma(\cdot)$ 分别为第一个全连接层的权重矩阵、偏置和激活函数，其中 w_{kj}^1 代表 $\boldsymbol{W}^1$ 中第 k 行$(k = 1, 2, \cdots, K)$第 j 列$(j = 1, 2, \cdots, N)$位置的权重，b_k^1 代表 $\boldsymbol{b}^1$ 中第 k 个偏置；x_j 为输入 $\boldsymbol{x}$ 的第 j 个特征。$\boldsymbol{x}^1$ 进一步作为输入进入下一个全连接层，不同全连接层将来自上一层的信息进一步提取与加工，实现"去伪存真"，保留有效的主要信息，从而进行识别和决策，最后输出期望目标 $\boldsymbol{y} = [y_1, y_2, \cdots, y_M]^{\mathrm{T}}$。$\boldsymbol{y}$ 与 $\boldsymbol{x}$ 的关系为

$$\boldsymbol{y} = \mathrm{Net}(\boldsymbol{x}) = \sigma_L \left\{ \boldsymbol{W}^L \cdots \sigma_2 \left[\boldsymbol{W}^2 \sigma_1 (\boldsymbol{W}^1 \boldsymbol{x} + \boldsymbol{b}^1) + \boldsymbol{b}^2 \right] + \boldsymbol{b}^L \right\} \tag{1.3}$$

式中，$\mathrm{Net}(\cdot)$ 为神经网络建立的非线性映射；$\boldsymbol{W}^l$、$\boldsymbol{b}^l$ 和 $\sigma_i(i)$ 分别为第 l 个全连接层的权重矩阵、偏置和激活函数。针对不同的物探问题，神经网络算法和人类共同完成建模寻找拟合"函数"，从而找到最佳"函数"对应的"万能"非线性模型。

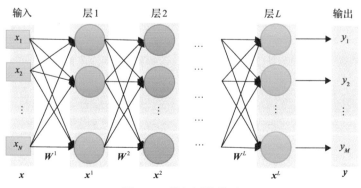

图 1.11 神经网络模型

经过漫长的发展,历久弥新的神经网络算法为智能勘探提供了无限可能。除使用图 1.11 所示的神经网络外,还可以根据图 1.12 提供的形形色色的网络架构设计机器学习模型。不同网络架构的基本函数一样,但复合程度、连接方法、层数、神经元数量等存在差异。基于已有的种类繁多的网络架构,设计出适合当前智能勘探场景的机器学习模型主要有几种策略。

(1)根据任务之间的相似性。例如,最初用于医疗图像细胞分割的 U-Net 适合分割物体之间的边界,因此,它也适用于自动划分出断层、河道和盐丘等与周围地层的边界,识别和解释地质异常体。自然图像去噪领域的网络架构经过修改后可以迁移应用到地震图像的去噪中。

(2)考虑地球物理数据的响应特点和物理关联,选取符合当前问题物理意义的网络架构。例如,针对曲线缺失补全和曲线拟合等测井解释问题,优选适合序列建模的循环神经网络;针对地震数据处理和解释等问题,优选擅长提取局部和全局特征的卷积神经网络。

(3)模拟传统地球物理方法的工作流程,自主设计遵从地球物理和地质规律的网络架构。

针对具体的网络架构,如图 1.13 所示,机器自己根据数据形成由不同网络参数构成的“函数”。不同网络参数情况下,形成的“函数”不同,即设计出的机器学习模型也不同。神经网络类机器学习模型采用如式(1.4)所示的目标函数 C 对模型进行性能评估:

$$C = \arg\min \sum_{m=1}^{M} F\big[y_m, \text{Net}_\theta(x_m)\big] + g(\theta) \tag{1.4}$$

式中,$\text{Net}_\theta(\cdot)$ 为设计的网络架构;M 为训练样本数量;(x_m, y_m) 为训练样本对;$F(\cdot)$ 为某种评价指标(如均方根误差 RMSE);$\text{Net}_\theta(x_m)$ 为网络预测结果;$g(\theta)$ 为正则化项。该评估过程的核心要素包括大数据、网络架构、优化算法和目标函数四个方面。大数据是基础,为“智能地球模型”提供地震数据等原始材料。网络架构是“设计图纸”,总体设计“智能地球模型”的内部结构。与地球物理勘探发展的趋势类似,网络架构经历了由少参数的简单模型到多参数的复杂模型。网络越深,网络架构拟合能力越强,但求解使用的网络参数越多会使其结果越不稳定。优化算法是“施工设备”,依据大数据和网络架构精细地调整网络参数,参数化地表达数据之间的关系,寻找“智能地球模型”。目标函数是“质控设备”,指明优化算法的优化方向,监督建模过程的动态变化,在优化迭代的过程中搜索到最合适的拟合“函数”。

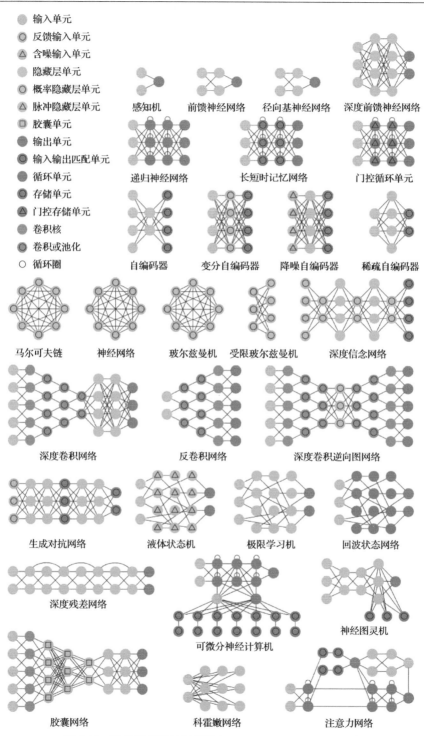

图 1.12　种类繁多的神经网络 (van Veen and Leijnen, 2020)

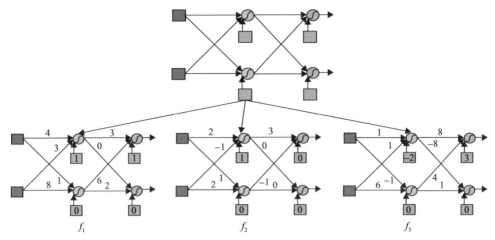

图 1.13　同一网络架构但不同网络参数表达的不同"函数"

目标函数的求解可类比全波形反演等传统反演的求解过程，其主要使用梯度下降法对网络参数进行更新：

$$\theta_{k+1}=\theta_k-\eta_k\frac{\partial C}{\partial \theta_k} \tag{1.5}$$

式中，θ_k 为网络第 k 次迭代得到的网络参数；η_k 为网络第 k 次迭代时的学习率，也是梯度更新的步长；$\dfrac{\partial C}{\partial \theta_k}$ 为目标函数 C 对网络参数求解得到的梯度(即一阶导数)，决定网络参数更新的方向(Rumelhart et al., 1986a)。梯度求解的过程遵从链式准则：

$$\frac{\partial C}{\partial \theta_k}=\frac{\partial C}{\partial z_L}\frac{\partial z_{L-1}}{\partial z_{L-2}}\cdots\frac{\partial z_j}{\partial z_{j-1}}\cdots\frac{\partial z_2}{\partial z_1}\frac{\partial z_1}{\partial \theta_k} \tag{1.6}$$

式中，$z_j(j=1,2,\cdots,L)$ 为神经网络第 j 个隐藏层经过激活函数后输出的中间特征。如图 1.14 所示，当神经网络第 j 个隐藏层的输出为 a 时，式(1.6)进一步写为

$$\frac{\partial C}{\partial \theta_k}=\frac{\partial C}{\partial z_j}\frac{\partial z_j}{\partial \theta_k}=a\frac{\partial C}{\partial z_j} \tag{1.7}$$

此时，神经网络的梯度等于神经网络正向传播到当前隐藏层的激活输出与反向传播到当前隐藏层计算得到的梯度的乘积，类似于地震逆时偏移(RTM)中正向波场和反向波场的互相关(Baysal et al., 1983)。神经网络结合式(1.5)和式(1.6)完成网络参数的更新与求解，使目标函数不断下降，寻找到当前网络架构对应的最佳模型。通过测试数据比较不同机器学习模型的应用效果，最终寻找到最合适当前物探问题的网络架构。

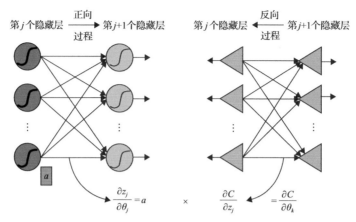

图 1.14　神经网络的正向和反向传播过程

1.2.3　神经网络的数学和物理理解

尽管神经网络内部结构复杂，暂时无法真正解释神经网络从原始输入信息提取特征并将其转化为输出信息的过程。但从数学和物理等角度可以部分理解神经网络眼中的世界。

1. 神经网络的数学理解

如图 1.15(a)所示，以具有单个神经元的神经网络解决监督学习中的二分类(类别 C_1 和 C_2)问题为例，下面介绍神经网络的数学意义。训练样本 $\boldsymbol{x} = [x_1, x_2, \cdots, x_N]^{\mathrm{T}}$ 首先与权重 $\boldsymbol{W} = [w_1, w_2, \cdots, w_N]^{\mathrm{T}}$ 作点乘运算，再加上偏置 b 得到 z。z 经过激活函数 $\sigma(\cdot)$ 后输出激活值 y：

$$y = \sigma(\boldsymbol{W}^{\mathrm{T}}\boldsymbol{x} + b) = \sigma(z) = \frac{1}{1+\mathrm{e}^{-z}} \tag{1.8}$$

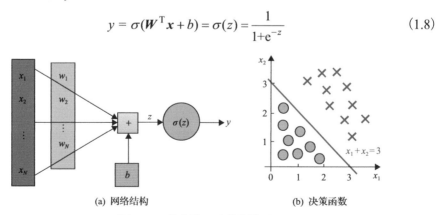

(a) 网络结构　　　　　　　　(b) 决策函数

图 1.15　单个神经元数学模型

根据激活值 y 的范围可以判断训练样本的类别，当 $y \geq 0.5$ 时，训练样本属于第一类 C_1，反之，训练样本属于第二类 C_2。此时，激活函数为分类训练样本找到一条决策边界，对应的决策函数为 $\boldsymbol{W}^T\boldsymbol{x} + b = 0$。如图 1.15(b)所示的训练样本，神经网络找到的决策函数为 $x_1 + x_2 = 3$，权重为 $\boldsymbol{W} = [1,1]^T$，偏置为 $b = 0$。从概率论和贝叶斯(Bayes)公式的角度，激活值 y 可以表示为训练样本 $\boldsymbol{x}$ 预测为类别 C_1 的概率：

$$y = \sigma(\boldsymbol{W}^T\boldsymbol{x} + b) = p(C_1 \mid \boldsymbol{x}) = \frac{p(\boldsymbol{x} \mid C_1)p(C_1)}{p(\boldsymbol{x} \mid C_1)p(C_1) + p(\boldsymbol{x} \mid C_2)p(C_2)} \quad (1.9)$$

式中，$p(C_1)$ 为预测为类别 C_1 发生的概率；$p(C_2)$ 为预测为类别 C_2 发生的概率；$p(\boldsymbol{x} \mid C_1)$ 为给定训练样本 $\boldsymbol{x}$ 时，预测为类别 C_1 的概率；$p(\boldsymbol{x} \mid C_2)$ 为预测为类别 C_2 时，训练样本为 $\boldsymbol{x}$ 的概率。

图 1.15 中的单个神经元模型寻找到的决策函数仅适用于线性可分的训练样本，而线性不可分的训练样本[图 1.16(b)]需要采用多层神经网络[图 1.16(a)]寻找决策函数。如图 1.16 所示，多层神经网络通过线性加权和非线性变换，将原始数据空间无法分类的训练样本转换成高维空间可以线性划分的特征，在高维空间找到决策函数[图 1.16(c)的红线]而完成分类。图 1.17 进一步说明神经网络主要通过"扭曲"空间实现数据的分类。在原始数据空间，单个神经元数学模型(图 1.15)无法区分图 1.17(a)中的红线和蓝线。多层神经网络经过数据升维和降维、放大和缩小、空间平移、旋转和弯曲等操作，将红线和蓝线变换成高维空间线性可分的稀疏特征，如图 1.17(b)所示。

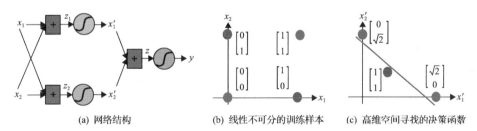

(a) 网络结构　　　　　(b) 线性不可分的训练样本　　　　　(c) 高维空间寻找的决策函数

图 1.16　多层神经网络模型

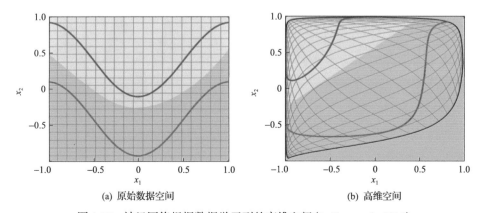

(a) 原始数据空间　　　　　　　　　(b) 高维空间

图 1.17　神经网络根据数据学习到的高维空间(LeCun et al., 2015)

在图 1.15～图 1.17 给出的几个分类问题例子的基础上，下面从回归问题角度理解神经网络的数学作用。Cybenko(1989)证明了具有隐藏层(最少一层)感知机神经网络在激活函数为 Sigmoid 函数的情况下具有逼近任何函数的作用。Hornik 等(1989)进一步证明激活函数为任何非常数函数的情况下，给定网络若具有足够多的隐藏层单元，则神经网络能够以任何想要的误差量完成从有限维度的输入空间到有限维度的输出空间的变换过程，即著名的万能近似定理。本小节设计如图 1.18(a)所示的含有一层隐藏层的神经网络，其输出 $G(\boldsymbol{x})$ 与输入 $\boldsymbol{x}$ 之间的关系可以表述为

$$G(\boldsymbol{x}) = \boldsymbol{W}_2^{\mathrm{T}} \sigma(\boldsymbol{W}_1^{\mathrm{T}} \boldsymbol{x} + \boldsymbol{b}_1) + \boldsymbol{b}_2 \tag{1.10}$$

式中，$\boldsymbol{W}_1$ 和 $\boldsymbol{W}_2$ 为网络权重；$\boldsymbol{b}_1$ 和 $\boldsymbol{b}_2$ 为网络偏置；$\sigma(\cdot)$ 为 Sigmoid 激活函数。下面测试该网络对于图 1.18(b)所示的三维函数的拟合能力，该三维函数表达式为

$$y = \frac{1 + \sin(2x_1 + 3x_2)}{3.5 + \sin(x_1 - x_2)} \tag{1.11}$$

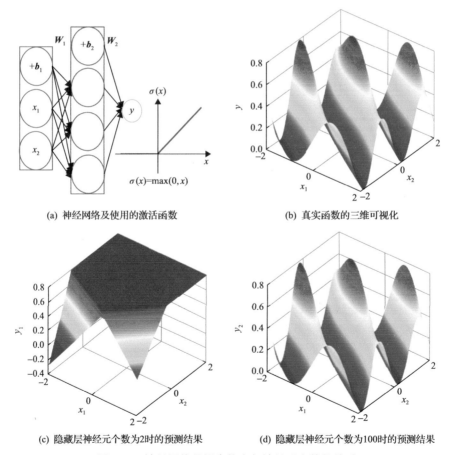

(a) 神经网络及使用的激活函数　　　　(b) 真实函数的三维可视化

(c) 隐藏层神经元个数为2时的预测结果　　　　(d) 隐藏层神经元个数为100时的预测结果

图 1.18　神经网络的拟合能力与神经元个数的关系

　　在训练样本充足的情况下，设置隐藏层神经元个数为 2 和 100 时得到的测试结果分别如图 1.18(c) 和 (d) 所示，对比两图可以看出，神经网络具有足够多的神经元时才能逼近真实函数，测试认识符合万能近似定理。神经网络逼近任意函数除需要足够多的隐藏层单元，还需要利用大数据建模。

　　图 1.19(a) 大致反映了传统机器学习算法、浅层神经网络、中等深度神经网络和深层神经网络模型性能与数据量的变化关系。对于不同的机器学习算法，越多的数据越有可能提升其模型的预测精确性，特别是比较复杂的网络结构的性能改善尤为明显；数据量较充足时，越复杂的神经网络性能有可能越好。不同简谐波（正弦型函数）复合可以形成地震波。为直观分析采用多项式回归拟合地震记录时数据量大小对拟合精度的影响，将地震波简化为一种形式最为简单的正弦型函数。如图 1.19(b) 所示，当使用小样本数据学习时，随机拟合 100 次生成的 100 个拟合函数杂乱地分布在真实函数周围，只有少数几次的拟合函数与真实的正弦函数 $y = \sin(2\pi x)$ 接近；而使用大数据学习拟合 100 次生成的 100 个拟合函数较均匀地分布在真实正弦函数周围，均接近 $y = \sin(2\pi x)$。说明充分挖掘大数据的价值才能更好地帮助机器学习算法理解所学习对象的行为和机制，模仿类似行为及思维。大数据与机器学习算法两者互相促进、相依相存。

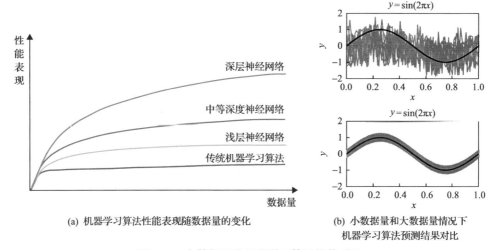

(a) 机器学习算法性能表现随数据量的变化　　　　　(b) 小数据量和大数据量情况下机器学习算法预测结果对比

图 1.19　大数据下的机器学习算法性能对比

　　机器学习算法的性能不仅受到大数据和算法本身的影响，还受限于计算机的运算能力。在数据量完备的情况下，设计性能好且网络复杂程度小的神经网络显得尤为重要。人工神经网络 (ANN) 用于高维分类和回归面临着输入数据非常大且参数量巨大的挑战。例如，针对图 1.20(a) 中输入大小为 4×4 的图像，若要将其经过人工神经网络转化为 2×2 大小的输出结果，则人工神经网络的网络参数量为 4×16，为输入数据量的 4 倍。其拟合过程可以表述为

$$
\begin{bmatrix}
w_1^1 & w_2^1 & w_3^1 & w_4^1 & w_5^1 & w_6^1 & w_7^1 & w_8^1 & w_9^1 & w_{10}^1 & w_{11}^1 & w_{12}^1 & w_{13}^1 & w_{14}^1 & w_{15}^1 & w_{16}^1 \\
w_1^2 & w_2^2 & w_3^2 & w_4^2 & w_5^2 & w_6^2 & w_7^2 & w_8^2 & w_9^2 & w_{10}^2 & w_{11}^2 & w_{12}^2 & w_{13}^2 & w_{14}^2 & w_{15}^2 & w_{16}^2 \\
w_1^3 & w_2^3 & w_3^3 & w_4^3 & w_5^3 & w_6^3 & w_7^3 & w_8^3 & w_9^3 & w_{10}^3 & w_{11}^3 & w_{12}^3 & w_{13}^3 & w_{14}^3 & w_{15}^3 & w_{16}^3 \\
w_1^4 & w_2^4 & w_3^4 & w_4^4 & w_5^4 & w_6^4 & w_7^4 & w_8^4 & w_9^4 & w_{10}^4 & w_{11}^4 & w_{12}^4 & w_{13}^4 & w_{14}^4 & w_{15}^4 & w_{16}^4
\end{bmatrix}
$$
$$
\times\begin{bmatrix} 0 & 0 & 0 & 0 & 0 & 3 & 3 & 0 & 3 & 1 & 1 & 3 & 1 & 3 & 1 & 1 \end{bmatrix}^T = \begin{bmatrix} 27 & 27 & 34 & 34 \end{bmatrix}^T
$$

$$(1.12)$$

人工神经网络隐藏层的神经元与其输入都存在连接，导致其网络参数量巨大，而卷积神经网络采用的卷积滤波器具有局部感知的特性，即滤波器仅与当前的部分输入进行连接。如图 1.20(b) 所示，输入大小同样为 4×4 的图像进入卷积神经网络时，使用 3×3 大小的滤波器即可得到 2×2 大小的输出结果，其参数量仅为人工神经网络的四分之一。

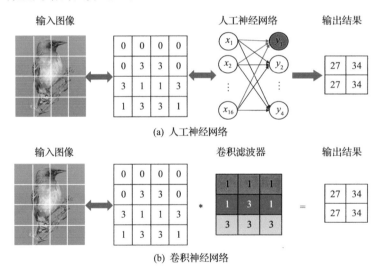

图 1.20　人工神经网络与卷积神经网络的参数量对比

此时，通过大数据学习出来的用于特征提取的卷积滤波器参数为

$$
\begin{bmatrix}
1 & 1 & 1 \\
1 & 3 & 1 \\
3 & 3 & 3
\end{bmatrix}
$$

$$(1.13)$$

卷积神经网络的拟合过程可以表述为

$$
\begin{bmatrix}
1 & 1 & 1 & & 1 & 3 & 1 & & 3 & 3 & 3 & \\
& 1 & 1 & 1 & & 1 & 3 & 1 & & 3 & 3 & 3 \\
& & 1 & 1 & 1 & & 1 & 3 & 1 & & 3 & 3 & 3 \\
& & & 1 & 1 & 1 & & 1 & 3 & 1 & & 3 & 3 & 3
\end{bmatrix}
\tag{1.14}
$$

$$
\times \begin{bmatrix} 0 & 0 & 0 & 0 & 0 & 3 & 3 & 0 & 3 & 1 & 1 & 3 & 1 & 3 & 3 & 1 \end{bmatrix}^{\mathrm{T}} = \begin{bmatrix} 27 & 27 & 34 & 34 \end{bmatrix}^{\mathrm{T}}
$$

对比式(1.12)和式(1.14)可以看出,卷积神经网络的本质是稀疏连接的人工神经网络,当卷积滤波器大小等于输入图像大小时,二者近似相等。根据式(1.14),若将卷积神经网络看成人工神经网络,其权值矩阵的每一行参数相同,即权值共享,且每一列的参数有限,即局部感知。卷积神经网络通过权值共享和局部感知大大减少了网络参数量。

2. 神经网络的物理理解

上一小节主要介绍了神经网络解决分类和回归问题的数学本质,即寻找最优的网络参数和最优的决策函数。本小节类比物质形成、图像重建和声音重构等场景,从多个物理角度理解神经网络。

神经网络系统类似于图 1.21 所示的物质形成过程,可以通过现有的不同物质的组合形成新物质。神经网络以碳和氢两种元素作为输入信息,通过设置不同神经元个数和网络参数来组合两种元素,最后输出生成多种不同的化学物质,如甲烷(CH_4)、CH_3 基团和十五烷($C_{15}H_{32}$)。该过程可以表述为

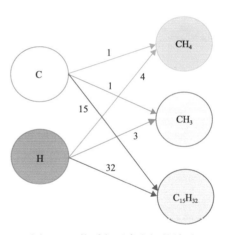

图 1.21　物质与元素之间的关系

$$
\begin{bmatrix}
CH_4 \\
CH_3 \\
C_{15}H_{32}
\end{bmatrix}
=
\begin{bmatrix}
1 & 4 \\
1 & 3 \\
15 & 32
\end{bmatrix}
\begin{bmatrix}
C \\
H
\end{bmatrix}
\tag{1.15}
$$

如图 1.22 所示,从压缩感知的角度,通过稀疏编码可以寻找到一组超完备基向量,使得图像和声音等数据可以表示为这些基向量的线性组合:

$$
\boldsymbol{D} = \sum_{i=1}^{k} a_i \boldsymbol{\phi}_i, \quad \boldsymbol{D} \in \mathbf{R}^n, k > n
\tag{1.16}
$$

式中,$\mathbf{R}^n$ 为 n 维实数集;$\boldsymbol{D}$ 为原始数据;$\boldsymbol{\phi}_i$ 为基向量;a_i 为 $\boldsymbol{\phi}_i$ 的权重。a_i 的值

大部分为 0，即稀疏的。针对图 1.22(a)中的自然图像，其可以用 64 个寻找到的"基向量"进行线性表示。此时，每个基向量主要表达出不同方向和不同形状的图像边缘结构。图 1.22(a)下方的小图片可以近似表达为 64 个"基向量"中的三个按照 0.8、0.3 和 0.5 的权重调和而成，其他 61 个"基向量"基本没有贡献。另外，研究发现任意一段声音都可以由图 1.22(b)上方 20 种基本的声音结构合成。例如，图 1.22(b)中红框内的声音可以由三段基本声音结构按照 0.9、0.7 和 0.2 的权重加权构成。

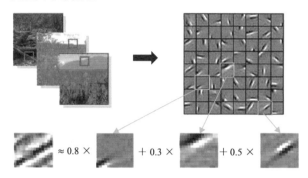
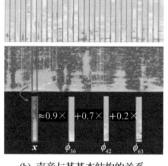

(a) 图像与其基本结构的关系　　　　　　　　(b) 声音与其基本结构的关系

图 1.22　图像或声音等数据与其基本结构之间的关系(Olshausen and Field, 1996)

　　类似于图 1.21 和图 1.22，神经网络也采用稀疏表达的方式对输入信息不断地进行抽象和迭代，提出不同层级的特征，用于神经网络的识别、分析和判断。以人脸识别为例，图 1.23 展示了卷积神经网络不同层提取到的特征可视化。卷积神经网络的浅层类似于边缘探测器，可提取低层次的简单特征，如不同方向的边缘特征。卷积神经网络的中间层进一步提取人脸的局部特征，如眼睛和鼻子等。中间层学习的特征为简单特征的组合。最后，卷积神经网络的深层将浅层和中深层提取的特征进一步组合，得到反映人脸整体轮廓的高层级特征。从图 1.23 可以看出，卷积神经网络通过隐藏层逐渐学到由简单到复杂的人脸模式或特征。卷积神经网络学习到如图 1.23 所示的不同水平特征主要归因于其局部感知和权值共享的特征。自然界和人类世界常见具有平移不变性的相似局部模式。例如，同样的棋局模式出现在同一棋局的不同区域或不同棋局之间[图 1.24(a)]，类似的"鸟嘴"形状出现在不同鸟类之间及不同的位置[图 1.24(b)]。图 1.24(c)中的红线和蓝线分别代表含气饱和度曲线和地震层位，从图 1.24(c)可以看出以强振幅为主的含气模式出现在地震剖面的不同区域。局部感知使卷积神经网络容易学习到不同图像的一些局部的图像模式，权值共享使得出现在同一图像不同区域内的相同模式具有相同的网络权重。因此，卷积神经网络的工作机制能够提取自然图像和地震图像固有的物理模式，进行特征的深层表示。

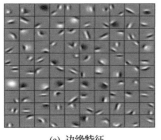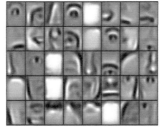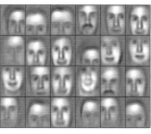

(a) 边缘特征　　　　　　　(b) 局部特征　　　　　　　(c) 全局特征

图 1.23　卷积神经网络学习到的层级特征（Lee et al., 2011）

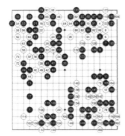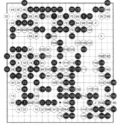

(a) 不同棋局及同一棋局内出现相同的　　　　(b) 不同鸟类类似的"鸟嘴"形状
　　模式(Sliver et al., 2016)

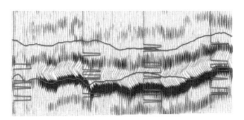

(c) 地震剖面的不同区域出现相同的含气模式

图 1.24　常见的具有平移不变性的相似模式

1.2.4　模型驱动与数据驱动的异同

本小节最后以正弦曲线拟合和高分辨率反演为例，讨论数据驱动方法和模型驱动方法的异同。使用 1 次至 9 次多项式回归模型拟合函数 $y = \sin(2\pi x)$。建立的回归模型在训练集和测试集上的均方根误差如图 1.25(a) 所示。从图 1.25(a) 可以看出，当多项式次数越高，即简单的模型驱动方法逐步过渡成复杂的数据驱动算法时，训练集的均方根误差越小，说明建立的模型能更好地描述训练集的特征。但是，回归模型对测试集的拟合误差却表现出先减小后增大的趋势。表明数据驱动方法过于复杂会导致其泛化能力降低。图 1.25(b) 中的红线为模型驱动方法（近似等于多项式次数较低的回归模型）对函数 $y = \sin(2\pi x)$ [图 1.25(b)黑线]拟合 100 次的结果。由于模型驱动方法过于简单，其无法完整地学习训练集中各数据之间潜在的关系，造成了欠拟合的现象。类似于打靶，模型驱动方法此时使用的"弓箭"多次"射击"都偏离"靶心"目标，但多次"射击"的结果之间是接近的，即模型驱动方法是高偏差和低方差。图 1.25(c) 中的红线为数据驱动方法(多项式次数较高的回归模型)对目标函数[图 1.25(c)黑线]拟合 100 次的结果。随着多项式次数的升高，回归模型的复杂度提高，其描述变量之间关系的能力增强，但不同次数下的拟合结果存在较大差异，即数据驱动方法此时使用更为精确的"弓箭"多次"射击"都能接近"靶心"目标，但多次"射击"的结果之间差异较大，即数据驱动方法是低偏差和高方差的。总体上说，模型驱动方法与多项式次数较低

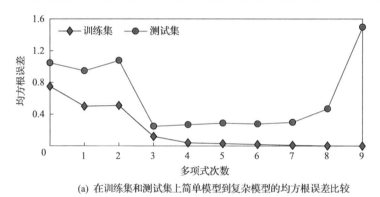

(a) 在训练集和测试集上简单模型到复杂模型的均方根误差比较

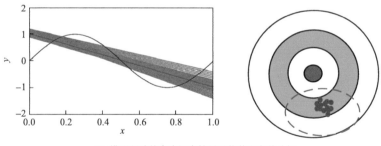

(b) 模型驱动的多次拟合结果及偏差和方差分析

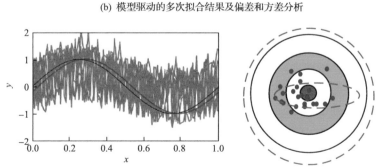

(c) 数据驱动的多次拟合结果及偏差和方差分析

图 1.25　模型驱动方法与数据驱动方法对目标函数 $y = \sin(2\pi x)$ 的拟合效果对比

的回归模型的拟合能力相当，数据驱动方法与多项式次数较高的回归模型的拟合能力相当。平衡数据驱动方法与模型驱动方法的优缺点，有望更好地解决地球物理勘探问题。

利用模型驱动和数据驱动方法解决地球物理勘探问题的联系与区别如图 1.26 所示。模型驱动方法经常假设地下介质为各向同性均匀弹性的等效介质，并基于物理模型建立表征地震等观测数据与地下介质参数关系的近似方程(如声波波动方程或褶积模型)，以实现地震高分辨率处理或地震反演等反问题的求解，其目标函数普遍设计为

$$J = \left\| F(\tilde{\boldsymbol{m}}) - \boldsymbol{d} \right\|_2^2 + f(\tilde{\boldsymbol{m}}) \tag{1.17}$$

式中，$\tilde{\boldsymbol{m}}$ 为预测的高分辨率地震图像或岩石参数；$\boldsymbol{d}$ 为地震数据；$F(\cdot)$ 为物理模型；$f(\cdot)$ 为先验知识(如待预测参数是稀疏的、光滑的或块状的)。根据 $F(\cdot)$ 正演数据与观测数据的吻合程度及满足先验信息来评价反演结果的有效性。以物理模型为主导的模型驱动方法对地球物理数据实现了非线性的特征挖掘。数据驱动方法不再对地下介质情况进行理论假设，直接使用实际介质情况下测得的地球物理数据构建优化模型，建立表征测量数据与预测目标之间的高维非线性关系的隐式方程，实现特征的层级提取与可视化表达。

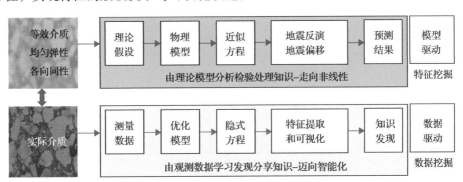

图 1.26　模型驱动与数据驱动的联系与区别

对应式(1.17)的模型驱动方法，数据驱动方法建立的高分辨率处理或地震反演目标函数为

$$J = \lambda \left\| \tilde{F}(\tilde{\boldsymbol{m}}) - \boldsymbol{d} \right\|_2^2 + \left\| \tilde{\boldsymbol{m}} - \boldsymbol{m} \right\|_2^2 \tag{1.18}$$

式中，$\tilde{F}(\cdot)$ 为数据驱动方法建立的"物理模型"；λ 为正则化参数。式(1.17)和式(1.18)对比表明，模型驱动方法预测得到的参数需要严格满足基于某种数学假设的先验约束 $f(\cdot)$，如稀疏性和光滑性。该先验约束不能满足实际地下变化多样

的地质结构特征。但是，数据驱动方法可以通过学习的方式表达千变万化的地质规律及统计分布，并将其融入建模过程之中。

以地震高分辨率处理为例，图 1.27(a) 为待处理的地震图像，图 1.27(b) 为基于式(1.17)的模型驱动方法得到的高分辨率反演结果，图 1.27(c) 为基于式(1.18)的数据驱动方法得到的高分辨率反演结果。三者对比说明数据驱动方法完成了由观测数据学习并发现新知识的过程，实现了原始数据的深度挖掘，发现了地震图像右下角隐含的河道信息，获得了超出模型驱动方法性能的预测结果。

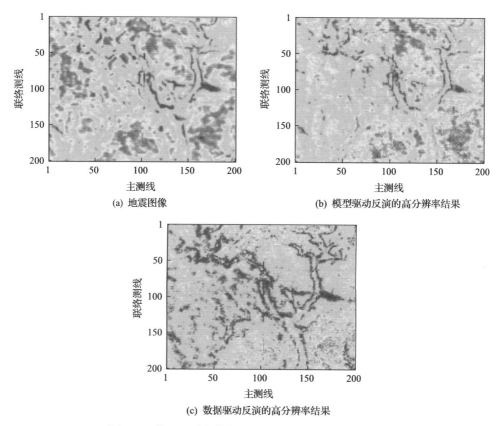

(a) 地震图像　　　　　　　　　　　(b) 模型驱动反演的高分辨率结果

(c) 数据驱动反演的高分辨率结果

图 1.27　模型驱动与数据驱动反演的高分辨率结果对比

参 考 文 献

陆孟基. 1993. 地震勘探原理. 北京: 石油工业出版社.

田楠, 高云峰, 王宗俊, 等. 2021. 加拿大油砂 SAGD 开发时移地震匹配处理方法研究. 物探技术研讨会, 成都.

王华忠, 冯波, 王雄文, 等. 2015. 地震波反演成像方法与技术核心问题分析. 石油物探, 54(2): 115-125, 141.

张永刚. 2003. 地震波场数值模拟方法. 石油物探, 42(2): 143-148.

Baysal E, Kosloff D D, Sherwood J W. 1983. Reverse time migration. Geophysics, 48(11): 1514-1524.

Breiman L. 2001. Random forests. Machine Learning, 45: 5-32.

Cho K, Merriënboer B V, Gulcehre C, et al. 2014. Learning phrase representations using RNN encoder-decoder for statistical machine translation//Moschitti A,Pang B,Daelemans W. Proceedings of the 2014 Conference on Empirical Methods in Natural Language Processing (EMNLP) . Doha :Association for Computational Linguistics: 1724-1734.

Cybenko G. 1989. Approximation by superpositions of a sigmoidal function. Mathematics of Control, Signals and Systems, 2(4): 303-314.

Deng J, Dong W, Socher R, et al. 2009. Imagenet: A large-scale hierarchical image database. IEEE Conference on Computer Vision and Pattern Recognition (CVPR), Miami: 248-255.

Elman J L. 1990. Finding structure in time. Cognitive Science, 14(2): 179-211.

Fukushima K. 1980. Neocognitron: A self-organizing neural network model for a mechanism of pattern recognition unaffected by shift in position. Biological Cybernetics, 36(4): 193-202.

Goodfellow I, Pouget-Abadie J, Mirza M, et al. 2014. Generative adversarial networks. Communications of the ACM, 63(11): 139-144.

He K M, Zhang X Y, Ren S Q, et al. 2016. Deep residual learning for image recognition. IEEE Conference on Computer Vision and Pattern Recognition (CVPR), Las Vegas: 770-778.

Hinton G E, Salakhutdinov R R. 2006. Reducing the dimensionality of data with neural networks. Science, 313: 504-507.

Hinton G E, Osindero S, Teh Y W. 2006. A fast learning algorithm for deep belief nets. Neural Computation, 18(7): 1527-1554.

Hochreiter S, Schmidhuber J. 1997. Long short-term memory. Neural Computation, 9(8): 1735-1780.

Hopfield J J. 1982. Neural networks and physical systems with emergent collective computational abilities. Proceedings of the National Academy of Sciences, 79(8): 2554-2558.

Hornik K, Stinchcombe M, White H. 1989. Multilayer feedforward networks are universal approximators. Neural Networks, 2(5): 359-366.

Hubel D H, Wiesel T N. 1962. Receptive fields, binocular interaction and functional architecture in the cat's visual cortex. The Journal of Physiology, 160(1): 106-154.

Hunt E B, Marin J, Stone P J. 1966. Experiments in induction. The American Journal of Psychology, 80(4): 651-653.

Jordan M I. 1986. Serial order: A parallel distributed processing approach. San Diego: Institute for Cognitive Science, University of California.

Kohonen T. 1982. Self-organized formation of topologically correct feature maps. Biological Cybernetics, 43(1): 59-69.

Krizhevsky A, Sutskever I, Hinton G E. 2017. ImageNet classification with deep convolutional neural networks. Communications of the ACM, 60(6): 84-90.

LeCun Y, Boser B, Denker J S, et al. 1989. Backpropagation applied to handwritten zip code recognition. Neural Computation, 4(1): 541-551.

LeCun Y, Bottou L, Bengio Y, et al. 1998. Gradient-based learning applied to document recognition. Proceedings of the IEEE, 86(11): 2278-2324.

LeCun Y, Bengio Y, Hinton G. 2015. Deep learning. Nature, 521: 436-444.

Lee H, Grosse R, Ranganath R, et al. 2011. Unsupervised learning of hierarchical representations with convolutional deep belief networks. Communications of the ACM, 54(10): 95-103.

Leijnen S, Van Veen F. 2020. The neural network zoo. Conference Theoretical Information Studies (TIS), Berkeley.

Linnainmaa S. 1970. The representation of the cumulative rounding error of an algorithm as a Taylor expansion of the local rounding errors. Helsinki: University of Helsinki.

Long J, Shelhamer E, Darrell T. 2015. Fully convolutional networks for semantic segmentation. IEEE Conference on Computer Vision and Pattern Recognition (CVPR), Boston: 3431-3440.

McCarthy J, Minsky M, Rochester N, et al. 1955. A proposal for the dartmouth summer research project on artificial intelligence. (1955-08-31)[2023-12-10]. http://www-formal.stanford.edu/jmc/history/dartmouth/dartmouth.html.

McCulloch W S, Pitts W. 1943. A logical calculus of the ideas immanent in nervous activity. Bulletin of Mathematical Biophysics, 5: 115-133.

Minsky M, Papert S. 1969. Perceptrons: An Introduction to Computational Geometry. Cambridge: MIT Press: 104.

Olshausen B A, Field D J. 1996. Emergence of simple-cell receptive field properties by learning a sparse code for natural images. Nature, 381(6583): 607-609.

Reichstein M, Camps-Valls G, Stevens B, et al. 2019. Deep learning and process understanding for data-driven earth system science. Nature, 566: 195-204.

Rosenblatt F. 1958. The perceptron: A probabilistic model for information storage and organization in the brain. Psychological Review, 65(6): 386-408.

Rumelhart D E, Hinton G E, Williams J W. 1986a. Learning representations by back-propagating errors. Nature, 323(6088): 533-536.

Rumelhart D E, Hinton G E, Williams R J. 1986b. Parallel Distributed Processing Explorations in the Microstructure of Cognition. Cambridge: MIT Press: 318-362.

Samuel A L. 1959. Some studies in machine learning using the game of checkers. IBM Journal of Research and Development, 3(3): 210-229.

Schuster M, Paliwal K K. 1997. Bidirectional recurrent neural networks. IEEE Transactions on Signal Processing, 45(11): 2673-2681.

Silver D, Huang A, Maddison C J, et al. 2016. Mastering the game of Go with deep neural networks and tree search. Nature, 529(7587): 484-489.

Smolensky P. 1986. Information processing in dynamical systems: Foundations of harmony theory. Parallel Distributed Processing: Explorations in the Microstructure of Cognition: 194-281.

Turing A M. 1950. Computing machinery and intelligence. Mind, 49: 433-460.

Vapnik V N. 1982. Estimation of Dependences Based on Empirical Data. New York: Springer.

Wang S X, Li X Y, Di B R, et al. 2010. Reservoir fluid substitution effects on seismic profile interpretation: A physical modeling experiment. Geophysical Research Letters, 37(10): L10306.

Wang S X, Li X Y, Qian Z P, et al. 2007. Physical modelling studies of 3-D P-wave seismic for fracture detection. Geophysical Journal International, 168(2): 745-756.

Werbos P. 1974. Beyond regression: New tools for prediction and analysis in the behavioral sciences. Cambridge: Harvard University.

第 2 章　人工智能地震资料处理

本章主要介绍人工智能技术在四种典型的地震资料处理场景中的应用。主要包括利用人工智能自动检测和拾取地震记录中的初至信息；挖掘地震记录中的速度信息，并进行速度拾取或速度分析；借助循环类神经网络或物理引导神经网络技术，提升地震记录的分辨率；基于图像领域的深度学习技术对地震记录进行噪声衰减处理，以此提高地震记录的信噪比。本章在合成数据和实际数据上验证多种深度学习方法的有效性，展现了人工智能技术在地震资料处理中的巨大潜力和优势。

2.1　初　至　拾　取

地震勘探中，初至是指由地震激发的有效波经过地层反射或折射到达检波器并引起检波器响应的最早时刻。初至是地震数据中的一种重要信息，对近地表速度估计、静校正、子波提取和 Q 值估计等具有重要意义。初至之前的地震波形主要是相关性很差的环境或背景噪声，初至之后的地震波形在空间上呈现出较明显的相关性。因此，通常可以利用初至前后两类数据的波形特征差异来确定初至时刻，初至时刻就是这两类数据的分界线。最早的初至拾取工作是由地震资料处理人员手工拾取获得的。后来，学者又提出了一些自动的初至拾取算法。随着油气勘探逐步转向复杂地表和复杂地下结构及"两宽一高"地震采集技术的普及，地震勘探数据量急剧增大、人工成本不断增加，如何高效地从复杂的地震资料中拾取初至信息成为亟待解决的问题。

2.1.1　研究进展

人工初至拾取是一种最简单、最直接的方法，它可以灵活地引入任何先验知识，如初至波的空间连续性。即使对于信噪比较低或不规则采样的地震数据，解释人员仍可以利用相邻地震道的信息进行人工解释。然而，由于地震勘探数据量不断增大，人工拾取费时费力，为了提高拾取效率，减轻解释人员的工作量，业内出现了各种自动、半自动的初至拾取方法，如基于能量的方法(Coppens, 1985)、基于熵的方法(Sabbione and Velis, 2010)、基于分形维数的方法(Boschetti et al., 1996; Jiao and Moon, 2000)及基于高阶统计的方法(Yung and Ikelle, 1997; Saragiotis et al., 2004; Tselentis et al., 2012)。上述方法通常利用单个地震道数据来提取初至的某个敏感属性，这些方法简单、计算效率高，但是往往忽略了地震初至之间的空间相关性。当地震初至波的波形较清晰、地震数据信噪比较高时可以取得令人满意的结果。然而，当地表和地下构造复杂、信噪比较低时，初至拾取的准确率会显著降低。与基于单道的初至拾取方法相比，基于多道的初至拾取方法提取了相邻道的空间特征信息，如基于相关的方法(Gelchinsky and Shtivelman, 1983; Molyneux and Schmitt, 1999)或模板匹配的方法(Plenkers et al., 2013; Caffagni et al., 2016)。基于多道的初至拾取方法可以通过获取道与道之间相关或卷积计算后结果的最大值来拾取初至。由于同时使用多个道集或者更高维的数据，基于多道相关或模板匹配的方法可以在低信噪比条件下有效拾取初至(Caffagni et al., 2016)。

大多数基于单道或多道的方法只计算每个时间采样点的一个属性，然后选择具有最大或最小属性值的位置作为初至时刻。为了提高拾取的稳定性，引入了可自动提取地震特征或属性的深度神经网络(DNN)方法。深度神经网络方法利用海量数据构建具有多个隐藏层的网络模型，从而更好地自动提取多种地震"特征"(不一定具有物理含义)，并对这些地震"特征"进行分类。传统的神经网络法由于网络层数的限制，往往需要预先确定敏感属性，难以充分考虑相邻道的空间特征信息，拾取精度有限。深度学习技术能够自动提取输入时窗中属性数据的统计学特征，极大程度地节省了人力和时间，近几年来成为研究热点。人工智能方法在初至拾取中的部分研究进展如表 2.1 所示。

表 2.1　人工智能初至拾取研究进展

作者	年份	研究内容及成果
Murat 和 Rudman	1992	将人工神经网络用于单分量地震初至拾取，利用地震道半周期的 4 种振幅属性，通过神经网络拾取地震初至
Dai 和 MacBeth	1997	将全连接神经网络应用于三分量地震记录初至拾取，将 X 分量、Y 分量和 Z 分量地震数据作为神经网络模型输入，提高网络模型的预测精度，有效识别地震初至
Yuan 等	2018	模仿专家拾取地震初至波过程，引入 CNN 进行地震波形分类和初至拾取，通过使用滑动窗口的方式提取时空振幅来制作样本标签，规避了属性提取、属性优选等步骤，减少了数据预处理过程，探讨了标签准确性和样本丰富性对深度学习初至拾取器的影响
Chen Y K 等	2019a	提出一种用于波形分类的抗噪卷积神经网络架构，该网络采用一维卷积和非重叠时窗采样法，同时提出了结合 CNN 和无监督 K 均值聚类的"两步法"初至拾取过程
Wu 等	2019a	提出一种基于像素级卷积图像分割的初至拾取方法，相比于传统能量比法，该方法在实际数据中取得了更好的预测结果
Hu 等	2019	提出基于 U-Net 的初至波到时拾取，将其描述为二值分割问题，利用一组地震波形数据及其对应的初至时间对 U-Net 进行训练，利用训练后的模型对一个合成数据集和三个低质量的实际数据集进行了验证

续表

作者	年份	研究内容及成果
Xie T 等	2019	提出一种基于全卷积神经网络和迁移学习的初至拾取方法，该方法不仅考虑了数据的空间相关性，且具有良好的泛化能力，在实际数据中取得了准确的预测结果
Tsai 等	2019	提出自动初至拾取与人工解释交互的半监督深度神经网络模型，该方法可识别异常初至并通过主动学习更新网络模型
Zhu 和 Beroza	2019	提出一种基于 U-Net 网络的纵横波初至拾取方法，使用三分量波形数据来预测纵波（P 波）、横波（S 波）和噪声的概率分布，取其概率分布峰值作为纵波和横波到达时间的预测结果，与传统的短时平均与长时平均之比（STA/LTA）方法相比，利用该方法得到的初至拾取结果具有较高的准确率和召回率
Liao 等	2019	提出一种以有限连续小波特征图像为输入，基于预训练 CNN 的自动初至拾取方法。与能量比法和自适应多频带拾取法相比，该方法具有更准确、更稳定的拾取结果
陈德武等	2020	提出基于混合网络 U-SegNet 的地震初至自动拾取方法，融合了 U-Net 和 SegNet 两个网络结构，但为了节约时间和内存，去掉了通过学习参数上采样的反卷积操作
周创等	2020	构建了一种适用于地震数据初至拾取的深度卷积对抗神经网络，在对地震数据进行能量均衡等预处理后，选取初至时刻后含波峰的半波长数据作为初至特征加入训练，将预处理后的地震数据与初至数据用于生成器与判别器的训练，直到得到网络结构的最优参数，并用山地地震数据验证了方法的有效性
Duan 和 Zhang	2020	提出基于地震和机器学习相结合的多道初至拾取方法，其主要思想是应用传统方法来获取初至，然后使用 CNN 方法识别出不良初至，并通过时差校正来修复、改善初至拾取结果。提出的方法应用到不同分布的数据集时，不用再重新进行训练
Zhang 和 Sheng	2020	使用残差模块嵌套 U-Net 网络模型，在保留输入信息空间位置的同时，可以实现端到端的地震初至拾取
Yuan P Y 等	2020	建立了一个由 U-Net 分割网络和 RNN 后处理程序组成的初至拾取工作流程，首先采用 Lovasz 损失训练一个 U-Net 地震图像分割网络，随后使用 RNN 方法来改进初至识别结果
Cova 等	2021	提出基于 U-Net 网络和视速度约束的地震波初至自动拾取方法，实际资料测试结果表明，基于速度约束的方法提高了分割图像中的边界识别精度，这些边界指示了初至波的时间
Gillfeather-Clark 等	2021	探索了三种有监督神经网络初至拾取方法，包括全连接神经网络、CNN 和长短记忆网络（LSTM），与 Coppens（1985）提出的能量比法相比，CNN 与 LSTM 方法更为有效
Guo 等	2021	针对实验室声发射监测数据，提出一种基于深度学习的 P 波初至时间拾取方法，将波形和高阶统计量相结合作为输入，丰富了输入数据的特征，加快了 CNN 模型的学习过程
Yuan S Y 等	2022	提出一个 22 层 SegNet 网络的地震初至拾取方法，该方法可以直接从非规则地震数据中拾取初至，并对网络中间特征进行了可解释性分析以及对概率图进行了利用
Han 等	2022	提出使用三维 U-Net 网络来拾取地震数据的初至，将初至拾取任务转换成一个二进制分割任务。测试结果表明，三维 U-Net 网络在高维拾取的一致性方面优于二维 U-Net 网络

作者	年份	研究内容及成果
Jiang 等	2023	提出了以 Swin Transformer 为主干网络的 STUNet，并将二维地震数据转化为一维序列，以保留对相邻地震道空间信息的建模能力，该网络尤其适用于初至时间变化剧烈的地震道
李建平等	2023	基于 U-Net 网络，结合残差学习模块和亚像素卷积方法，构建了一种超分辨率深度残差网络的初至智能拾取方法，该方法通过引入残差学习模块增强了网络对地震数据的学习能力，同时使用亚像素卷积方法提高特征图的分辨率，从而实现初至精准定位
Yuan 等	2024	将基于图像学的地震波形分类与初至智能拾取问题转化为基于观测系统参数智能预测地震波初至时刻的回归问题，采用双向 LSTM 模拟解"程函波动方程"的迭代过程，回归学习出偏移距、炮点高程和检波点高程等多种信息与地震初至走时之间的运动学关系，三维低信噪比实际地震数据测试表明了该方法的先进性，多种处理质控验证了该方法的有效性

本节分别利用卷积神经网络、全卷积神经网络和双向长短期记忆(BiLSTM)网络，并从回归-分类、滑动窗口-端到端等多个角度实现地震波形分类和初至自动拾取。基于滑动窗口的分类方法可克服远炮检距中能量较强的直达波干扰，在高信噪比的合成炮集数据和实际炮集数据上可取得良好的应用效果。基于端到端的分割类方法可实现像素级的初至拾取，合成数据测试结果表明，即使在随机缺道 50%或连续缺失 21 道的情况下，该方法也能准确地拾取地震初至。基于地震观测系统信息的回归方法可克服图像语义分割或波形分类任务的局限性，具有更强的适用性与推广性，即使在低信噪比条件下也有良好的应用潜力。

2.1.2　基于滑动窗口的智能初至拾取

本小节介绍基于滑动窗口的智能初至拾取，选择经典的卷积神经网络作为本小节方法的函数架构。该方法以地震数据为驱动，利用神经网络的学习能力自动提取窗口内时空地震数据中的特征，达到区分窗口中心位置为初至或非初至的目的。本小节采用合成的与实际的地震炮集实例测试该方法的应用效果。测试结果表明，该方法针对较高信噪比的地震数据，具有较好的地震波形分类和初至拾取效果。

1. 方法原理

现有的初至自动拾取算法大多以提取的振幅、频率、相位等地震属性作为初至波的判断依据，其拾取精度依赖于选取的地震属性的质量和数量等。本小节使用 CNN 进行波形分类，CNN 可以在时间-炮检距域中综合考虑初至波与非初至波的关系，减少人工参与程度，并通过阈值函数和领域知识对得到的波形分类结果进行后处理，实现初至自动拾取，为解决初至自动拾取的现有问题提供新的可能性。基于滑动窗口的智能初至拾取的主要实现步骤见表2.2。

表 2.2　基于滑动窗口的智能初至拾取工作流程

输入数据：地震炮集上通过滑动窗口获得的数据

输出数据：滑动窗口数据中心点位置的初至分类结果(初至或非初至)

(1)数据预处理。主要包括消除异常值、面波衰减、滤波、裁剪和归一化等

(2)标签制作。优选一部分典型的炮集，人工精细拾取这些炮集对应的初至以制作初至标签

(3)数据裁剪。使用滑动子窗口对典型炮集中的每一个单炮数据在时间-炮检距域上进行切割，且剔除有异常噪声(如野值)的样本

(4)对标签进行独热(One-hot)编码。采用 One-hot 方式，数字化(2)和(3)预处理步骤后对应样本的标签，若中心点为初至波，则标签为向量[1 0]，否则标签为向量[0 1]

(5)卷积神经网络架构设计。主要包括卷积层、池化层和全连接层的数量、排序以及卷积核的数量和大小等

(6)网络模型训练。将训练数据及对应的初至标签输入卷积神经网络进行训练

(7)网络模型测试。将测试数据输入训练好的网络模型中，得到测试集数据对应的波形分类和初至拾取结果，采用验证集标签进行模型评估

(8)初至结果优选。利用阈值函数和领域知识进一步优选，得到最终的初至拾取结果

　　该方法通过滑动子窗口所包含的信息对其中心点像素进行分类，当该滑动窗口遍历完样本数据中的每一个点后，神经网络完成对炮集数据中所有采样点的分类。样本和标签的制作对于该方法而言是一项基础且重要的工作。同时，由于人工标签数量有限，优选的训练集数据要求尽可能包含该工区炮集数据中所有类型的地震波，如浅层折射波、深层折射波、直达波、回折波等初至波及不同形态、不同类型的非初至波，且不能有明显的数量级差距，要具有足够代表性且易于分类。如果条件允许，可增加优选的典型炮集的数量。

　　2. CNN 网络架构

　　一个有监督的 CNN 往往需要经历训练、验证和测试三个阶段。其使用的数据集被分为训练集、验证集和测试集。在训练集和验证集中，应尽量包含各种典型的单炮数据，如不同形态、不同类型的初至或非初至等，并将所有数据裁剪成相同的大小。对不同集合中的所有样本进行进一步预处理，主要包括消除异常值、面波衰减、滤波、裁剪和归一化等。在网络训练的过程中，首先使用训练数据集训练 CNN，更新权值与偏置，引入损失函数计算误差值随迭代过程的变化，当损失值下降至预期目标后，完成 CNN 的第一阶段。将验证集导入第一阶段训练好的 CNN 模型中，得到输出结果并与验证集标签求取误差，根据误差值评估 CNN 模型，并进行模型选择和参数调整，尽可能选取最优的 CNN，完成 CNN 的第二

阶段。测试集用于检测 CNN 在实际数据中的泛化能力，应用最优的网络模型到测试集，得到初至拾取结果，完成 CNN 的第三阶段。

本小节使用的 CNN 由输入层-卷积层-池化层-卷积层-全连接层-输出层构成（Yuan et al., 2018），具体网络架构图如图 2.1 所示。两个卷积层分别包括 6 个和 12 个大小为 3×3 的卷积核，池化层采用尺寸为 3×3 的平均池化。卷积层是 CNN 的重要组成部分，用于从地震数据中提取时空属性或特征图。池化层可以以降低分辨率为代价压缩提取的每个特征的维度或大小，并且能够缓解网络训练的过拟合问题。全连接层可以将每个输入子图像对应的属性矩阵转换为具有 0 和 1 两个值的分类输出向量。

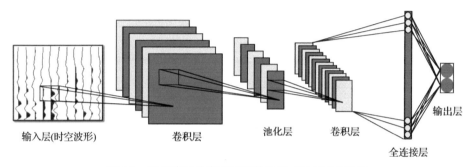

图 2.1　地震波形分类和初至拾取的 CNN 网络架构

1）卷积层

卷积层是神经网络特征提取过程中最关键的环节。每一个卷积层通常由多个卷积核和激活函数组成。其中，卷积核由多个大小、维度相同的权值矩阵构成。设置多个尺寸相同的卷积核的目的在于对同一个输入数据提取不同的特征。激活函数是将神经网络中的线性操作转化为非线性操作，以适应更复杂的问题。

卷积过程主要通过局部感知和权值共享以一定尺寸的卷积核提取输入数据的时空特征。对于局部感知，卷积后的每一个输出特征值实际上是一个较小尺寸的卷积核与相同尺寸的局部输入图像点积的结果。换言之，输出特征图中的每个神经元只与输入图像对应位置的邻域相关。通过若干堆叠的卷积层和池化层，可以逐渐扩大局部感知的范围，以提取更多的时空统计信息。对于权值共享，输出特征图中每个神经元对应的卷积核参数保持不变，即卷积运算的结果可以看作模板匹配度，其中模板为卷积核。这一方式可降低 CNN 的复杂程度，使其更容易训练。输出特征值较大的区域表明该区域周围的输入数据与卷积核具有相似的模式。输出特征值接近的位置表明，以这些位置为中心的局部区域时空波形特征相似。

如图 2.1 所示，将输入层或池化层的输出矩阵作为卷积层的输入矩阵，并将其输出矩阵作为池化层或全连接层的输入矩阵。卷积层的卷积操作具体如图 2.2 所示，卷积核以滑动的形式依次对所有数据进行卷积运算，并将生成的结果组合成为卷积层的输出。其中，红色数字"0"为零填充，其目的是使卷积后的特征图与输入图像尺寸相同；符号"*"表示卷积算子；输出矩阵中的蓝色数值即卷积核与输入矩阵中蓝色区域点积的结果。

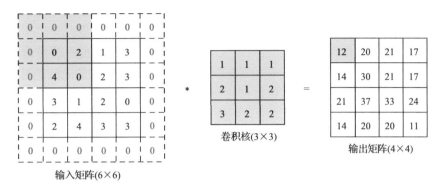

图 2.2　卷积过程示意图

随后，将卷积结果输入激活函数中，计算出一系列新的特征图（输出矩阵），本小节所用激活函数及卷积层的输出矩阵表达式如下：

$$\text{Sigmoid}(\boldsymbol{x}) = \left[1 + \exp(-\boldsymbol{x})\right]^{-1} \tag{2.1}$$

$$\boldsymbol{X}_k^l = \text{Sigmoid}\left(-\boldsymbol{X}^{l-1} * \boldsymbol{W}_k^l - \boldsymbol{b}_k^l \boldsymbol{E}\right) \tag{2.2}$$

式中，$\text{Sigmoid}(\cdot)$ 为本小节所用激活函数；$\boldsymbol{X}^{l-1}$ 为 $l-1$ 层的输出矩阵或 l 层的输入矩阵；$\boldsymbol{W}_k^l$ 为第 l 层第 k 个卷积核；$\boldsymbol{X}_k^l$ 为第 l 层第 k 个输出特征图；$\boldsymbol{b}_k^l$ 为第 l 层第 k 个卷积核对应的偏置；$\boldsymbol{E}$ 为全部数值均为 1 的矩阵。

卷积层个数决定 CNN 的深度，往往卷积层个数越多，神经网络的深度越深，可以挖掘更复杂的非线性关系。此外，卷积层包含的卷积核越多，通常可以挖掘越多的特征信息。但是，越多的卷积核和越深的网络架构往往拥有更多的网络参数，需要更丰富的样本数据和更高的时间成本支持网络训练，对训练设备和网络优化程度的要求也更高。通常，浅层的卷积层挖掘样本中局部的、低级的特征，深层的卷积层挖掘样本中全局性的、高级的特征。因此，对于不同复杂程度的任务，需要选取合适的卷积层数和卷积核数量，以适应训练样本数量，减轻网络的训练负担和成本，提高初至拾取效率。

2）池化层

池化层是对输入数据进行下采样处理，其目的是压缩特征矩阵，提取其重要特征，通常放在卷积层之后。池化操作是数据从多到一的映射过程，从输入矩阵的每个 n 维子方阵中提取一个特定数值，它和卷积过程共同起到了增大网络感受域的作用。常用的两种池化操作为最大池化和平均池化。最大池化是将 n 维子方阵中最大的元素作为池化层输出矩阵对应点的输出值，平均池化则是取子方阵中所有元素的平均值作为其对应点的输出值。池化层在对特征图进行压缩的同时保留了输入矩阵中最重要的信息。几个叠加的池化层可以逐渐减少数据的维度，并作为正则项防止网络过拟合。

平均池化的具体操作如图 2.3 所示，将上一个卷积层的输出矩阵作为其输入矩阵，并将其输出矩阵作为下一个卷积层的输入矩阵。以滑动的形式依次对所有数据进行池化操作，并将生成的结果组合成为池化层的输出。图 2.3 表示大小为 $2×2$，滑动步长为 2 的平均池化操作。输入矩阵中的蓝色子矩阵经过平均池化后得到输出矩阵中的蓝色值。

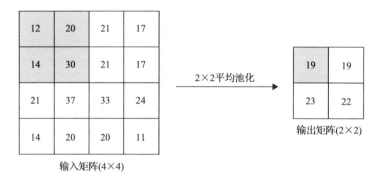

图 2.3　平均池化过程示意图

这里以平均池化为例，其表达式如下：

$$\boldsymbol{D}_l=\mathrm{MeanPool}(\boldsymbol{C}_l) \tag{2.3}$$

式中，符号 $\mathrm{MeanPool}(\cdot)$ 为平均池化操作；$\boldsymbol{C}_l$ 为第 l 层池化层的输入矩阵；$\boldsymbol{D}_l$ 为第 l 层的池化结果，其大小小于特征图 $\boldsymbol{C}_l$。

3) 全连接层

全连接层通常设置在输出层之前，其本质是由一个特征空间线性变换到另一个特征空间，它接收前一层的输出矩阵，并起到将学到的"分布式特征表示"映射到样本标记空间的作用。在 CNN 中，将最后一个卷积层输出的多个特征矩阵的所有元素光栅化排列为一个一维矩阵。同时，根据分类个数设置一个长度与光栅化排列后的一维矩阵相同、宽度与分类个数相同的二维权值矩阵。全连接层的作用是对提取的特征进行分类或回归，将卷积层、激活函数和池化层操作后的最终特征作为输入，将预测结果作为输出。

CNN 训练的过程可以看成是利用交互的正向传播和反向传播来解决一个复杂的非线性逆问题。正向传播的目的是根据设计的网络和更新的参数（即权重和

偏置)计算分类输出,而反向传播的目的是通过更新网络参数,使损失函数逐步减小。误差函数的一般形式为

$$\mathrm{Loss}(\boldsymbol{m}) = \frac{1}{2N}\sum_{i=1}^{N}\left\|\boldsymbol{Y} - \boldsymbol{Y}'(\mathrm{Net},\boldsymbol{m})\right\|_2^2 \tag{2.4}$$

式中,Loss(·)为损失函数;N 为该神经网络中分批训练时每一批训练的样本总数;$\boldsymbol{Y}$ 为标签;$\boldsymbol{Y}'$ 为通过正向传播计算得到的输出值;Net 为事先确定的网络架构;$\boldsymbol{m}$ 为网络参数。

对于 CNN 中隐藏层的每一层,通过正向传播各函数的反函数,求取误差与权值的梯度,进而得到权值改变量,再用原有权值与权值改变量作差,实现权值的更新。根据误差函数不断迭代正向传播过程与反向传播过程,直至误差值足够小,得到训练好的网络模型。对于炮集数据中每个时间-炮检距域的采样点,该网络模型可以通过以该点为中心获取的子图像将该点分类为初至波或非初至波。

根据上述方法将炮集数据输入训练好的神经网络,可以得到一个一维的分类结果向量,向量若更接近[1 0],则可能为初至波的位置,若更接近[0 1],则可能为非初至波的位置。图 2.4 为基于波动方程模拟炮集数据的分类结果,图中蓝色圈被初步分类为初至波,可以看出,每个地震道有不止一个点被分类为初至波,因此需要定义一个阈值函数找到实际初至波所在位置。

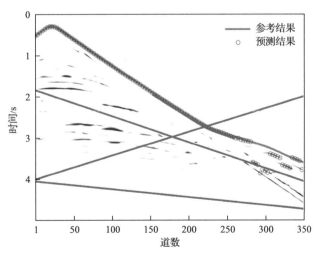

图 2.4　模拟炮集数据的分类结果

蓝线代表与 CNN 训练的非初至样本点所在的位置

本小节定义的阈值函数如下:

$$F(t,x) = \left|o_1(t,x) - 1\right| + \left|o_2(t,x)\right| \tag{2.5}$$

式中，t 为时间域；x 为炮检距域；$F(t,x)$ 的数值表征初至拾取的阈值，当该值接近 0 时，可能为初至波，接近 2 时可能为非初至波，本小节选取的阈值为 1，即将 $F(t,x)$ 小于 1 对应滑动子窗口的中心点位置归为初至一类；$o_1(t,x)$、$o_2(t,x)$ 分别为滑动子窗口的中心点位置被分类为初至、非初至的概率，$o_1(t,x)+o_2(t,x)=1$。阈值的作用是检测初至波，包括假的初至波。通常，与这些假的初至波相对应的子图像或多或少类似于被标记为初至波的时空波形样本。

为了避免检测到假的初至波，采用了领域知识进行后处理，主要包括每道地震道上第一个局部极小值及后续的中值滤波。每道的第一个局部最小值提取规则被用来限制对一些虚假初至波的检测，其本质上利用了真实初至波的最早到达特性。而利用中值滤波操作来考虑真实初至波的空间相干特性，可以帮助调整任何孤立的初至波拾取以适应相邻拾取的趋势。

3. 实例分析

本小节采用合成地震炮集数据和实际地震炮集数据来说明 CNN 在地震波形分类和初至拾取方面的应用效果。合成地震炮集数据的尺寸为 2455×330，将其裁剪为 47×11 大小的时间-炮检距域样本，其中 47 表示时间采样点数，11 表示横向地震道数。对于 CNN 的训练，网络的初始权重是随机分配的，所有偏置初始化为 0，总迭代次数为 200。

在整个工区的数百炮合成地震炮集数据中优选两炮地震数据，其中一炮作为 CNN 的训练集和验证集，另外一炮作为测试集。该合成数据包含初至波及多种初至后的干扰波，初至波到达前无噪声干扰。初至波包括直达波和折射波，尤其在远炮检距下，直达波能量远强于折射波初至能量，形成很强的干扰。此外，本小节选取的测试数据与训练数据的同相轴形态在炮检距域宏观差距较大，时间域上测试数据初至波与其他干扰波叠加，造成初至波的波形与训练数据存在较大差距，为波形分类任务创造了较大难度。图 2.5(a) 为合成地层炮集数据及对应的初至拾取结果，其中红线为初至部分，蓝线为非初至部分。初至位置的样本选取为该炮中所有初至信息，包括直达波初至和折射波初至。非初至位置的样本选取基本遍历了该炮地震数据中所有种类的干扰波以及初至前无信号的区域，且各种干扰波样本无明显的数量级差异。以画线位置的标签以及对应的样本为训练数据输入 CNN，多次迭代使损失函数较好收敛后，将整炮数据所有位置的样本作为验证数据导入训练好的 CNN 中，得到图 2.5(b)，其中黑色区域被初步分类为初至波，白色区域被初步分类为非初至波。经过阈值函数和领域知识后处理，得到该炮的 CNN 地震初至拾取结果，在图中以蓝色圆圈表示。可以看出，该算法得到的初至拾取位置(空心圆圈)与人工拾取的初至标签位置(红色实线)基本重合，证明网络训练成功。

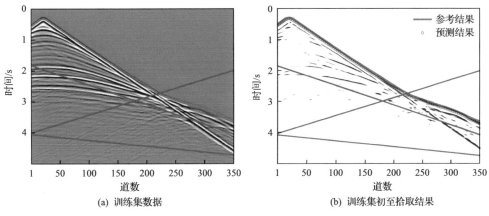

(a) 训练集数据　　　　　　　　　　　(b) 训练集初至拾取结果

图 2.5　合成地震训练集数据及初至拾取结果

在工区上距离训练集数据较远的位置选取一炮地震数据作为测试集数据,如图 2.6(a)所示,其中红线为人工拾取的初至位置。将该炮所有位置的样本输入训练好的 CNN 中,得到测试集数据的初步预测结果,如图 2.6(b)所示。经过阈值函数和领域知识后处理,得到最终初至拾取结果,在图中以蓝色圆圈表示。从图 2.6(b)可看出,预测结果与人工拾取结果基本重合,证明该地震波形分类和初至拾取 CNN 算法的有效性,且网络训练收敛较快,具有良好的泛化能力。

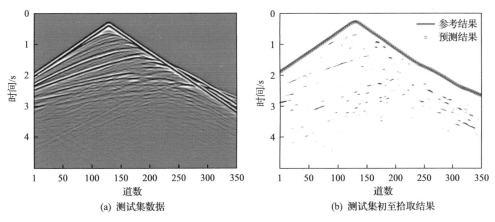

(a) 测试集数据　　　　　　　　　　　(b) 测试集初至拾取结果

图 2.6　合成地震测试集数据及初至拾取结果

本小节还使用一套实际地震炮集数据来检验该方法在实际生产中的应用潜力。优选两个叠前炮集数据,其中一炮作为 CNN 的训练集和验证集,另外一炮作为测试集。图 2.7(a)是地震训练集炮集数据,其中时间采样点数为 4955,地震道数为 339。图 2.7(a)中红线和蓝线为神经网络输入子图像的中心点集合,其对应标签分别为初至及非初至。在实际数据的测试中，采用1434个子图像作为输入，其中339个子图像为初至类。该地震数据特点为初至波能量较弱，初至后干扰波能量较强，尤其存在强能量的面波干扰，初至前存在较弱的噪声干扰。初至波主要由近偏移距的直达波和远偏移距的折射波初至构成，其中折射波初至能量非常弱，给初至拾取任务带来了一定的挑战性。图2.7(b)展示了基于CNN的波形分类和初至拾取结果，预测的初至(蓝色圆圈)与人工拾取结果(红色实线)基本吻合，证明了该方法在实际数据中的有效性。将训练好的CNN推广到测试集炮集数据，同样得到了理想的预测结果，说明对于远偏移距的折射波初至也有良好的拾取效果(图2.8)。

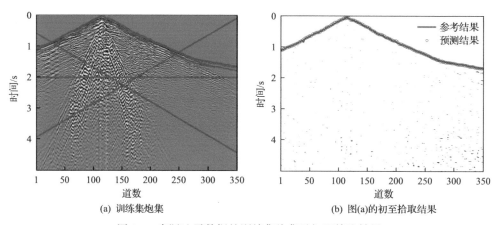

(a) 训练集炮集   (b) 图(a)的初至拾取结果

图2.7　实际地震数据的训练集炮集及初至拾取结果

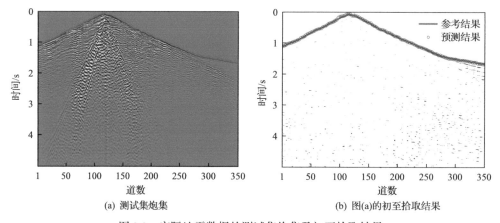

(a) 测试集炮集   (b) 图(a)的初至拾取结果

图2.8　实际地震数据的测试集炮集及初至拾取结果

2.1.3　基于端到端神经网络的初至拾取

如2.1.2节所述，基于滑动窗口的初至拾取方法设计了一个固定的滑动时窗，随后，在炮集数据上滑动提取子数据，每一个滑动时窗对应的子数据被当作一个样本，最后输入神经网络进行训练，从而识别子数据中心像素点的类别。其本质是一种多个变量到一个单一变量(初至或非初至)的映射过程。本小节介绍一种不同类型的基于端到端神经网络的初至拾取方法。该方法主要通过语义分割方式将初至之上的背景类(纯噪声)与初至之下的有效信号类(信号+噪声)进行分类，而这两类之间的分界线即拾取的初至。其优势为可以接收任意大小的输入数据，并且可以输出相同大小的数据，确保输入数据与输出数据特征一致，最后在上采样时对特征图按照像素进行分类。本小节采用 SegNet 全卷积神经网络，并模拟实际非规则采样情况，以测试网络模型在非规则采集情况下初至拾取的效果及分析端到端神经网络的物理作用。测试结果表明，即使在随机缺道 50%、规则缺道 50%或连续缺失 21 道的情况下，本小节方法都能较好地直接进行地震波形分类并拾取初至。

1. 方法原理

初至以下存在大量与初至波波形相似的其他反射波形，且直接对初至波和非初至波类别进行分类存在严重的数据不平衡问题，可能会产生错误的拾取结果(Yuan et al., 2018)。在地震资料采集过程中，初至波上下的波形特征存在较大的差异。初至上方只有背景或噪声，在空间上通常是不相关的，而初至下方一般是有效信号，在空间上是相关的。因此，本小节将初至拾取问题转换为初至之上的背景类(纯噪声)和初至之下的有效信号类(信号+噪声)的分类问题，分别用向量[0 1]和[1 0]表示，两者之间的分界线就是初至，这种方法极大缓解了标签数据的不平衡性，且增加了标签数据的数量，有利于深层学习。

智能初至拾取旨在找到一个能准确表达地震炮集数据到初至标签之间的最佳映射函数。理想情况下，学习的最佳函数能将每个炮集数据中的每一道转化为阶跃函数。Long 等(2015)提出全卷积神经网络架构，该网络去除了全连接层，全部由卷积层和池化层构成，实现了像素级别预测任务的端到端训练。与典型的滑动窗口卷积神经网络相比，全卷积神经网络可实现端到端的像素级智能分类，且测试数据与训练数据的尺寸可以不同，网络架构设计上更加灵活、普适性更强。最近，全卷积神经网络的几个变体包括 U-Net(Ronneberger et al., 2015)、DeepLab (Chen et al., 2017)、SegNet(Badrinarayanan et al., 2017)和 DeconvNet(Noh et al., 2015)等已经被广泛开发和应用。由于野外观测受限于障碍物等，炮集数据往往是不规则的。因此，神经网络寻找的最佳函数应具有捕获相邻地震道空间信息的能力。出于对以上因素的考虑，本小节选择了深层 SegNet 网络架构(Yuan et al., 2022b)。由于 SegNet 端到端预测的特性，网络输出的预测结果与输入数据尺寸相同，每个像素点对应一个二元分类结果。本小节利用 SegNet 神经网络架构进行非规则炮集数据初至拾取的具体流程见表 2.3。

表 2.3　基于端到端 SegNet 网络的智能初至拾取工作流程

输入数据：地震炮集的滑动窗口形式数据

输出数据：与输入数据尺寸相同的初至分类结果(背景类或有效信号类)

(1)标签制作。手动拾取部分初至标签，将初至之上的纯噪声数据记为背景类，将初至之下含信号和噪声的数据记为有效信号类

(2)数据准备。对所有数据以相同的处理流程进行预处理，并将炮集及初至标签裁剪成相同尺寸的数据

(3)网络结构设计。设计网络结构，包括卷积层的数量、池化层的数量、卷积核的大小以及不同层的组合模式等

(4)网络模型评估。定义一个损失函数和几个性能指标来定量评价大量模型的质量

(5)最佳模型选择。将训练集和验证集输入网络模型进行训练，利用梯度下降和早停策略找到一个最佳模型

(6)最佳模型应用。将测试集输入选择的最优模型中，得到对应炮集分割及初至拾取结果

2. SegNet 网络架构

SegNet 神经网络可以自动提取样本数据的时空特征或属性，而不需要预先计算和提取初至波的敏感属性。以 SegNet 网络为分类器，直接从非规则炮集数据中进行端到端的像素级智能分类的过程可以表示为

$$P = \mathrm{SegNet}(X, m) \tag{2.6}$$

式中，X 为输入的地震数据；P 为对应的标签数据；$\mathrm{SegNet}(\cdot)$ 为从 X 到 P 的映射函数，为本小节所用的网络架构，涉及一些超参数，包括卷积层数、池化层数及卷积核大小等。

SegNet 由一个具有可训练参数的端到端编码-解码特征提取器和一个没有任何学习参数的分类器组成，其网络结构如图 2.9 所示。SegNet 的输入是预处理过的非规则单炮地震记录，输出是双通道图，分别表示背景区域(初至之上)和有效

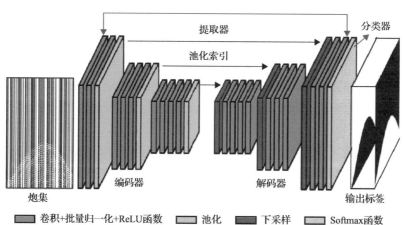

图 2.9　用于地震波形分类和初至拾取的 SegNet 网络架构

信号区域(初至之下)。浅层的网络模型可以学习波形的共性特征,而对于横向变化较大或连续缺道的复杂数据,不易准确分类。因此,SegNet 模型的网络结构需要相对较深、较大的感受野。本小节共设计了 25 层,包括 18 个卷积层、3 个最大池化层、3 个上采样层和 1 个 Softmax 层。在每个阶段内,卷积层由卷积、批量归一化和激活函数三部分组成,池化层位于卷积层之间。本小节所用卷积核尺寸为 3×3,滑动步长为 1,每层卷积核数量均为 64。池化层尺寸为 2×2,滑动步长为 2。

卷积层如图 2.9 中蓝框所示,其输出可表示为

$$\text{ReLU}(\boldsymbol{x}) = \max(0, \boldsymbol{x}) \tag{2.7}$$

$$\boldsymbol{X}_k^l = \text{ReLU}\left[\text{BN}\left(-\boldsymbol{X}^{l-1} * \boldsymbol{W}_k^l - b_k^l \boldsymbol{E}\right)\right] \tag{2.8}$$

式中,ReLU$(\cdot)$ 为本小节所用的激活函数,表示线性整流函数;BN$(\cdot)$ 为批量归一化处理(Ioffe and Szegedy, 2015)。批量归一化是对图像处理的输入数据做标准化处理,处理后的任意一个特征在数据集中所有样本上的均值为 0、标准差为 1。该操作让每一层的输入都有一个稳定的分布,归一化每一层和每一维度的尺寸,有利于网络的训练,可提高计算效率。其计算公式如下:

$$\mu = \frac{1}{m}\sum_{i=1}^{m} \boldsymbol{x}_i \tag{2.9}$$

$$\sigma^2 = \sum_{i=1}^{m}\left(\boldsymbol{x}_i - \mu\right)^2 \tag{2.10}$$

$$\boldsymbol{y}_i = \gamma \frac{\left(\boldsymbol{x}_i - \mu\right)}{\sqrt{\sigma^2 + \varepsilon}} + \beta \tag{2.11}$$

式中,$\boldsymbol{x}_i$ 为输入数据;μ 为输入数据的均值;σ^2 为输入数据的方差;γ 为缩放参数;β 为平移参数;$\boldsymbol{y}_i$ 为归一化后的数据。具体的计算步骤:首先计算批量输入数据的均值和方差;其次对输入数据进行归一化;最后引入缩放参数和平移参数,得到归一化后的值。

池化层如图 2.9 中绿框所示,其输出可表示为

$$\boldsymbol{D}_l = \text{MaxPool}(\boldsymbol{C}_l) \tag{2.12}$$

式中,MaxPool$(\cdot)$ 为最大池化操作,通过滑动窗口的方式比较特征图子方阵元素的最大值作为其对应输出,同时用索引记录最大值的位置。

Softmax 分类器如图 2.9 中黄框所示,它将卷积层的输出转换为 K 个不同类

别的概率分布，可表示为

$$P_{u,v,n} = \exp\left(Y_{u,v,n}\right) / \sum_{k=1}^{K} \exp\left(Y_{u,v,n}\right), \quad u = 1, 2, \cdots, K \tag{2.13}$$

式中，$Y_{u,v,n}$ 为分类层第 v 行第 n 列的输入；$P_{u,v,n}$ 为第 v 行第 n 列被归为第 u 类的概率值大小；K 为类别数。对于本小节而言，K 值为 2，包括背景类和有效信号类，故得到的 P 为双通道数据。

由于初至之上的背景类与初至之下的有效信号类数量量级相当，不存在严重的数据不均衡问题，本小节选择常规的二元交叉熵函数作为模型评估的损失函数，其表达式如下：

$$\begin{aligned}
\text{Loss}(m) &= -\frac{1}{U \times V} \sum_{n=1}^{U} \sum_{v=1}^{V} \sum_{k=1}^{2} Q_{k,v,n} \lg\left(P_{k,v,n}\right) \\
&= -\frac{1}{U \times V} \sum_{n=1}^{U} \sum_{v=1}^{V} \left[Q_{1,v,n} \lg\left(P_{1,v,n}\right) + \left(1 - Q_{1,v,n}\right) \lg\left(1 - P_{1,v,n}\right) \right]
\end{aligned} \tag{2.14}$$

式中，U 为总炮数；V 为炮集的总采样点数或像素数；$Q_{k,v,n}$（$k=1,2$，k 为 1 时代表有效信号类，k 为 2 时代表背景类）为第 n 个炮点第 v 个采样点处的真实值；$P_{k,v,n}$ 为预测得到的二元概率值。预测的概率分布越接近理想分布，损失值越小，则式 (2.6) 中构建的 X 到 P 的映射关系越好。

在数据训练的过程中，当训练集的损失值减少，而验证集的损失值增加(过拟合)或在一定迭代周期内保持稳定时，停止网络训练或更新。本小节中，每训练半个历元(epoch，每个 epoch 表示使用全部样本进行一次训练)，进行一次验证，验证的准确率结果累计三次不超过历史最高值则停止训练，以防止过拟合。将最终训练好的最优网络参数 m_opt 对应的模型 SegNet 保存为最佳网络模型。将测试集数据输入训练的最佳网络模型，即可得到测试集数据各采样点对应的双通道概率向量，公式如式 (2.15) 所示：

$$P_\text{fb} = \text{SegNet}\left(X_\text{test}, m_\text{opt}\right) \tag{2.15}$$

式中，X_test 为测试集数据；m_opt 为训练得到的最优模型参数；P_fb 为双通道概率值，即输出的预测结果。当 P_fb 的预测概率更接近[1 0]时，将 X_test 中相应的输入采样点归为有效信号类；当预测的概率更接近[0 1]时，相应的采样点归为背景类。两种类别的分界线即初至位置。

3. 实例分析

本小节所用数据来自两个相近的工区，分别命名为工区 Ⅰ 和工区 Ⅱ。工区 Ⅰ 包含 2251 个共炮集数据，随机选择 1751 个用于训练，其余的用于验证。工区 Ⅱ

包含 2273 个共炮集数据，将其作为测试集。所有共炮集数据采样间隔均为 4ms，对于每一炮的激发，都有 168 个检波器接收信号。将所有数据纵向裁剪为 550 个时间采样点，即对于每一个单炮记录而言，其尺寸均为 550×168，550 代表纵向采样点数，168 代表横向地震道数。

本小节利用随机缺道 50% 的数据进行训练，并将训练好的模型应用于不同缺道比例的测试集数据。对于训练好的网络模型，1751 个测试数据和 500 个验证数据的总分类准确率分别为 99.68% 和 99.60%。图 2.10(a)～(c) 分别为 2273 个未进行缺道处理、随机缺道 50% 及规则缺道 50% 的测试数据的准确率分布图，其中黑线为检波线的连线，红点为单炮预测结果的准确率。从图 2.10 可以看出，模型在未训练过的不同缺道比例的数据中具有很好的泛化能力，即使在规则缺道的情况下，几乎所有数据的准确率都在 98% 以上。相对而言，位于黑色检波线附近的震源对应的地震数据(即近检波线炮集数据)准确率相对较低。

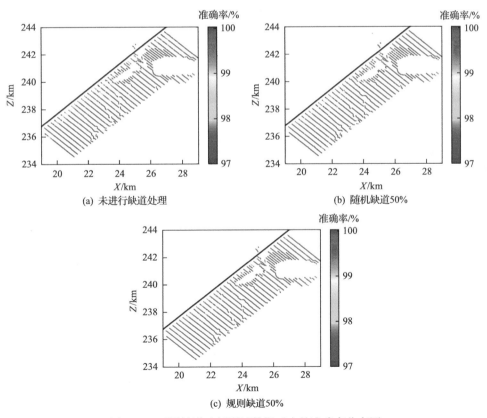

图 2.10　不同缺道比例测试数据对应的准确率分布图

为了更直观地说明基于 SegNet 网络模型的地震波形分类和初至拾取效果，本小节选择了有代表性的第 243 炮原始单炮数据，如图 2.11(a) 所示。该单炮记录中包含背景噪声、工业电干扰(红色箭头)、类似背景噪声的微弱有效信号(红色矩形)、面波(蓝色矩形)、折射波等。对第 243 炮地震数据进行五种不同的缺道处理,即代表 5 种不同的采集情况,白色为缺失道位置,处理后的波形分类(分为蓝色的有效信号和背景噪声 2 类)及初至拾取结果(红线)如图 2.11(b)～(f)所示。可以清楚地看到,完整单炮、随机缺道 50%、仅对左半部分进行随机缺道处理、仅对右半部分进行随机缺道处理和规则缺道 50%的初至拾取结果基本一致,且初至在横向上连续性强,即使在有连续缺道的区域,该网络也有良好的初至拾取结果。

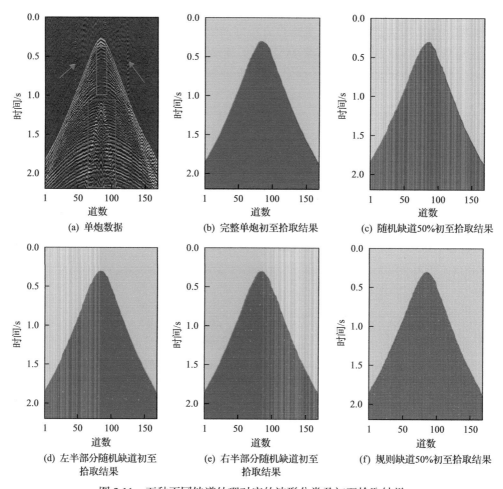

(a) 单炮数据

(b) 完整单炮初至拾取结果

(c) 随机缺道50%初至拾取结果

(d) 左半部分随机缺道初至
拾取结果

(e) 右半部分随机缺道初至
拾取结果

(f) 规则缺道50%初至拾取结果

图 2.11   五种不同缺道处理对应的波形分类及初至拾取结果

为了进一步探究基于 SegNet 的网络模型对地震波形进行分类的机制,以及在缺道位置拾取初至的原因,本小节在测试集数据中选择另一个具有代表性的单炮数据,并将完整的单炮数据从第 74 道至第 94 道的 21 个连续地震道数据数值置为零,得到一个特殊的单炮数据。选取的完整单炮数据与对应特殊单炮数据的分类结果如图 2.12 所示。将训练后的 SegNet 模型应用于有 21 个连续缺道的单炮数据中,发现预测的波形分类结果与完整单炮数据的分类结果相似,其分类准确率分别为 99.78%和 99.52%。即使在连续缺道的区域,25 层 SegNet 模型所拾取的初至也十分合理,横向连续性强。

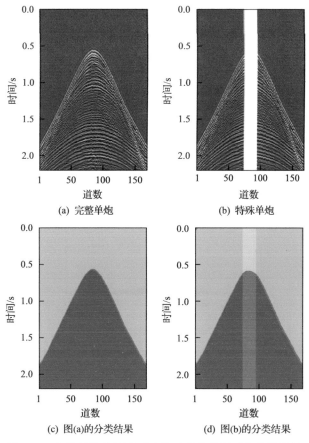

图 2.12　完整单炮数据及对应特殊单炮数据对应分类结果

　　此外,网络在第 17 层卷积层中提取了 64 个特征(图 2.13),在第 18 层卷积层中提取了 2 个特征(图 2.14)。完整单炮数据和连续缺道的特殊单炮数据的提取特征对比表明,从特殊单炮数据中自动提取的 64 个深层特征与从完整单炮数据中提取的相应特征相似,甚至在连续缺道的相应位置也是如此。随着卷积层的深度从第 17 层增加到第 18 层,从连续缺道的特殊地震记录中自动提取的特征与从完整单炮数据中提取的相应特征更加接近。在每个提取的特征中,即使在 21 道连续缺失的情况下，浅层背景部分和深层有效信号部分之间也存在明显的边界特征。对比两种特征之间的绝对差异直方图[图 2.13(c)和图 2.14(c)]可以看出，缺道附近的相应特征之间存在较弱的差异，但这些差异并不影响地震数据的波形分类结果。

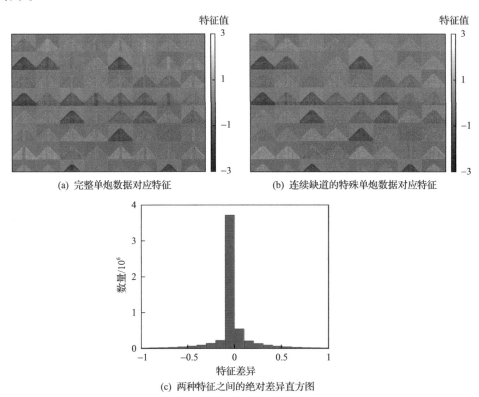

(a) 完整单炮数据对应特征　　　　　(b) 连续缺道的特殊单炮数据对应特征

(c) 两种特征之间的绝对差异直方图

图 2.13　两个单炮数据在第 17 层卷积层对应的 64 个特征对比图

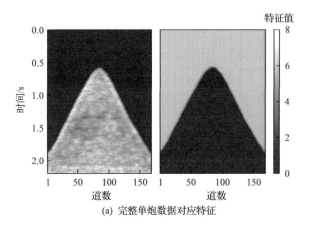

(a) 完整单炮数据对应特征

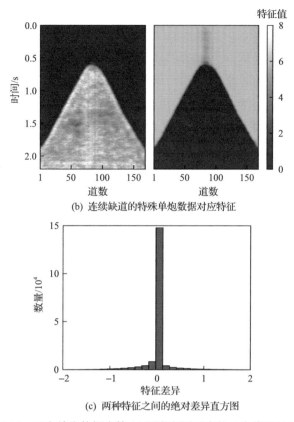

(c) 两种特征之间的绝对差异直方图

图 2.14　两个单炮数据在第 18 层卷积层对应的 2 个特征对比图

2.1.4　基于 BiLSTM 网络回归的初至拾取

2.1.2 节和 2.1.3 节介绍的两种初至智能拾取方法的本质是以地震图像分类为理念，将初至拾取问题转化为划分初至之上的背景(纯噪声)和初至之下的有效信号(信号+噪声)的分类问题，确定有效信号和背景噪声的分界时刻即初至。这两类方法智能拾取初至的最终效果和效率仍然建立在技术人员花费大量时间手工完成庞大的初至数据标注工作的基础上。但是，复杂地表和复杂地下构造条件下采集到的单炮地震记录一般受噪声污染严重，在海量低信噪比数据中人工标注分布均匀、尺寸一致、波形相似且具有代表性特征的标签是一项极度费时费力的工作。为解决该问题，本小节基于 BiLSTM 网络，介绍一种利用野外观测信息直接回归预测地震波初至的方法。首先介绍该方法的基本原理，其次对 9380 炮三维低信噪比实际地震数据进行测试，最后对结果进行质量控制和分析。

1. 基于地震波运动学的初至拾取原理

根据地震波运动学理论，地震波在空间介质传播范围内的任意一点都可以记录到波前面传到该点的时间。波前面的传播时间 t 在欧几里得空间中可以看作空间位置的函数，表示为 $t=g(x_s, x_r)$。此函数为时间场函数，表示波前面从震源位置 x_s 经过介质空间传到接收空间任意一点 x_r 所需要的时间。程函方程表征了信号从震源出发，穿过地下三维介质后到达接收点的旅行时与地下三维介质之间的关系（Noack and Clark, 2017）。在复杂地表和复杂地下结构中，地震初至波旅行时方程可表示为

$$t_r = F(V_r, E_s, E_r, O) \tag{2.16}$$

式中，t_r 为初至波旅行时；$F(\cdot)$ 为非线性时间场函数；V_r 为地下介质检波点位置的速度；E_s 为炮点位置地表高程；E_r 为检波点位置地表高程；O 为偏移距。

从式(2.16)可以看出，利用程函方程求解地震波初至只需要提供观测系统参数，而不依赖地震数据本身。因此，可以将基于图像学的地震波形分类与初至智能拾取问题转化为基于观测系统参数智能预测地震波初至时刻的回归问题。此时，深度神经网络学习的是观测系统信息与初至走时之间的非线性映射关系。在笛卡儿坐标下，对于某个训练地震道，深度神经网络根据地震波初至标签及所在的炮点位置地表高程 E_s、检波点位置地表高程 E_r 和偏移距信息 O 可以建立隐式"程函方程"Regpicker($\cdot$)，预测出检波器在当前介质空间位置的地震波初至时间 t_p：

$$t_p = \text{Regpicker}(x, m) \tag{2.17}$$

式中，$x = [E_s, E_r, O]$ 为由观测系统参数 E_s、E_r 和 O 组成的向量；m 为深度神经网络参数。当 Regpicker($\cdot$) 逼近式(2.16)中的 $F(\cdot)$ 时，深度神经网络预测的地震波初至时间 t_p 理论上应接近其初至标签。

2. LSTM 网络架构

传统循环神经网络当前时刻的输出由当前时刻的输入和前面多个时刻的输出值共同影响。但是，循环神经网络在进行迭代训练时容易出现梯度爆炸和梯度消失的问题，导致训练时梯度不能在较长序列中传递，使得该网络只能短期记忆而无法学习信息的长期保存和长期依赖性。如图 2.15 所示，LSTM 是循环神经网络的一种变体，用于克服循环神经网络存在的梯度消失问题。LSTM 使用输入门 i_t、遗忘门 f_t 和输出门 o_t 三种类型的门控来实现信息的长期存储和更新。LSTM 在 t 时刻的输入和输出向量分别为 x_t 和 h_t，c_t 为 t 时刻细胞单元信息。LSTM 主要通过三种门控有选择地实现 t 时刻的信息流动。

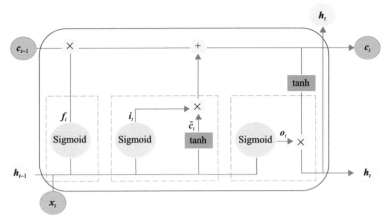

图 2.15　LSTM 单元内部结构示意图

输入门负责控制信息的更新程度，即控制信息流入细胞单元的多少：

$$\boldsymbol{i}_t = \boldsymbol{W}_\mathrm{i} \times \sigma([\boldsymbol{h}_{t-1}, \boldsymbol{x}_t] + \boldsymbol{b}_\mathrm{i}) \tag{2.18}$$

式中，$\sigma(\cdot)$ 为 Sigmoid 函数；$\boldsymbol{W}_\mathrm{i}$ 和 $\boldsymbol{b}_\mathrm{i}$ 分别为输入门权重和偏置。

遗忘门用来控制 $t-1$ 时刻存储在细胞单元中的历史信息的保留程度，其具体表达如式(2.19)所示：

$$\boldsymbol{f}_t = \sigma(\boldsymbol{W}_\mathrm{f} \times [\boldsymbol{h}_{t-1}, \boldsymbol{x}_t] + \boldsymbol{b}_\mathrm{f}) \tag{2.19}$$

式中，$\boldsymbol{W}_\mathrm{f}$ 和 $\boldsymbol{b}_\mathrm{f}$ 分别为遗忘门权重和偏置。

细胞单元利用 tanh 函数得到 t 时刻的候选状态信息 $\tilde{c}_t$，即

$$\tilde{c}_t = \tanh(\boldsymbol{W}_\mathrm{c} \times [\boldsymbol{h}_{t-1}, \boldsymbol{x}_t] + \boldsymbol{b}_\mathrm{c}) \tag{2.20}$$

式中，$\boldsymbol{W}_\mathrm{c}$ 和 $\boldsymbol{b}_\mathrm{c}$ 分别为细胞单元权重和偏置。

细胞单元根据输入门和遗忘门有选择地保留上一时刻的细胞单元信息和当前时刻的候选状态信息，得到新的细胞信息：

$$\boldsymbol{c}_t = \boldsymbol{i}_t \times \tilde{c}_t + \boldsymbol{f}_t \times \boldsymbol{c}_{t-1} \tag{2.21}$$

输出门用以控制细胞单元信息 $\boldsymbol{c}_t$ 对当前输出值 $\boldsymbol{h}_t$ 的影响，其具体表达如式(2.22)所示：

$$\boldsymbol{o}_t = \sigma(\boldsymbol{W}_\mathrm{o} \times [\boldsymbol{h}_{t-1}, \boldsymbol{x}_t] + \boldsymbol{b}_\mathrm{o}) \tag{2.22}$$

式中，$\boldsymbol{W}_\mathrm{o}$ 和 $\boldsymbol{b}_\mathrm{o}$ 分别为输出门权重和偏置。

最终 t 时刻的隐藏层输出为

$$\boldsymbol{h}_t = \boldsymbol{o}_t \times \tanh \boldsymbol{c}_t \tag{2.23}$$

3. 基于 BiLSTM 的初至拾取原理

在初至拾取建模过程中，当前时刻的初至与其邻近的初至都存在相关性。而 LSTM 架构中信息只能向前传播，导致当前时刻的状态仅取决于该时刻之前的正向相关信息。而 BiLSTM 可以更好地捕捉具有时间序列的前后关联信息，因此利用的信息更丰富。

假设炮集地震数据共有 n 道，结合手工拾取和基于高阶统计的方法对该炮集数据共拾取出 m 个可靠初至标签，用 $\mathbf{FB}_j(j = 1,2,\cdots,m)$ 表示。对应地震道所在的检波点高程、炮点高程和偏移距分别用 $\boldsymbol{Er}_j$、$\boldsymbol{Es}_j$ 和 $\boldsymbol{O}_j(j = 1,2,\cdots,m)$ 表示。本小节用于初至拾取的 BiLSTM 网络如图 2.16 所示。设计的网络架构主要由输入层、BiLSTM 单元、全连接层和回归层组成。BiLSTM 网络的输入为由波点高程、炮点高程和偏移距构成的矩阵 $\boldsymbol{X}=[\boldsymbol{Er}, \boldsymbol{Es}, \boldsymbol{O}]$，输出为对应的地震波初至 $\mathbf{FB}$。BiLSTM 单元和全连接层用于建立地震道野外观测变量到地震波初至的映射关系。BiLSTM 是 LSTM 的一种改进，它由前向 LSTM 和反向 LSTM 组成，前者输入正向序列，后者输入反向序列。具体地，以预测 t 时刻的地震波初至 $\mathbf{FB}_t$ 为例，前向 LSTM 和反向 LSTM 在 t 时刻的输出分别为 $\vec{h}_t$ 和 $\overleftarrow{h}_t$：

$$\vec{h}_t = \mathrm{LSTM}(\vec{h}_{t-1}, \boldsymbol{x}_t) \tag{2.24}$$

$$\overleftarrow{h}_t = \mathrm{LSTM}(\overleftarrow{h}_{t+1}, \boldsymbol{x}_t) \tag{2.25}$$

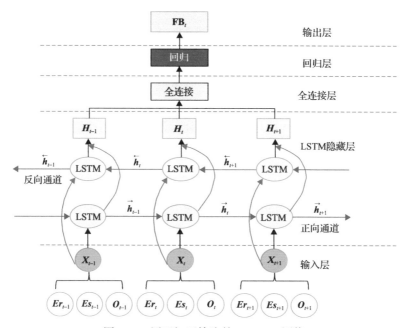

图 2.16　用于初至拾取的 BiLSTM 网络

BiLSTM 在两个方向上(正向和反向)将未来信息和过去信息相结合获得 t 时刻的输出值:

$$H_t = [\vec{h}_t, \overleftarrow{h}_t] \tag{2.26}$$

t 时刻 BiLSTM 的输出值 H_t 及其邻近时刻的输出值 H_{t-1} 和 H_{t+1} 都作为输入进一步馈入全连接层, 预测出 t 时刻的初至:

$$\mathbf{FB}_t = W_F \times H + b_F \tag{2.27}$$

式中, H 为全连接层的输入; W_F 和 b_F 分别为全连接层的权重矩阵和偏置。

在确定初至拾取的网络框架后, 进一步开展网络模型的训练、评估和应用等工作。训练 BiLSTM 的过程可以视为是利用正向标签和反向标签构建"程函方程"的过程。BiLSTM 定量输出连续的预测数值, 而不是分类的 0 和 1 两个离散数值, 每一个预测的初至时刻与标签数值之间的误差对训练出来的模型都有影响。采用平均绝对值误差评价网络输出和真实标签的差异, 确保预测结果与训练集中每一个标签都很接近。因此, 设计目标函数如下:

$$\text{Loss} = \frac{1}{m} \sum_{j=1}^{m} \left| \text{BiLSTM}(Er_j, Es_j, O_j, m) - \mathbf{FB}_j \right| \tag{2.28}$$

4. 实例分析

为了测试 BiLSTM 网络回归初至拾取方法的有效性, 本小节采用可控震源实际地震资料进行应用和效果分析。该工区的观测系统如图 2.17 所示, 图 2.17(a)

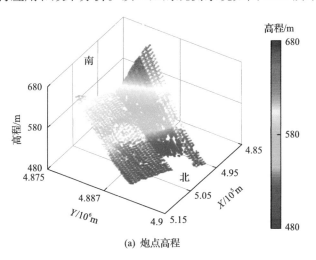

(a) 炮点高程

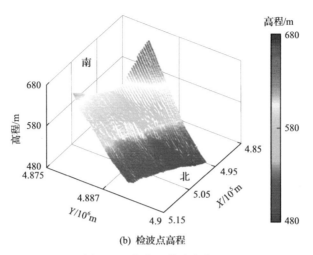

(b) 检波点高程

图 2.17   炮点和检波点高程

和(b)分别表示炮点高程和检波点高程。图 2.17 中色标颜色由蓝色变为红色，相
应的炮点高程或检波点高程逐渐增大。从图 2.17 中可以看出，该工区高程地势相
对平缓，高程在 480~680m，地形整体呈南高北低的态势。该工区共有 9380 炮，
所有炮总计有 4502400 道。工区地震资料信噪比较低，同时具有散射干扰和面波
等噪声干扰。从图 2.18 展示的典型单炮可以看出，地震炮集的初至波振幅较弱，
波形空间一致性较差，为准确拾取地震波初至造成较大的困难。

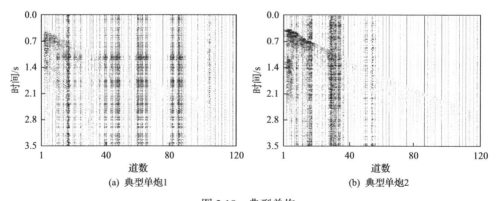

(a) 典型单炮1   (b) 典型单炮2

图 2.18   典型单炮

采用某商业软件和 BiLSTM 网络分别进行全工区初至拾取。该商业软件初至
拾取的主要思路是人工拾取部分炮集初至作为种子数据(称为种子炮)，然后结合
种子炮的先验信息提取初至波敏感属性参数自动拾取全工区地震数据初至。按照
偏移距-初至排列方式，两种方法的拾取结果分别如图 2.19(a) 和 (b) 所示。相比于
商业软件拾取结果[图 2.19(a)]，BiLSTM 网络拾取的结果[图 2.19(b)]在相同的

偏移距范围内初至时间分布更加聚集，波形空间一致性更强，特别是在小偏移距区域。小偏移距初至信息对基于地震波初至的层析反演静校正技术刻画表层及浅层速度模型至关重要，对中深层成像质量也有较大影响。图 2.19(a)和(b)沿着初至上边界分别出现了 1 个和 2 个比较清晰的拐点，即商业软件拾取的初至分为绿线和黑线 2 段，而 BiLSTM 网络拾取的初至分为绿线、红线和黑线 3 段。图 2.19中不同颜色线段的斜率值的倒数为视速度，可以用作层析反演速度模型的初始速度。相比图 2.19(a)的二段初至构成的二层地质模型，图 2.19(b)的三段初至可以构成更加精细的三层地质模型，从而有潜力提高层析反演的速度建模效率和精度。图 2.19(a)中最大初至时间小于 2.5s，图 2.19(b)中最大初至时间为 2.9s 左右，表明两者在大偏移距初至拾取精度和范围上有较大差异。在初至拾取准确的情况下，大偏移距对应初至时间越大，对深层地层刻画能力越强。

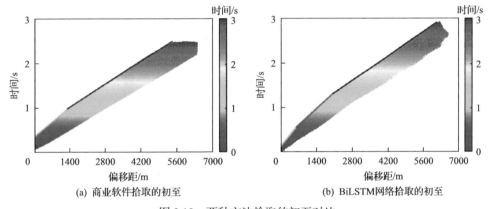

(a) 商业软件拾取的初至　　　　　(b) BiLSTM网络拾取的初至

图 2.19　两种方法拾取的初至对比

为了进一步验证 BiLSTM 网络拾取初至的可靠性和精度，抽取测试集的 10炮(炮号为 ID382～391)共 4800 道地震数据进行精细对比。图 2.20(a)～(c)分别表示抽取的 10 炮地震数据初至标签、商业软件拾取的地震波初至和 BiLSTM 网络拾取的地震波初至。图 2.20(a)中标签数据集是 1587 道随机分布的地震道，占比 33.06%，分布很不均匀，在中远偏移距缺少地震波初至标签。图 2.20(b)中商业软件只拾取了 2803 个地震波初至，存在着部分炮集拾取的初至随机分布和中远偏移距初至信息不足的问题。如图 2.20(c)所示，BiLSTM 方法即使在缺少标签的中远偏移距也能拾取出所有地震道初至，初至分布均匀且完备。如图 2.21 所示，单独选取 ID382 炮第一个排列进行对比，蓝色散点代表商业软件的拾取结果，红线代表 BiLSTM 方法的拾取结果。从图 2.21 可以看出，该单炮存在严重的噪声干扰，地震波形横向一致性较差，地震初至波信噪比较低，商业软件拾取的地震波初至集中在近偏移距，中远偏移距拾取率低且精度不高。即使在噪声很严

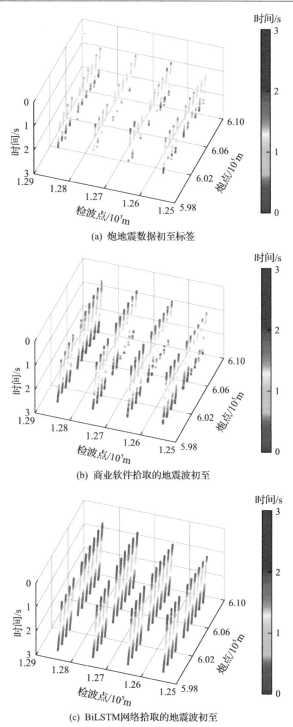

(a) 炮地震数据初至标签

(b) 商业软件拾取的地震波初至

(c) BiLSTM网络拾取的地震波初至

图 2.20　两种方法拾取 ID382～391 炮集的初至结果对比

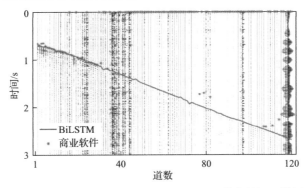

图 2.21　商业软件和 BiLSTM 方法拾取 ID382 单炮的初至结果对比

重的近偏移距和地震初至波振幅较弱的远偏移距，BiLSTM 方法都能完整准确地识别出地震波初至。

　　在比较两种方法对单炮和多炮的地震波初至拾取效果的基础上，进一步利用成熟的商业软件，采用完全相同的参数组合，利用商业软件和 BiLSTM 方法拾取到的地震波初至分别进行层析反演并计算其静校正量。炮点和检波点静校正量分别如图 2.22(a) 和 (b) 所示，红色图形代表商业软件拾取的初至反演后的静校正量，蓝色图形代表 BiLSTM 方法拾取的初至反演后的静校正量。两种方法对应的静校正量的数值及分布差异都较大，整体上蓝色数值相对较小，红色数值相对较大。从该三维地震工区中抽取一条主测线，采用相同的速度分别进行叠加，从成像效果上对比分析两种方法的静校正结果。两种方法对应的叠加剖面如图 2.23 所示，从浅至深，相比于商业软件拾取后层析静校正叠加剖面[图 2.23(a)]，BiLSTM 方法拾取后层析静校正叠加剖面[图 2.23(b)]的同相轴横向延续性更好，信噪比更高，整体成像质量更好，特别是在 5.5s 附近深层构造成像质量明显更好(图 2.23 中红圈区域)。这可能主要是因为 BiLSTM 方法在中远偏移距地震道拾取质量更好，拾取密度更大。

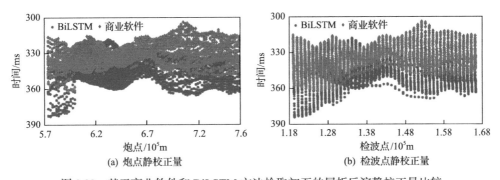

(a) 炮点静校正量　　　　　　　　　　(b) 检波点静校正量

图 2.22　基于商业软件和 BiLSTM 方法拾取初至的层析反演静校正量比较

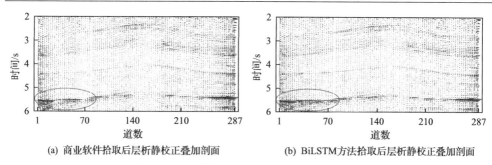

　　(a) 商业软件拾取后层析静校正叠加剖面　　　　(b) BiLSTM方法拾取后层析静校正叠加剖面

图 2.23　两种方法层析静校正叠加剖面比较

2.1.5　小结与展望

1. 小结

　　初至是地震资料处理过程中的重要信息之一。层析成像、垂直地震剖面及折射波静校正等处理环节都需要初至信息。手工拾取仍是目前最精确的拾取方式，但由于工作量巨大，难以满足现阶段宽方位、高密度采集数据的需求。深度学习在初至拾取任务上的应用有效缓解了人工拾取费时费力的问题，本节从回归-分类、滑动窗口-端到端等多个角度出发，介绍了基于三种不同深度学习框架的智能初至拾取方法，以实现不同场景下的地震初至波智能拾取。

　　基于滑动窗口的智能初至拾取将地震炮集数据分为初至波与非初至波，该方法采用滑动窗口形式将地震数据分割为子图像，并利用 CNN 对其中心像素点进行分类，当滑动窗口遍历完每一个点后，即完成对整个炮集数据的分类。另外，使用阈值函数和领域知识后处理剔除伪初至，得到最终拾取结果。该方法不需要进行属性提取的预处理步骤，大大减少了人工参与的程度，且基于滑动窗口的方法对野值、工业电干扰或一些已知的局部线性干扰等噪声不敏感。

　　基于端到端神经网络的智能初至拾取对地震炮集数据进行像素级别的分类，利用全卷积神经网络 SegNet 将数据分为初至之上的背景类及初至之下的有效信号类，并将二者的分界线视为初至。该方法极大地缓解了标签数据的不均衡性，且舍弃了全连接层，测试数据的大小与训练数据的大小可以不一致，网络训练过程更加灵活，普适性更强。由于采用了多层卷积层和池化层，该方法在缺道 50% 或连续缺失 21 个地震道的地震炮集数据上都表现出了良好的应用效果。

　　基于 BiLSTM 网络的智能初至拾取将基于图像语义分割理念的初至拾取分类问题转化为预测地震波初至时间的回归问题，摆脱了基于图像分割的二分类初至拾取模式。该方法克服了近年流行的基于图像分割的深度学习拾取方法在低信噪比地震资料中标签制作难度大、拾取效率和精度难以兼顾的缺点，建立随机稀疏分布的地震道观测信息到地震波初至的回归网络模型，以表征复杂地表和复杂地下结构中地震波初至与地下三维介质之间的关系。低信噪比和非规则缺失的实际数据测试结果表明，该方法不需要进行复杂的数据预处理工作，具有泛化性好和初至拾取精度高等优点。BiLSTM 智能拾取的初至应用于层析静校正后得到的叠加剖面成像质量好，说明该方法具有良好的应用实效和推广价值。

2. 未来展望

本节提出的方法有各自的优点以及适用场景，也存在一定的局限性。在未来的工作中，还有许多问题值得进一步探究。

(1)将深度学习方法扩展到处理大规模和高维度的地震数据集中，并进一步研究网络结构，增强深度神经网络对初至波附近强噪声的鲁棒性。

(2)增加频率域或其他维度的信息进行多属性学习，实现多炮或多域的初至拾取。

(3)利用若干敏感的地震属性分别训练网络并集成学习，以融合各弱分类器的优势，得到性能最强的初至智能拾取模型。

(4)考虑折射波传播的特征，设定最小折射波速度和最大折射波速度，并结合炮检距信息以预先确定初至波的搜索范围，简化网络学习过程。

(5)考虑将回归方法与分类方法相结合或将模型驱动方法与智能方法相结合，发展新的研究思路。

(6)分析神经网络初至拾取的概率结果，建立概率值与地震资料信噪比和初至拾取质量之间的关系，研究分信噪比、分拾取概率等级的初至拾取方法。

(7)结合初至层析成像方法，将传统层析速度建模算法嵌入神经网络初至拾取过程中。神经网格首先进行初至拾取输出走时，再通过物理方程约束输出速度模型，相互约束相互质控以此弥补网络的泛化性。

2.2 速度分析

速度分析是速度建模的基础，它不仅影响地震波成像精度，也是认识复杂地下地质构造的关键。准确的速度模型是成像、地震解释甚至地震反演的先决条件。长期以来，为了揭示地质构造和提高地震成像精度，人们基于地震波形或走时数据建立了多类地震速度建模方法。叠加速度分析是其中最基础的速度建模方法，也是地震偏移的基础。由地震波能量与波速的变化关系形成速度谱(VS)，在速度谱上拾取时间-速度(t-v)并将获得的速度称为叠加速度。可通过拾取速度谱来求取最佳叠加速度，若动校正用的叠加速度合适，则可实现同相叠加，其叠加后有效波能量最强。反之，若动校正所用速度不合适，叠加后有效波能量有一部分会相消。根据最强能量准则获取的叠加速度可以在综合地质解释方面提供帮助，同时也可用于提供地层速度资料、研究岩性变化和寻找地层圈闭等方面。

2.2.1 研究进展

速度分析不仅为后续动校正叠加处理(Castle, 1994)提供基础，也是叠前偏移(Al-Yahya, 1989)、层析反演(Hu et al., 2021)、波阻抗反演和全波形反演(Symes, 2008; Virieux and Operto, 2009)等初始速度模型建立的重要支撑。为了获得叠加速度场，现在普遍采用的方法是在每个共中心点道集对应的速度谱上进行人工拾取。但是，人工拾取的成本高昂、拾取效率较低，且拾取精度容易受到人为经验的影响。在处理宽方位、高密度地震资料时，这些问题显得尤为突出。因此，在保证速度拾取精度的前提下，有必要研究快速且有效的自动拾取速度谱方法，以提高地震资料处理人员的速度拾取效率。

目前，主流的自动拾取速度方法可以分为两大类。一类是以模型驱动为主的优化搜寻速度自动拾取方法，另一类是以人工智能数据驱动为主的自动拾取方法。优化搜寻速度自动拾取方法本质上是一种反演类方法，主要利用最优化算法和最大相似度量准则，设定一定的速度约束条件，对初始速度模型加以扰动，自动寻找速度谱中叠加能量的最优解。在自动拾取发展的早期，优化搜寻类方法发展迅速。Toldi(1989)最先提出了一种基于速度谱叠加能量的自动速度拾取方法，以最大化叠加能量和作为目标函数，反演得到速度场(Toldi, 1989)。但该方法假设模型线性化，也很难很好地处理信噪比低的区域，需要进一步的约束才能够提升精度。Zhang(1991)后续又对此方法做了进一步的优化。Meshbey 等(2002)和Fomel(2009)将速度拾取视为一个变分问题，Almarzoug 和 Ahmed(2012)在其基础上发展了自动地震速度拾取方法。这些方法在获取相对简单地质体的速度时已经取得了一定的效果，但大部分方法依赖于初始层速度模型，对于横向速度突变的地区，拾取准确性相对不高。还有一些方法从振幅随偏移距变化(AVO)分析中挖掘速度信息，如 Swan(2001)在叠前道集中通过 AVO 分析提取特定属性特征，构建剩余速度指示器，从而迭代更新速度场。但是，该方法的稳定性欠佳，适用范围有限。Ratcliffe 和 Roberts(2003)在此基础上增添了监控收敛准则，从而更能适应实际生产需求。基于叠前 AVO 分析的这类方法需要预先准备部分准确速度作为初始模型，只能部分解决速度自动拾取问题。

由于计算机性能的显著提高，机器学习也被应用于速度自动拾取，主要有聚类分析方法和深度学习方法。聚类分析方法主要是根据数据自动分类进行分析。Ahmad 和 Hashmi(2016)提出了一种基于 K 均值聚类方法的无监督自动速度拾取方法，该方法能够自动识别速度谱中能量团的峰值，以峰值位置的速度代表拾取的叠加速度。Smith(2017)利用各种属性特征划分出速度范围，用聚类方法在速度谱上自动拾取速度。Song 等(2018)提出了一种固定 K 均值的自动速度拾取方法，该方法以相邻轨迹处的人工拾取速度作为聚类约束，并在约束范围内采用 K 均值算法进行聚类。Chen Y Q(2018)提出了一种自底向上的策略来实现 K 均值迭代过程，在一定程度上解决了 K 均值选择的问题。BinWaheed 等(2019)考虑到 K 均值聚类方法需要人为调节超参数 K 均值的大小，建议使用密度聚类方法代替 K 均值聚类方法来实现自动速度拾取。然而，聚类方法对速度谱的质量(如信噪比、分辨率等)要求较高。峰值拾取没有参考地质模型，会拾取到不合适的峰值，如多次反射对应的能量团。对于低信噪比数据，需要加入大量的专家经验进行速度分析。无监督聚类方法难以通过自动学习的方式将专家经验加入，只能通过增加额外的聚类约束得到有效结果。王迪等(2021)通过加入自适应阈值自动平衡约束速度谱能量团，并且能够很好地识别弱反射，使无监督算法的聚类空间得到约束进而缩短计算时间。Wang L L 等(2022)提出使用高斯混合模型进行无监督速度拾取，在进行无监督速度分析的同时提供速度谱的不确定性分析。不确定性分析能够较好地指示速度分析过程中的速度谱能量团形态变化，起到辅助资料处理人员进行精细分析的作用。

深度学习技术能够从有限的观测数据中提取和融合相关特征映射到标签中，然后将这种映射关系推广应用到未学习的样本中。Ma M 等(2018)提出了一种数据预处理技术，将 CMP 道集的浅反射轴和深反射轴进行归一化处理，以动校正道集为输入，基于卷积神经网络根据同相轴的拉平程度估计速度。Biswas 等(2018)考虑 CMP 道集中时空信息的关系，将速度估计视为回归问题，利用递归神经网络络直接根据地震数据计算叠加速度。Zhang H 等(2019)提出了一种基于 YOLO(you only look once，表示"只需要看一次")和 LSTM 网络的自动速度拾取方法，其中 YOLO 检测速度谱中的能量团，而 LSTM 将检测结果映射成叠加速度，这与人脑思维和渐进式学习相一致。Araya-Polo 等(2019)认为将深度学习应用于地球物理的最大挑战是缺乏准确和丰富的标签。因此，利用生成对抗网络生成大量符合地质的速度模型，进而正演出地震记录作为标签。然而，基于波动方程合成的地震资料与野外实际资料在地震振幅、频率、相位及叠加速度上的分布可能区别很大，将其训练后的深度学习模型直接应用到实际资料的速度拾取中误差较大。Park 和 Sacchi(2020)提出将全局和局部速度谱作为输入，使用 VGG16 分类网络估计叠加速度。Fabien-Ouellet 和 Sarkar(2020)使用 CNN 和 LSTM 将 CMP 道集同时映射到反射轴时间位置、均方根(RMS)速度和层速度。Ferreira 等(2020)基于动校正道集中同相轴拉平程度来估计速度偏差，训练好的网络可以在迭代中校正叠加速度以降低误差。Wang 等(2021)改进了 Soft-Argmax 损失函数，训练了一个端到端神经网络络来自动预测叠加速度，并得出回归方法优于分类方法的结论。Ding 和

Ma(2022)提出在道集上使用滑动窗口获取反射波同相轴,并使用神经网络得到的反射波同相轴的拉平程度与剩余速度的关系预测剩余速度。Zhang 等(2023)提出多模态信息速度分析方法,从 CMP 道集中提取时空振幅信息并从速度谱中提取能量团特征,搭建多模态网络来实现速度映射。总体来说,基于深度学习的速度预测精度取决于标记数据集的大小和丰富程度。此外,神经网络内部特征提取过程属于高维映射关系,对黑匣子状态的可解释性较差。人工智能在自动速度分析(拾取)中的部分研究进展如表 2.4 所示。

表 2.4　人工智能速度分析研究进展

作者	年份	研究内容及成果
Calderón-Macas 等	1998	结合前馈神经网络与模拟退火技术,以截距时间-射线参数(τ-p)域 CMP 道集为输入,基于椭圆轨迹上的最大相干性对神经网络参数进行迭代更新,训练模型并估计叠加速度
Huang 和 Yang	2015	采用 HNN 对地震资料的速度谱进行速度提取,将一个候选峰值分配给一个神经元。由速度拾取问题生成一个李雅普诺夫(Lyapunov)函数,该函数包含拾取点的能量值,以及对拾取点数目、层速度和速度斜率的约束条件,使用梯度下降法减小 Lyapunov 函数,获取时间速度对
Ahmad 和 Hashmi	2016	提出将 K 均值聚类方法应用到叠加速度拾取处理流程中,但由于没有相关约束,该方法在低信噪比数据中拾取精度较低
Smith	2017	将无监督聚类中最简单、高效的 K 均值聚类方法应用于地震叠加速度拾取中,并使用多种属性特征限制速度范围,以此提高了速度拾取的抗噪性能
Chen Y Q	2018	发展了自底向上的 K 均值聚类方法,解决了无监督算法拾取过程中聚类数量的问题。不需要人工调整超参数,该方法能显著提高地震速度的拾取效率
Song 等	2018	提出了一种固定 K 均值的智能速度拾取方法,以邻近道人工拾取速度作为筛选聚类范围的约束,能减少人工挑选的时间,从而降低处理数据集的成本
Biswas 等	2018	利用 RNN 直接从 CMP 道集估计叠加速度,并利用估计的速度进行动校正。由于 RNN 的记忆特性,可以考虑邻域时间和空间(偏移距)区域关系
Ma Y 等	2018	建立了一个 CNN 回归模型,将经动校正的地震道集映射到叠加速度误差估计中,并用预定的速度范围训练网络。同时,提出了一种数据预处理技术,将 CMP 的浅反射和深反射归一化为相同的形状
Zhang H 等	2019	将速度拾取过程视为速度谱中能量团的检测,基于 YOLO 和 LSTM 实现自动速度拾取,搜索速度谱中合适的能量堆,并将它们的位置作为 t-v 对来代替地震数据处理中的人工拾取速度,符合人脑思维,属于渐进式学习
Bin Waheed 等	2019	采用密度聚类进行叠加速度拾取,与 K 均值速度拾取进行了比较,认为密度聚类抗噪性较强,人为干预少
Araya-Polo 等	2019	利用生成对抗网络获得大量独特的、具有地质意义的模型。由此组成训练样本,训练另一套反演网络学习炮集数据到速度的映射关系,进行速度建模
Li 等	2019	以层析反演速度作为输入,高分辨率速度作为输出。基于层析反演技术,用神经网络对反演速度进行后处理,使其映射到高分辨率速度结构

作者	年份	研究内容及成果
Fabien-Ouellet 和 Sarkar	2020	基于 CNN 和 LSTM 组成的混合神经网络，以 CMP 道集作为输入，以反射系数、均方根速度和层速度为输出监督，各个输出可以相互帮助、相互制约，直接从地震波形中准确地估计复杂的一维和缓倾斜二维模型的均方根速度和层速度，计算成本低
Park 和 Sacchi	2020	使用两个图像作为一个输入数据进行训练，一个是完整的速度谱(引导图像)，另一个是在特定的时间步长从速度体中提取的局部速度谱(目标图像)。每个输入数据集的标签是均方根速度。将速度谱拾取看作分类问题更易训练
Wang 等	2021	采用端到端的学习方式，提出 Soft-Argmax 损失函数。通过测试对比，得出回归优于分类方法的结论。使用迁移学习，模型可推广到与训练集有差异的数据集
王迪等	2021	提出具有严格理论证明、可解释的自适应阈值约束的无监督方法。通过自适应阈值约束扫描速度谱，极大限制聚类空间，提高无监督聚类计算效率。速度拾取数量通过迭代自动完成
Wang B F 等	2022	提出使用高斯混合模型进行无监督速度拾取并同时提供速度谱的不确定性量化，不确定性分析能够较好地指示速度分析过程中的速度谱能量团形态变化，起到辅助资料处理人员进行精细分析的作用
崔家豪等	2022	应用改进后的全卷积的单阶段目标检测器(fully convolutional one-stage object detection, FCOS)神经网络(Tian et al., 2019)模型实现了速度谱中叠加速度的自动拾取，针对速度谱能量团聚焦特征较差的特点加入基于深度神经网络的线性回归模型以拟合出全局速度曲线，在保证速度拾取精度的同时显著提高了拾取效率
Simon 等	2023	首先在估计水平分层速度模型时训练神经网络，训练好的模型作为初始解，将横向变化结构对 CMP 道集双曲线的影响视为扰动，然后在估计二维倾斜分层模型时迁移学习增强网络，实现多道速度建模
Zhang 等	2023	依据地震速度和多模态数据(速度谱和 CMP 道集)的物理关系，提出一套可解释的多模态网络预测均方根速度。多方面对比测试验证了多模态网络能兼顾速度场的整体连续性和局部细节。该方法在三维实际工区资料处理中也展现出较大的应用潜力

本节分别利用自适应 K 均值聚类、CNN 和多模态神经网络三种方法，从无监督学习、有监督学习和多模态学习等多个角度介绍地震速度预测，主要采用合成数据和实际数据分析各方法的性能和应用效果。

2.2.2　基于无监督聚类的速度分析

为了高仿速度谱拾取过程，必须先熟悉人工拾取叠加速度的基本过程。首先根据 CMP 道集计算速度谱，识别出不同时间位置的速度能量团，采用人工方式拾取能量团中心点(中浅层的速度能量团一般为峰值点)，随后提取出中心点位置对应的 t-v 对，最后对拾取的稀疏 t-v 对进行插值，其插值的曲线就是叠加速度曲线。从其拾取过程不难发现，识别速度能量团和拾取中心点是预测叠加速度的关键。因此，无监督聚类智能速度拾取的思路主要是围绕这两项内容，类比并模仿人工速度拾取过程。一是在速度谱中，根据一定的规则识别出一次反射速度能量团作为速度拾取的候选区域，二是应用聚类方法对此区域样本进行聚类，其聚类中心即拾取的叠加速度。为了避免多次反射波等噪声因素的影响，根据叠加速度的基本变化规律和人工拾取经验，加入了离群速度处理环节。

1. 方法原理

1) 速度拾取候选区样本

根据波动理论，地下地层之间存在的波阻抗差异均会引起地震反射，而不同岩性的地层界面引起的反射振幅可能会存在较大差异，导致在同一 CMP 道集中深浅反射振幅存在差异，进而不同深度的速度能量团的能量有较大变化。然而，目前大多聚类速度自动拾取方法是在整个速度谱的基础上，设定统一的阈值确定速度拾取候选区，固定的阈值使其拾取精度不仅在一定程度上受到速度能量团聚焦性的制约，而且拾取时容易忽视弱反射速度能量团。为了尽可能识别到所有有效的一次反射速度能量团，同时保留弱反射，设计了一种滑动窗口方法对速度谱进行处理。先定义速度谱矩阵 $\boldsymbol{S}$（从上至下的行对应时间增加，而从左至右的列对应速度增大），即

$$\boldsymbol{S} = \begin{bmatrix} s_{11} & \cdots & s_{1j} & \cdots & s_{1w} \\ \vdots & & \vdots & & \vdots \\ s_{i1} & \cdots & s_{ij} & \cdots & s_{iw} \\ \vdots & & \vdots & & \vdots \\ s_{v1} & \cdots & s_{vj} & \cdots & s_{vw} \end{bmatrix} \tag{2.29}$$

式中，s_{ij} 为速度谱矩阵 $\boldsymbol{S}$ 中第 i 行第 j 列的速度能量团幅值，$i=1, 2, \cdots, v$ 表示时间位置，$j=1, 2, \cdots, w$ 表示速度位置。换句话说，s_{ij} 是以第 i 个时间位置作为自激自收双程旅行时和同时以第 j 个速度值作为叠加速度形成的双曲线轨迹附近采样点的能量和。对速度谱矩阵 $\boldsymbol{S}$ 进行加窗处理，并将其定义为窗速度谱 $\boldsymbol{S}_\sigma^i$：

$$\boldsymbol{S}_\sigma^i = \boldsymbol{S} \times h(i) \tag{2.30}$$

式中，$h(i)$ 为一给定的窗函数，随着时间变化而向下滑动，得到一系列的窗速度谱，即每个时间点处都有对应的窗速度谱矩阵。在本节中，选取窗长为 d_{win} 的矩阵窗作为窗函数，具体形式如下：

$$h(i) = \begin{cases} 1, & i - d_{\text{win}}/2 < i < i + d_{\text{win}}/2 \\ 0, & \text{其他} \end{cases} \tag{2.31}$$

将式 (2.30) 中得到的一系列窗速度谱矩阵 $\boldsymbol{S}_\sigma^i$ 作为计算阈值 $\sigma(i)$ 的输入，由于

窗速度谱内仅涵盖了在时间点 i 附近的局部速度能量团幅值，选取的阈值仅与窗内的局部速度能量团幅值相关，从而避免其他时间位置能量团的干扰。阈值 $\sigma(i)$ 可定义为第 i 个时间点处的窗速度谱 $\boldsymbol{S}_\sigma^i$ 的上分位数，即

$$\sigma(i) = F\left[\boldsymbol{S}_\sigma^i, p(i)\right] \tag{2.32}$$

式中，$p(i)$ 为阈值百分比；$F(\boldsymbol{X}, y)$ 为求上分位数函数，表示在矩阵 $\boldsymbol{X}$ 中找到某一数值，使得在矩阵内有 y 的数据小于此数值，从而式 (2.32) 表示窗速度谱 $\boldsymbol{S}_\sigma^i$ 内有 $p(i)$ 的速度能量值 s_{ij} 小于阈值 $\sigma(i)$。因此，阈值 $\sigma(i)$ 的物理意义可表示为以速度能量值作为划分原则，在窗内速度谱中区分速度拾取候选区与噪声的分界值。速度谱中大于阈值 $\sigma(i)$ 的 s_{ij} 被视为速度拾取候选区，小于阈值 $\sigma(i)$ 的 s_{ij} 被视为噪声。加窗后计算的阈值 $\sigma(i)$ 并不是某一固定值，随着局部速度能量团幅值的变化可以自适应变化，从而对应的速度拾取候选区在一定程度上能提高弱反射的识别概率，缩小强反射的速度拾取候选区范围。

在实际应用中，对浅层速度的拾取精度要求高，而深层速度能量团聚焦性差，需要添加特定方法识别弱反射能量团。结合这一特征设计阈值百分比 $p(i)$ 为

$$p(i) = p_{\min} + \left(p_{\max} - p_{\min}\right)\mathrm{e}^{-i} \tag{2.33}$$

式中，$p_{\min}$ 为最小百分比阈值；$p_{\max}$ 为最大百分比阈值。$p_{\min}$ 和 $p_{\max}$ 的取值遵循的基本原则是：当 $p(i) = p_{\max}$ 时，需要能筛选出较为聚焦的浅层能量团；当 $p(i) = p_{\min}$ 时，需要能筛选出有一定宽度且有递增趋势的深层能量团。$p(i)$ 的具体取值可以根据速度谱能量团的分布试验而定。从式 (2.33) 可以看出，$p(i)$ 与深度 (时间) 呈负相关，深度增加，阈值百分比减小，从而降低了阈值门槛，扩大了深层速度拾取候选区范围，这基本符合实际速度谱中能量团的变化特征。同时，针对浅层，动校正对速度误差敏感，较小的阈值百分比 $p(i)$ 可以提高浅层速度拾取精度；而在深层人工拾取的速度并不一定在能量团峰值处，较大的阈值百分比 $p(i)$ 扩大了拾取候选区范围，更符合人工拾取经验。

最后，用自适应阈值 $\sigma(i)$ 对窗速度谱 $\boldsymbol{S}_\sigma^i$ 进行二值化处理，得到速度拾取候选区 x_{ij} 为

$$x_{ij} = \begin{cases} (i, j), & s_{ij} \geqslant \sigma(i) \\ (0, 0), & s_{ij} < \sigma(i) \end{cases} \tag{2.34}$$

式中，x_{ij} 为大于阈值时，速度谱中能量团 s_{ij} 对应的 t-v 对的位置坐标。通过自适应滑动窗口对速度谱进行从浅到深的整体挑选，在浅部保留有效反射，在深部保留一定的弱反射。经过阈值门槛的筛选，将速度谱矩阵降维，仅保留滑动窗口筛

选后的速度谱区域 x_{ij} 作为速度拾取候选区。

2)K 均值聚类方法

在识别速度能量团后，采用聚类方法对候选区的时间和速度特征进行降维，以"族内距离小，族间距离大"为聚类准则，并对每类的时间和速度特征求取均值，即拾取的能量团中心点。在本节中，选取应用广泛的 K 均值算法进行聚类。将速度拾取候选区 $X=\{x_{ij}\}$ 作为聚类的输入数据集，并选取速度初始类别 K 及初始聚类中心 m_k^0，其中 $k=1, 2, \cdots, K$ 表示聚类的序号。每个数据点 x_{ij} 与 K 个聚类中心 m_k^0 的距离为

$$d_k = \left\| x_{ij} - m_k^0 \right\|^2 \tag{2.35}$$

式中，d_k 为欧几里得距离。按照距离最小原则进行划分，将数据点划分到与其距离最近的聚类中心所在的类。所有数据点分类后，重新计算 k 个聚类中每个聚类的全部数据点的平均值，该平均值所在的数据点成为新的聚类中心。其中，新的聚类中心可写为

$$m_k^l = \frac{1}{N_k} \sum_{X \in c_k} x_{ij} \tag{2.36}$$

式中，c_k 为第 k 类的所有数据点的合集；N_k 为第 k 类中的总数据点数；上标 $l=1$, $2, \cdots, L$ 为迭代次数。在确定新的聚类中心后，计算每个类别中数据点与聚类中心的距离和，其目标函数 J 为

$$J = \sum_{k=1}^{K} \sum_{X \in c_k} \left\| x_{ij} - m_k^l \right\|^2 \tag{2.37}$$

然而实际数据中，不同叠前道集中的速度谱所需拾取的能量团个数不一定一致。针对这一问题，选取一种自底向上的迭代策略(Chen Y K, 2018)来求取目标函数的最佳解。即先给定一个初始类别数 K_0，按照初始聚类中心的分布，将数据点初步分为 K_0 类，并逐步迭代找到聚类类别最少的聚类分布，聚类中心个数在迭代过程中逐步减小。其具体迭代过程如下。

(1)参数初始化，给定初始类别 K_0 值及初始聚类中心 m_k^0。

(2)由式(2.35)计算欧几里得距离，按照最小距离原则将数据点进行重新分类。对于未分配到数据点 x_{ij} 的类别 c_k，剔除所在类别对应的聚类中心，不参与下次迭代，同时总聚类数相应减小。

(3)根据式(2.36)逐个类别重新计算新的聚类中心。

(4)重复步骤(2)和(3)，直到目标函数满足收敛要求或达到设置的最大迭代次数。

多次迭代后，所有数据对象 $\{x_{ij}\}$ 聚类完毕，最终得到 K_L 个聚类中心，其对应的聚类中心 $M = \{m_1^L, m_2^L, \cdots, m_{K_L}^L\}$ 对应的速度值即拾取的叠加速度。因此，不同的 CMP 道集只需确定初始 K_0 值，最终聚类中心个数不唯一，由此在一定程度上避免 K 均值选取问题。最后，将拾取的速度点按时间方向插值即拾取的叠加速度曲线。

3）离群速度处理

K 均值聚类方法中每个聚类的中心都由每个聚类中所有数据点求均值得到。当存在一定噪声（如多次波、野值等）时，聚类中心易受干扰，偏离速度能量团峰值，影响聚类效果。因此，为了获得一次反射波的叠加速度场，在实际应用时可对离群速度进行后处理。根据专家经验，一般情况下叠加速度会随着时间的增加而增大。即使在速度突变的情况下，其速度变化也应当有一定范围。基于速度谱中速度随时间增大并且速度突变应当在合理范围内的认识，速度异常判定准则 q_k 的数学表达式如式 (2.38) 所示：

$$q_k = \frac{y_{m_{k+1}} - y_{m_k}}{x_{m_{k+1}} - x_{m_k}} \times \frac{y_{m_k} - y_{m_{k-1}}}{x_{m_k} - x_{m_{k-1}}} \tag{2.38}$$

式中，y_{m_k} 为拾取速度 m_k 处的时间位置坐标；x_{m_k} 为 m_k 处的速度位置坐标，将拾取的速度点与邻近点相比较，判断出是否为速度倒转点。若 m_k 为速度倒转点且速度倒转变化范围大于经验值，则去除速度异常点。

2. 合成数据分析

为了测试本小节方法的可行性，设计了 1 个包含强弱反射和干涉的一维数值模型进行测试。图 2.24（a）为一个预定义速度模型创建的 CMP 道集。该道集由主频为 30Hz 的零相位里克子波经射线追踪方法数值模拟获得，共包含了 1300 个时

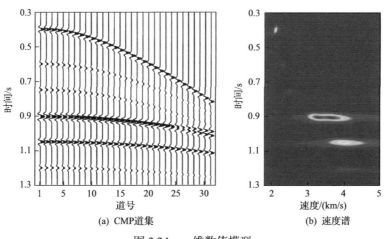

(a) CMP道集　　　　　　　　(b) 速度谱

图 2.24　一维数值模型

间采样点和 31 道，采样间隔为 1ms，道间距为 50m。为了测试本方法对弱反射的速度拾取能力，模型中设计了 3 个弱反射同相轴(0.6s、0.75s 和 1.2s)和 4 个强反射同相轴(0.4s、0.9s、0.91s 和 1.05s)相间分布。在 0.9s 及 0.91s 处有两个非常靠近的同相轴，用于测试该方法在子波干涉时的速度拾取准确性。对图 2.24(a)中的 CMP 道集进行速度分析得到速度谱，如图 2.24(b)所示。从图 2.24(b)可以看出，弱反射的速度能量团能量远小于其他同相轴，而两个干涉同相轴(0.9s 和 0.91s)的速度能量团混叠在一起。此外，不同深度的速度敏感性不同。相比于浅层的能量团，深层的能量团速度方向分辨率更低。

应用自适应阈值和固定阈值的无监督聚类方法进行智能速度拾取，并将拾取的速度进行动校正。根据速度谱能量团的大致分布，两种方法均选定初始类别 K_0 为 12，由于速度谱中能量团分布较为稀疏，在自适应阈值方法中选取较大的滑动窗口，其窗长 d_{win} 为 100ms。为了说明常规聚类方法的局限性，比较了两种不同固定阈值[$p(i)$=90%和 $p(i)$=95%]对聚类效果的影响。图 2.25(a)～(f)为常规聚类方法中两种阈值情况下的速度拾取候选区、速度拾取结果和动校正后的道集。在常规聚类方法中，为了拾取到弱反射速度能量团，先测试了用较小的固定阈值百分比($p(i)$=90%)进行速度拾取。选取较小的 $p(i)$ 值可增大深层能量团样本量[图 2.25(a)中红色部分]，从而增加了后续智能速度拾取的运算量。同时，K 均值聚类方法易于将密集的、球状或团状的数据聚类，筛选的速度拾取候选区也需要符合这一特征。然而，$p(i)$ 偏小时筛选的深层候选区范围并不聚焦，相对会拾取到更多个聚类中心，显著降低了深层速度拾取的准确性[图 2.25(b)]。特别是 0.9s 和 0.91s 位置对应的能量团没有拾取到且误差较大。因此经动校正后，对应位置的同相轴显著向上弯曲[图 2.25(c)]。当选取较大的固定阈值百分比[$p(i)$=95%]时，较大的 $p(i)$ 值对应阈值偏大，只能兼顾能量较强的速度能量团，筛选速度拾取候选区时忽视了弱反射能量团[图 2.25(d)]，浅层的 2 个弱反射和深层的 1 个弱反射都未能拾取到速度[图 2.25(e)]，不利于对速度曲线的精细刻画，也降低了拾取精度。从图 2.25(f)可以明显看出，0.8s 以上的浅层同相轴明显校正不足，同相轴向下弯曲严重。图 2.25(g)～(i)为自适应阈值方法的速度拾取及动校正结果。自适应阈值在识别能量团时，强度不同的速度能量团均能被识别[图 2.25(g)]，所有反射的速度能量团均被包含在候选区内。因此，自适应阈值方法能拾取到更为精确的速度[图 2.25(h)]。即使在 0.9s 和 0.91s 处两个干涉同相轴情况下，自适应阈值方法也能拾取到 2 个聚类中心，而且动校正后同相轴基本被拉平[图 2.25(i)]。

为了说明自适应阈值方法处理复杂模型的能力，进一步采用二维 Marmousi 模型进行测试分析。在 Marmousi 模型中等间隔抽取了 74 道作为本次测试的真实层速度场(图 2.26)，进而由速度模型和加德纳(Gardner)密度公式正演得到一系列 CMP 道集。根据速度谱能量团的大致分布规律(能量团个数、单个能量团延续时

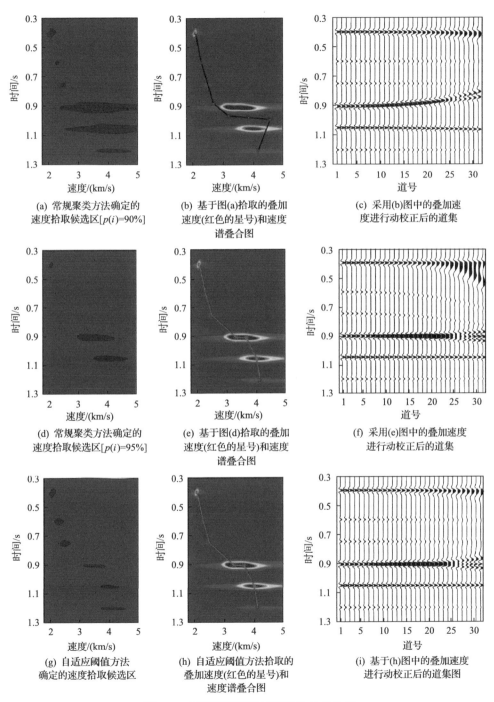

(a) 常规聚类方法确定的
速度拾取候选区[p(i)=90%]

(b) 基于图(a)拾取的叠加
速度(红色的星号)和速度
谱叠合图

(c) 采用(b)图中的叠加速
度进行动校正后的道集

(d) 常规聚类方法确定的
速度拾取候选区[p(i)=95%]

(e) 基于图(d)拾取的叠加
速度(红色的星号)和速度
谱叠合图

(f) 采用(e)图中的叠加速度
进行动校正后的道集

(g) 自适应阈值方法
确定的速度拾取候选区

(h) 自适应阈值方法拾取的
叠加速度(红色的星号)和
速度谱叠合图

(i) 基于(h)图中的叠加速度
进行动校正后的道集图

图 2.25　不同阈值筛选速度拾取结果比较

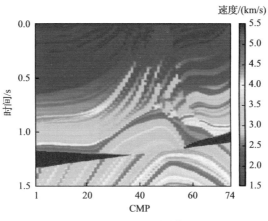

图 2.26　层速度场模型

长等），两种方法均选定初始类别 K_0 为 15。此外，通过多次试验，在自适应阈值方法中选取滑动窗口窗长 d_{win} 为 40ms，最小百分比阈值 $p_{min}=85\%$，最大百分比阈值 $p_{max}=95\%$，而在常规聚类方法中选取了固定阈值百分比 $p(i)=90\%$。

图 2.27(a) 和 (b) 分别展示了 Marmousi 模型中第 10 道的 CMP 道集及常规聚类方法拾取的叠加速度(绿线)、本方法(自适应阈值方法)拾取的叠加速度(红线)和真实均方根速度(黑线)的对比。在 CMP 道集中[图 2.27(a)]，浅层和深层反射波能量差异大，0.5s 以上以弱反射为主，而 0.5s 以下以强反射为主。因此，速度谱中不同深度的能量团间幅值相差较大，浅层反射波能量团弱，而深层反射波能量团强。在深浅反射波能量差异大的情况下，自适应阈值方法拾取的速度仍与真实值基本一致，且相较于常规聚类方法，在深层(约 1.2s)和弱反射处拾取的速度均准确性更高，如图 2.27(b) 所示。图 2.27(c) 和 (d) 分别显示了基于常规聚类方法和自适应阈值聚类方法拾取的速度场进行动校正的结果图比较。从动校正后的道集结果可以看出，自适应阈值聚类方法拾取的速度基本拉平了所有同相轴，证明了速度拾取的有效性，也验证了算法的有效性。而常规聚类方法拾取的叠加速度偏离真实值，其动校正道集在深层(约 1.2s)同相轴出现下翘现象。

对整个 Marmousi 模型重复上述单道的处理流程，即可得到二维的叠加速度场。图 2.28(a) ～ (c) 分别展示了 Marmousi 模型的真实均方根速度场、常规聚类方法拾取的速度场和自适应阈值聚类方法拾取的速度场。总体上看，常规聚类方法在两侧楔状体等构造位置拾取精度较低(如蓝色箭头所示)，且速度场横向上连续性较差，如黑色箭头指示的 CMP 道拾取到速度异常值，与相邻道差异大。然而，自适应阈值聚类方法拾取的速度场在构造走势上基本与真实速度场一致，在大部分道上比常规聚类方法的拾取精度更高，对于楔状体[图 2.28(c) 箭头处]等构造细节刻画得更为准确，速度场变化较为连续。为了进一步说明拾取精确速度场的重要性，采用拾取的速度场进行动校正和叠加，如图 2.29 所示。由 3 种速度场

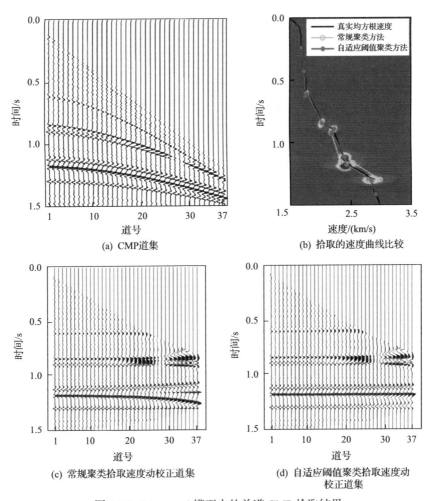

(a) CMP道集　(b) 拾取的速度曲线比较

(c) 常规聚类拾取速度动校正道集　(d) 自适应阈值聚类拾取速度动校正道集

图 2.27　Marmousi 模型中的单道 CMP 拾取结果

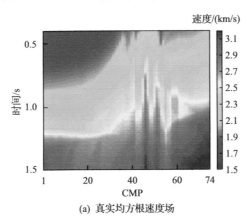

(a) 真实均方根速度场

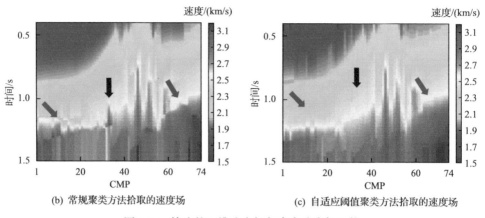

(b) 常规聚类方法拾取的速度场　　　　　　　(c) 自适应阈值聚类方法拾取的速度场

图 2.28　拾取的二维速度场与真实速度场比较

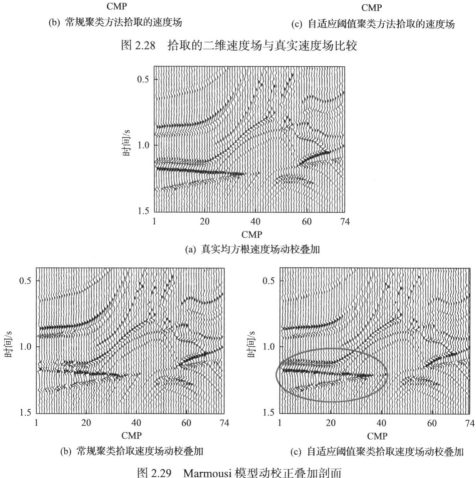

(a) 真实均方根速度场动校叠加

(b) 常规聚类拾取速度场动校叠加　　　　　　(c) 自适应阈值聚类拾取速度场动校叠加

图 2.29　Marmousi 模型动校正叠加剖面

的动校正叠加结果比较可知，自适应阈值聚类方法由于拾取精度更高，其叠加剖面与真实速度场动校正叠加剖面基本一致，相比于常规聚类方法获得的叠加剖面局部质量更好，特别是红色椭圆区域的成像质量。

3. 实例分析

为了展示实际应用效果,测试了中国西部某地区的三维实际数据,该三维工区速度谱数据共包含 80 条测线,每条测线包含 201 个 CMP 点,数据的时间长度为 5.8s,速度谱采样间隔为 10ms。该地区浅层主要为陆相砂岩储层,3~4s 处为中深层奥陶系海相碳酸盐岩储层,其是该地区的主要目标层,部分位置存在溶洞等特殊地质构造,4~5s 处为深层寒武系海相碳酸盐岩储层,速度谱中该深度多次波发育,整体沉积体系从陆相向海相转变。因此,针对该工区速度场的基本要求是避免多次波干扰,同时保证较高的一次波速度拾取精度,方便后续特殊地质构造成像。

由此,根据速度谱能量团的大致分布,选取初始类别 K_0 为 30,滑动窗口窗长为 100ms。为了保证速度模型具有一定的光滑性,在速度拾取后对离群速度进行处理,去除大于 10%的速度倒转异常值。从单道的速度谱(图 2.30)中可以看出,多次波位于深层低速区,不同 CMP 间能量不一。而自适应阈值聚类方法拾取的速度均在反射波峰值处,未拾取到多次波,这主要是因为多次波在拾取时在自适应阈值与离群速度处理双重约束压制下被去除。能量较弱的多次波,主要由滑动窗口内自适应阈值约束,一定程度上屏蔽了多次波能量;而能量较强的多次波,主要由离群点处理环节去除了偏离反射波速度趋势的低速点,从而验证了自适应阈值方法对多次波发育工区的适用性。

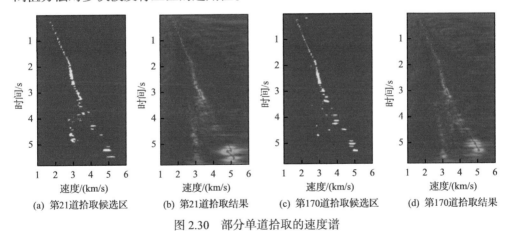

(a) 第21道拾取候选区   (b) 第21道拾取结果   (c) 第170道拾取候选区   (d) 第170道拾取结果

图 2.30　部分单道拾取的速度谱

图 2.31(a)和(b)显示了基于自适应阈值聚类拾取的速度体与基于人工方法拾取的速度体的对比。由图 2.31 可知,自适应阈值聚类拾取的速度体与人工方法拾取的速度体整体趋势一致,具有较好的分层性。同时,都有效避开了在 4.5s 左右(黑色箭头所示位置)发育的低速多次波。为了比较溶洞成像效果,在三维速度体中抽取了第 71 条测线的速度场进行对比展示,如图 2.32 所示。从图 2.32 可以看出,自适应阈值聚类拾取的速度结构变化趋势与人工拾取的速度场基本一致,且

都规避了多次波的拾取。但是，自适应阈值聚类能拾取到更丰富的横向速度变化细节。此外，在动校正叠加的成像效果(图 2.33)中，两种方法均能指示溶洞位置

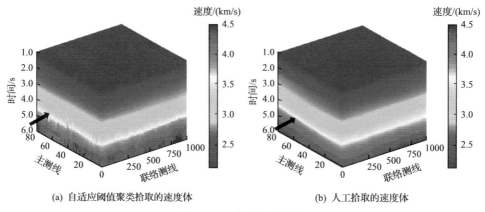

(a) 自适应阈值聚类拾取的速度体　　　　　　　(b) 人工拾取的速度体

图 2.31　三维速度体对比

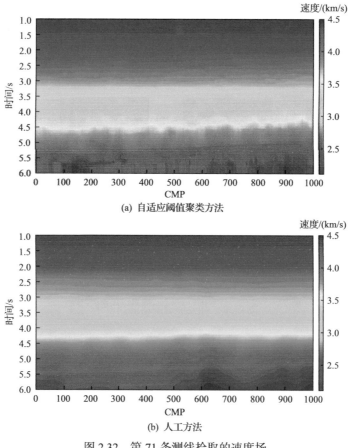

(a) 自适应阈值聚类方法

(b) 人工方法

图 2.32　第 71 条测线拾取的速度场

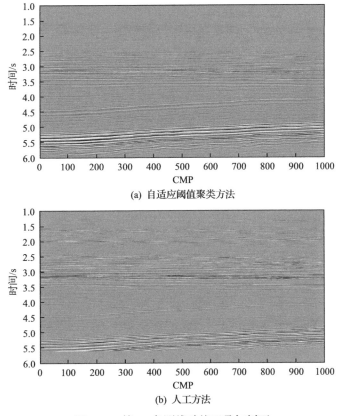

(a) 自适应阈值聚类方法

(b) 人工方法

图 2.33　第 71 条测线动校正叠加剖面

（CMP 950 位置的 4.5s 处）。但是，自适应阈值方法对溶洞的大小和位置成像更清晰。这主要是因为自适应阈值方法拾取密度更高，而人工方法在该位置的速度由相邻道插值获得，所以自适应阈值方法所拾取的速度更接近地下真实值，从而可以提高成像精度。

2.2.3　基于有监督神经网络的速度分析

无监督方法和人工拾取方法通常是以速度谱为基础拾取叠加速度。但是，速度谱一般是基于相关法或叠加法生成的，这是一种有损的、不可逆的变换，它隐藏甚至去除了与地震反射相关的振幅和相位等信息（Fabien-Ouellet and Sarkar, 2020）。本节从 CMP 数据出发，介绍一种有监督神经网络，以 CMP 道集作为网络输入，叠加速度作为标签，在高维空间中建立输入特征与输出目标之间的隐式映射关系，自动完成信息挖掘和叠加速度拾取。参考传统速度分析的流程，从张量流的角度用卷积神经网络来模仿速度谱生成，进而结合循环神经网络估计叠加速度。本小节将先后介绍速度分析流程、神经网络架构、合成数据集生成和测试，以说明该方法的基本思想及适用范围。

1. 方法原理

20 世纪 60 年代末，Garotta 和 Michon（1967）、Cook 和 Taner（1969）假设反射波时距曲线满足双曲线型方程，提出了叠加速度分析方法。该方法基于水平层状介质，计算效率高，在地震资料常规叠加处理中起着重要的作用。速度谱是常规叠加速度分析中不可缺失的一部分。速度谱的求取方法简单，通过选取合适范围内的不同速度，在 CMP 道集上沿着双曲线轨迹开时窗，然后将窗内能量叠加即可获得速度谱。当速度准确时，CMP 道集中的反射信号沿着双曲线轨迹同相排列，速度谱能量团明显。因此，首先需要确定双曲线轨迹。水平界面时双曲线轨迹（时距曲线方程）可表示为

$$\tau = \sqrt{t^2 + \frac{x^2}{v^2}} \tag{2.39}$$

式中，t 为自激自收旅行时；v 为试验速度。偏移距为 x 时，反射波旅行时为 τ。固定 v 时，基于式（2.39），可以在 CMP 道集上确定一条以偏移距 x 为自变量的双曲线，如图 2.34（a）中红色曲线，t 可视为双曲线的截距。由浅到深，t-v 对能确定双曲线的位置和形态。下一步，沿着双曲线轨迹进行叠加，主要包括振幅能量叠加和相似系数叠加。这里，主要介绍振幅能量叠加方法，其表达式如下：

$$E(t,v) = \frac{\sum_{i=1}^{M} \left(\sum_{j=1}^{n_x} u\left(\sqrt{t_i^2 + \left(x_j / v(t_i)\right)^2}, x_j \right) \right)^2}{\sum_{i=1}^{M} \sum_{j=1}^{n_x} u\left(\sqrt{t_i^2 + \left(x_j / v(t_i)\right)^2}, x_j \right)^2} \tag{2.40}$$

式中，u 为沿 t 和 v 定义的双曲线轨迹，提取 CMP 形成的新道集（NMO 道集）；M 为时窗内采样点个数；n_x 为道数；$E(t,v)$ 为速度谱；t_i 为第 i 个样点的自激自收时间；x_j 为第 j 道位置的偏移距。将 NMO 道集进行叠加，得到叠加能量关于 t-v 对的关系，即为速度谱 $E(t,v)$。当试验速度 v 和均方根速度相等时，叠加能量达到最大，如图 2.34（b）中的红色圈所示，最大能量点对应的速度就是要提取的叠加速度。对于水平或小倾角层状地层，叠加速度等同于均方根速度。因此，常规叠加速度分析流程可总结如下。

（1）选定某个自激自收时间 t，给出一系列间隔相同的试验速度 $v_1, v_2, \cdots, v_n$。根据式（2.39），每一对 t 和 v 都会对应一条双曲线。

（2）沿着流程（1）中形成的双曲线轨迹。在一定的时窗范围内，提取 CMP 道集的振幅值。

(3)将所得到振幅值按照式(2.40)进行叠加，每个扫描速度对应各自的叠加能量值。

(4)按照叠加能量与对应的速度关系获得自激自收时间 t 位置的一条速度谱线。

(5)改变自激自收时间 t，重复上述步骤，直到获得 n_t 个速度谱线，即获得叠加速度谱 $E(t,v)$。

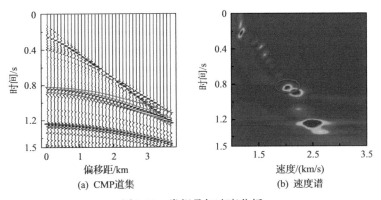

(a) CMP道集　　　　(b) 速度谱

图 2.34　常规叠加速度分析

红色曲线为双曲线轨迹，红色圈为能量团

2. 混合神经网络架构

为了设计出符合速度分析流程的神经网络框架(图 2.35)，从张量流的角度重现上述常规叠加速度分析的过程，步骤如下。

(1)振幅提取过程：选定某条试验速度 v_i 曲线，可以确定一系列双曲线，在形状为 $n_t \times n_x \times 1$ 的 CMP 张量上，沿着曲线轨迹提取振幅，形成与 CMP 道集相同大小的张量。

(2)动校正过程：针对每条试验速度曲线 $v_1, v_2, \cdots, v_n$，进行重复的振幅提取过程，每条速度曲线都对应一个 CMP 道集大小相同的动校正张量。通过多次试验，得到 n_v 张动校正张量，即 $n_t \times n_x \times n_v$。

(3)平均振幅能量求和过程：将各地震道的振幅能量沿着偏移距方向进行叠加形成大小为 $n_t \times n_v \times 1$ 的张量，即获得叠加速度谱 $E(t,v)$。

(4)拾取速度过程：通过拾取速度谱能量团中心，随后沿着时间方向进行插值，即可获得 $n_t \times 1$ 的均方根速度曲线。

根据以上张量流分析，常规速度分析可视为三个过程，即 CMP 张量动校正升维到三维动校正张量、沿偏移距叠加降维到二维速度谱张量、拾取能量团降维到一维速度曲线。二维卷积神经网络擅长进行升维和降维操作，并能从维度变化过程中提取隐藏特征信息建立复杂映射。因此，本小节使用有监督深度卷积神经网络(DCNN)模型，参考速度分析中的张量流(图 2.35)，模仿经典的速度分析流程，直接从 CMP 数据估计叠加速度。如图 2.36 所示，神经网络模型输入大小为 $n_t \times n_x \times 1$，其中 n_t 和 n_x 分别表示时间序列长度和偏移距长度。利用卷积层提取 CMP 道集的特征图。通过两类卷积层实现通道升维并增加速度维度。黄色卷积层的滤波器形状为 $2 \times 2 \times n_v/2$，蓝色卷积层的滤波器形状为 $3 \times 3 \times n_v$，步长均为 1。通过这些卷积操作，CMP 道集的通道数从 1 增加到 $n_v/2$，再进一步增加到 n_v，从而模拟了使用不同试验速度进行多次动校正的过程。由于反射同相轴可以跨炮检距分布在大量时间样点中，通过多层卷积升维，增加网络在时间和空间上样点的感受野。这类似于图 2.35 速度分析中的动校正过程(红色箭头步骤)，建立 n_v 张不同的试验速度动校正图。随后，模仿降维生成速度谱张量的过程。在神经网络模型中用最大池化压缩偏移距，直至偏移距量减小到 1，从而得到大小为 $n_t \times n_x \times 1$ 的张量，模仿在 NMO 道集的每个时间样点上沿着炮检距方向求取平均振幅能量和的过程(图 2.35 中蓝色箭头步骤)。考虑地震速度在较长时间序列内分布，使用

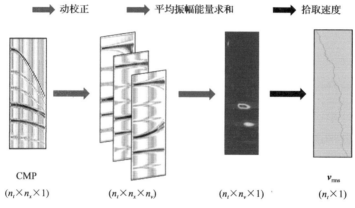

动校正　　　平均振幅能量求和　　　拾取速度

CMP　　　　　　　　　　　　　　　　　　　　　　　　　v_{rms}
$(n_t \times n_x \times 1)$　　$(n_t \times n_x \times n_v)$　　$(n_t \times n_v \times 1)$　　$(n_t \times 1)$

图 2.35　基于张量的速度分析示意图

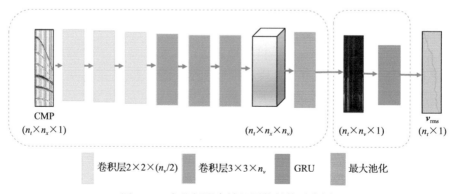

CMP　　　　　　　　　　　　　　　　　　　　　　　　v_{rms}
$(n_t \times n_x \times 1)$　　　　　　$(n_t \times n_x \times n_v)$　　$(n_t \times n_v \times 1)$　$(n_t \times 1)$

卷积层$2 \times 2 \times (n_v/2)$　　卷积层$3 \times 3 \times n_v$　　GRU　　最大池化

图 2.36　有监督混合神经网络结构示意图

GRU 来提取不同时间采样点的速度特征，模仿拾取速度过程(图 2.35 中黑色箭头步骤)。需要注意的是，这里所述的滤波器大小可以根据实际情况进行调整。

有监督神经网络利用成对的 CMP 道集和叠加速度曲线进行训练，期望网络能高仿速度分析的过程，学习 CMP 道集与速度之间的映射关系。图 2.36 为设计的模型(简记为 VAnet)，即给定网络参数和一个 CMP 道集，通过这个模型就可以输出一个一维向量。为了评估模型的好坏，选用如式(2.41)所示的目标函数：

$$\text{Loss}=\frac{1}{N}\sum_{i=1}^{N}\left\|v_{\text{rms},i}-\text{VAnet}\left(S_i,\theta_{\text{VAnet}}\right)\right\|_2^2 \tag{2.41}$$

式中，二维矩阵 S_i 和一维向量 $v_{\text{rms},i}$ 分别为训练集中第 i 个 CMP 道集和第 i 个叠加速度标签曲线；θ_{VAnet} 为混合神经网络中的权值和偏置参数；$\text{VAnet}\left(S_i,\theta_{\text{VAnet}}\right)$ 为神经网络预测的速度。目标函数越小，对应的神经网络模型越好。为了获得最好的模型，即获得最佳的网络参数，采用梯度下降法进行参数迭代更新。

3. 实例分析

使用经典的二维 Marmousi 模型(Martin et al., 2006)进行合成数据集的生成，将深度域速度模型转换为时间域，利用真实的时间域层速度模型[图 2.37(a)]和叠加速度模型[图 2.37(b)]制备标签。对 Marmousi 模型水平方向进行抽稀，两侧进行裁剪，得到 737 个水平方向样点，每个样点间隔 12m。Marmousi 模型的网格大小为 749×737。如图 2.37(a)所示，模型中部呈现逆冲叠瓦状构造，从浅到深依次存在三条大断裂、一个背斜、一个不整合面和一个楔形地层。基于射线追踪和 AVO 正演模拟 CMP 道集[图 2.34(a)]，其中时间采样间隔为 0.002s，时间采样点个数为 749，最大覆盖次数为 37，最大偏移距为 4000m。以 1.5~3.5km/s 的扫描速度范围计算速度谱[图 2.34(b)]。在网络建模前，使用均值方差归一化对训练、验证和测试集数据进行预处理：

$$\bar{Y}=\frac{Y-\mu_Y}{\delta_Y} \tag{2.42}$$

式中，Y 为原始速度标签或 CMP 数据；μ_Y 和 δ_Y 分别为速度或 CMP 数据的均值和标准差；$\bar{Y}$ 为 Y 的归一化值。

随机选取 20 条叠加速度曲线及对应的叠前 CMP 道集构成训练集。选取位置如图 2.37(a)中的红线所示。测试集由真实 Marmousi 叠加速度模型组成。在训练网络之前，数据集中的 CMP 数据和速度标签采用式(2.42)进行归一化预处理。训练过程中学习率的大小设置为 0.0001。在训练集、目标函数和反向传播算法等共同作用下，有监督网络通过多轮迭代，可以获得最优的有监督速度预测模型。

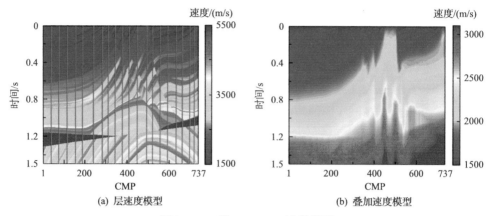

图 2.37　二维 Marmousi 速度模型

红线为训练样本的位置

　　图 2.38 比较了有监督网络预测的叠加速度场与真实叠加速度场。整体上看，有监督网络预测的叠加速度与真实值基本一致。在楔状体两侧估计的速度结果仍然相对准确，这是因为两侧水平地层的速度起伏较小，横向速度变化较为缓慢。然而，Marmousi 模型[图 2.38(a)]中部 400～600CMP 区域内的地层起伏较大，发育有陡倾角的断层和背斜等，有强烈的水平和垂直速度变化。在此区域，特别是浅层 0.2～0.5s 处的逆冲叠瓦构造位置，神经网络预测误差相对较大，预测结果[图 2.38(b)]出现毛刺状异常和横向错断假象。图 2.39 显示了测试集中 CMP 300 和 CMP 500 位置的速度曲线预测结果。从图 2.39 可看出，有监督网络预测的速度曲线与真实速度基本一致。从稳定性角度上评估，有监督网络预测的速度曲线出现了抖动和"尖峰"异常现象，特别在 CMP 500 位置。这可能是该位置地质构造复杂，导致 CMP 道集包含反射同相轴干涉和交叉等，神经网络难以学习到相关速度特征。

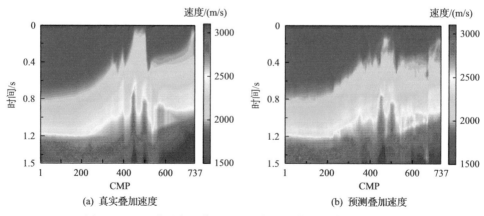

图 2.38　基于有监督网络预测的叠加速度模型与真实模型比较

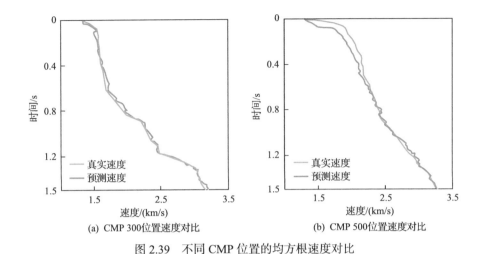

图 2.39　不同 CMP 位置的均方根速度对比

2.2.4　基于多模态神经网络的速度分析

目前，大部分自动速度分析方法是基于速度谱数据，选取叠加能量较高的合理峰值作为叠加速度。此外，一些方法是基于叠前道集与地震速度之间的数学表达式，由 CMP 道集估计叠加速度。尽管基于 CMP 数据或速度谱的自动速度分析方法性能令人鼓舞，特别是深度学习方法，但是大多数方法很少考虑 CMP 数据与速度谱之间的互补性，而只选择其中一种数据进行速度预测。对此，本小节提出一种多模态神经网络(MMN)，它结合了 CMP 数据细节表征和速度谱信息简化的优点。MMN 包括多层卷积结构和自编码器结构，从 CMP 道集中提取时空振幅信息，同时从速度谱中提取能量团特征。基于合成数据，本小节研究 MMN、CMP 单模态网络(the CMP single-modal network, CSN)与速度谱单模态网络(the velocity spectra single-modal network, VSSN)三种速度分析方法在连续性、准确性、抗噪声和泛化方面的差异。使用中间特征图的可视化结果来解释 MMN 速度预测机制，即速度信息的多角度表征和互补融合。最后，以辫状河沉积现场数据为例，验证该方法的有效性及展示其应用潜力。

1. 方法原理

1) CMP 数据与速度的物理关系

通常，地震速度与 CMP 数据和速度谱有关。因此，本小节首先从走时和振幅的角度分析地震速度到 CMP 数据的正演过程。假设 CMP 道集可以用射线理论和褶积模型有效表示，CMP 数据的正演模拟主要集中在走时和振幅因素上。

根据射线理论和费马原理，走时和速度的近似关系可以表示为

$$T(x) = \int_{L(x)} \frac{\mathrm{d}x}{\boldsymbol{v}_{\text{int}}(y, z)} = \min_{L'(x)} \int_{L'(x)} \frac{\mathrm{d}x}{\boldsymbol{v}_{\text{int}}(y, z)} \tag{2.43}$$

式中，y 和 z 分别为水平距离和深度；$\boldsymbol{v}_{\text{int}}(y, z)$ 为深度域层速度；x 为偏移距；$\boldsymbol{L}$ 为射线路径；$\boldsymbol{T}$ 为射线旅行时。当地下速度模型已知，通过求解射线追踪方程（Um and Thurber, 1987; Nowack, 1992），计算出射线最小旅行时 $\boldsymbol{T}(x)$ 及其对应的传播路径 $\boldsymbol{L}'(x)$。考虑不同偏移距的振幅与速度相关联，根据策普里兹（Zoeppritz）方程的近似式（Shuey, 1985），反射系数和速度的近似关系可以表述如下：

$$R(t_i, 0) = \frac{\rho(t_{i+1}) \boldsymbol{v}_{\text{int}}(t_{i+1}) - \rho(t_i) \boldsymbol{v}_{\text{int}}(t_i)}{\rho(t_{i+1}) \boldsymbol{v}_{\text{int}}(t_{i+1}) + \rho(t_i) \boldsymbol{v}_{\text{int}}(t_i)} \tag{2.44}$$

$$R(t_i, \theta) \approx R(t_i, 0) + G \sin^2 \theta \tag{2.45}$$

式中，$\boldsymbol{v}_{\text{int}}(t_i)$ 为时间域的速度；$\rho(t_i)$ 为密度；$R(t_i, \theta)$ 为入射角为 θ 的反射系数；$R(t_i, 0)$ 为垂直入射的反射系数；G 为梯度，与速度相关。式（2.45）能够表达振幅随入射角度的变化。获得旅行时和反射系数后，基于褶积模型，CMP 道集的模拟可以表达如下：

$$N = F(\boldsymbol{T}, x) \tag{2.46}$$

$$S = W \times R \times N \tag{2.47}$$

式中，$\boldsymbol{R}$ 为由 $R(t_i, \theta)$ 构成的反射系数矩阵；$\boldsymbol{N}$ 为反动校正算子；$\boldsymbol{W}$ 为子波矩阵；$\boldsymbol{S}$ 为 CMP 道集；$F(\cdot)$ 为算子生成函数，可根据旅行时和偏移距计算出反动校正算子 $\boldsymbol{N}$。

物理关系表明，CMP 数据包含走时和振幅信息，如图 2.40 所示，两者都是地震速度的函数。反射系数的极性（正或负）和大小可以代表层速度趋势（增或减）和梯度。振幅随偏移距的变化规律可以提供详细的速度信息。理论上，完全可以由 CMP 数据反演精细速度场。但是，在复杂构造和速度分布差异较大的情况下，弱反射、子波干涉、交叉同相轴和多次波等因素使得 CMP 道集复杂度高，信噪比低。另外，基于射线追踪方程［式(2.43)］的走时与速度映射关系复杂。因此，基于 CMP 道集的深度学习算法预测难度大，稳定性差，依赖于标记样本数量。

2）速度谱与速度的物理关系

针对实际 CMP 道集复杂度高、信噪比低等问题，本小节分析速度谱的生成过程，并试图寻找另一个数据源来减少有监督神经网络对训练样本数量的依赖。速度谱与地震速度的近似关系可以表示为式(2.40)。

基于式(2.40)，可以在 CMP 道集上确定一条以偏移距 x 为自变量的双曲带［图 2.34(a)］。不同的 t-v 对提取 CMP 道集上不同旅行时（斜率）的振幅，通过叠

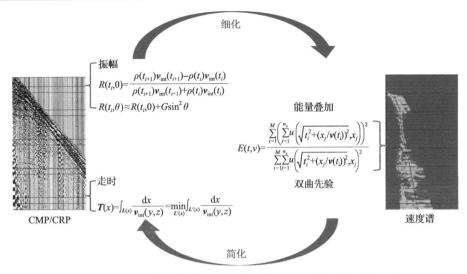

图 2.40　CMP 道集、速度谱和地震速度之间的物理关系示意图

加形成能量团与速度之间的对应关系。也就是说，速度谱可以以能量团的形式表达速度与走时的关系。叠加操作能够有效压制噪声，特别是随机噪声。但是，仅依靠速度谱获取地震速度的方式也会存在细节信息不足的问题。这是由于能量叠加[式 (2.40)]是一种有损不可逆操作，它隐藏甚至去除了 CMP 道集中振幅、相位和反射系数信息，同时丢失 AVO 信息，这些都与速度结构相关。这会导致速度谱主要体现速度的总体变化趋势，而丢失了局部细节信息。

　　图 2.40 总结了 CMP 道集、速度谱与地震速度之间的物理关系。CMP 道集侧重于表达整个时间和偏移距的振幅与速度的关系，可为速度谱补充局部细节。速度谱基于双曲先验和能量叠加生成，能够简化走时与速度的关系。在抗噪方面，速度谱可以提供帮助。因此，CMP 数据和速度谱是主要的模态 (Baltrušaitis et al., 2018; Zhang et al., 2023)，在表示速度方面具有互补性。

　　3) MMN 反演架构
　　基于速度与上述各模态数据之间的正演过程，提出一种多模态神经网络来模仿逼近逆过程。从 CMP 道集和速度谱提取特征自动反演地震速度，该逼近函数由卷积层和 GRU 组成。多模态学习有两个重点：表征和融合。为了对特征图进行观察和对比，设计了三个模块，分别为 CMP 表征模块、速度谱表征模块和融合模块，如图 2.41 (a) ~ (c) 所示。这三个模块可以分解、合并组成三个不同的网络，包括只有 CMP 输入的 CSN、只有速度谱输入的 VSSN 及同时输入 CMP 和速度谱的 MMN。以 MMN 结构为例，CMP 道集表征模块采用多个卷积层和最大池化层扩大感受野，这样可以考虑更大范围的 CMP 道集信息。这里，CMP 表征模块与 2.2.3 节有监督混合神经网络结构的卷积模块部分相同。速度谱表征模块输入

大小为 $n_t \times n_v \times 1$，考虑速度谱模态主要以能量团的形式表达速度信息，因此该模块采用自编码结构最大限度地保留能量团特征。首先使用 $3 \times 3 \times n_v$ 蓝色卷积和 $2 \times 2 \times (n_v/2)$ 黄色卷积，步长均为 2，将速度谱的大小减小到原来的 1/4，其大小为 $(n_t/4) \times (n_v/4) \times (n_v/2)$，实现下采样。通过滤波器形状分别为 $2 \times 2 \times (n_v/2)$ (黄色虚线框) 和 $3 \times 3 \times 1$ (蓝色虚线框) 的反卷积 (步长均为 2) 进行上采样，将特征图大小恢复为 $n_t \times n_v \times 1$，在网络分支中提取出另一种速度特征图。基于双曲的时距曲线方程，速度谱可以简化旅行时和速度关系，加快收敛速度。融合模块基于速度标签，训练出最优参数融合多模态速度特征，从而最大限度地实现各模态在振幅和旅行时上的互补。将上述两种速度特征图连接产生双通道，大小为 $n_t \times n_v \times 2$，使用蓝色卷积和反卷积 (蓝色虚线框) 进行融合。考虑到不同时间序列的地震速度存在着联系，使用 GRU 捕捉序列之间的关系特征。神经网络期望输出层速度特征，同时利用迪克斯 (Dix) 方程将层速度特征图转换为均方根速度，并以真实的层速度和均方根速度作为标签进行评估。此网络为多任务网络，同时输出两种地震速度，它们都是 $n_t \times 1$ 的向量。在水平层状的假设下，Dix (1955) 方程可表达如式 (2.48) 所示：

$$v_{rms}(t_i) = \sqrt{\frac{\sum_{j=1}^{i} v_{int}^2(t_j) \Delta t}{\sum_{j=1}^{i} \Delta t}} \tag{2.48}$$

式中，Δt 为时间采样率。显然，Dix 约束可以控制 v_{rms} 由浅向深的增大。在给定网络参数、CMP 道集和速度谱的情况下，MMN 可以输出两个向量。使用如式 (2.49) 所示的目标函数评估 MMN 的质量：

$$\begin{aligned} \text{Loss} = \frac{1}{N} \sum_{i=1}^{N} \Big\{ & \left\| v_{int,i} - \text{MMnet}_{int}(S_i, E_i, \theta_{MMnet}) \right\|_2^2 \\ & + \left\| v_{rms,i} - \text{MMnet}_{rms}(S_i, E_i, \theta_{MMnet}) \right\|_2^2 \Big\} \end{aligned} \tag{2.49}$$

式中，θ_{MMnet} 为多模态网络的权值和偏置参数；$\text{MMnet}_{int}(S_i, E_i, \theta_{MMnet})$ 和 $\text{MMnet}_{rms}(S_i, E_i, \theta_{MMnet})$ 分别为多模态神经网络计算的层速度和均方根速度；$v_{int,i}$ 和 $v_{rms,i}$ 分别为层速度标签和叠加速度标签，目标函数中的第一项和第二项分别表示层速度损失和均方根速度损失。与 MMN 相同，CSN 和 VSSN 的目标函数也由两项组成。CSN 只输入 CMP 数据，VSSN 只输入速度谱数据。每次迭代计算总损失，然后使用 Adam (Kingma and Ba, 2014; Bock et al., 2018) 反向传播更新网络参数。训练后的网络可以估计出满足 Dix 分布的均方根速度和层速度。

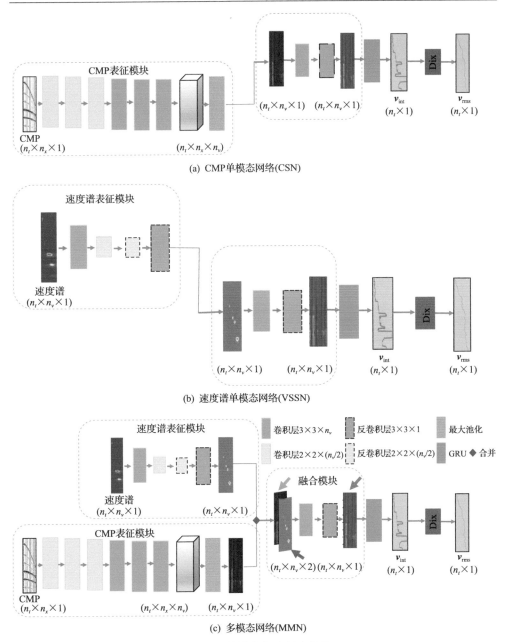

(a) CMP单模态网络(CSN)

(b) 速度谱单模态网络(VSSN)

(c) 多模态网络(MMN)

图 2.41　单模态与多模态网络

红色、蓝色和绿色箭头分别指向 CMP 特征、速度谱特征和融合特征图

2. 合成数据分析

在这一部分中，首先，基于 Marmousi 模型分析 MMN、CSN 和 VSSN 网络在含

噪声或无噪声场景中的测试效果。其次，将训练好的模型直接用于预测 Overthrust 模型，以评估 MMN 的泛化能力。最后，对比测试集中 MMN 的中间特征图，用来解释 MMN 速度预测的机理。

1) 无噪声数据测试

从图 2.37(a) 中的 20 个红线位置均匀抽取 10 个相应的 CMP 数据、速度谱、层速度和 RMS 速度作为训练集，分别训练 MMN、CSN 和 VSSN。训练阶段，学习速率和批量大小分别设置为 0.0001 和 10，测试集由真实的 Marmousi 模型组成。图 2.42 显示了三个网络的训练和验证平均损失曲线 (即 50 条训练和验证损失曲线的平均值)，其中黑色、蓝色和青色线分别表示训练集的总损失、层速度损失和叠加速度损失，而红色、品红色和绿色线分别表示验证集的总损失、层速度损失和叠加速度损失。从图 2.42 可明显看出，三种网络的损失曲线均是收敛的。但是，MMN 的损失值最小。这主要是因为 MMN 结合多模态数据可能提取出了更多的速度信息，具有更好的泛化性能。另外，MMN 和 VSSN 的损失值在大约 250 个

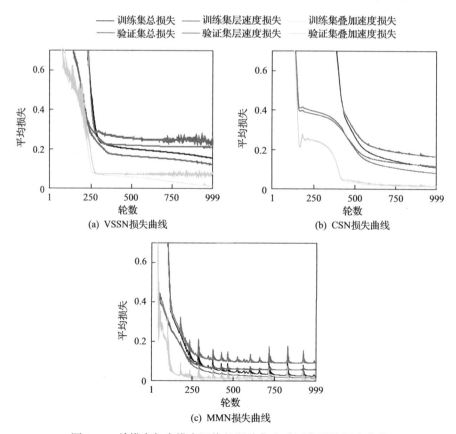

图 2.42　单模态与多模态网络的训练集和验证集平均损失曲线

epoch 后保持不变，而 CSN 需要 600 个 epoch 才能收敛。这反映了速度谱的简化效果，使 MMN 和 VSSN 更快地收敛。

将训练好的网络应用到测试集上，测试结果如图 2.43 所示。VSSN、CSN、MMN 预测的层速度模型如图 2.43（a）～（c）所示，预测的叠加速度模型如图 2.43（d）～（f）所示。层速度的预测结果能展示三种网络对高频细节的刻画能力。MMN 预测的层速度模型［图 2.43（c）］与 CSN 预测的层速度模型［图 2.43（b）］相似，断

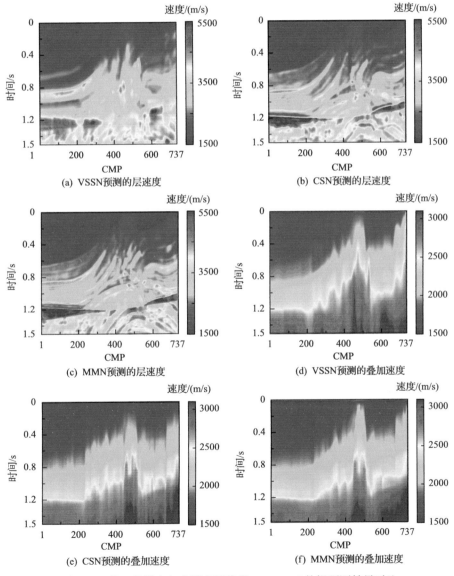

图 2.43　基于单模态与多模态网络的 Marmousi 数据预测结果对比

层和楔形构造明显，但也存在差异，主要表现在 1.3～1.5s 处的楔状构造和背斜构造特征。VSSN 预测的层速度[图 2.43(a)]与实际存在明显差异，楔形、褶皱和背斜等构造细节丢失，地质边界模糊。这表明，仅依靠速度谱难以准确表征复杂地层单元的层速度细节。

低频叠加速度的预测结果用来评价三种网络的稳定性。MMN 预测的结果[图 2.43(f)]比其他两种单模网络的预测结果要好。在叠加速度的横向连续性方面，MMN 和 VSSN 表现较好，相比之下，CSN 预测[图 2.43(e)]不稳定，横向连续性较差，浅层(0.4～0.8s)出现"尖峰"异常。然而，在 CMP 300～600 的逆冲叠瓦构造区，CSN 和 MMN 预测的叠加速度模型的横向分辨率[图 2.43(e)和(f)]都高于 VSSN[图 2.43(d)]，特别是在 0.8～1.2s。这些结果表明，在表征局部细节和整体连续性方面，MMN 可以结合两种模态的优势。

图 2.44 展示了 MMN、CSN 和 VVSN 的动校正结果与单道速度预测结果。图 2.44(a)、(f)、(k)展示了三个待预测的 CMP 道集，包括 CMP 456、CMP 641 和 CMP 671。图 2.44(b)、(g)、(l)，图 2.44(c)、(h)、(m)和图 2.44(d)、(i)、(n)分别显示了使用 VSSN、CSN 和 MMN 速度估计的 NMO 道集。图 2.44(e)、(j)、(o)显示了速度谱和叠加速度曲线。在速度谱中，由 MMN(红线)和 VSSN(绿线)预测的叠加速度曲线基本追踪到能量团，这使得动校正后的反射同相轴拉平。CSN 的预测速度(黄线)偏离了能量团，特别是在红框所示的弱反射区和绿框所示的子波干涉区。这主要是因为在这些复杂区域很难捕捉到完整的反射波同相轴，基于 CMP 道集中双曲同相轴的速度估计是不精确的，导致部分同相轴(红框和绿

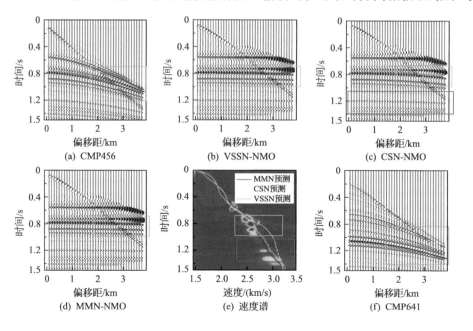

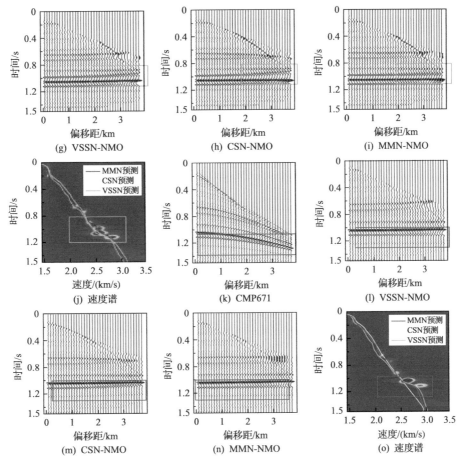

图 2.44　基于单模态和多模态网络的单道测结果以及 NMO 效应的比较

框)上翘或下拉。但是,速度谱中仍存在指示叠加速度的能量团。因此,MMN 和 VSSN 预测结果相对准确。

2)含噪声数据测试

一般来说,实际地震数据是含有噪声的。因此,在 CMP 道集中加入 40%能量的随机噪声[图 2.45(c)],根据式(2.40)计算出相应的速度谱[图 2.45(d)]。图 2.46 (a)~(c)显示了引入噪声后 VSSN、CSN 和 MMN 预测的层速度模型。图 2.46(d)~ (f)显示了对应的叠加速度结果。即使在有噪声的情况下,MMN 预测的层速度模型[图 2.46(c)]与无噪声的结果[图 2.43(c)]基本相同,仍然可以描绘地质体的边界。然而,CSN 结果[图 2.46(b)]与无噪声结果相比存在显著差异,浅层结构轮廓不清晰。同样,CSN 预测的叠加速度[图 2.46(e)]在浅层出现较大误差(0~0.4s),

这主要是因为设计模型的浅层 CMP 信号是弱反射，信噪比相对较低。MMN 和 VSSN 预测的叠加速度仍然保留了 Marmousi 模型的横向趋势，受噪声的影响较小。与图 2.45(b) 和(d)相比，也可以看出随机噪声对速度谱的影响很小。因此，利用速度谱模态可以提高网络的抗噪能力。

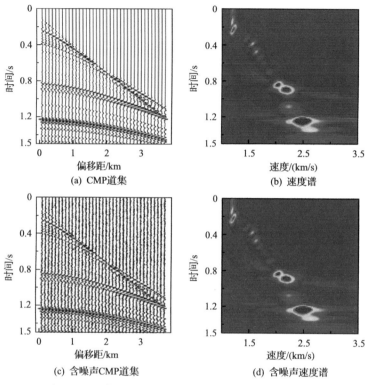

图 2.45　干净和含噪声 CMP 数据及相应速度谱的比较

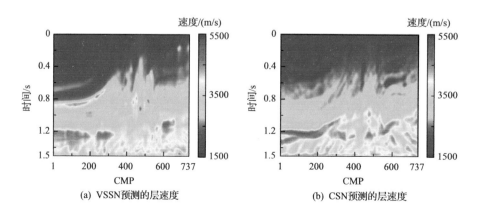

(a) VSSN预测的层速度　　　　　　　(b) CSN预测的层速度

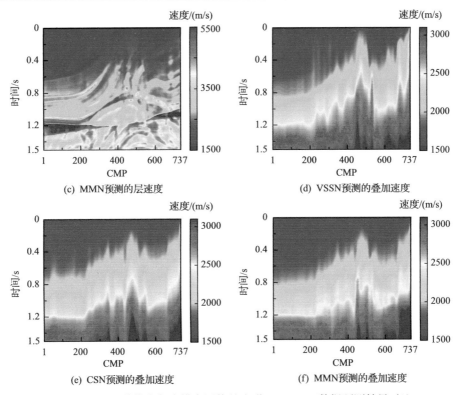

图 2.46　基于单模态与多模态网络的含噪 Marmousi 数据预测结果对比

为了量化三种神经网络之间的差异，将三种网络分别在含噪声和无噪声情况下进行 50 次统计测试，对平均误差（AE）进行统计得到表 2.5。在无噪声和含噪声情况下，MMN 的平均误差都最小，表明其具有良好的适应性。在无噪声情况下，MMN 和 CSN 预测的层速度平均误差分别为 68.4887 和 70.1833，然而 VSSN 预测的层速度平均误差为 118.998，这反映了速度谱在层速度预测中的不足。加入随机噪声后，三种网络构建的层速度和均方根速度模型平均误差均有所增加。其中，MMN 和 CSN 预测的均方根速度平均误差分别增加了 10.2549 和 11.1530，然而 VSSN 预测的均方根速度平均误差仅增加了 0.3096，误差增幅较小。这些结果与前述定性分析一致，表明速度谱缺乏表征高频层速度信息的能力，但可以增强网络的抗噪能力。

表 2.5　三种网络在无噪声和含噪声场景中速度预测的统计性对比

方法	VSSN		CSN		MMN	
平均误差	v_{int}	v_{rms}	v_{int}	v_{rms}	v_{int}	v_{rms}
无噪声数据	118.998	33.5618	70.1833	25.6167	68.4887	21.7017
含噪声数据	119.549	33.8714	107.8431	36.7697	93.3670	31.9566

3) MMN 泛化性测试

在泛化性方面，需要使用 Overthrust 模型进行"样本外"测试。通过重采样和裁剪得到网格尺寸为 749×737 的速度模型[图 2.47(a)]，层速度范围控制在 1.5～5.5km/s。图 2.47(a)和(e)分别显示层速度模型和叠加速度模型。正演方法和观测系统与 2.2.3 节中 Marmousi 模型合成数据集时一致，震源仍为零相位里克子波，主频为 35Hz，在此条件下生成相应的 CMP 数据和速度谱作为测试集。基于 Marmousi 模型的训练集(10 个样本)，使用三种训练好的网络模型直接预测 Overthrust 模型。图 2.47(b)～(d)分别为 VSSN、CSN 和 MMN 预测的层速度

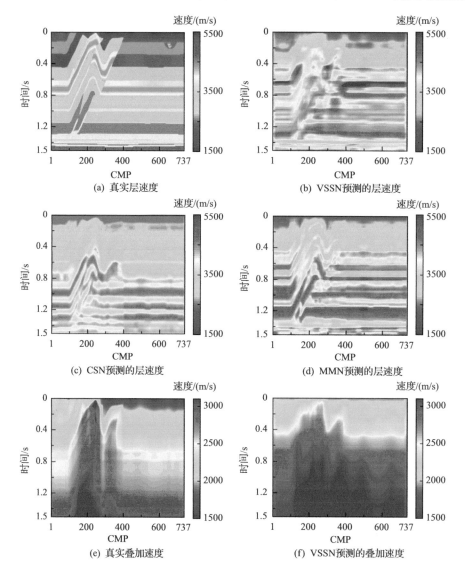

(a) 真实层速度

(b) VSSN预测的层速度

(c) CSN预测的层速度

(d) MMN预测的层速度

(e) 真实叠加速度

(f) VSSN预测的叠加速度

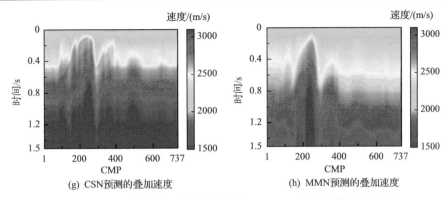

(g) CSN预测的叠加速度　　　　　　　(h) MMN预测的叠加速度

图 2.47　基于单模态与多模态网络的 Overthrust 数据预测结果比较

模型，图 2.47(f)～(h)分别为 VSSN、CSN 和 MMN 预测的叠加速度模型。对于从未参与训练的 Overthrust 模型，MMN 仍然可以得到合理的结果，在总体地质构造和横向趋势上与真实速度模型一致，说明 MMN 具有较强的泛化能力。此外，对比三种网络的结果，VSSN 预测的层速度仍然缺乏详细特征，CSN 预测的叠加速度的总体稳定性和连续性较差，这与上述认识一致。

4) MMN 速度预测机制分析

表征和融合是 MMN 速度预测的重点，它利用多模态的互补性和冗余性来表示与总结速度特征，并将这些特征连接起来进行综合速度预测，从而可视化多模态融合前后的中间特征图，从表征和融合两个角度分析速度预测机制。从测试集中选取 CMP 150 和 CMP 450，因为它们的速度分布不同，基于这两个样本得到的结论具有普遍性。MMN 示意图 2.41(c)中红色、蓝色和绿色箭头分别表示从 CMP 支路、速度谱支路和融合干路中提取的特征图，分别命名为"CMP 特征图"[图 2.48(a)或(d)]、"速度谱特征图"[图 2.48(b)或(e)]和"融合特征图"[图 2.48(c)或(f)]。图 2.48(a)～(c)是从 CMP 150 中提取的三个中间特征图，图 2.48(d)～(f)是从 CMP 450 中提取的三个中间特征图。三种中间特征图的大小为 $n_t×n_v×1$，基于 Marmousi 模型的特征图的实际大小为 749×64×1。CMP 特征图在红色箭头指示处有显著特征，如图 2.48(a)和(d)所示。类似地，融合后特征图[图 2.48(c)和(f)]在绿色箭头位置有明显的特征。由于人工智能很容易从特征明显的位置提取信息，从箭头所示的列中提取特征值，形成 CMP 特征曲线[图 2.49(b)或(g)]和融合后特征曲线[图 2.49(d)或(i)]。相应地，从速度谱的明显特征(能量团)中选取值，形成速度谱特征曲线[图 2.49(c)或(h)]。

以上三种特征曲线[图 2.49(b)～(d)或(g)～(i)]在 NMO 道集的反射轴[图 2.49(a)或(f)]上都有明显的响应。同时，这些特征曲线也与层速度具有较强的相关性[图 2.49(e)或(j)]，说明 MMN 可以提取和总结具有相似属性的特征曲线。

但是，这些特征曲线也有一些区别。例如，速度谱特征曲线以低频为主，代表总体速度趋势和低频速度背景；而 CMP 特征曲线具有高频响应，可以表示局部速度细节。这些表明 MMN 可以多方面表征地震速度。各模态的有效表征是基于多模态信息成功预测速度的基础。在融合前，每个 CMP 特征曲线 [图 2.49 (b) 或 (g)] 都有一定的差异。CMP 特征局部细节丰富，但是显得冗余和复杂，整体稳定性较

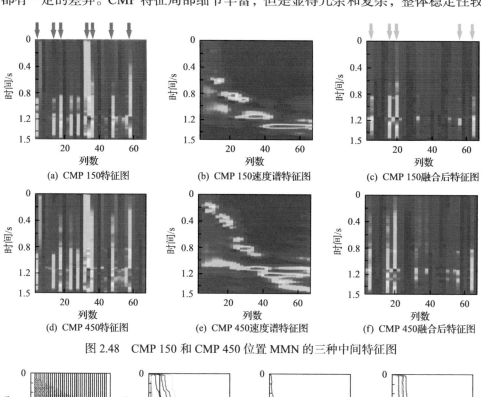

图 2.48　CMP 150 和 CMP 450 位置 MMN 的三种中间特征图

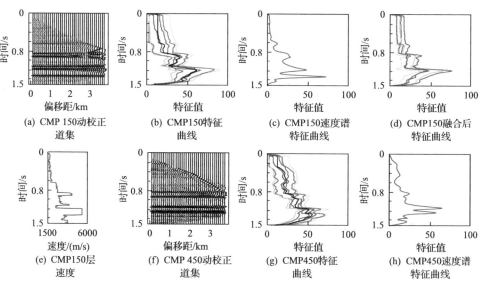

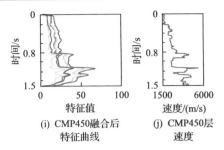

(i) CMP450 融合后　　(j) CMP450 层
　　特征曲线　　　　　　　速度

图 2.49　CMP 150 和 CMP 450 位置动校正道集、MMN 的中间特征曲线以及层速度

低。速度谱特征曲线[图 2.49(c)或(h)]稳定对应强反射同相轴。但是，在非能量团和能量团稀疏位置，一些速度细节可能被忽略。融合后的特征图[图 2.48(c)或(f)]表现出一致性，其特征曲线[图 2.49(d)或(i)]比 CMP 特征曲线更稳定，比速度谱特征曲线有更多细节。总体来说，MMN 可以融合不同模态的速度特征，从而获得更全面的速度信息。

3. 实例分析

为了测试 MMN 在实际应用中的有效性，本小节利用中国西部某油田三维工区的实际叠前地震资料进行测试分析。根据地质认识，储层单元发育多段河流，特别是网状河流和目标层位附近(图 2.50 中黑线)的曲流河流。由于河流与围岩的显著差异，地震剖面呈现局部振幅异常，被称为"亮点"。三维工区[图 2.51(a)]由 200 条主测线组成，每条线包含 1101 个 CRP 道集，工区内共 220200 个道集，道间距为 50m。每个道集有 2000 个时间样点，采样间隔为 2ms。采用的 CRP 数据经过了预处理，包括面波衰减、线性干扰波压制等。图 2.51(b)和(c)分别显示其中一个 CRP 道集和对应的速度谱。如图 2.51(a)红点位置所示，随机选取 100 个人工拾取速度作为标签，对应的 100 个 CRP 道集和速度谱组成训练集样本，分别训练 MMN、CSN 和 VSSN 三种网络。为了评估 MMN 的性能，本小节使用 50×10 网格手动拾取了 440 个叠加速度。然后，通过插值得到三维工区的叠加速度模型作为参考模型，如图 2.50(a)所示。经过训练的网络逐道预测整个三维工区，并对结果进行平滑处理。图 2.50(b)～(d)分别为基于 VSSN、CSN 和 MMN 预测的叠加速度。在总体速度趋势上，三种速度预测模型与参考模型吻合较好。然而，基于 CSN 的速度预测[图 2.50(c)]是不稳定的，在 2s 附近不连续。这是由于在 CRP 道集 2s 附近的反射波同相轴之间存在干扰和噪声[图 2.51(b)]。幸运的是，这些区域的速度谱[图 2.51(c)]具有明确的能量团响应。因此，MMN 和 VSSN 在这些区域能表现出良好的横向连续性。另外，在 2.5～3s 区域的速度谱没有明显的能量团特征，导致 VSSN[图 2.50(b)]的速度细节不如 MMN 和 CSN 丰富。MMN 在连续性和细节特征之间进行了权衡。

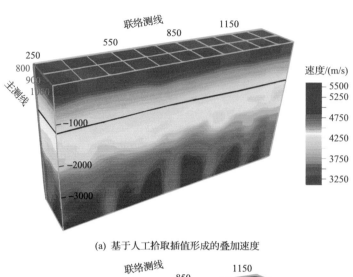

(a) 基于人工拾取插值形成的叠加速度

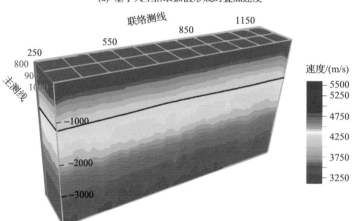

(b) VSSN预测的叠加速度

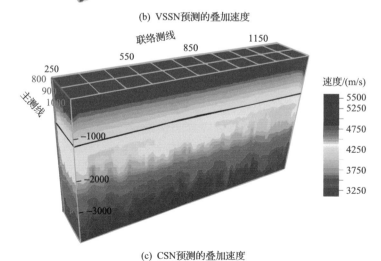

(c) CSN预测的叠加速度

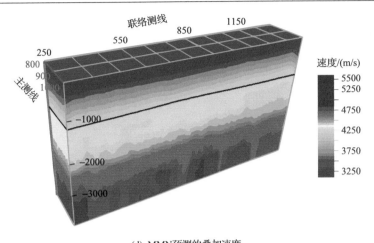

(d) MMN预测的叠加速度

图 2.50　基于不同方法预测的实际数据叠加速度对比(黑线表示目标层位的位置)

为了进一步地质控，本小节分析 MMN 预测的叠加速度剖面和成像结果。选取主测线 (IL) 888 剖面进行分析，如图 2.52 所示，与人工拾取的叠加速度插值结果[图 2.52(a)]相比，MMN 预测结果[图 2.52(b)]具有更高的分辨率和更丰富的速度细节，正如红色箭头所指区域。这主要因为图 2.52(a) 中的速度是基于 50×10 网格人工选取的，后续的插值会导致空间速度失真。MMN 可以实现 1×1 网格密集拾取，每个速度曲线信息来自相应的 CRP 数据。叠加剖面对比如图 2.53 所示，MMN 与常规人工拾取方法整体上相当，但更清晰地刻画了褶皱、砂岩"亮点"等主要地质构造。目标层位区域放大后的子图如图 2.53(a) 和 (b) 中红框所示，MMN 方法异常振幅(亮点)成像更清晰。图 2.53(c) 展示了该位置的速度谱拾取结

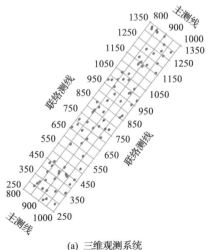

(a) 三维观测系统

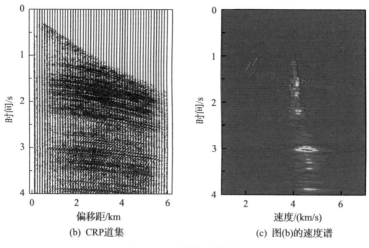

(b) CRP道集　　　　　　　　　　(c) 图(b)的速度谱

图 2.51　实际地震资料

(a) 中红点表示训练样本位置

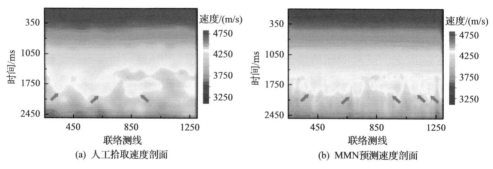

(a) 人工拾取速度剖面　　　　　　　　　　(b) MMN预测速度剖面

图 2.52　在 IL888 位置人工拾取方法和 MMN 方法构建的叠加速度剖面对比

红色箭头表示速度剖面细节上的差异

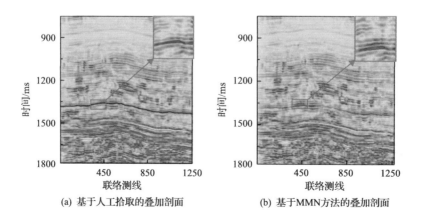

(a) 基于人工拾取的叠加剖面　　　　　　　　(b) 基于MMN方法的叠加剖面

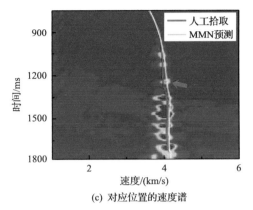

(c) 对应位置的速度谱

图 2.53　IL888 剖面基于人工拾取方法和 MMN 方法拾取速度的叠加成像结果对比
(a)中黑线表示目标层位，(a)和(b)中红色框及其放大的子图表示"亮点"的位置

果。MMN 预测的速度曲线在 1.4s 时更接近能量团，提高了"亮点"的成像精度，符合河流响应特征。为了进一步评估 MMN 方法对河道的成像效果，沿着目标层位(图 2.53 的黑色实线)提取叠加后地震数据的相干属性，如图 2.54 所示。从图 2.54 可看出，MMN 和人工拾取速度的动校正叠加结果的沿层相干时间切片是基本相似的，其河道轮廓、河道分支和走向基本一致。MMN 方法[图 2.54(b)]在红色箭头所示的三个位置提供了更连续、更清晰的河流边界。这主要是因为基于 MMN 方法得到的速度模型比插值方法的结果更加精细,对应的叠加剖面有更明显的"亮点"响应。

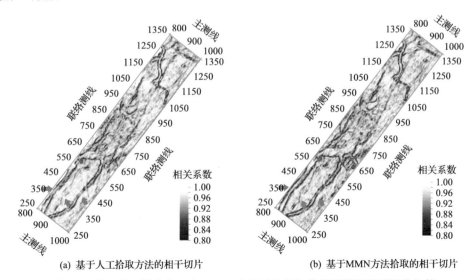

(a) 基于人工拾取方法的相干切片　　　　(b) 基于MMN方法拾取的相干切片

图 2.54　基于人工拾取方法和 MMN 方法导出叠加数据的沿层相干切片比较

红色箭头指示河流边界

2.2.5　小结与展望

1. 小结

常规速度分析方法依赖人工拾取速度，这种方法耗时耗力，易受人为经验影响，拾取网格稀疏、容易丢失细节信息。针对这些问题，本节介绍了 3 种人工智能自动速度分析方法，采用无监督聚类方法、有监督混合神经网络算法和多模态智能融合算法，分别从速度谱、CMP 道集及 CMP 与速度谱联合等不同角度，完成自动速度预测任务。每种方法都能够在相应的场景下取得较好的效果，且各有优势。

基于速度谱的无监督智能速度分析方法不需要标签，根据能量团的特征相似性寻找聚类中心，高仿人工拾取速度谱过程。在速度谱信噪比较高的情况下，无监督方法通过模拟人工拾取速度谱能量团的过程，能够快速有效得到速度分析结果。但是，无监督方法由于从数据分布角度进行速度分析，在低信噪比数据的情况下，该方法容易受到噪声的干扰。此时，需要额外的叠前道集等信息与专家经验联合进行速度分析才能够得到更加有效的速度分析结果。此外，无监督方法基于速度谱得到叠加速度，然而速度谱通常是在水平层状假设下沿双曲线轨迹叠加形成，是对反射界面和反射波速度的低频近似表达，计算出的速度在精度上受到限制。

为了引入专家拾取经验同时避免速度谱的局限性，提出基于 CMP 数据的有监督算法。将常规速度分析过程视为张量升维和降维，用卷积和池化来模拟速度扫描和能量叠加，避免速度谱生成过程，直接从 CMP 道集中自动估计叠加速度。通过大量标签将专家经验加入自动速度拾取的过程中，不需要离群速度剔除等繁琐的后处理。但是，实际 CMP 道集通常包含弱反射、子波干涉和交叉同相轴等，这会导致复杂的外表信息和较低的信噪比，需要大量分布多样的训练样本或者引入与速度相关的多信息简化速度映射关系。

针对小样本和低信噪比场景，结合 CMP 数据和速度谱各自的特征，提出 MMN 来模拟地震速度反演过程。利用 CMP 数据提供的振幅细节信息，同时借助速度谱简化走时与速度的映射关系，获取高频层速度信息和低频速度背景，具有较高的稳定性、准确性和快速收敛性。对于样本外的 Overthrust 模型，MMN 的泛化性也很好。此外，中间特征图的可视化分析说明了 MMN 预测的成功之处在于其能够对低频速度背景和高频速度细节进行表征，并将二者进行互补融合。

2. 未来展望

目前，针对基于人工智能的速度拾取任务，以下几个问题有待进一步探究。

(1)无监督聚类方法具有较强的能量团识别能力，但是，难以通过标签引入专家拾取经验。下一步可采用无监督方法生成大量样本标签对，预训练神经网络模型，具有较强的能量团追踪能力,再基于人工校正少量样本辅助训练网络,学习人工经验,引入领域知识,规避多次波等。因此,可实现交互式半监督智能速度拾取。

(2)大部分智能速度拾取技术是基于单道进行的,没有考虑到速度模型横向上的变化。一般来说,时间域速度建模和成像交互式进行,最终层速度的层位应该与成像剖面的强反射轴相符,即与地质模型一致。因此,利用成像剖面的地质模式来约束速度模型在横向上的变化是下一步的潜在研究方向。

(3)随着勘探开发程度加大,部分工区已有一些测井资料。需要结合井数据来约束速度模型在垂向上的变化,同时根据井数据的模拟道集与实际地震道集的匹配损失,精细优化速度模型,实现闭环高分辨率速度建模。

(4)速度分析的准确度通常由处理人员根据叠后剖面进行评价,难以通过量化的方法对现有叠加速度进行评价。因而在下一阶段的研究设计上,可以考虑依据CMP与共偏移距道集等多道集特征,对叠加速度进行多角度量化评价,约束智能速度反演。

(5)考虑到任意一种共偏移距道集都能对地下进行成像,不同偏移距的共偏移距道集只是对地下特征不同角度的观测,它们始终对应着地下同一种速度模型。以此为准则,对叠加速度进行智能约束反演。实现同时成像和速度建模,易于将横向、纵向的地质信息引入速度建模中。

2.3　高分辨率处理

由于地层吸收效应、地震数据频率缺失和子波干涉等,实际采集的窄带地震数据往往比较模糊而难以满足地震精细解释的要求,需要对地震资料进行高分辨率处理,进一步提升其刻画薄层的能力。地震资料高分辨率处理就是通过地球物理技术或人工智能技术将模糊的地震图像变得更加清晰。较清晰的地震图像一般具有同相轴较细、子波旁瓣较弱、频带较宽和分辨率较高等特点。但是,由于震源子波频带有限和环境噪声污染,从实际地震数据推测高分辨率图像或地层反射系数是一种不适定的反问题。当前,利用人工智能新技术进行高分辨率处理成为新的研究热点。经过高分辨率处理后的地震资料能为构造解释、地震反演和储层预测等工作提供基础数据和基本保障。

2.3.1　研究进展

通常,反射系数或子波压缩后的数据比原始地震记录的频带更宽,具备高分辨率刻画地下岩层几何结构特征的能力。对地震记录进行高分辨率处理是在已知实际地震记录的情况下求取反射系数,其处理过程又称为反褶积。反褶积就是压缩地震子波的过程,将延续时间较长的地震子波(宽脉冲)压缩为窄脉冲的反射系数(牟永光, 2007)。地震记录的分辨率由地震子波的频带决定(Berkhout, 1977)。在时间域中,由地震记录变换到反射系数的过程可以看作一种反滤波过程。在频率域中,压缩子波的过程体现在振幅谱拓宽和相位谱零相位化。

最早的高分辨率处理方法是最为经典和成熟的脉冲反褶积或预测反褶积。该方法假设地下反射系数为白噪声且地震子波为最小相位,通过最小二乘或维纳滤波等方法估计反射系数,实现了地震频带范围内的有效抬升和子波零相位化。但是,该方法不能拓展地震频带外的信息以及低信噪比区域(Zhang and Castagna, 2011),因此,也就从本质上限制了薄储层隐蔽油气藏和深层油气藏的预测和开发。之后又发展出基于压缩感知和稀疏表达的反褶积方法。该方法隐含假设地震频带内和频带外的信号均满足有限个简谐波叠加的规律,通过在目标函数中添加稀疏先验信息或正则化约束,来降低反演反射系数的多解性。目前,常用的表征反射系数稀疏性质的正则化约束包括 L_1 范数最小、柯西(Cauchy)准则、Huber 准则、$L_p(0<p<1)$ 范数最小和 Sech 准则等(Sacchi, 1997; Alemie and Sacchi, 2011; Wang L L et al., 2016)。

基于人工智能的地震资料高分辨率处理研究可以追溯到 20 世纪 90 年代。近期,基于深度学习技术的新一轮人工智能高分辨率处理得到了广泛关注和迅猛发展。已有学者试图在传统的模型驱动高分辨率处理方法和使用人工神经网络的数据驱动高分辨率处理方法之间建立联系,并指出了模型驱动高分辨率处理可以看成人工智能数据驱动高分辨率处理的一种特例(Yuan et al., 2021)。按照样本和标签的使用情况,基于人工智能的高分辨率处理方法分为无监督学习、有监督学习和半监督学习三大类。无监督高分辨率处理方法主要是在常规优化算法的基础上类比人工智能方法进行改进,引入机器学习的思想建立自适应的数学表征,如引入贝叶斯学习思想(Yuan and Wang, 2013)、块稀疏贝叶斯学习思想(Ma et al., 2017)与反向传播思想(潘树林等, 2019),采用这种无监督学习方法无须井数据就可以实现反射系数反演,改进后也能够优选时变子波与表征地下衰减(Yuan et al., 2017; Ma M et al., 2018),进一步降低高分辨率反演的多解性,得到稳定性更好的高分辨率结果。但是,该类方法依然需要一定的先验信息约束。

基于有监督学习的高分辨率处理方法在测井标签的约束下学习地震数据和真实反射系数的隐式关联,得到数据驱动反算子,实现由窄带地震数据到高分辨率地震数据或反射系数的直接映射。有监督高分辨率处理方法使用的网络架构主要分为两种:数据驱动网络和物理引导神经网络。数据驱动网络旨在通过数据训练学习地震数据到高分辨率数据的直接映射。一方面,数据驱动网络可以由测井数据导出的真实反射系数或与宽带子波的褶积结果作为标签直接参与网络的训练过程,构建基于井驱动的神经网络。训练得到的神经网络能够描述由原始地震数据到真实高分辨率数据的非线性关系,推广到整个地震数据后可以得到与真实井分布相关的高分辨率地震数据。基于井驱动的神经网络在地震资料高分辨率处理上的应用由来已久,如基于霍普菲尔德(Hopfield)神经网络进行高分辨率处理(Wang and Mendel, 1992; Kahoo et al., 2006)。在多层感知器被提出后,层数更深、非线性单元更复杂的神经网络架构逐渐应用于高分辨率处理,表现出抗噪性能优良和计算灵活高效等优势(Canning et al., 2017; Picetti et al., 2018; Kim and Nakata, 2018; 孙永壮等, 2021; 李学贵等, 2023)。另一方面,数据驱动网络可以由实际地震子波和合成反射系数生成合成数据集,构建基于子波驱动的神经网络。构建数据集时,首先随机生成若干道反射系数,再通过与实际地震子波褶积合成若干道地震数据。基于子波驱动的神经网络学习合成地震数据到随机生成反射系数的映射,最后将学习到的网络在实际地震资料中推广使用(张联海等, 2021)。这种学习方式能够使网络获得去除地震记录子波影响的能力,消除地震子波带限、旁瓣干扰等对地震数据分辨率的影响。该思想也推广到了二维与三维数据形式(Chai et al., 2021)。类比模型驱动过程,物理引导神经网络为智能高分辨率处理提供了具有可解释性的网络架构,该网络类比传统优化算法的迭代过程,每个网络单元分别对应优化算法中的每次迭代过程。例如,基于半二次分裂(half-quadratic splitting, HQS)算法、交替方向乘子(alternating direction method of multipliers, ADMM)算法等建立物理引导神经网络实现高分辨率处理(Chen Y K et al., 2019a, 2021; Gao Z Q et al., 2021a)。上述网络均基于凸优化过程,一些非均匀非凸正则化项如极小极大凹惩罚函数(minimax concave penalty, MCP)、非凸平滑剪切绝对偏差(smoothly clipped absolute deviation, SCAD)等也被改造进物理引导神经网络结构中,充分利用神经网络计算效率高的优势,优化高分辨率反射系数反演(Mache et al., 2023)。

半监督的人工智能高分辨率处理方法考虑了地震数据对高分辨率结果的约束作用,引入正演网络建立了合成反射系数到真实地震数据的映射,以此平衡地震数据与测井数据对高分辨率结果的影响,避免井约束造成的过拟合,进而提升神经网络模型在高分辨率处理中的稳定性(Yuan S Y et al., 2022a; Chen et al., 2023)。

人工智能方法在高分辨率处理领域的部分代表性研究进展如表 2.6 所示。本节接下来利用端到端神经网络、双监督神经网络和物理引导神经网络三种学习框架开展人工智能地震资料高分辨率处理,并在二维与三维地震资料上进行应用与分析。

表 2.6 人工智能高分辨率处理部分研究进展

作者	年份	研究内容及成果
Wang 和 Mendel	1992	采用 Hopfield 神经网络,同时反演反射系数与地震子波
Kahoo 等	2006	采用 Hopfield 网络开展高分辨率处理,同时估计高分辨率反射系数与地震子波,指出 Hopfield 网络具有抗噪性强、反射系数无须随机性假设和对震源子波带宽不敏感三大优势

续表

作者	年份	研究内容及成果
Yuan 和 Wang	2013	明确将高分辨率物理模型作为机器学习框架的一部分,结合稀疏贝叶斯学习和谱反射系数反演方法,学习优选频率相关的基函数并同时求取稀疏反射系数的均值,获得的均值结果可以分辨薄层和提供一些关键层的层界面
Canning 等	2017	对比神经网络与常规高分辨率处理方法,发现神经网络能够处理的数据复杂性更高,在频谱拓展方面效果较好
Ma M 等	2017	通过数据驱动方式,建立了不同道之间反射系数空间相关性的自适应数学表征,基于块稀疏贝叶斯学习框架,提出了自适应评价空间关系的稀疏贝叶斯学习高分辨率反演方法,降低了稳态数据高分辨率反演的多解性,提高了地震数据的分辨率
Yuan 等	2017	采用机器学习稀疏贝叶斯学习方法,实现了时变子波基函数的优选和反射系数均值的同时求解,解决了薄层干涉视衰减与固有衰减之间的耦合串扰问题,极大压缩了不同深度时变子波,提高了非平稳地震资料的分辨率
Ma M 等	2018	基于块稀疏贝叶斯学习和 L_p 范数准则,通过大数据分析找到一种解耦的新信息,提出了量化表达新信息的数学准则函数,通过最小化该函数表征固有衰减。根据此原理,提出了数据驱动 Q 谱扫描技术,提高了中深层三维空间 Q 场建模的可靠性和稳定性
Kim 和 Nakata	2018	提出了基于机器学习的反射系数反演,并且与传统的模型驱动反演方法进行了比较,结果表明深层神经网络方法有更高的分辨率
Picetti 等	2018	使用 GAN 根据深度偏移的模糊地震数据预测高分辨率的反射系数,在损失函数中添加 L_1 范数,使得模型预测更准确,收敛更快
Chen D 等	2019	使用部分学习的深度迭代神经网络同时预测子波与反射系数,每个网络模块对应物理方法中的一次迭代过程,该方法能够减少预测误差,同时保证反射系数的稀疏性和横向稳定性
Choi 等	2019	从频率域角度设计一维 U-Net 网络架构,用于提取数据的隐含特征并学习振幅谱拓宽与增强,从而实现地震数据的高分辨率处理
潘树林等	2019	在迭代阈值收缩算法(ISTA)的基础上,结合循环神经网络中反向传播的思想,提出了一种类 RNN 的改进 ISTA 稀疏脉冲反褶积方法。研究发现改进 ISTA 方法具有较好的抗噪性和子波自适应性,可使实测地震资料的有效频带拓展约 1.5 倍
Yuan 等	2021	分析了传统的模型驱动高分辨率处理方法和使用人工神经网络的数据驱动高分辨率处理方法之间的联系,发展了一种基于 GRU 架构编码-解码网络的高分辨率处理方法
Chai 等	2021	基于 CNN 设计多道稀疏尖峰反褶积(SSD)方法,借助深度学习有效地从数据中挖掘复杂关系,CNN 能够自然地考虑多道信息,得到高分辨率反射系数。但该方法需要地震子波已知且时间空间不变,并且地震数据需要速度-密度模型的帮助
Chen 等	2021	采用 CNN 基于 HQS 算法设计可解释性网络,该网络结构可以同时反演地震子波和反射系数,在测井约束下有效处理高分辨率问题的多解性
Choi 等	2021	采用 U-Net 网络架构拓宽频带,在实际数据应用中引入测井数据的概率密度函数作为先验信息,基于此扩充训练数据集,最终得到薄层刻画更加精细的高分辨率结果
Chen 等	2021a	建立了类 ADMM 网络,顺序反演反射系数与地震子波,并根据反演结果修正数据驱动参数得到高分辨率结果

作者	年份	研究内容及成果
孙永壮等	2021	通过构建大量三维地震伪反射系数模型，与不同主频的地震子波进行褶积获得不同分辨率的正演地震样本及标签数据，然后采用 U-Net 深度学习网络开展训练与推广
张联海等	2021	提出 DCNN 方法求解地震数据的稀疏反褶积问题，经过训练的 DCNN 模型无须再次设置参数即可用于求解稀疏反褶积问题，计算速度快，结果精度高。所提 DCNN 模型还采用多分辨率分解和残差学习等技术以提高网络的表达能力
Gao Y 等	2021	采用 LSTM 网络单元构建基于深度学习的数据校正项，以此建立更加符合地下情况的广义褶积模型，采用快速的迭代阈值收缩(FISTA)算法由该模型反演反射系数
Niu 等	2022	提出了一种利用循环生成对抗网络提高三维地震资料分辨率的弱监督方法，通过学习两个不相关的高分辨率和低分辨率数据来实现弱监督学习过程，试验结果证明该方法具有可行性
Phan 和 Sen	2021	基于无监督方法建立了一种物理引导的卷积自动编码器，其由正向建模结构与反褶积网络两部分组成，该方法能够从非稳态地震数据中提取反射系数
韩浩宇等	2022	利用地震子波、反射系数及噪声特征分别训练 GAN，在有限差分正演叠前地震记录的前提下，神经网络能够从叠前地震记录中有效分离子波
Jo 等	2022	使用机器学习技术开发了一种频谱增强的高分辨率处理方法，以稀疏反演结果作为反射率信息，通过测试发现采用时变子波训练的 U-Net 模型频谱增强与拓宽效果更好
Li 等	2022	提出一种基于模型标签合成数据的 CNN 学习方法，采用 L_1 范数与结构相似性损失共同约束，用于同时实现地震图像的超分辨率和去噪
Torres 和 Sacchi	2023	基于深度分解学习提出了融合正则化理论与零空间网络的模型，该方法有效学习了反射系数缺失的零空间频率分量，结合去噪与数据一致性算法后建立了泛化性较强的深度学习模型
Yuan S Y 等	2022	从正演和反演联合驱动出发建立双向门控循环单元(Bi-GRU)双监督神经网络，提高了模型高分辨率反演结果的稳定性
Zhang H 等	2022	提出一种域适应的过程并加入神经网络，使得训练数据与预测数据分布更加近似，进而提高高分辨率结果的信噪比与横向连续性
Chen 等	2023	从经典的基于模型的反演方法出发，推导出一种交替迭代正则化反演算法，将交替迭代中的模型更新用 CNN 替代完成，构建了一种先验半监督深度学习方法，可以同时反演反射系数和时变子波
Gao 等	2023	融合残差块与注意力机制建立 U-Net 网络架构，采用 L_1 范数与结构相似性指标(SSIM)结构损失共同优化网络参数，测试表明该方法在测井资料较少时也能恢复薄层信息
高洋等	2023	提出了基于深度学习的多道高分辨率处理方法。该深度学习模块中融入残差块与注意力机制优化网络性能。基于现场数据生成大量具有结构特征的二维合成数据，使得模型能够进行大数据量训练，提升模型的鲁棒性
李学贵等	2023	在原始 U-Net 网络中加入改进的通道注意力模块、空间注意力模块和级联残差模块，使用 L_1 损失和多尺度结构相似性指数损失的组合作为损失函数，提高模型对局部信息变化的敏感度，便于恢复细节信息

作者	年份	研究内容及成果
Mache 等	2023	基于非均匀非凸正则化项 MCP 与 SCAD 设计非均匀稀疏模型(复合正则化),将对应的迭代求解算法展开到网络中,发展非均匀稀疏近端映射网络,新方法训练速度比 FISTA 算法快 600 倍
倪文军等	2023	基于 CNN,利用宽频子波构建标签,将常规成像结果作为输入,利用 CNN 挖掘其中的映射关系,提出了相应的深度学习算子波整形反褶积方法,实际资料处理结果表明了该方法具有较好的应用潜力
Wang 等	2023	基于机器学习中的字典学习技术,建立地震数据到反射系数的稀疏表征,并通过模型驱动与数据驱动之间的误差交替分解建立正则项,最终得到测井信息约束下的高分辨率结果

2.3.2　基于端到端神经网络的高分辨率处理

本小节中,采用神经网络模拟从低分辨率地震数据到高分辨率反射系数的反褶积过程,实现了基于端到端神经网络的高分辨率处理。由于循环神经网络对于序列数据处理具有一定的优势,选用由 Bi-GRU 构成的端到端神经网络进行学习建模。

1. 方法原理

地震记录通常可以表达为地震子波与反射系数的褶积(Robinson, 1967),其表达如式(2.50)所示:

$$x = W * r + n = s + n \qquad (2.50)$$

式中,x 为观测地震数据;W 为由地震子波 w 组成的特普利茨(Toeplitz)矩阵;r 为反射系数;s 为无噪地震数据;n 为噪声。反褶积问题就是由观测的地震记录求解反射系数的过程。由于(时变)地震子波带限,直接求解反射系数是一个不适定的反问题。为了获得稳定的高分辨率结果,需要对反射系数施加约束或先验信息,具体的反褶积目标函数表达如式(2.51)所示:

$$J = \min \frac{1}{2} \| s - W \times \tilde{r} \|_2^2 + \psi(\tilde{r}) \qquad (2.51)$$

式中,$\tilde{r}$ 为预测得到的反射系数;$\psi(\tilde{r})$ 为与反射系数先验信息相关的正则化项。

通常,反射系数的先验信息可以取反射系数稀疏或某一变换域稀疏,数学上可以用 L_1 范数、Cauchy 准则或 Huber 准则等最小来近似表达。但是,先验信息和正则化表达需要预先确定。引入端到端神经网络建立神经网络反褶积方法可以摆脱稀疏性假设与先验信息约束,直接建立地震记录与反射系数之间的非线性映射关系。端到端神经网络是一种有监督神经网络,该网络的参数集合具有与反褶积算子相当的提高分辨率能力,可以类比成一个反褶积算子。赋予端到端神经

网络一组样本 (S, R) ，其中 $S = (s_1, s_2, \cdots, s_N)$ 表示低分辨率的地震道集合，$R = (r_1,$ $r_2, \cdots, r_N)$ 表示对应的高分辨率反射系数道集合，优化网络参数的过程以最小化如式 (2.52) 所示的损失函数为目标：

$$L_{\text{inverse}}(\varTheta_{\text{inverse}}) = \sum_{\substack{i \\ r_i \in R}} D_{\text{inverse}}\left(r_i, F_{\varTheta_{\text{inverse}}}\left(s_i \right) \right) \tag{2.52}$$

式中，R 为一组已有的宽频反射系数标签；r_i 为 R 中的第 i 个反射系数标签道；s_i 为对应于 r_i 的低分辨率地震数据道；$\varTheta_{\text{inverse}}$ 为学习到的网络参数；D_{inverse} 为地震记录反褶积得到的 $F_{\varTheta_{\text{inverse}}}(\cdot)$ 与真实宽频反射系数 r_i 之间的距离度量。有监督神经网络算法就是寻求最佳的网络参数使得所有训练样本数据输入网络预测的结果与对应标签的距离总和最小。学习出的函数 $F_{\varTheta_{\text{inverse}}}(\cdot)$ 能够将一个窄带的模糊地震信号变为更清晰的宽带信号。

端到端神经网络高分辨率处理流程如图 2.55 所示。输入的地震数据通过端到端神经网络对反射系数进行估计，随后将估计反射系数与真实反射系数之间的残差作为损失值，通过反向传播的方式来更新网络参数。在本节中，该端到端神经网络由一层 Bi-GRU 网络单元与一层全连接层构成。

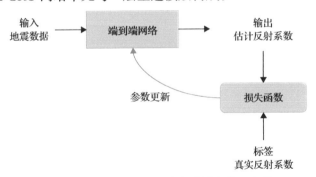

图 2.55　端到端神经网络高分辨率处理流程

2. Bi-GRU 网络架构

根据式 (2.50) ，当前时刻的反射系数不仅与当前时刻的地震振幅数据有关，还与前面时刻和后面时刻的地震振幅数据相关。因此，在神经网络搭建方面，主要选用了 Bi-GRU 及全连接层来搭建混合网络。Bi-GRU 是循环神经网络的一种改进，本节将它用于对地震数据与反射系数的特征捕捉。全连接层的作用是对 GRU 提取的特征进行线性变换，将其从特征域映射到目标域。

本节使用多点对多点的端到端神经网络模型，即输入与输出的长度是相同的。也就是说，此时映射方式是长序列到长序列的，该模型的输入和输出都是一定长度的单道数据(如地震振幅数据或宽带反射系数数据)。为了便于理解和解释，以基于单向单层 GRU 的网络架构为例，详细介绍反射系数反演的工作流程。对于此端到端神经网络，输入为二维地震数据 $s \in \mathbf{R}^{T \times I}$，该地震数据 s 由 I 道地震记录构成，每道地震记录均含有 T 个时间采样点，根据网络模型映射方式，I 道地震记录将逐道输入网络模型中。如图 2.56 所示，以其中某一道地震记录 s_i 为例，输入网络模型后，按照 $1,2,\cdots,T$ 时间采样点的顺序，记录每个采样点处的地震振幅值 $s_i^{(1)}$，$s_i^{(2)},\cdots,s_i^{(T)}$ 逐个通过 GRU 并输出 $y_i^{(1)}, y_i^{(2)}, \cdots, y_i^{(T)}$ 构成的序列数据，由于 GRU 提取的特征是高维数据，需要将 $y_i^{(1)}, y_i^{(2)}, \cdots, y_i^{(T)}$ 的高维数据逐个通过 FCL 获得能够与地震记录一一对应的估计反射系数序列 $\tilde{r}_i^{(1)}, \tilde{r}_i^{(2)}, \cdots, \tilde{r}_i^{(T)}$，最终将 $\tilde{r}_i^{(1)}, \tilde{r}_i^{(2)}, \cdots, \tilde{r}_i^{(T)}$ 依次连接即第 i 道的估计反射系数 $\tilde{r}_i$。图 2.56 中 $a_i^{(0)}$ 为初始隐藏状态变量，$a_i^{(1)}$，$a_i^{(2)}, \cdots, a_i^{(T)}$ 为每个时间采样点处 GRU 输出的隐藏状态变量，该变量能够存储之前时刻的信息，使网络参数更新与学习综合考虑整段序列数据的特征。

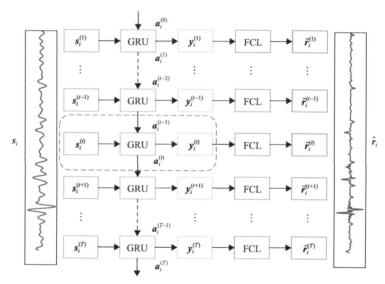

图 2.56　单向单层 GRU 的网络架构

选取如图 2.56 中黑色虚线框中某一个时间采样点 t 处对 GRU 内部运算进行详细解释。GRU 内部运算架构展开后如图 2.57 所示。该运算架构的目标是根据两个已知变量——第 i 道 t 时刻的输入 $s_i^{(t)}$ 与之前时刻隐藏状态变量 $a_i^{(t-1)}$，求取三个未知变量——更新门 $u_i^{(t)}$、重置门 $z_i^{(t)}$ 与候选隐藏状态变量 $\hat{a}_i^{(t)}$，从而得到 GRU 当前时刻的隐藏状态 $a_i^{(t)}$ 与第 i 道 t 时刻的输出 $y_i^{(t)}$。通过设置权重矩阵与偏置参数将已知变量与未知变量连接，在样本标签数据集的学习下，不断更新权重矩阵与偏置参数，最终实现由已知变量到未知变量的映射。其具体计算公式如式(2.53)所示：

$$\begin{cases} \boldsymbol{u}_i^{(t)} = \mathrm{Sigmoid}(\hat{\boldsymbol{W}}_{ua}\boldsymbol{a}_i^{(t-1)} + \hat{\boldsymbol{W}}_{ux}\boldsymbol{x}_i^{(t)} + \boldsymbol{b}_u) \\ \boldsymbol{z}_i^{(t)} = \mathrm{Sigmoid}(\hat{\boldsymbol{W}}_{ra}\boldsymbol{a}_i^{(t-1)} + \hat{\boldsymbol{W}}_{rx}\boldsymbol{x}_i^{(t)} + \boldsymbol{b}_r) \\ \hat{\boldsymbol{a}}_i^{(t)} = \tanh(\hat{\boldsymbol{W}}_{aa}[\boldsymbol{r}_i^{(t)} \odot \boldsymbol{a}_i^{(t-1)}] + \hat{\boldsymbol{W}}_{ax}\boldsymbol{x}_i^{(t)} + \boldsymbol{b}_a) \\ \boldsymbol{a}_i^{(t)} = \boldsymbol{z}_i^{(t)} \odot \hat{\boldsymbol{a}}_i^{(t)} + (1 - \boldsymbol{z}_i^{(t)}) \odot \boldsymbol{a}_i^{(t-1)} \\ \boldsymbol{y}_i^{(t)} = \hat{\boldsymbol{W}}_{ya}\boldsymbol{a}_i^{(t)} + \boldsymbol{b}_y \end{cases} \tag{2.53}$$

式中，$\odot$ 为矩阵中对应的元素相乘；$\hat{\boldsymbol{W}}$、$\boldsymbol{b}$ 分别为待更新的权重矩阵及偏置参数。一般将初始隐藏状态变量 $\boldsymbol{a}_i^{(0)}$ 初始化为全 0 的向量。GRU 运算架构中具有的更新门 $\boldsymbol{u}$ 和重置门 $\boldsymbol{z}$，决定如何更新隐藏状态变量，从而解决梯度消失问题。其中，更新门的设置是解决梯度消失问题的关键。

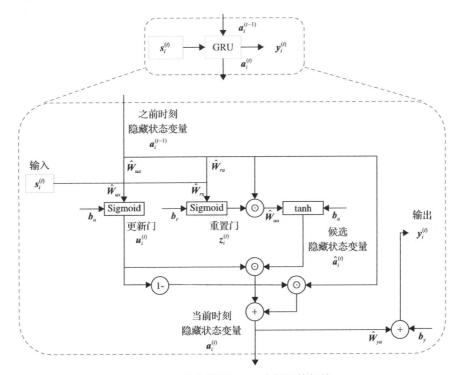

图 2.57　单向单层 GRU 内部运算架构

对于更新门 $\boldsymbol{u}_i^{(t)}$，使用 Sigmoid 函数来决定是否更新隐藏状态变量。当 $\boldsymbol{u}_i^{(t)} \to 0$ 时，隐藏状态变量不更新，仍使用之前时刻的 $\boldsymbol{a}_i^{(t-1)}$ 计算得到 $\boldsymbol{y}_i^{(t)}$；当 $\boldsymbol{u}_i^{(t)} \to 1$ 时，隐藏状态变量更新为 $\boldsymbol{a}_i^{(t)}$。对于重置门 $\boldsymbol{z}_i^{(t)}$，使用 Sigmoid 函数来决定 $\boldsymbol{a}_i^{(t-1)}$ 与 $\boldsymbol{a}_i^{(t)}$ 之间的相关性，其能够决定是否遗忘之前时刻的隐藏状态变量 $\boldsymbol{a}_i^{(t-1)}$ 中所包含的信息。当 $\boldsymbol{z}_i^{(t)} \to 0$ 时，第 t 时刻隐藏状态变量 $\boldsymbol{a}_i^{(t)}$ 的信息且不包含之前时刻隐藏状态

变量 $a_i^{(t-1)}$ 的信息,即第 t 个时间采样点的输出 $y_i^{(t)}$ 仅与当前时刻的输入 $s_i^{(t)}$ 有关,GRU 此时退化为基本的前馈神经网络单元;当 $z_i^{(t)} \to 1$ 时,第 t 时刻的输出 $y_i^{(t)}$ 既与当前时刻的输入 $s_i^{(t)}$ 有关,也与之前时刻隐藏状态变量 $a_i^{(t-1)}$ 包含的信息有关。当 $a_i^{(t)}$ 确定时,即使用线性加权的方式提取 GRU 的特征并输出 $y_i^{(t)}$。

从式(2.53)中可明显地看出,第 i 道 t 时刻得到的估计反射系数结果 $y_i^{(t)}$ 不仅与当前输入的地震数据 $s_i^{(t)}$ 有关,也与之前时刻的隐藏状态变量 $a_i^{(t-1)}$ 有关,即也与之前存储的信息有关。

上述 GRU 是单向的,数据在其中仅仅从过去时刻到当前时刻进行流动。双向 GRU 是在单向 GRU 的基础上,添加一个反向循环层,数据也能够从未来时刻向当前时刻流动。Bi-GRU 使序列不仅能获取之前时刻的信息,还能获取未来的信息。也就是说第 t 时刻的值,不仅与第 $(t-1)$ 时刻之前所包含的信息有关,也与第 $(t+1)$ 时刻之后所包含的信息有关。那么通过单层 Bi-GRU 估计的宽频反射系数值,不仅与当前输入的地震数据相关,也与时刻 t 附近的相邻地震数据相关,这意味着 Bi-GRU 能够将地震波的响应特性纳入其反射系数预测中。为了构建更加复杂的非线性函数,可以增加网络层数,搭建深层网络,即将图 2.57 中单层 GRU 的输出 y 继续往下层传播,构成深层的 Bi-GRUs。

将地震记录逐道输入 GRU 层中,由于 GRU 中门控单元的性质,一维的地震记录进入 GRU 后会得到多维的输出,因此,在 GRU 层后连接全连接层将输出限制为一维。采用均方根误差进行评估,得到的目标函数如式(2.54)所示:

$$\text{Loss}_{\text{GRU}} = \frac{1}{N} \sum_{i=1}^{N} \left\{ \text{FCL}\left[\text{GRU}(s_i, m_1), m_2 \right] - y_i \right\}^2 \tag{2.54}$$

式中,m_1 为 GRU 层的权重、偏置;m_2 为全连接层 FCL 的权重、偏置。基于此目标函数,采用 Adam 算法进行迭代求解,求解过程中损失函数逐渐收敛,最终得到最佳的 $\text{FCL}[\text{GRU}(\cdot)]$ 就是由网络学习出的反褶积算子。

3. 实例分析

本小节分别使用二维与三维地震数据对端到端 Bi-GRU 网络进行测试,以此验证端到端神经网络的高分辨率处理性能。在二维地震数据中,采用 Marmousi 模型进行测试。该模型模拟的地层岩性以泥岩为主,还含有部分砂岩、泥灰岩和盐岩,其中含有较多薄层,有利于对地震资料分辨率的评价。模型中含有的地质结构包括断层、背斜、楔形真空盐岩层等。

采用主频为 30Hz 的零相位里克子波与 Marmousi 模型导出的反射系数褶积合成地震记录。为了模拟实际情况和测试方法的鲁棒性,对干净合成数据加入 10% 的随机噪声生成含噪声的地震数据,如图 2.58(a)所示。标签是对伪测井导出的反射系数进行 0Hz-0Hz-80Hz-100Hz 滤波后的数据，也可看成反射系数与 0Hz-0Hz-80Hz-100Hz 低通滤波器对应的子波褶积结果。测试中选用了 10 口伪井，在整个剖面上进行均匀取样后得到如图 2.58(b) 所示结果，其中 10 条黑色曲线代表 10 口伪井的数据与位置。训练过程中的批次尺寸设置为 1，防止训练过程中梯度下降寻优时出现较大振荡。网络模型由一层 Bi-GRU 构成，其隐藏层状态变量个数设置为 10，学习率的大小设置为 0.005。图 2.58(c) 展示了端到端神经网络高分辨率处理结果。从图 2.58(c) 可看出，基于端到端神经网络处理结果与真实高分辨率图像非常相似，能获得与标签的分布和频带宽度相当的结果。相较于地震记录，其同相轴变细，在浅层可以看出新同相轴的出现，深层区较复杂的地质结构有了清晰的刻画。图 2.58(d) 展示了端到端神经网络处理结果与真实高分辨率图像之间的残差，残差总体较小。总体上说，端到端神经网络反演方法可以从模糊的含噪声地震数据中恢复出高分辨率的高质量数据。

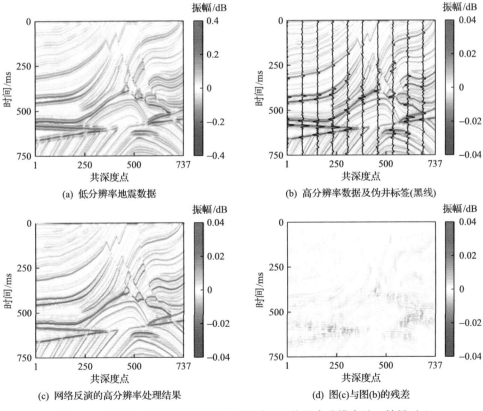

图 2.58　二维合成地震数据基于端到端神经网络的高分辨率处理结果对比

为了深入研究端到端神经网络高分辨率处理的效果，绘制了地震记录、反射系数与端到端神经网络高分辨率处理结果的多道振幅谱的平均结果，如图 2.59 所

示。其中，灰色曲线代表 737 道地震记录振幅谱的平均结果曲线，地震记录的有效
频段为 10～60Hz；蓝色曲线代表真实高分辨率数据振幅谱的平均结果曲线，由全
频反射系数经过 0Hz-0Hz-80Hz-100Hz 的滤波器一道道滤波得到；黄色曲线代表
端到端神经网络高分辨率结果振幅谱的平均结果曲线。由图 2.59 的振幅谱比较可
知，端到端神经网络处理后有效恢复出了地震记录有效频带外的信息，包括 10Hz
以下的低频信息和 60Hz 以上的高频信息。

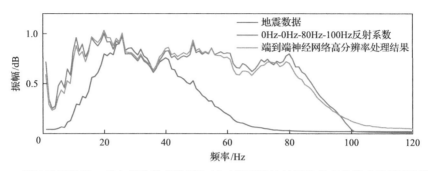

图 2.59　原始地震数据、真实高分辨率数据与基于端到端神经网络的高分辨率结果振幅谱对比

　　为了测试端到端神经网络处理三维地震数据的能力，设计了一个三维复杂的
背斜油藏模型。此油藏的结构是不对称背斜，轴线为北纬 20°。该结构在每个侧
面都有不同的倾角，并且倾角的大小朝着油藏的北部缓慢减小，其最大倾角为 8°。
目标油藏顶面最浅的深度约为 2500m，最深的深度为 2730m。油藏涉及的三维体
大小为 150×200×200，空间方向间隔 25m，深度方向间隔 1m。东—西向长 3.75km，
南—北向长 5km，厚度 0.2km。地层学上，对应于河流系统，该河流系统逐渐扩
展到位于油藏北侧的盆地。首先，形成三角洲沉积物(深部)，其由两个相表示，
包括洪泛区(页岩沉积物)和河道(砂岩沉积物)，如图 2.60(a)所示。其次，在该河
道系统中沉积曲流河(中部)，主要在洪泛区上沉积河道，如图 2.60(b)所示。最后，
形成曲流河(浅部)，其由四个相表示，包括之前已有的洪泛区和河道，以及新
增的点状条(沿河道曲折的凸形内边缘出现的砂土沉积物)和边界(页岩沉积
物)，如图 2.60(c)所示。采用 30Hz 的零相位里克子波与三维模型导出的反射系
数褶积得到的三维地震数据如图 2.61 所示。

　　数据训练时，在三维模型中取 10 口伪井标签作为训练集，其伪井位置为在三
维数据两个对角剖面上均匀采样取得，标签反射系数滤波至 0Hz-0Hz-80Hz-90Hz。
神经网络超参数设置与上述二维 Marmousi 模型测试基本一样，即训练过程中批
尺寸大小设置为 1，网络模型由一层 Bi-GRU 构成，其隐藏层状态变量个数设置为
10，学习率的大小设置为 0.005。将训练得到的端到端神经网络高分辨率模型推广
到整个三维数据体，其高分辨率结果如图 2.62 所示。图 2.62(a)～(c)分别为沿主
测线 80(北—南向)的原始地震剖面、真实高分辨率地震剖面和端到端神经网络

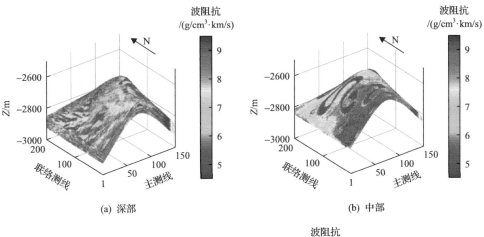

(a) 深部　　　　　　　　　　　　　(b) 中部

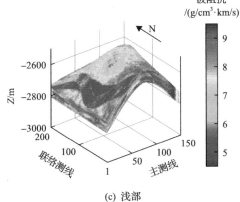

(c) 浅部

图 2.60　三维深度域波阻抗模型

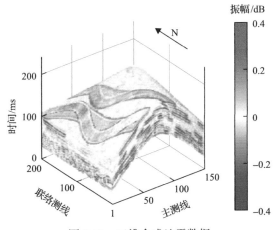

图 2.61　三维合成地震数据

高分辨率处理结果。对比图 2.62(a)和(c)可以看出，经过处理得到的高分辨率剖面中由于地震子波压缩，层间干涉进一步减小，出现了地震数据中无法分辨的薄层信息。浅层河道相地质体经过处理后剖面上由粗变细，并在内部出现了新的信息；深层河漫滩地质体在高分辨率处理后的剖面中显示出了更加细小的构造。对比图 2.62(b)和(c)可以看出，相较于真实的高分辨率地震剖面，经过处理得到的结果空间连续性不强，可能是高频部分信息恢复的不确定性更强所致。

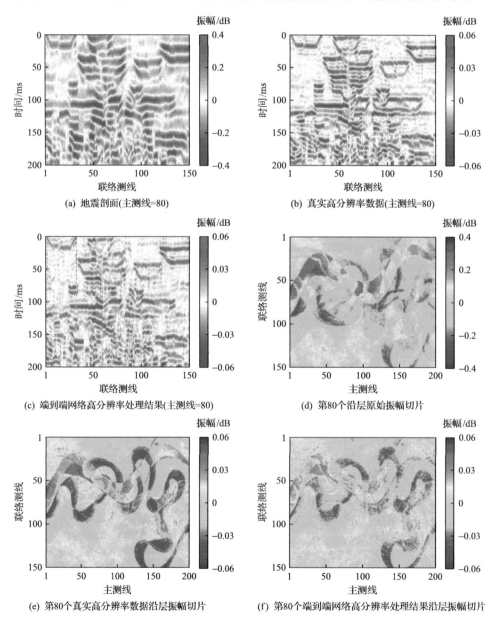

(a) 地震剖面(主测线=80)

(b) 真实高分辨率数据(主测线=80)

(c) 端到端网络高分辨率处理结果(主测线=80)

(d) 第80个沿层原始振幅切片

(e) 第80个真实高分辨率数据沿层振幅切片

(f) 第80个端到端网络高分辨率处理结果沿层振幅切片

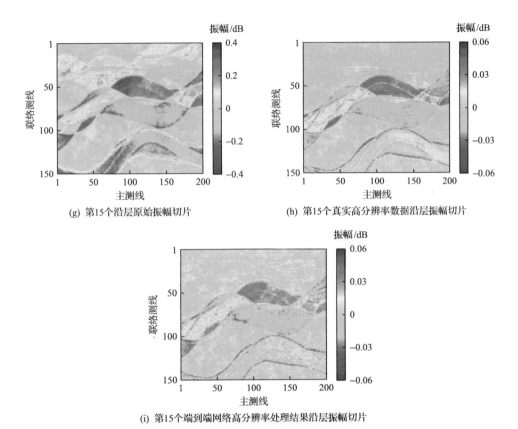

(g) 第15个沿层原始振幅切片　　　　　　　(h) 第15个真实高分辨率数据沿层振幅切片

(i) 第15个端到端网络高分辨率处理结果沿层振幅切片

图 2.62　三维地震数据、真实高分辨率数据与基于端到端神经网络的高分辨率处理结果对比

图 2.62(d)~(f) 分别为第二个地层中某一沿层原始振幅切片、真实高分辨率数据沿层振幅切片和端到端神经网络高分辨率处理结果的沿层振幅切片。从图 2.62(d)~(f) 的对比可以看出，基于端到端神经网络的高分辨率处理可以消除原始地震数据中子波干涉造成的部分假象，尽管空间不是特别连续，但弯弯曲曲的河道(南—北向)[图 2.62(f)蓝色部分]能清晰地识别出来，使地震数据更容易解释。比较基于端到端神经网络高分辨率结果与真实标签，发现它们之间的地质构造与形态相近，证明神经网络反射系数反演的准确性也较高。图 2.62(g)~(i) 分别为第一个地层中某一沿层原始振幅切片、真实高分辨率数据沿层振幅切片、端到端神经网络高分辨率处理结果的沿层振幅切片。从图 2.62(g)~(i) 可以看出，第一个地层中多为宽河道，地质结构较为简单。端到端神经网络的处理结果能够消除该沿层切片联络测线 0~80 由子波干涉带来的部分假象。虽然在细节上存在学习不充分造成的噪声影响，但是不影响对于地质结构的分辨。

2.3.3　基于双监督神经网络的高分辨率处理

本小节中，介绍双监督神经网络地震高分辨率处理方法，即采用测井数据与地震数据双尺度监督的方式进行高分辨率处理。具体是利用神经网络反演结果和神经网络正演结果进行双向数据匹配，实现低分辨率地震数据匹配项约束地震高分辨率反算子求解的目标。

1. 方法原理

双监督神经网络先将正演模型用数据驱动方式预先学习，训练好的正演模型用于约束反演网络的学习，网络中反演网络预测的反射系数不仅需要与参考的高分辨率数据匹配，还要确保输入正演模型后获得与地震数据匹配的合成地震记录（Yuan S Y et al., 2020）。前述端到端神经网络预测结果不一定符合正演模型，而采用双监督神经网络预测的高分辨率反射系数能够符合正演模型。正演模型也可以考虑用已有的褶积模型进行物理约束，这里选用数据驱动学习的非线性函数作为正演模型。

正演网络先由一组样本$(\boldsymbol{S}, \boldsymbol{R})$训练得到最优网络参数后固定，之后该正演网络将在反演过程中对反演网络进行质量控制和约束。在反演网络训练过程中，约束反演网络模型参数的过程以最小化式(2.55)中的损失函数为目标：

$$L_{\text{forward}}(\Theta_{\text{forward}}) = \sum_{\substack{i \\ \boldsymbol{m}_i \in M}} D_{\text{forward}}\left[\boldsymbol{S}_i, F_{\Theta_{\text{forward}}}^*(\boldsymbol{m}_i)\right] \tag{2.55}$$

式中，M 为一组反演网络输出集合；$\boldsymbol{m}_i$ 为 M 中的第 i 道反演结果；$\boldsymbol{S}_i$ 为对应于 $\boldsymbol{m}_i$ 的地震记录；Θ_{forward} 为学习到的正演网络参数；D_{forward} 为由反演网络输出结果正演得到的 $F_{\Theta_{\text{forward}}}^*(\cdot)$ 与真实地震记录 $\boldsymbol{s}_i$ 之间的距离度量。

将式(2.55)的地震数据损失与式(2.52)的测井反射系数损失组合可以得到双监督神经网络的损失函数如下：

$$L(\Theta) = \lambda \cdot L_{\text{forward}}(\Theta) + L_{\text{inverse}}(\Theta) \tag{2.56}$$

式中，L_{inverse} 为反演损失；λ 为正演网络约束的正则化参数，能够控制神经网络对于反演过程的影响。如果 λ 为 0，则反演网络只利用了测井信息监督，即一个监督，即前述的端到端神经网络，也属于常用的有监督网络。如果 λ 为无穷大，则反演网络只利用了地震数据信息，没有测井信息融入。如果 λ 取值合适，即地震数据和测井信息可以一起融入高分辨率反算子的建立过程之中。

图 2.63 展示了双监督神经网络高分辨率处理流程示意图，从图可以看出，相较于端到端单监督网络，双监督神经网络对于样本数据的使用价值增加，采用双

向网络结构可以使模型的稳定性增强。双监督神经网络将反射系数到地震记录的正演过程以数据驱动形式加入网络，使宽带高分辨率数据的分布更好地融入"反褶积"算子的建立过程中来。在推广时，不仅能保证获得宽频的高分辨率数据，而且获得的结果也符合数据驱动学习的正演规律。

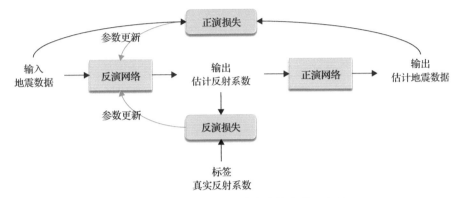

图 2.63　双监督神经网络高分辨率处理流程

基于双监督神经网络工作流程，设计的双监督神经网络架构如图 2.64 所示，正演网络结构与反演网络结构类似。但是，需要注意的是，学习完后发现两者的网络参数是不一样的。因此，反演网络拟合的函数和正演网络拟合的函数也是不一样的。整体上看，双监督神经网络结构类似于自编码器结构，反演网络得到的结果作为编码结果输入正演网络中。整个网络结构的更新由反演监督和正演监督决定，两种不同尺度数据的监督共同控制反演网络参数变化。最终使神经网络能够完成对地震记录的拓频并保持测井标签的分布规律，得到符合正演规律的高分辨率反演结果。

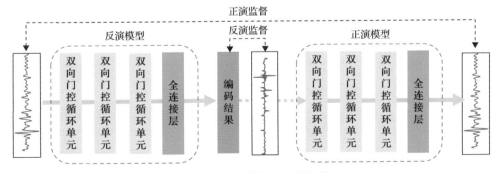

图 2.64　双监督神经网络架构

2. 实例分析

本小节在二维与三维地震数据上对双监督神经网络模型分别进行测试，以此测试双监督神经网络进行智能化高分辨率处理的性能。

　　在二维地震数据测试中，采用与 2.3.2 节相同的数据集。网络模型如图 2.64 所示，正演网络与反演网络均含有三层 Bi-GRU 与一层全连接层，每个 Bi-GRU 隐藏层状态变量个数设置为 10，学习率的大小设置为 0.005，正演网络约束项正则化参数为 1。采用双监督神经网络高分辨率处理的结果如图 2.65 所示。将图 2.65(a) 与前述图 2.58(c) 对比可以看出，双监督神经网络能够反演得到更准确清晰的高分辨率时空剖面，同时，也具有较好的抗噪性。对比图 2.65(b) 与前述图 2.58(d) 可以看出，双监督下残差的幅值变小，尤其在楔形真空盐岩的薄层中 [图 2.65(a) 中黑色箭头指示区域]，对于该模型内复杂地质结构和薄层的识别精度有一定的提升。

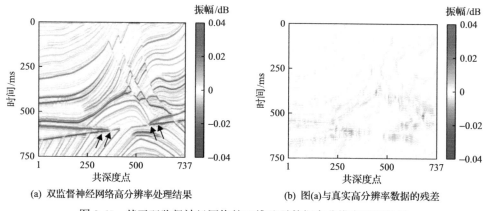

(a) 双监督神经网络高分辨率处理结果　　　　　(b) 图(a)与真实高分辨率数据的残差

图 2.65　基于双监督神经网络的二维地震数据高分辨率处理结果

　　为深入研究双监督神经网络的性能，可以从频率域上对高分辨率结果进行分析，绘制原始地震记录、真实反射系数、仅测井监督的端到端神经网络预测结果与双监督神经网络预测结果的振幅谱曲线，如图 2.66 所示。其中，灰色曲线与蓝色曲线分别代表地震记录与反射系数，黄色曲线代表端到端神经网络高分辨率处理结果，红色曲线代表双监督神经网络高分辨率处理结果。从多道振幅谱的平均

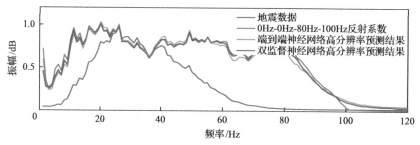

图 2.66　二维地震数据、真实高分辨率数据及不同神经网络高分辨率处理结果振幅谱对比

曲线对比可以看出，双监督神经网络能够通过频带拓宽来提高地震记录分辨率，相较于单监督的端到端神经网络高分辨率处理结果，双监督神经网络在中频段与高频段的反褶积效果均有一定的优化，在 20～60Hz 的主频段压制了部分噪声，高于 60Hz 部分获得更多的信息并抬升振幅谱。

采用与 2.3.2 节相同的三维地震数据进行测试。网络模型与在二维数据中测试的模型相同，正演网络正则化参数也为 1。训练得到的神经网络高分辨率模型对整个三维数据体采用一道一道的处理方式进行推广应用，即可得到高分辨率处理结果。图 2.67(a)～(c)分别显示了沿联络测线 80(东—西向)原始地震剖面、真实高分辨率地震剖面和双监督神经网络高分辨率处理结果。对比图 2.67(c)与前述的图 2.62(c)可以发现，相较于单监督类端到端神经网络的高分辨率结果，双监督神经网络得到的高分辨率结果子波宽度得到进一步压缩，空间连续性得到改善，使从剖面上更容易进行层位追踪和地层划分。此外，浅层河道地质体在剖面中清晰可见，河道内部的地层也显现出来，并且相较于端到端神经网络的结果成层性更好。图 2.67(d)～(f)分别为第二个地层中某一沿层原始振幅切片、真实高分辨率沿层振幅切片和双监督神经网络高分辨率处理结果的沿层振幅切片。对比

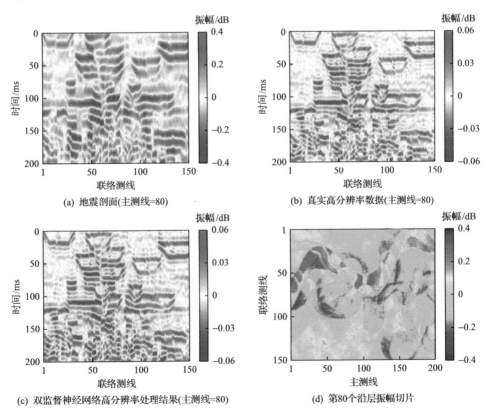

(a) 地震剖面(主测线=80)

(b) 真实高分辨率数据(主测线=80)

(c) 双监督神经网络高分辨率处理结果(主测线=80)

(d) 第80个沿层振幅切片

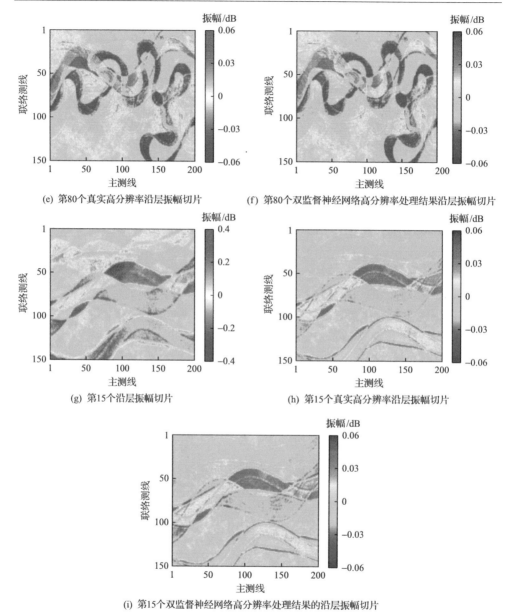

(e) 第80个真实高分辨率沿层振幅切片　　　　　(f) 第80个双监督神经网络高分辨率处理结果沿层振幅切片

(g) 第15个沿层振幅切片　　　　　　　(h) 第15个真实高分辨率沿层振幅切片

(i) 第15个双监督神经网络高分辨率处理结果的沿层振幅切片

图 2.67　双监督神经网络的三维地震数据高分辨率处理结果对比

图 2.67(f) 与前述的图 2.62(f) 可以发现，双监督神经网络处理的高分辨率结果相对于端到端神经网络，也能消除原始地震数据中子波干涉导致的假象，而且河道细节得到进一步的刻画，并保留了更好的空间连续性，使对双监督神经网络的高分辨率结果更容易进行地质解释。由此结果可以看出，在神经网络高分辨率处理中，正演模型能够带来更好的横向和空间连续性。图 2.67(g)~(i) 为第一个地层

中某一沿层原始振幅切片、真实高分辨率沿层振幅切片和双监督神经网络高分辨率处理结果的沿层振幅切片。对比图 2.67(i) 与图 2.62(i) 可以发现，双监督神经网络也能够反演得到第一个地层中清晰的河道，并且能够去除端到端神经网络高分辨率结果中出现的部分噪声。

为进一步体现双监督神经网络的优势，对比了双监督神经网络与端到端神经网络两者的高分辨率结果在第二个地层中沿层切片上的分布情况，如图 2.68 所示。其中，蓝灰色部分表示沿层切片真实高分辨率数据的分布情况，绿色部分分别表示端到端神经网络 [图 2.68(a)] 和双监督神经网络 [图 2.68(b)] 沿层切片高分辨率处理结果分布情况。对比图 2.68(a) 和 (b) 可以看出，真实高分辨率数据的分布为一大一小两个分布共同组成的"双峰"分布，端到端神经网络只学到其中一个影响较大、数据较为集中的单峰分布，而双监督神经网络学到的结果为"双峰"分布，与真实高分辨率数据的分布有较好的拟合度，体现出双监督神经网络在复杂分布情况下的潜在优势。

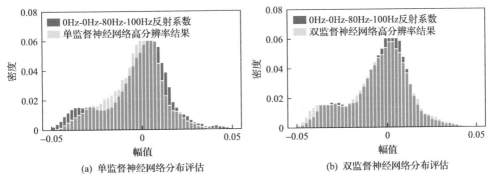

(a) 单监督神经网络分布评估　　　　　　(b) 双监督神经网络分布评估

图 2.68　神经网络预测结果与真实高分辨率数据沿层切片振幅数据的分布对比

为了挖掘双监督神经网络高分辨率处理方法的实际应用潜力，进一步使用来自中国东部某油田的实际数据进行测试。该区块主要发育稠油油藏，地质结构上发育辫状河、曲流河及扇三角洲。岩性组合主要为泥包砂或者砂泥互层。储层段主要呈现出低孔、低渗或中孔、中渗特征。

图 2.69(a) 为储层段内的地震数据，其中竖直黑线代表 5 口井位置声波时差和密度曲线导出的反射系数序列的 0Hz-0Hz-60Hz-80Hz 滤波成分。采用 5 口井位置的反射系数低通滤波数据和对应的井旁道地震数据作为样本标签，训练双监督神经网络。其网络结构、超参数和算法都与合成数据中相同。将训练好的双监督神经网络应用到图 2.69(a) 的地震数据中，处理结果如图 2.69(b) 所示。从图 2.69 可看出，相比于原始地震数据，双监督神经网络处理结果的分辨率有所提高。特别是在深部凹陷区，原有地震数据深部只存在较厚的地层，高分辨率处理后波阻对比特征明显，可以看到深部出现了丰富的薄层信息。

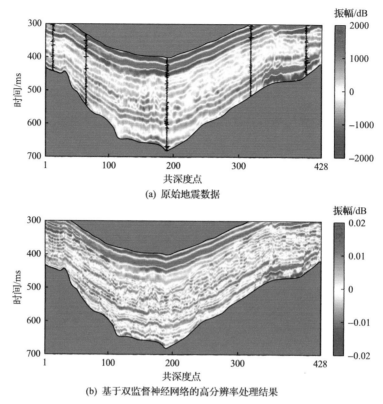

图 2.69　实际连井地震剖面和基于双监督神经网络的高分辨率处理结果对比

2.3.4　基于物理引导神经网络的高分辨率处理

神经网络的可解释性是当前人工智能高分辨率处理方法研究的重要部分。Yuan 和 Wang(2013)明确将高分辨率物理模型作为机器学习框架的一部分,采用贝叶斯学习方法实现了稀疏反射系数的均值求解,实现了小于调谐厚度下薄层的识别。本小节介绍一种物理引导神经网络的地震高分辨率处理方法,借助传统优化算法迭代过程指导建立网络架构,该网络不仅可以完成高分辨率处理而且可以进行可解释性分析。

1. 方法原理

在本节中,使用神经网络来表达反射系数的正则化项,即将神经网络作为非线性约束替代传统反褶积问题中的先验约束,基于此思路可以将目标函数式(2.56)改写为如下形式:

$$J = \min \frac{1}{2} \left\| s - W \times \tilde{r} \right\|_2^2 + \mu \left\| F(\tilde{r}) \right\|_1 \tag{2.57}$$

式中，μ 为神经网络非线性变换下的稀疏正则化参数；$F(\cdot)$ 为神经网络构成的非线性函数，起到正则化约束的作用。假设神经网络学习的参数是一个常数，则式(2.57)求解的是反射系数稀疏约束下的反褶积问题。假设神经网络学习的参数是傅里叶变换或曲波变换的基函数，则式(2.57)求解的是反射系数在变换域稀疏约束下的反褶积问题。针对该优化问题，可以将常规的 ISTA 解法(Beck and Teboulle, 2009)映射到深度学习框架中，基于此建立了 ISTA-Net(Zhang and Ghanem, 2018)网络架构。基于该网络架构的交互迭代求解方式如下：

$$z^{(k)} = \tilde{r}^{(k-1)} - \rho^{(k)}W^T(W\tilde{r}^{(k-1)} - s) \tag{2.58}$$

$$\tilde{r}^{(k)} = \arg\min_{\tilde{r}} \frac{1}{2}\left\|\tilde{r} - z^{(k)}\right\|_2^2 + \mu\left\|F(\tilde{r})\right\|_1 \tag{2.59}$$

式中，k 为 ISTA-Net 的网络层数，每层网络均对应常规解法中的一次迭代；ρ 为对应 ISTA 算法中的迭代步长，在网络中将其设计为可学习的自适应参数。式(2.58)为 $\tilde{r}$ 每次的迭代过程，式(2.59)等价为 $z^{(k)}$ 与非线性函数 $F(\cdot)$ 相关的近端映射，根据神经网络的线性相关定理，假设 $z^{(k)}$、$F(z^{(k)})$ 分别为 $\tilde{r}$、$F(\tilde{r})$ 的均值，得到如式(2.60)所示的相关性表示：

$$\left\|F(\tilde{r}) - F(z^{(k)})\right\|_2^2 \approx \alpha\left\|\tilde{r} - z^{(k)}\right\|_2^2 \tag{2.60}$$

式中，α 为常数。基于式(2.60)的相关性可以将式(2.59)优化为与神经网络非线性函数有关的近端映射，如式(2.61)所示：

$$\tilde{r}^{(k)} = \arg\min_{\tilde{r}} \frac{1}{2}\left\|F(\tilde{r}) - F(z^{(k)})\right\|_2^2 + \theta\left\|F(\tilde{r})\right\|_1 \tag{2.61}$$

由于 λ 与 α 均为常数，令 $\theta = \mu\alpha$，并置于式(2.61)中。根据式(2.61)，可得 $F(\tilde{r}^{(k)})$ 的封闭形式为

$$F(\tilde{r}^{(k)}) = \text{Soft}\left[F(z^{(k)}), \theta\right] \tag{2.62}$$

式中，$\text{Soft}(\cdot)$ 为软阈值求解器，可用于求解 L_2 范数与 L_1 范数组成的优化问题，具体展开为

$$\text{Soft}\left[F(z^{(k)}), \theta\right] = \begin{cases} F(z^{(k)}) + \theta, & F(z^{(k)}) < -\theta \\ 0, & \left|F(z^{(k)})\right| < \theta \\ F(z^{(k)}) - \theta, & F(z^{(k)}) > \theta \end{cases} \tag{2.63}$$

　　为保证每个网络层输出估计的反射系数，可以建立对称网络结构，规定非线性函数 $\tilde{F}$，且 $\tilde{F}$ 满足 $\tilde{F} \circ F = I$（其中 I 是恒等算子），可得每次迭代的估计反射系数为

$$\tilde{\boldsymbol{r}}^{(k)} = \tilde{F}\Big[F(\tilde{\boldsymbol{r}}^{(k)})\Big] = \tilde{F}\Big\{\mathrm{Soft}\Big[F(\boldsymbol{z}^{(k)}),\theta\Big]\Big\} \qquad (2.64)$$

　　基于神经网络非线性函数的可学习性质，将估计反射系数的过程更新为如式(2.65)所示形式：

$$\tilde{\boldsymbol{r}}^{(k)} = \tilde{F}^{(k)}\Big[F^{(k)}(\tilde{\boldsymbol{r}}^{(k)})\Big] = \tilde{F}^{(k)}\Big\{\mathrm{Soft}\Big[F^{(k)}(\boldsymbol{z}^{(k)}),\theta^{(k)}\Big]\Big\} \qquad (2.65)$$

　　根据式(2.65)，ISTA-Net 可学习参数的集合为 $\{\tilde{F}^{(k)}, F^{(k)}, \theta^{(k)}, \rho^{(k)}\}$。基于如上的公式推导，建立的网络结构如图 2.70 所示。其中，每个 Iter 层均由 ISTA-Net 单元组成，每个 ISTA-Net 单元对应常规方法的一次迭代。将 ISTA-Net 单元展开，首先对输入的 $\tilde{\boldsymbol{r}}^{(k-1)}$ 进行 $\boldsymbol{z}^{(k)}$ 变换，之后通过的非线性函数 F 与 $\tilde{F}$ 均由两层卷积网络与一个 ReLU 层构成，在两个非线性函数之间施加软阈值解，最后得到该单元估计反射系数 $\tilde{\boldsymbol{r}}^{(k)}$。以此类推，得到由 N 个 ISTA-Net 单元处理后的 $\tilde{\boldsymbol{r}}^{(N)}$。

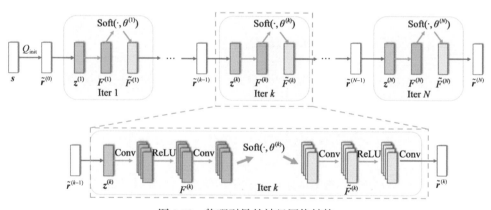

图 2.70　物理引导的神经网络结构

Q_{init}-初始参数；Iter-迭代次数；Conv-卷积层

　　对该网络进行评价的损失函数如式(2.56)所示：

$$\mathrm{Loss} = \mathrm{Loss}_1 + \gamma \sum_{k=1}^{N} \mathrm{Loss}_2 \qquad (2.66)$$

式中，Loss 函数包含两项，分别为代表最终网络模型输出差异的 Loss_1 与代表对每个网络单元约束的 Loss_2；γ 为控制网络单元约束的正则化参数。Loss_1 与 Loss_2 的数学表达具体如式(2.67)所示：

$$\begin{cases} \mathrm{Loss}_1 = \dfrac{1}{N} \sum_{i=1}^{N} \left\| \tilde{\boldsymbol{r}}^{(N)} - \boldsymbol{r}_i \right\|_2^2 \\ \mathrm{Loss}_2 = \dfrac{1}{N} \sum_{i=1}^{N} \sum_{k=1}^{N} \left\| \tilde{F}^{(k)} \left[F^{(k)} (\tilde{\boldsymbol{r}}_i^{(k)}) \right] - \tilde{\boldsymbol{r}}_i^{(k)} \right\|_2^2 \end{cases} \quad (2.67)$$

式中，Loss_1 作为差异项，建立网络输出结果与真实反射系数的数据匹配；Loss_2 作为约束项，对每一个网络单元都进行约束，使得 $\tilde{F} \circ F = I$ 满足对称网络性质。

ISTA-Net 网络架构参照物理方程建立，有效融合了传统优化方法的结构洞察力、可解释性及神经网络的运算效率、灵活的数学表达能力。该网络基于优化算法的迭代过程来构建，融合先验信息分布与非线性变换域内标签分布建立协同约束，可准确表征输入数据与标签之间的映射关系，减少对训练样本的依赖。深层神经网络的每一个网络层由优化算法迭代步骤展开，网络结构具有可解释性，优化算法中的超参数可以在网络训练中得到自适应估计。具体的神经网络层数或深度由优化算法的迭代步数确定。网络层中的计算类型对应优化算法每一步迭代的计算类型，网络层之间的连接由优化算法每一步迭代的输入、输出关系确定。

2. 实例分析

本小节采用二维与三维地震数据对物理引导神经网络模型分别进行测试，以此分析对物理引导的神经网络进行智能化高分辨率处理的性能。

采用与前述相同的二维数据集，网络结构如图 2.70 所示，网络含有三个 ISTA-Net 单元，学习率为 0.0001，网络单元约束项的正则化系数为 0.01。采用物理引导神经网络得到的高分辨率结果如图 2.71(a)所示。从图 2.71(a)中可以看出，物理引导神经网络能够反演得到高分辨率时空剖面。图 2.71(b)展示了网络反演结果与真实结果的残差。对比图 2.71(b)与图 2.65(b)、图 2.58(d)可以看出，物理引导神经网络与双监督神经网络的结果残差相似，但其比单监督端到端神经网络结果要好。

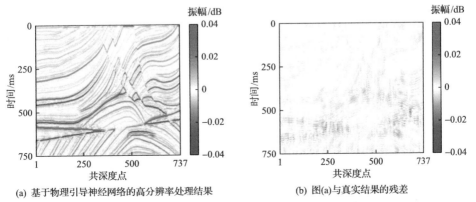

(a) 基于物理引导神经网络的高分辨率处理结果　　　(b) 图(a)与真实结果的残差

图 2.71　基于物理引导神经网络的二维地震数据高分辨率处理结果

　　此外，从频率域上对物理引导神经网络高分辨率结果进行分析，绘制地震记录、真实高分辨率数据与物理引导神经网络预测结果的振幅谱对比，如图 2.72 所示。其中，灰色、蓝色和红色的曲线分别代表地震记录、真实高分辨率数据和物理引导神经网络高分辨率处理结果。从多道振幅谱的平均曲线对比可以看出，物理引导神经网络能够拓宽地震主频外的频带信息，特别在 0～10Hz 区域的低频段具有较好的拟合度。但是，在 65～90Hz 区域的高频段，物理引导神经网络尽管与真实频率成分相比有轻微的欠恢复，但极大程度拓展了地层的细节信息。

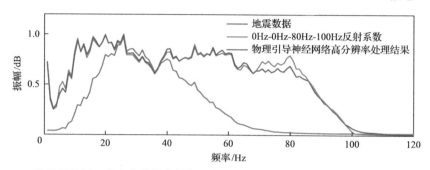

图 2.72　二维地震数据、真实高分辨率数据及物理引导神经网络高分辨率处理结果振幅谱对比

　　采用与上述相同的三维地震数据进行测试。网络模型与在二维数据中测试的模型相同。训练得到的神经网络高分辨率模型对整个三维数据体作用，得到的高分辨率结果如图 2.73 所示。图 2.73（a）～（c）分别为沿联络测线 80（东—西向）地震剖面、真实高分辨率数据和物理引导神经网络高分辨率处理结果。从图 2.73 中可以看出，与端到端神经网络高分辨率处理结果类似，虽然实现了子波的压缩与旁瓣削减，但在剖面上未取得较好的空间连续性。图 2.73（d）～（f）分别为第二个地层中某一沿层原始振幅切片、真实高分辨率沿层振幅切片和物理引导神经网络高分辨率处理结果沿层振幅切片。对比图 2.73（f）与 2.3.2 节中图 2.62（f）的网络结果可以发现，物理引导神经网络高分辨率处理方法也能够去除低分辨率地震记录中

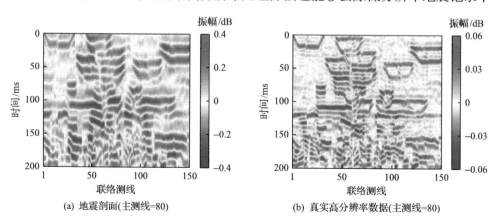

(a) 地震剖面(主测线=80)　　　　　　　(b) 真实高分辨率数据(主测线=80)

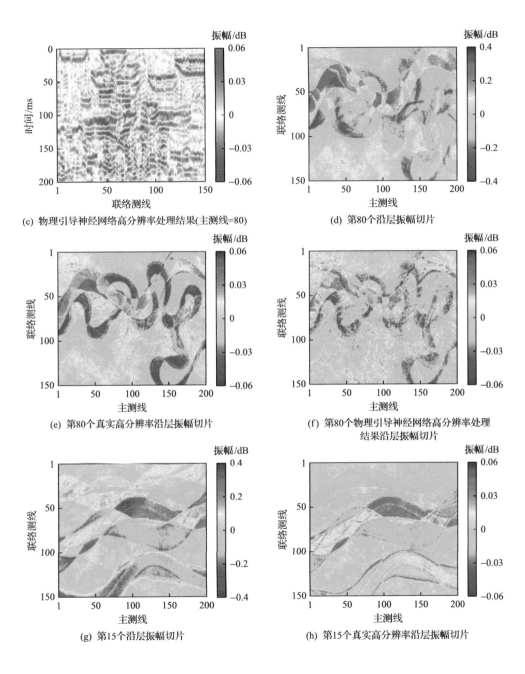

(c) 物理引导神经网络高分辨率处理结果(主测线=80)

(d) 第80个沿层振幅切片

(e) 第80个真实高分辨率沿层振幅切片

(f) 第80个物理引导神经网络高分辨率处理
结果沿层振幅切片

(g) 第15个沿层振幅切片

(h) 第15个真实高分辨率沿层振幅切片

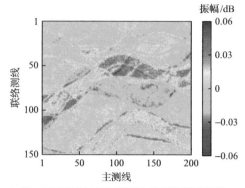

(i) 第15个物理引导神经网络高分辨率处理结果切片

图 2.73　三维地震数据物理引导神经网络的高分辨率处理结果对比

的部分假象。图 2.73（g）～（i）分别为第一个地层中某一沿层原始振幅切片、真实高分辨率沿层振幅切片和物理引导神经网络高分辨率处理结果切片。从图 2.73（g）～（i）中可以看出，物理引导神经网络得到的高分辨率结果能够消除一些子波干涉假象，获得更清晰的沿层切片，但是也存在部分噪声污染，使部分地质结构的细节较为模糊。

　　为了进一步研究物理引导神经网络高分辨率处理结果的特征，绘制物理引导神经网络结果在第二个地层中沿层切片上的振幅分布情况。如图 2.74 所示，其中蓝灰色部分表示沿层切片真实高分辨率数据的振幅分布情况，绿色部分表示物理引导神经网络的沿层切片高分辨率结果分布情况。从图 2.74 中可以看出，真实高分辨率振幅数据为"双峰"分布，而物理引导神经网络只学到一个分布。但是，物理引导神经网络得到的单峰分布与图 2.68（a）中端到端神经网络学习到的结果分布不同，物理引导神经网络学习到的分布更加接近正态分布。

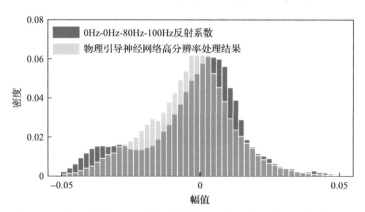

图 2.74　物理引导神经网络高分辨率处理结果与真实高分辨率数据
沿层切片振幅数据的分布对比

2.3.5　小结与展望

1. 小结

本节介绍了三种不同模式下的人工智能地震资料高分辨率处理方法,在二维和三维复杂地质结构模型合成数据中,采用三种方法进行高分辨率处理都取得了较好的效果。理论上,相较于常规模型驱动方法,三种智能化方法能够克服子波未知、依赖先验信息等问题。第一种端到端神经网络的高分辨率处理方法由地震记录直接映射到真实反射系数,将标签井上的分布特征推广到了整个地震数据体中,但存在井约束下的过拟合,使远井位置高分辨率结果的准确性降低,进而导致高分辨率结果空间连续性下降。第二种双监督神经网络的高分辨率处理方法将正演过程引入神经网络中,建立了地震数据与测井数据的双尺度监督,有效解决了井约束造成的过拟合效应,使高分辨率结果表现出较好的空间连续性。第三种物理引导神经网络的高分辨率处理方法,基于 ISTA 优化算法建立物理引导网络 ISTA-Net,将传统方法的可解释性与神经网络的运算效率有机融合,得到了可解释性较强的高分辨率结果。

由于人工智能建模的灵活性,本节阐述的三种方法可以直接应用到非稳态地震数据的高分辨率处理,包括校正深部衰减子波与浅部一致及同时压缩子波等。也可以直接拓展到高维,由单道对单道映射推广到二维对二维甚至三维对三维的映射,只是拓展时需要使用高维标签。

2. 未来展望

(1)多种信息融合互补是人工智能高分辨率处理的关键,当前智能方法只引入测井数据,需要引入多元信息约束高分辨率处理过程,如地质信息,下一步可发展地质约束的人工智能高分辨率处理或基于地质统计学的人工智能高分辨率处理方法。

(2)基于已有的智能高分辨率处理方法和原理基础,发展针对特殊地质情况的高分辨处理方法,如强反射、强屏蔽层影响下的弱反射恢复。

(3)研究智能方法在高分辨率处理过程中的学习规律有助于建立新的领域认识,进一步提升智能高分辨率处理的效果,如神经网络对不同频段信息敏感度不同,可基于此建立频率多尺度特征约束下的网络架构与监督机制。

(4)目前的智能高分辨率处理方法以叠后处理为主,可以进一步发展叠前智能高分辨率处理技术,针对叠前不同偏移距下反射系数几何位置的一致性,探索叠前不同偏移距下地震子波的规律性变化,并以此为基础建立高分辨率结果的多角度质控分析。

(5)人工智能提供了建立复杂映射关系与进行多任务反演的可能,可以引入辅助信息帮助人工智能模型更好地实现高分辨率处理，将波阻抗、纵横波速度等参数充分融入高分辨率处理与评估过程，建立多种参数与反射系数联合的多任务反演。

2.4　提高信噪比处理

随着油气勘探的重点逐步转向深层、超深层和深水、超深水等复杂领域，为满足复杂勘探目标的精细开发需求需要地震勘探提供高信噪比、高分辨率和高保真度的地震资料。地震资料的品质主要受到地震资料采集和处理两大环节的影响与控制。多次覆盖、三维地震勘探和"两宽一高"等地震采集技术在提高地震数据品质的同时，也使采集的地震资料的数据量呈现"指数级"快速增长。然而，地震波在传播过程中不可避免地受到复杂地表条件和复杂地下构造的双重影响，造成有效信号在长时间传播过程中出现能量衰减和受到自然环境噪声源的污染。现阶段，针对复杂地表和复杂地质条件，采用先进的采集技术获得的地震资料往往表现出"体量大、信号弱、噪声强"的特点，迫切需要对采集获得的地震资料高效地进行提高信噪比处理。信噪比的高低是衡量地震资料质量及评价去噪方法优劣的重要指标之一。地震资料提高信噪比处理是地震数据处理的关键步骤和基本目标，其旨在有效压制地震噪声并最大限度地保留有效信号。地震资料提高信噪比处理的好坏直接影响后续高分辨率处理、速度分析、地震成像、属性分析、弹性参数反演等处理和解释环节的效率及精度（牟永光，1982；陆孟基，1993；熊翥，1993）。

2.4.1　研究进展

现有的地震数据提高信噪比处理方法可以大致划分为基于模型驱动的去噪和基于数据驱动的去噪两大类。基于模型驱动的去噪方法使用明确的先验信息（如线性可预测性、稀疏性和低秩性等），建立物理意义明确的数学模型，通过求解最优化问题从含噪数据预测出期望的信噪增强数据（陈文超等，2021）。该类方法大致可以分为以下四个子类。第一类是基于有效信号和噪声在时间（空间）域、频率（波数）域或时间-频率域中统计性特征差异的时频滤波方法，主要包括 f-x 反褶积（Canales, 1984）、预测滤波（Abma and Claerbout, 1995）和时频峰值滤波（Boashash and Mesbah, 2004）等。第二类是基于稀疏表示的数学变换方法。该方法假设信号在某种变换域内是稀疏的，而噪声是非稀疏的，通过阈值算法保留有限的较大系数来表示含噪声地震数据的主要特征，从而实现信噪分离。代表性的方法如傅里叶变换（Alsdorf, 1997）、小波变换（Zhang and Ulrych, 2003）、曲波变换（Candes et al., 2006）、剪切波变换（Hosseini et al., 2015）、Seislet 变换（Fomel and Liu, 2010）等。第三类是基于模态分解的去噪方法，如经验模态分解（Bekara and van der Baan,

2009)、变分模态分解(Liu and Duan, 2020)、复变分模态分解(Yu and Ma, 2018)等。该类方法根据地震数据的时频特征分解出多个具有不同频率成分的本征模态分量，再通过保留有效信号对应的模态分量和舍弃包含噪声成分的模态分量，从而实现地震数据提高信噪比处理。第四类是基于稀疏表示的降秩方法，如奇异值分解(SVD)(Lu, 2006)、Cadzow 滤波(Trickett, 2008)、鲁棒主成分分析(RPCA)(Liu and Lu, 2021)、多道奇异值谱分析(Oropeza and Sacchi, 2011)等。该类方法认为地震数据的结构相关性在变换域通常表现为低秩或近似低秩，而随机噪声会增加矩阵的秩。通过寻找地震数据在低维空间的最佳投影，可以消除噪声，找到地震数据的最优低维表示(李默，2021)。

基于数据驱动的去噪方法不再依赖于严苛的数学或物理假设，直接学习含噪数据与待预测的信号或噪声之间的统计性关系，建立从数十个到数以万计的滤波器组成的非线性提高信噪比系统，实现针对不同信噪比地震数据的自适应降噪。该方法进一步分为 2010 年左右兴起的字典学习去噪方法和 2018 年左右崭露头角的深度学习去噪方法。不同于数学变换方法使用单一的基函数重构有效信号，字典学习去噪方法(Aharon et al., 2006; Beckouche and Ma, 2014)通过对数据的学习与训练，根据当前地震数据的自身特点而构建出由一组基函数或原子组成的超完备字典，以实现利用少量字典原子的线性组合稀疏表示地震数据的主要特征，自适应地变换基函数重建出有效信号。

得益于深度学习技术的巨大发展与进步，CNN 于 2018 年左右率先被引入地震去噪领域，由此在学术界和工业界掀起了新一轮的人工智能提高信噪比处理的研究与应用热潮。经过 6 年左右的发展，以深度学习为代表的人工智能技术在地震去噪方面的应用愈发广泛、智能算法愈发成熟、去噪性能愈发卓越、噪声去除类型愈发全面、应用成果愈发丰富、具体问题的研究愈发深入、智能算法与应用场景愈发契合、领域知识及专家模式与算法设计的结合愈发紧密。主要表现出以下几大发展特点与趋势。

(1)地震去噪的应用场景从早期的地震随机噪声(Chen Y K et al., 2019b; Wu et al., 2019b; Zhang M et al., 2019; Saad and Chen, 2020; Gao Z Q et al., 2021; Sang et al., 2021)、线性噪声(Yu et al., 2019)、面波(Kaur et al., 2020; Yuan Y J et al., 2020; Oliveira et al., 2020; Pham and Li, 2022)、海洋涌浪噪声(Zhao X et al., 2019; You et al., 2020)、混叠噪声(Sun et al., 2020a; Zu et al., 2020; de Jonge et al., 2022; Wang X W et al., 2022)、可控震源振铃噪声(Jia and Lu, 2019)、沙漠噪声(Zhao X et al., 2019; Li et al., 2020; Feng et al., 2021)等向多次波(Li et al., 2020; Wang X W et al., 2022)、散射噪声(Liu D W et al., 2022)、分布式声波传感(distributed acoustic sensing, DAS)地震资料噪声(Zhao et al., 2022; Wu et al., 2022)、异常振幅衰减(Tian et al., 2021)、外源噪声干扰(Sun et al., 2020b; Xu et al., 2020)、偏移噪声

（Chen et al., 2020）和微地震噪声（Saad et al., 2021）等场景深入发展，其中，随机噪声、混叠噪声、多次波、面波、沙漠噪声和 DAS 地震资料噪声的智能提高信噪比处理研究最为广泛。

（2）地震图像智能去噪技术紧跟自然图像智能去噪技术的发展趋势，新型网络为地震去噪提供了非线性降噪能力更强和去噪机制更符合物理规律的去噪工具。用于自然图像去噪、去模糊、超分辨率处理和风格迁移等场景的不同类型深度神经网络及其改进版本先后被借鉴和引入地震去噪领域，具体包括支持向量回归（Li et al., 2020）、CNN（Yu et al., 2019; Kaur et al., 2020; Pham and Li, 2022）、去噪卷积神经网络（DnCNN）（Zhao Y X et al., 2019; Sang et al., 2021）、残差密集网络（Wang R Q et al., 2022）、稀疏自编码器（Chen Y K et al., 2019b; Zhang M et al., 2019; Saad and Chen, 2020）、（循环）对抗生成网络（Li et al., 2020; Oliveira et al., 2020; Yuan Y J et al., 2020）和多尺度渐进注意力融合网络（Wu et al., 2022）等。

（3）地震采集技术和采集环境的制约导致野外采集的实际数据往往含有噪声。已有的研究主要从训练集构建方式和网络学习模式等方面着手缓解标签数据集（即噪声或有效信号数据集）难以获取的窘境。训练集构建方式主要包括基于褶积模型和波动方程构建二维或三维无噪合成数据集（Yu et al., 2019; Zhang M et al., 2019; Yuan Y J et al., 2020; Gao Y et al., 2021; Sang et al., 2021; 董新桐等，2021）、基于先进的传统去噪方法得到的去噪结果构建无噪实际数据集（Liu et al., 2019）、合成数据与实际数据噪声组合形成含噪数据集（Zhao X et al., 2019; Li et al., 2020; You et al., 2020）、自然图像作为训练数据集（Zhang et al., 2020; Zhang and van der Baan, 2021）、神经网络增广训练数据集（Feng et al., 2021）等。网络学习模式从需要大量样本和标签的有监督学习朝着无监督学习或自监督学习方向发展（Lehtinen et al., 2018; Batson and Royer, 2019; Krull et al., 2018; Niu and Wang, 2020; Qiu et al., 2021; Sun et al., 2022; Liu N H et al., 2022a, 2022b, 2023; Meng et al., 2023; Shao et al., 2022）。此外，开展地震数据的频域特征或时、频域特征联合学习，构建时、频域损失函数等也是近期发展方向之一（Zhu et al., 2019; 张岩等，2021; Pham and Li, 2022）。

（4）模型驱动与数据驱动的交叉结合形成了数据与模型联合驱动的去噪方法，以提升单一模型或数据驱动方法的去噪效果。一方面，此类方法利用轮廓波变换（Zhao et al., 2020a）、变分模态分解（Wu et al., 2019b; Zhao et al., 2020b）、奇异值分解（Feng and Li, 2023）、基于交替方向乘子法的低秩分解（Ma et al., 2021）和小波变换（Qian et al., 2022）等模型驱动去噪算法作为数据驱动类去噪算法的信号特征提取器，从而为智能去噪网络提供更多的信号特征和先验信息。另一方面，此类方法还可以利用数据驱动算法嵌入模型驱动算法中进行求解，加速模型驱动算法的收敛进程并改进目标函数的收敛程度（Zhang et al., 2023）。表 2.7 和表 2.8 分别系统总结了 2017～2023 年国外和国内的人工智能提高信噪比处理的研究进展。

表 2.7　国外人工智能提高信噪比处理研究进展

作者	年份	研究内容及成果
Zhang 等	2017	构建了超越普通高斯去噪器性能的去噪卷积神经网络,这种经典的去噪框架是残差学习思想应用到高斯噪声去除、图像超分辨率处理和图像去模糊等自然图像去噪任务的开山之作,并且后来广泛应用到地震图像去噪(Zhao Y X et al., 2019)等任务,对自然图像和地震图像处理都产生了深远影响
Chen Y K 等	2019b	较早将稀疏约束自编码器引入人工地震数据和天然地震数据去噪领域,通过使用相对熵距离控制编码器学习到的中间特征的稀疏性,以此突出作为主要特征的有效信号,消除冗余的噪声,并进一步研究了基于深层去噪自编码器的地震随机噪声去除方法(Saad and Chen, 2020)
Wu 等	2019b	利用变分模态分解将地震数据分解为不同的固有模态函数,并以每个模态估计出的噪声为标签,形成了一种变分模态分解和 CNN 相结合的地震数据白噪声压制方法,美国近海佩诺布斯科特(Penobscot)三维地震数据测试表明该方法可以同时去除白噪声和偏移假象
Yu 等	2019	探索了 CNN 在地震数据随机噪声、线性噪声和面波衰减中的应用,测试表明合成数据集训练得到的网络同样能用于实际数据去噪,认为网络学习到的不是记住每个训练样本,而是学习输入与输出之间的统计关系,讨论了深度学习方法与传统去噪方法的关系及各自的优劣,以及训练样本数量、网络深度和训练集与测试集的距离等因素对去噪性能的影响
Zhu 等	2019	以地震数据在时频域的实部和虚部作为 CNN 的双通道输入,网络通过学习数据的稀疏表达,映射出信号和噪声对应的掩膜,并进一步估计信号和噪声的时频系数,最后通过逆短时傅里叶变换实现地震数据去噪或者地震信号与非地震信号的分解
Liu 等	2020	采用去噪效果较好的 Cadzow 滤波(Trickett, 2008)和边缘保持滤波(Fehmers and Höcker, 2003)对高信噪比的实际三维地震数据块进行去噪,并进一步使用梯度结构张量法从去噪结果中优选出地震同相轴保持连续的数据体构建训练样本,测试表明使用这种从实际数据筛选训练样本的策略建立的三维去噪卷积神经网络性能优于传统去噪方法
Zhang 等	2020	在自然图像包括了地震图像的特征或先验信息这一假设条件下,较早使用自然图像训练基于 CNN 去噪器,测试认为基于自然图像和基于地震图像训练得到的两种去噪器对三维地震数据的去噪效果相当,并研究了嵌入自然图像去噪器到凸集投影框架的不规则缺失地震数据重建与弱信号恢复
Feng 等	2021	从 f-k 谱、振幅谱、波数谱、功率谱密度、概率分布、峰度等角度说明了改进的变分自编码器(VAE)能够生成与实际沙漠噪声统计性特征相似的模拟噪声,测试表明该策略可以有效增广噪声训练集并提高去噪效果
Liu 和 Lu	2021	研究了基于卷积稀疏编码的地震数据噪声压制方法,该方法考虑数据局部邻域之间的相关性,选取信噪比较高的地震数据学习到一组平移不变的滤波器,然后利用全部或部分滤波器对随机噪声或相干噪声进行衰减,测试表明卷积稀疏编码比稀疏编码学到的滤波器冗余性低,适合直接处理整个地震剖面
Zhang 等	2021	针对实际地震数据对应的无噪训练样本难以获得而导致网络泛化能力有限这一问题,在地震图像是自然图像的子类这一假设下,使用双噪声注入法增广获得噪声水平不同的自然图像对作为网络的输入和期望输出训练网络,测试说明使用完备且具有代表性的自然图像建立的去噪网络对地震数据去噪同样具有泛化能力,可能是因为自然图像比地震图像更复杂,大量自然图像涵盖了地震图像的所有可能特征
Sang 等	2021	提出了一种基于多维地质结构学习的训练数据集生成策略,测试表明该策略可以提高 CNN 的去噪能力,同时保护断层和河道等特殊地质结构的几何形态和边界信息

作者	年份	研究内容及成果
Wang R Q 等	2022	使用残差密集网络同时完成地震数据随机噪声或相干噪声去除、不规则缺失数据插值和地震数据上采样超分辨率处理等任务，通过改变震源子波的极性和中心频率两种策略增广地震数据，认为影响网络性能的主要因素是训练数据需要设置与实际数据接近的频带范围和空间采样间隔
Meng 等	2023	借鉴 Noise2Self(Batson and Royer, 2019) 和 Noise2Void(Krull et al., 2018) 的思想，在含噪声地震数据具有 J-不变性的假设条件下，建立利用地震数据的一部分去推断剩余部分的去噪网络，适用于单个地震剖面这种极端稀疏样本情况下的去噪网络的训练与学习，此外，Noise2Noise(Lehtinen et al., 2018) 和 Noise2Sim(Niu and Wang, 2020) 两种图像自监督或无监督去噪思想也被引入地震数据去噪中(Liu N H et al., 2022a, 2022b; Shao et al., 2022; Fang et al., 2023)，缓解了深度学习算法对于无噪数据的极端依赖，Noise2Noise 认为使用配对的噪声图像和噪声图像训练的网络的期望值等价于使用成对噪声图像和干净图像训练的网络的期望值，而 Noise2Sim 通过全局搜索生成与含噪图像有相似性的一个或多个含噪图像，再基于 Noise2Noise 的思想去噪

表 2.8　国内地震数据智能去噪研究进展

作者	年份	研究内容及成果
韩卫雪等	2018	较早将深度学习引入地震图像处理领域，使用 CNN 对叠前海上数据和叠后复杂陆地数据等进行了地震随机噪声去除，国内由此掀起了人工智能地震去噪的研究热潮
王钰清等	2019	采用对无噪合成数据添加高斯随机噪声和基于自适应频率滤波算法对实际含噪数据生成标签数据的策略进行数据增广，实现 CNN 对小样本数据的随机噪声压制。通过基于梯度上升的迭代算法和选择算法两种网络内部可视化方法，展示了网络学习到的特征从浅层的简单纹理特征过渡到深层复杂的全局信号结构特征，且选择算法受棋盘格噪声影响更小，可视化效果更好
吕尧等	2020	提出基于深度卷积网络的局部时空窗内地震数据的信噪比估计方法。该方法具有不需要估计有效信号、抗噪性强等优势。估计的局部信噪比(LSNR)可以用于定量分析数据质量，筛选高信噪比样本
宋辉等	2020	介绍了自编码器、降噪自编码器和卷积降噪自编码器在压制地震随机噪声方面的应用
唐杰等	2020	将用于自然图像处理的基于深度学习的过完备字典信号稀疏表示(Deep-KSVD)算法引入地震数据处理，基于过完备字典信号稀疏表示(K-SVD)方法在根据已知字典求取含噪数据块的稀疏编码时不能自动调整正则化参数，而 Deep-KSVD 方法利用多层感知机自适应估计每个含噪数据块对应的最佳正则化参数，具有更好的数据适应性，同时实现不同数据块最佳的稀疏表示，从而改善去噪效果
陈文超等	2021	借鉴深度图像先验(Ulyanov et al., 2018)的思想，构建无监督深度生成网络，完成含噪数据或随机分布的噪声到有效信号的重建，测试说明相比于重构含噪数据或噪声，生成网络更容易重构出具有多尺度自相似性、低频成分占主导的有效信号，其原因是网络遵从低频优先原则，低频能量学习较快，并从叠前道集去噪效果、多道归一化振幅谱高频段特征、叠加剖面成像质量等角度对该方法进行了评价与质控
张岩等	2021	综合考虑地震数据的时域和频域特征，定义时频域联合损失函数，实现基于联合深度学习的地震随机噪声压制，测试效果好于单一关注时域或变换域特征的去噪网络，并在次年借鉴卷积盲去噪网络(Guo et al., 2019)的思想，研究了同时实现估计噪声分布和地震数据去噪的深度学习去噪算法

作者	年份	研究内容及成果
张浩等	2021	采用 CNN 对叠前弹性逆时偏移生成的倾角道集自动拾取有效倾角范围，并将有效倾角边界约束引入目标函数中，从而保证拾取的有效倾角范围不会过窄而剔除反射波，也不会过大而没有完全去除偏移噪声，在提高拾取效率和抑制串扰噪声的同时，实现了反射波的最优叠加和高质量成像
于四伟等	2021	利用面波与有效反射波的能量、频率和传播速度等差异，开展了基于深度学习的地震散射面波压制
董新桐	2021	系统研究了基于深度学习的地震数据噪声压制，提出基于高阶统计量峰度的沙漠噪声集和基于有限差分正演模拟的 DAS 数据集构建方法，利用 RPCA 分解沙漠地震数据的低秩和稀疏矩阵，并且使用去噪卷积神经网络从这两种矩阵中估计有效信号，解决了 RPCA 对信号和噪声分解不彻底的问题，结合多能量比矩阵提高 DAS-VSP 数据中的周期性"弹簧"噪声去除效果(Dong et al., 2019, 2020)
杨翠倩等	2021	使用能感受上下文信息和全局信息的全局上下文模块与关注特征图局部关键区域的空间注意力机制构建深度卷积去噪神经网络，消融试验说明全局上下文模块和注意力模块的引入改善了去噪效果
吴学锋和张会星	2021	介绍了循环一致性生成对抗网络的基本原理及其在地震数据提高信噪比处理中的应用
王坤喜等	2021	利用深度神经网络实现了基于全波场数据和预测多次波的一次波重构，并使用数据增广和迁移学习策略提升该方法在 Sigsbee2B 模型和以南海某崎岖海底为原型的地震物理模型上测试的抗噪稳定性
高好天等	2021	测试了两种典型的 CNN 和两种网络训练方式对地震随机噪声压制的影响，认为 U-Net 通过融合不同层级的特征，比 DnCNN 能更好地保护弱信号和压制噪声，且认为这两种网络学习映射有效信号不利于恢复复杂的、能量较弱的地震纹理，学习映射噪声一定程度上能更好地保护弱信号
武国宁等	2022	提出一种平稳小波变换与残差网络联合的多通道去噪方法，该方法利用残差网络从含噪数据的小波分解学习出有效信号的低频和高频分量，再通过逆平稳小波变换得到去噪结果
邵婕等	2022	介绍了自监督学习网络在人工震源井中分布式光纤数据提高信噪比处理中的应用

2.4.2　基于全连接神经网络的提高信噪比处理

本小节介绍基于全连接神经网络的提高信噪比处理方法。该方法考虑地震数据的局部时空特征，将含噪数据块拉平并按照顺序排列成向量输入全连接神经网络，通过神经网络线性或非线性回归出含噪数据块中心点位置对应的无噪数据（即有效信号），完成地震数据智能化提高信噪比处理。本小节介绍该方法的基本原理、评价指标和合成数据测试等，并重点分析神经网络自适应学习到的滤波器与传统数学滤波器（如均值滤波）之间的联系与区别。

1. 方法原理

野外采集的时域地震数据可以表示为有效信号与背景噪声的线性叠加：

$$D = S + N \tag{2.68}$$

式中，D、S 和 N 分别为观测地震数据、有效地震信号（即无噪声地震数据）和背景噪声（如随机噪声、线性噪声、面波、多次波和 50Hz 工业电干扰等）。提高信噪比处理采用具体的去噪算法压制观测地震数据中的背景噪声，获得估计的有效信号：

$$\overline{S} = F(D) = F(S + N) \tag{2.69}$$

式中，$F(\cdot)$ 为基于模型驱动或数据驱动的某种去噪算法（如均值滤波和全连接神经网络等）；$\overline{S}$ 为 D 经过去噪算法 $F(\cdot)$ 提高信噪比处理后估计的有效信号（即去噪后地震数据）。

当 $F(\cdot)$ 表示全连接神经网络时，建立的地震数据提高信噪比处理方法原理如图 2.75 所示。为便于分析数据驱动算法学习到的滤波器与传统数学滤波器之间的异同，使用仅包括输入层和输出层的全连接神经网络［图 2.75(a)］进行测试和剖析。通过将大小为 $m \times m$ 的含噪数据块按照先后顺序排列成大小为 $m^2 \times 1$ 的向量 x，以作为网络的输入：

$$x = [x_1, x_2, \cdots, x_{m^2}]^{\mathrm{T}} \tag{2.70}$$

式中，$x_i (i = 1, 2, \cdots, m^2)$ 为含噪数据块内的第 i 个地震振幅值。网络的期望输出为数据块中心点位置对应的有效信号振幅值 y。由于网络内部没有使用激活函数且网络偏置设置为 0，此时建立的全连接神经网络等价于一种线性回归器。该线性回归器对输入的 m^2 个地震数据振幅值进行自适应线性加权得到预测的有效信号振幅值：

$$h_\theta(x) = \sum_{i=1}^{m^2} \theta_i x_i \tag{2.71}$$

式中，$h_\theta(x)$ 和 θ_i 分别为预测的有效信号振幅值和与 x_i 对应的网络参数。全连接神经网络的网络参数 $\theta = [\theta_i, (i=1,2,\cdots,m^2)]$ 可以视为自适应去噪滤波器，如图 2.75(b) 所示。当 $\theta(i=1,2,\cdots,m^2)$ 皆为 $1/m^2$ 时，全连接神经网络学习到的自适应去噪滤波器等价于大小为 $m \times m$ 的均值滤波器。全连接神经网络的目标函数 $J_1(\theta)$ 为

$$J_1(\theta) = \frac{1}{2n} \sum_{j=1}^{n} \left[h_\theta(x^{(j)}) - y^{(j)} \right]^2 \tag{2.72}$$

式中，n、$h_\theta(x^{(j)})$ 和 $y^{(j)}$ 分别为训练样本数量、第 j 个预测的有效信号振幅值和第 j 个真实的有效信号振幅值。当目标函数收敛到最小值时，网络预测的有效信号接近真实有效信号，其学习到的自适应滤波器可以用于其他含噪数据的提高信噪比处理。

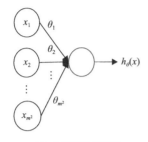

(a) 全连接神经网络　　　　　　　(b) 图(a)学习到的自适应滤波器

图 2.75　用于提高信噪比处理的全连接神经网络示意图

2. 评价指标

为评估全连接神经网络等去噪算法的提高信噪比处理能力，选取信噪比、局部信噪比和结构相似性作为定量评价去噪效果的数学指标(Wang et al., 2004)，选取频率波数谱(FK 谱)和多道归一化振幅谱定性评价去噪效果。

信噪比反映有效信号与噪声的能量之比，其定义为

$$\text{SNR} = 20\lg \frac{\|\boldsymbol{S}\|^2}{\|\bar{\boldsymbol{S}} - \boldsymbol{S}\|^2} \tag{2.73}$$

SNR 值越大，表明噪声压制越彻底，去噪后地震数据越接近无噪声地震数据。

局部信噪比可以反映地震数据局部区域内信号与噪声能量的差异：

$$\text{LSNR} = 20\lg \frac{\|\boldsymbol{S}\|^2}{\|\boldsymbol{d} - \bar{\bar{\boldsymbol{S}}}\|^2} \tag{2.74}$$

式 (2.73) 和式 (2.74) 中，$\boldsymbol{d}$、$\boldsymbol{S}$ 和 $\bar{\boldsymbol{S}}$ 分别为局部时窗内的含噪声地震数据、无噪声地震数据和去噪结果。

结构相似性最早由得克萨斯大学奥斯汀分校的图像和视频工程实验室提出，它从亮度、对比度和图像结构三种角度综合衡量两幅图像的相似度。在去噪问题中，结构相似性用于评价无噪声地震数据和去噪后地震数据之间的相关性：

$$\text{SSIM} = \frac{(2\mu_{\boldsymbol{S}}\mu_{\bar{\boldsymbol{S}}} + c_1)(2\text{Cov}_{\boldsymbol{S}\bar{\boldsymbol{S}}} + c_2)}{(\mu_{\boldsymbol{S}}^2 + \mu_{\bar{\boldsymbol{S}}}^2 + c_1)(\sigma_{\boldsymbol{S}}^2 + \sigma_{\bar{\boldsymbol{S}}}^2 + c_2)} \tag{2.75}$$

式中，μ_S 和 $\mu_{\overline{S}}$ 分别为无噪声地震数据 S 和去噪后地震数据 $\overline{S}$ 的均值；$\mathrm{Cov}_{S\overline{S}}$ 为 S 和 $\overline{S}$ 的协方差；σ_S 和 $\sigma_{\overline{S}}$ 分别为 S 和 $\overline{S}$ 的标准差；c_1 和 c_2 为常数（一般情况下，c_1 取 0.01，c_2 取 0.03）。SSIM 的值域范围为 $[-1,1]$，SSIM 值越接近 1，说明算法的去噪效果越好。

FK 谱是时空域的地震数据或噪声通过二维傅里叶变换得到的，它直观反映地震数据或噪声的频谱特征及不同频率成分的能量强度等。多道归一化振幅谱是通过对多道地震记录或噪声的傅里叶变换的幅值进行平均和归一化处理而获得的，反映地震数据或噪声的振幅随频率的统计性变化关系。

3. 实例分析

本节使用如图 2.76(a) 所示的无噪声地震数据进行合成数据测试。通过对无噪声地震数据添加随机噪声 [图 2.76(b)] 生成含噪声地震数据，如图 2.76(c) 所示，

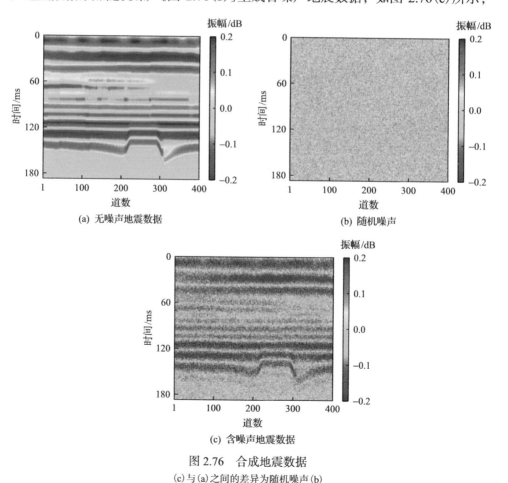

(a) 无噪声地震数据

(b) 随机噪声

(c) 含噪声地震数据

图 2.76　合成地震数据

(c) 与 (a) 之间的差异为随机噪声 (b)

其 SNR 为 4.2dB。图 2.76 中每个数据的大小为 401×187，其中 401 和 187 分别表示道数和时间采样点数。此外，每个数据的时间采样间隔为 1ms。合成地震数据[图 2.76(a)]包含的地质结构比较简单，上覆地层以水平层状地层为主，下伏地层出现断层和地垒等地质构造。从图 2.76(c)可以看出，含噪声地震数据的地层边界和弱反射等细节受到噪声污染而变得模糊不清。

在完成合成数据的准备后，依次开展全连接神经网络的训练集和测试集构建、网络训练、网络测试和结果评价等工作。构建训练集时，采用 $m×m$ 大小的滑动窗口作用于含噪声地震数据，并设置时间和空间方向的滑动步长皆为 m。因此，训练样本的数量 n 等于生成的含噪数据块的数量：

$$n = \left\lceil \frac{187 - m + 1}{m} \right\rceil × \left\lceil \frac{401 - m + 1}{m} \right\rceil \tag{2.76}$$

式中，$\lceil \cdot \rceil$ 为向上取整。每个含噪声数据块排列成 $m^2×1$ 的向量作为全连接神经网络的输入，并取每个无噪声数据块的中心振幅值作为网络的期望输出。准备测试集时，首先对含噪声地震数据进行重复填充，将新的边界数据值用之前的边界数据值扩展，使含噪声地震数据在时间和空间方向各增加 $m–1$ 行和 $m–1$ 列数据。再使用 $m×m$ 大小的滑动窗口作用于扩展后的含噪声地震数据，并按照时间和空间方向的滑动步长都为 1，最后生成 187×401 个测试数据块。

在训练全连接神经网络阶段，通过反复试验，最终设置批尺寸大小为 64，迭代次数为 300 次。全连接神经网络采用自适应动量估计优化器 Adam 优化算法作为网络参数的优化器。Adam 算法是动量(momentum)梯度下降法和 RMSprop 算法的结合，它通过计算梯度的一阶矩估计和二阶矩估计为每个参数设计自适应学习率。采用 Adam 梯度下降算法迭代求解目标函数公式式(2.72)，更新网络参数，进而渐进完成地震数据的提高信噪比处理，最终实现从含噪声地震数据近似估计出无噪声地震数据。测试阶段，所有的测试数据块通过训练好的全连接神经网络后，即可获得与无噪声地震数据等大小的去噪结果。

考虑到本节建立的全连接神经网络是一种线性滤波器，因此选取同样为线性滤波器的均值滤波作为对比方法。针对含噪声地震数据[图 2.76(c)]，使用 3 点均值滤波和 5 点均值滤波得到的去噪结果分别为图 2.77(a)、(b)；将 $m = 3$ 和 $m = 5$ 建立的两种全连接神经网络推广应用到测试数据块后获得的去噪结果分别为图 2.77(c)、(d)。图 2.77(a)、(b)的对比表明，适当增大滤波器尺寸可以提高均值滤波对于噪声的压制能力，得到的去噪结果更加平滑，地层表现出更好的横向连续性。图 2.77(a)、(b)的 SNR 分别为 11.59dB 和 13.26dB，SSIM 分别为 0.71 和 0.77。通过测试发现，若进一步增大均值滤波器尺寸会导致去噪结果过于平滑，即在压制噪声的同时会过度损伤有效信号。图 2.77(c)、(d)的 SNR 分别为 13.93dB

和 12.02dB, SSIM 分别为 0.82 和 0.77。这说明尽管增大滤波器尺寸同样能改善全连接神经网络的噪声压制效果，但是也会增加有效信号的丢失。其可能的原因是在其他条件不变情况下，全连接神经网络的输入特征数量由 9($m = 3$ 时)变为 25($m = 5$ 时)后，简单的全连接神经网络受到更多噪声信息的干扰而难以学会准确映射有效信号。因此，利用合适的邻域地震信息是全连接神经网络提高信噪比处理的关键。对比均值滤波和全连接神经网络的最佳去噪结果[图 2.77(b)、(c)]可以看到，全连接神经网络的去噪结果更加接近无噪声地震数据[图 2.76(a)]，其估计的噪声水平[图 2.77(f)]与真实随机噪声[图 2.76(b)]的噪声水平相当。均值滤波估计的有效信号或噪声[图 2.77(e)]与图 2.76(a)或(b)存在一定的能量差异。其原因是均值滤波的滤波器参数单一，它按照相同的权重对局部时窗内的含噪声地震信号进行平均"叠加"估计有效信号，没有考虑含噪声数据块内不同数据点对于预测有效信号的贡献度差异，进而无法削弱受噪声污染严重的数据点对有效信号预测的负面影响，导致预测的有效信号部分丢失或噪声未完全压制。由于地震数据的局部信噪比存在差异，理论上需要设计多组数学滤波器以同时达到不同含噪

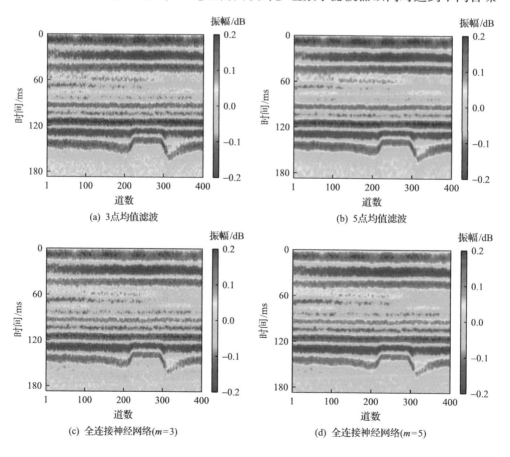

(a) 3点均值滤波　　　　　　　　　　　　　　　(b) 5点均值滤波

(c) 全连接神经网络($m=3$)　　　　　　　　　(d) 全连接神经网络($m=5$)

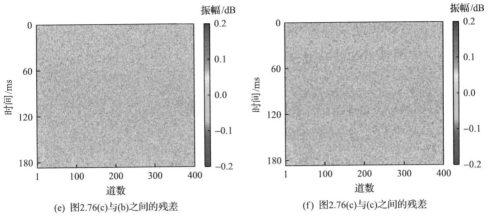

(e) 图2.76(c)与(b)之间的残差　　　　　　　(f) 图2.76(c)与(c)之间的残差

图 2.77　均值滤波和全连接神经网络去噪结果对比

声数据块的最佳去噪效果。全连接神经网络学习到的自适应滤波器近似于多组数学滤波器的统计平均，反映了多组含噪数据块与对应的有效信号之间的统计性关系。该自适应滤波器综合考虑了多组含噪数据块内的不同数据点对于有效信号估计的贡献度差异，因此相比于均值滤波具有更强的提高信噪比处理能力。

　　为进一步对比两种方法的空间结构信号保持和衰减不同频段噪声的能力，图 2.78(a)～(d)依次展示了无噪声地震数据[图 2.76(a)]、含噪声地震数据[图 2.76(c)]、5 点均值滤波去噪结果[图 2.77(b)]和全连接神经网络去噪结果[图 2.77(c)]的 FK 谱。不同倾角的地层在 FK 谱中表现为分布在不同波数范围内的多个能量团。由于无噪声地震数据[图 2.76(a)]对应的地层以水平层为主，其 FK 谱[图 2.78(a)]的特点为能量团主要分布在零波数附近。含噪声地震数据和无噪声地震数据的 FK 谱的差异主要体现在低频部分。相比于图 2.78(c)，图 2.78(d)与图 2.78(a)更加接近，说明全连接神经网络对于随机噪声的压制更为彻底。图 2.79 中黑线、绿线、蓝线和红线分别为无噪声地震数据、含噪声地震数据、均值滤波去噪结果和全连接神经网络去噪结果的多道归一化振幅谱。对比黑线和绿线可以看到，含噪声地震数据比无噪声地震数据的低频段和高频段能量更高，说明其低频和高频段的信噪比更低。两种方法在高频段的噪声抑制效果相当，且全连接神经网络对于低频噪声的抑制能力优于均值滤波，可能与神经网络通常对于低频成分的能力学习较快，遵从低频优先的原则有关(Qin et al., 2020)。图 2.80 进一步展示了输入特征数量为 9 时全连接神经网络学习到的网络参数 $\boldsymbol{\theta}=[\theta_i,\ (i=1,2,\cdots,9)]$。此时，网络参数都接近 1/9，说明全连接神经网络建立的滤波器接近均值滤波器。二者的滤波器参数差异说明全连接神经网络综合考虑不同含噪数据块的局部信噪比差异，因而具有更高的保真度和更强的噪声压制能力。

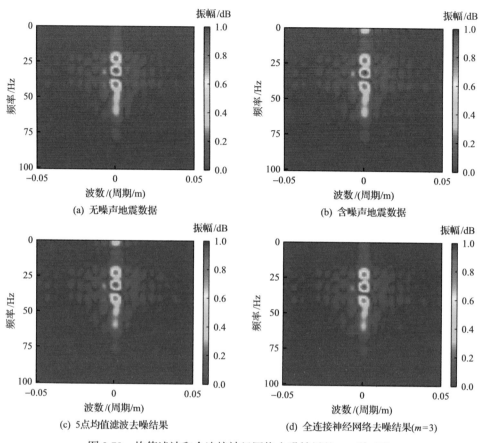

(a) 无噪声地震数据

(b) 含噪声地震数据

(c) 5点均值滤波去噪结果

(d) 全连接神经网络去噪结果($m=3$)

图 2.78   均值滤波和全连接神经网络去噪结果的 FK 谱对比

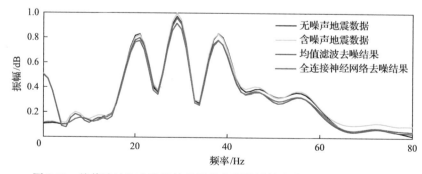

图 2.79   均值滤波和全连接神经网络去噪结果的多道归一化振幅谱对比

0.1003	0.1046	0.1081
0.1075	0.1078	0.1065
0.1030	0.1105	0.1041

图 2.80 $m = 3$ 时全连接神经网络自适应学习到的滤波器参数

2.4.3 基于去噪自编码器的提高信噪比处理

在明确全连接神经网络的去噪原理及其建立的自适应滤波器和均值滤波器的联系与区别的基础上，本小节进一步增加全连接神经网络的输入特征数量和网络深度，构建用于提高信噪比处理的去噪自编码器。去噪自编码器先将输入含噪声地震数据进行编码非线性降维成特征向量，再通过解码将特征空间的特征向量重构成与输入等大的无噪声地震数据，以此实现地震数据的有效信号表征。本小节介绍去噪自编码器的基本原理、去噪自编码器与奇异值分解的关联和合成数据测试等。

1. 方法原理

自编码器主要用于自监督学习或无监督学习，其本质是由编码器神经网络和解码器神经网络两部分组成的。编码器将高维度的输入数据进行维度压缩和特征降维，编码成能够表达输入数据最显著特征的低维度中间变量，解码器进一步将编码过后的中间变量进行解压缩和特征升维，解码重构出与输入近似的输出数据。因此，自编码器的目标是学习到一组能够稀疏表达输入数据最重要特征的向量，再利用该向量重构出与输入数据尽可能接近的输出数据。自编码器具有数据相关性（即只能编码与训练集类似的数据）、数据有损性（即相比于输入信息，重建的输出有信息损失）和自动学习性（即自动学习编码与解码过程）三大特点。目前，自编码器已广泛应用于数据降维与压缩、稀疏编码、特征提取、数据去噪、图像识别、文档检索与分类和异常检测等场景。

在自编码器的基础上，本小节构建用于提高信噪比处理的去噪自编码器（图 2.81）。该去噪自编码器与自编码器的结构基本一致，都由编码器和解码器两部分组成。不同于自编码器对输入数据的"完美"重构，去噪自编码器旨在对输入的含噪声地震数据近似重构，从而恢复出无噪声地震数据。如图 2.81 所示，设计了一个最简单的去噪自编码器，其编码部分包括 1 个输入层和 1 个全连接层，解码部分包括 1 个输出层和 1 个后处理层。与全连接神经网络的输入类似，$m \times m$ 的数据块经过拉平后得到 $m^2 \times 1$ 的含噪声地震数据 $\boldsymbol{x}$[式(2.70)]作为去噪自编码器输入层的输入，之后编码器负责将 $\boldsymbol{x}$ 转化为潜在空间的特征表达，降维压缩得到 $p \times 1$ ($p < m$) 的中间向量 $\boldsymbol{g}$，具体数学表达如式(2.77)所示：

$$\boldsymbol{g} = E_{\boldsymbol{\theta}_1}(\boldsymbol{x}) = \delta_1(\boldsymbol{W}_1 \boldsymbol{x} + \boldsymbol{b}_1) \tag{2.77}$$

式中，$E_{\boldsymbol{\theta}_1}(\cdot)$ 和 $\delta_1(\cdot)$ 分别为编码器和编码器中全连接层使用的激活函数；$\boldsymbol{W}_1$ 和 $\boldsymbol{b}_1$ 分别为输入层与全连接层之间的权重矩阵和偏置；$\boldsymbol{\theta}_1 = [\boldsymbol{W}_1, \boldsymbol{b}_1]$ 为编码参数。解码器进一步将编码器学到的特征表达重构出预测的无噪声地震数据 $\overline{\boldsymbol{z}}$：

$$\overline{\boldsymbol{z}} = D_{\boldsymbol{\theta}_2}(\boldsymbol{g}) = \delta_2(\boldsymbol{W}_2 \boldsymbol{g} + \boldsymbol{b}_2) \tag{2.78}$$

式中，$D_{\boldsymbol{\theta}_2}(\cdot)$ 和 $\delta_2(\cdot)$ 分别为解码器和解码器中输出层使用的激活函数；$\boldsymbol{W}_2$ 和 $\boldsymbol{b}_2$ 分别为全连接层与输出层之间的权重矩阵和偏置；$\boldsymbol{\theta}_2 = [\boldsymbol{W}_2, \boldsymbol{b}_2]$ 为解码参数。$\overline{\boldsymbol{z}}$ 经过解码器的后处理层后生成与含噪声数据块等大小的无噪声数据块，实现地震数据的提高信噪比处理。

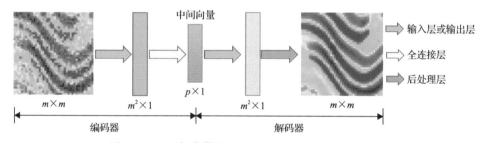

图 2.81　用于提高信噪比处理的去噪自编码器示意图

去噪自编码器的目标函数 $J_2(\boldsymbol{\theta})$ 为

$$J_2(\boldsymbol{\theta}) = \frac{1}{2n} \sum_{j=1}^{n} \left[D_{\boldsymbol{\theta}_2} \left(E_{\boldsymbol{\theta}_1}(\boldsymbol{x}^{(j)}) - \boldsymbol{z}^{(j)} \right) \right]^2 \tag{2.79}$$

式中，$\boldsymbol{x}^{(j)}$ 和 $\boldsymbol{z}^{(j)}$ 分别为第 j 个大小为 $m^2 \times 1$ 的含噪声地震数据和无噪声地震数据，即 $\boldsymbol{z}^{(j)}$ 为 $\boldsymbol{x}^{(j)}$ 对应的标签；$\boldsymbol{\theta} = [\boldsymbol{\theta}_1, \boldsymbol{\theta}_2]$ 为去噪自编码器的网络参数。

若图 2.81 中的去噪自编码器是线性的，$\boldsymbol{W}_1$ 和 $\boldsymbol{W}_2$ 互为转置且 $\boldsymbol{b}_1$ 和 $\boldsymbol{b}_2$ 为 0，则此时去噪自编码器中的编码器近似等价于主成分分析(PCA)。PCA 通过降维映射和线性变换寻找到一组"方差最大且误差最小"的变量来表征数据特征，而编码器可以通过线性或非线性变换寻找到最大化反映输入信息的潜在特征。去噪自编码器不包括任何激活函数和偏置时，观测地震数据 $\boldsymbol{D}$ 输入去噪自编码器后预测的

有效信号 $\overline{S}$ 满足：

$$\overline{S} = D \times W_1 \times W_2 \tag{2.80}$$

而任意大小为 $a \times b$ 的观测地震数据 D 的奇异值分解表达为正交阵 $U_{a \times a}$、对角阵 $\Sigma_{a \times b}$ 及正交阵 $V_{b \times b}$ 的乘积：

$$D_{a \times b} = U_{a \times a} \Sigma_{a \times b} V_{b \times b}^* \tag{2.81}$$

$$\Sigma_{a \times b} = \begin{bmatrix} \Sigma_{r \times r} & 0 \\ 0 & 0 \end{bmatrix}, \Sigma_{r \times r} = \mathrm{diag}(\delta_1, \delta_2, \cdots, \delta_r), \quad \delta_1 \geqslant \delta_2 \geqslant \cdots \geqslant \delta_r > 0 \tag{2.82}$$

式中，$U_{a \times a}$ 和 $V_{b \times b}$ 分别为 DD^* 和 D^*D 的特征向量矩阵，$U_{a \times a}$ 和 $V_{b \times b}$ 的列向量分别为左奇异矩阵和右奇异矩阵；对角阵 $\Sigma_{a \times b}$ 和 $\Sigma_{r \times r}$ 只有对角元素，其他元素为 0，且 $\Sigma_{r \times r}$ 中的对角元素 $\delta_k (k = 1, 2, \cdots, r)$ 是 DD^* 或 D^*D 的非 0 特征值的平方根，又称为 D 的奇异值；r 为 D 的秩 $(r \leqslant \min\{a, b\})$；$*$ 为复共轭。由于 $\Sigma_{r \times r}$ 中的奇异值是按照递减顺序排列，且奇异值减小的速度很快，可以用最大的 r 个奇异值和对应的左右奇异向量来近似描述 D：

$$D \approx U_{a \times r} \Sigma_{r \times r} V_{r \times b}^* = \sum_{k=1}^{r} D_k = \sum_{k=1}^{r} \delta_k u_k v_k^* \tag{2.83}$$

式中，u_k 和 v_k 分别为左奇异向量和右奇异向量；$D_k = \delta_k u_k v_k^*$ 为第 k 个奇异值对应的子空间。大奇异值和小奇异值分别对应相关性较好的有效信号和相关性差的随机噪声，因此可以用前 $p (p \leqslant r)$ 个子空间来获得估计的有效信号 $\overline{S}$：

$$\overline{S} = U_{a \times p} \Sigma_{p \times p} V_{p \times b}^* \tag{2.84}$$

结合式 (2.79) 和式 (2.84)，若满足以下条件：

$$U_{a \times p} \Sigma_{p \times p} = D \times W_1 \tag{2.85}$$

$$V_{p \times b}^* = W_2 \tag{2.86}$$

则只有线性操作的三层去噪自编码器近似等价于奇异值分解，且前者通过小批量梯度下降法处理数据可以降低存储和计算消耗，其提高信噪比处理效果也通常优于奇异值分解。

2. 实例分析

本小节继续使用图 2.76 中的地震数据进行去噪测试。在固定网络层数的情况下，影响去噪自编码器去噪性能的主要因素包括全连接层的节点数（即中间向量的维度 p）、含噪声地震数据 x 含有的特征数（即 m^2 的大小）和训练样本数量等。已有的智能去噪研究主要聚焦后两种因素的影响，认为去噪自编码器的输入特征数比较大，训练样本数据完备且具有代表性时，去噪自编码器能获得较好的去噪效果。因此，本节不再对特征数和训练样本数量与去噪性能的关系展开测试与分析，重点讨论中间向量的维度对于去噪性能的影响。

在利用图 2.81 中的去噪自编码器进行测试时，全连接层的激活函数设置为 ReLU 函数，输出层不设置激活函数。本小节设置去噪自编码器的输入大小为 441×1（此时 $m = 21$），训练样本数量为 40。去噪自编码器与全连接神经网络的训练集生成方式基本一致，21×21 大小的滑动窗口作用于含噪声地震数据[图 2.76(c)]和无噪声地震数据[图 2.76(a)]，时间和空间方向的滑动步长都设为 42，最终生成的训练集大小为 $40 \times 441 \times 1$。构建测试集时，时间和空间方向的滑动步长都设为 1，最终生成的测试集大小为 $63727 \times 441 \times 1$。本节使用 Adam 梯度下降法作为训练去噪自编码器的优化器。批尺寸和迭代次数分别设置为 8 和 300。训练时，通过改变中间向量的维度 p 可以得到不同去噪性能的去噪器。测试集经过去噪器非线性降噪处理后得到的去噪结果与测试集大小一致，并进一步通过重叠后处理（即重叠部分取平均）生成与含噪声地震数据[图 2.76(c)]等大的去噪声地震数据，即最终的提高信噪比处理结果。

考虑 SVD 与去噪自编码器之间的相似性，本小节选取基于 SVD 的去噪方法作为对比方法。图 2.82(a) 为利用 SVD 的前 5 个奇异值重构得到的去噪结果，其 SNR 和 SSIM 分别是 12.90 dB 和 0.74。图 2.82(b) 为无噪声地震数据[图 2.76(a)]与图 2.82(a) 之间残差的绝对值，反映有效信号的泄露程度。由于不同奇异值对应的子空间不能有效分离信号与噪声，使用有限个奇异值重构无噪声地震数据会损伤有效信号。去噪剖面[图 2.82(a)]在纵向上的有效信号损失表现得尤为明显。图 2.82 (c)～(e) 依次为 $p=5$、10 和 60 时对应的去噪自编码器测试得到的提高信噪比处理结果。一般来说，去噪自编码器中间向量的维度小于输入层的特征数时，去噪自编码器可以学习含噪声地震数据分布中最显著的特征。但是，若中间向量的维度特别小，去噪自编码器表达有效信号的能力有限，导致重构出的有效信号[如图 2.82(c)]模糊不清，丢失了大量的地层细节。对比图 2.82(c) 和无噪声地震数据[图 2.76(a)]可以看到，当中间向量的维度为 5 时，去噪自编码器优先恢复了有效信号的主要特征，即以地堑和水平厚层为代表的地层格架，而没有能力恢复薄层结构及准确的地层边界等。图 2.82(c)～(e) 和图 2.76(a) 的对比表明，增大中间向量维度能改善去噪自编码器重构无噪地震数据的能力，主要体现在 60～120ms 内的地层细节得到恢复。图 2.82(c)～(e) 的 SNR 分别为 8.57dB、14.63dB 和 14.92dB，SSIM 分别为 0.70、0.89 和 0.90。图 2.82(f) 为图 2.76(a) 与图 2.82(e)

之间残差的绝对值。图 2.82(f) 和图 2.82(b) 的均值分别为 0.013 和 0.018，说明去噪自编码器比 SVD 损失的有效信号更少。图 2.82(f) 在深部地堑(120～160ms)附近比水平地层的有效信号损失程度更加严重，其原因是对含噪声地震剖面和无噪声地震剖面均匀采样得到的训练集中包含地堑等复杂构造的训练样本明显少于

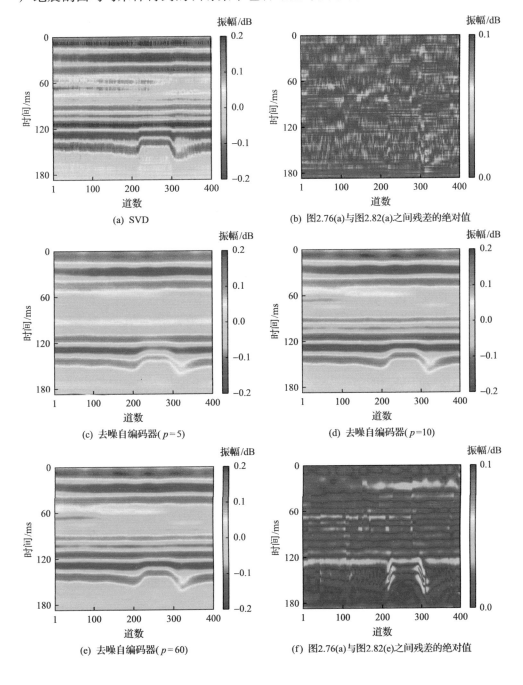

(a) SVD

(b) 图2.76(a)与图2.82(a)之间残差的绝对值

(c) 去噪自编码器($p=5$)

(d) 去噪自编码器($p=10$)

(e) 去噪自编码器($p=60$)

(f) 图2.76(a)与图2.82(e)之间残差的绝对值

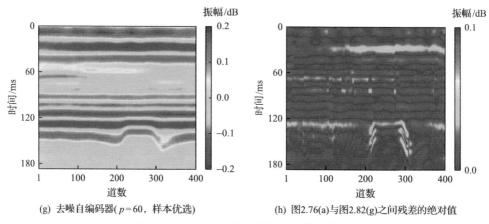

(g) 去噪自编码器（$p=60$，样本优选）　　　　　(h) 图2.76(a)与图2.82(g)之间残差的绝对值

图 2.82　SVD 与去噪自编码器去噪结果对比

包含水平地层的训练样本，导致去噪自编码器主要学会了简单构造的有效信号重建，而不能有效恢复复杂构造。在保证训练样本数量不变情况下，通过增大来自地堑附近的样本数量，使其占总训练样本的 1/2，之后利用新构建的训练集重新训练去噪自编码器，最后测试得到的去噪结果如图 2.82(g) 所示。图 2.82(g) 的 SNR 和 SSIM 分别是 15.97dB 和 0.93。比图 2.82(e) 的 SNR 和 SSIM 更高，说明前者相比于后者更加接近无噪声地震数据［图 2.76(a)］。图 2.82(h) 为图 2.76(a) 与图 2.82(g) 之间残差的绝对值，其均值为 0.011。图 2.82(h) 比图 2.82(f) 的均值更小，明显减小了地堑周围地层有效信号的损失，说明通过优选地堑附近的训练样本后，去噪自编码器提高信噪比处理能力及保幅性进一步增强。

　　图 2.83 进一步展示了 SVD 去噪结果［图 2.82(a)］和去噪自编码器去噪结果［图 2.82(g)］的 FK 谱。图 2.83(a) 和 (b) 的对比结果说明，去噪自编码器与 SVD 的去噪性能差异主要体现在前者对于低频噪声的压制更为彻底。

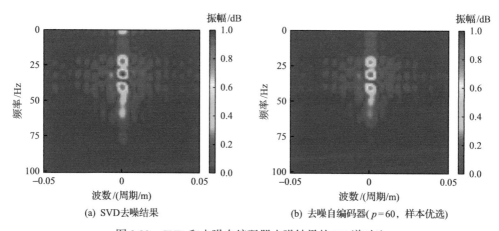

(a) SVD去噪结果　　　　　　　　(b) 去噪自编码器（$p=60$，样本优选）

图 2.83　SVD 和去噪自编码器去噪结果的 FK 谱对比

接下来，从局部信噪比的角度来总结上述用到的四种去噪方法的差异。图 2.84(a) 为含噪声地震数据和无噪声地震数据经过式 (2.74) 计算得到的真实局部信噪比。之后依次利用均值滤波、全连接神经网络、SVD 和去噪自编码器各自的

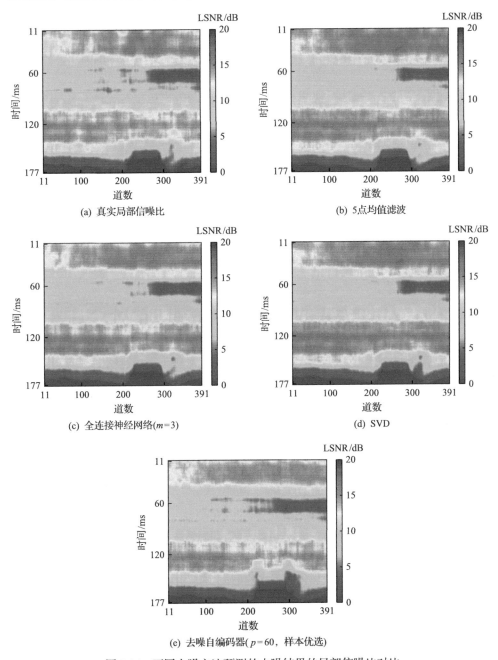

(a) 真实局部信噪比

(b) 5点均值滤波

(c) 全连接神经网络($m=3$)

(d) SVD

(e) 去噪自编码器($p=60$，样本优选)

图 2.84　不同去噪方法预测的去噪结果的局部信噪比对比

最佳去噪结果[图 2.77(b)、(c)和图 2.82(a)、(g)]计算预测的局部信噪比,得到图 2.84(b)～(e)。它们与图 2.84(a)的 SSIM 分别是 0.66、0.76、0.66 和 0.72。整体上,全连接神经网络和去噪自编码器的去噪效果优于均值滤波和奇异值分解,其原因是这两种去噪算法能够更综合考虑局部信噪比差异,从而设计出具有数据自适应性的线性或非线性滤波器组合,同时满足不同区域地震数据提高信噪比处理的要求。均值滤波使用的滤波器单一且无非线性滤波能力,因而难以实现不同局部信噪比数据的自适应去噪;而 SVD 利用多个奇异值及奇异向量构建一组"基函数","基函数"中的残留噪声导致线性重构出的地震数据与无噪声地震数据差异较大。去噪自编码器对于局部信噪比恢复弱于全连接神经网络的主要原因是前者使用的训练数据量(40×21×21)远小于后者的训练数据量(8246×3×3)。

2.4.4 基于深度残差网络的提高信噪比处理

本小节介绍一种基于深度残差网络的提高信噪比处理方法(Sang et al., 2021)。相比于全连接神经网络和去噪自编码器,该方法具有考虑地震数据局部时空结构特征、非线性降噪能力强、适合处理高维数据和不需要重叠区域后处理等优势。深度残差网络端到端地学习地震数据到随机噪声的非线性降噪过程,学习到了数千个增强地震数据信噪比的去噪滤波器,并依据不同含噪声地震数据的特征自适应地调整滤波器参数,多个滤波器的非线性组合能捕捉含噪声地震数据的不同特征,实现地震数据的提高信噪比处理。本小节介绍深度残差网络的基本原理、基于多维地质结构学习的训练数据集生成策略、合成数据测试和实际数据测试等,以说明该方法在地震数据提高信噪比处理和同时保护地质结构等方面的优势。

1. 方法原理

通常,大多数数据驱动或模型驱动的去噪方法旨在建立含噪声地震数据到有效信号的线性或非线性映射关系。本小节借鉴去噪卷积神经网络(Zhang et al., 2017)的基本思想,将地震数据随机噪声的去除转换成一个回归问题,使用深度残差网络从含噪声地震数据中直接预测随机噪声:

$$\bar{N} = R(D;\theta) \tag{2.87}$$

式中,$\bar{N}$ 和 $R(\cdot)$ 分别为深度残差网络预测的噪声和含噪声数据与噪声之间残差映射。通过训练优化网络参数 θ,深度残差网络输出残差噪声,之后含噪声地震数据与学习的残差噪声相减即可得到预测的有效信号 $\bar{S}$:

$$\bar{S} = D - R(D;\theta) \tag{2.88}$$

这里,使用平均均方根误差作为目标函数,即

$$L(\boldsymbol{\theta}) = \frac{1}{2n} \sum_{i=1}^{n} \left\| R(\boldsymbol{D}_i; \boldsymbol{\theta}) - (\boldsymbol{D}_i - \boldsymbol{S}_i) \right\|_F^2 \tag{2.89}$$

式中，$\{(\boldsymbol{D}_i, \boldsymbol{S}_i)\}_{i=1}^{n}$ 为 n 对含噪声地震数据和干净数据样本；$\left\| \cdot \right\|_F = \sqrt{\sum (\cdot)^2}$ 为弗罗贝尼乌斯(Frobenius)范数。损失函数 $L(\boldsymbol{\theta})$ 越小，估计的地震有效信号 $\overline{\boldsymbol{S}}$ 越接近干净地震信号 $\boldsymbol{S}$。

图 2.85 展示了深度残差网络提高信噪比的整体架构。该网络包括输入层、隐藏层和输出层三个部分。网络的输入和输出分别是含噪声地震数据和随机噪声。参考图像去噪方法(Zhang et al., 2017)，这里设置输入或输出尺寸为 $40 \times 40 \times 1$。隐藏层包括三种模块：①卷积层(Conv)+ReLU 激活；②卷积层+批量归一化层(BN)+ReLU 激活；③卷积层。卷积层作用于每层输入的局部区域提取局部特征，使去噪时充分利用地震数据的局部结构特征。批量归一化层不仅加快模型的收敛速度，更重要的是在一定程度上可以缓解深层网络"梯度弥散或消失"的问题，提高训练精度，使训练深层网络模型更加容易和稳定。ReLU 激活函数用于增强网络的非线性表达能力。参考去噪卷积神经网络和视觉几何群网络(Simonyan and Zisserman, 2014)的架构风格，前两类模块中每个卷积层有 64 个 3×3 卷积核，最后一个模块只设置 1 个 3×3 卷积核。综合考虑去噪效率和去噪性能，最终通过反复试验确定隐藏层的层数(即网络深度)为 27。此时，三种模块的层数分别是 1、25 和 1。隐藏层中没有设置池化层，这主要是因为池化操作容易使学习到的特征丢失部分结构信息。输入数据或每层的特征图采用边界补零的方式以确保每层输出与输入保持相同的大小。采用的多个卷积操作和 ReLU 激活函数的组合类似于数据块的期望对数似然(expected patch log likelihood, EPLL)和加权核范数最小化(weighted nuclear norm minimization, WNNM)等去噪方法多次迭代去噪(Zoran and Weiss, 2011; Gu et al., 2014)，经过多个周期的训练，随机噪声逐渐从含噪声地震数据中分离出来。

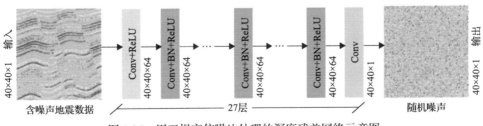

图 2.85 用于提高信噪比处理的深度残差网络示意图

2. 数据集生成策略

人工智能去噪算法的泛化性受到网络参数(如卷积核大小和网络深度等)、噪声水平、输入尺寸和数据质量等诸多因素的影响。本小节聚焦数据质量对于泛化性能的提高。不同时间和空间方向的地震数据对于地质结构具有不同的敏感性。例如，垂直于构造走向比平行于构造走向能更好揭示地质异常体的不连续性(Wang S X et al., 2016)。现有的训练集生成策略只使用来自单一方向的地震剖面或地震切片准备数据集，生成的训练集无法充分表达不同方向地质结构的多样性与差异性，导致人工智能去噪算法无法兼顾提高信噪比处理与地质结构保护。为缓解这一问题，本小节同时使用来自三个方向(即两个空间方向和一个时间方向)的地震剖面或切片准备训练集，以实现多维地质结构学习，达到智能降噪与保护空间地质结构同时进行的目的(Sang et al., 2021)。

训练和验证数据集生成时，首先准备 32 个 3.2km×3.2km×128ms 的三维合成地震数据，其中一个如图 2.86(a)所示。对 32 个数据体分别加入 30%(即噪声能量与信号能量的比值)的随机噪声生成含噪声数据集，其中一个含噪声数据体如图 2.86(b)所示。它们的时间采样间隔为 1ms，主测线和联络测线方向的空间采样间隔为 25m。之后，沿着三维合成地震数据的三个坐标轴方向分别提取主测线剖面、联络测线剖面和时间切片。接着，利用步长为 10 的滑动窗口裁剪剖面或切片得到大量的地震数据块，并利用含噪和干净的主测线数据块、联络测线数据块和时间数据块分别制作三个数据集，即主测线数据集、联络测线数据集和时间数据集。为形成对比，从上述三个数据集分别有序抽取 1/3 样本构成第四个数据集(即混合数据集)学习多维地质结构。学习到的去噪器可以近似看作单个方向学习的个体去噪器的集成。4 个数据集分别含有 248832 对大小为 40×40 的含噪声和干净数据，其中训练集和验证集的数据分别为 240000 对和 8832 对。

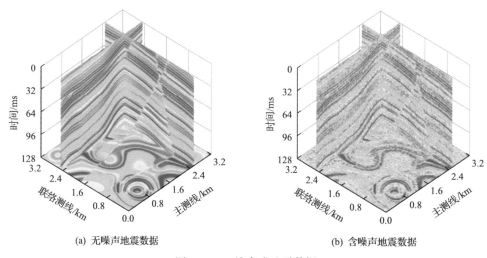

(a) 无噪声地震数据　　　　　　　　　　(b) 含噪声地震数据

图 2.86　三维合成地震数据

3. 模型测试

本小节首先采用上述四个数据集和深度残差网络(图 2.85)分别训练四个去噪器,为了方便描述,这里将去噪器分别命名为 1~4。其次,使用未出现在训练集的另一个三维合成数据对四个去噪器进行测试,以说明基于多维地质结构学习的训练集生成策略能够改善深度残差网络的泛化性。最后,通过特征图可视化进一步展示深度残差网络的去噪演化过程(Sang et al., 2021)。

使用主测线数据集、联络测线数据集、时间数据集和混合数据集训练四个去噪器时(分别为 1~4),深度残差网络的结构保持不变。以训练去噪器 4 为例,训练样本进入深度残差网络前,每个数据已按照最大最小归一化缩放到[0,1]。网络参数中,批尺寸大小设为 128。网络权值初始化采用 He 初始化方法(He et al., 2015),即考虑激活函数 ReLU 对网络隐藏层输出数据分布的影响,使得隐藏层的输入数据与输出数据的方差保持一致。深度残差网络采用 Adam 优化算法更新网络参数。如图 2.87 所示,在 Keras 上训练 30 个周期后,训练误差和验证误差都稳定地收敛到极小值。因此,可以判断已经获得优化的网络模型。最后,将学习到的干净数据反归一化,得到去噪结果。

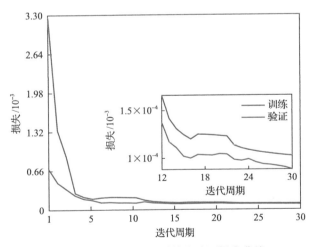

图 2.87　去噪器 4 的训练和验证损失曲线

为了说明去噪器学习来自多个方向的多种地质结构对于提高信噪比处理性能的优势,使用未参与训练的三维含噪声地震数据体[图 2.88(b)]进行测试。该数据体是在 30Hz 里克子波与 SEG/EAGE 推覆体模型褶积生成的三维干净地震数据体[图 2.88(a)]的基础上加入 30%随机噪声得到的。三维含噪声地震数据体大小为 20km×20km×187ms,其信噪比为 3.01dB,主要发育断层和河道等。在测试阶段,直接使用四个去噪器分别沿着三维数据体的主测线、联络测线和时间方向进行降噪测试，测试步骤包括数据归一化、深度残差网络去噪和反归一化等。降噪结果的 SNR 和 SSIM 如表 2.9 所示，可以看到去噪器 4 沿着三个方向的降噪效果都明显优于其他三个去噪器，得到的最佳去噪结果 SNR 和 SSIM 分别为 18.04dB 和 0.92。图 2.88(c) 和 (d) 进一步展示了表 2.9 中去噪器 4 沿三维地震数据时间方向去噪结果和去除的噪声。从图 2.88(a) 和 (c) 的对比可以看出，去噪后地震数据和干净数据近似，噪声几乎被完全压制。去除的噪声 [图 2.88(d)] 中没有观测到明显的有效信号，表明有效信号能量损失小。对比图 2.88(b) 和 (c) 可以看到，经过深度残差网络去噪后，地质结构清晰地显现出来，且剖面边界特征基本保持。测试说明采用基于多维地质结构学习的训练集生成策略有助于促进神经网络提高信噪比处理能力。

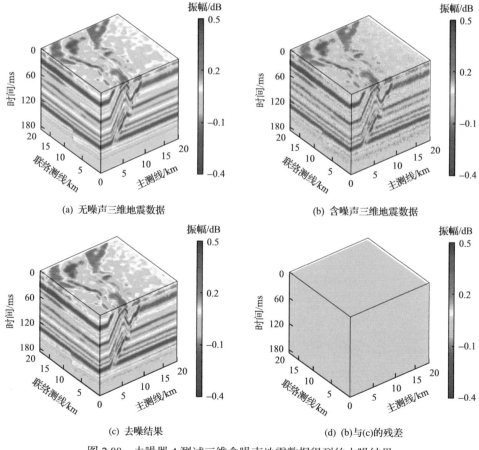

(a) 无噪声三维地震数据　　　　　　　(b) 含噪声三维地震数据

(c) 去噪结果　　　　　　　　　　　(d) (b) 与 (c) 的残差

图 2.88　去噪器 4 测试三维含噪声地震数据得到的去噪结果

表 2.9　4 个去噪器沿不同方向进行提高信噪比处理的效果对比

去噪方向	去噪器 1	去噪器 2	去噪器 3	去噪器 4
主测线	14.99/0.86*	12.52/0.80	16.24/0.90	16.98/0.91
联络测线	12.88/0.85	12.48/0.80	16.10/0.90	16.86/0.91
时间	14.01/0.84	10.59/0.74	16.94/0.91	18.04/0.92

* 第 1 个数据为 SNR，单位为 dB，第 2 个数据为 SSIM，余同。

为了进一步地说明去噪器 4 比其他三个去噪器在保护地质结构方面的优势，重点比较了去噪器 1～4 对包含复杂河道系统的沿层振幅切片的去噪效果。图 2.89(a)和(b)分别展示了三维干净数据[图 2.88(a)]和三维含噪声数据[图 2.88(b)]在 100ms 对应的沿层振幅切片。其中，原始含噪声振幅切片的 SNR 为 0.66dB。4 个去噪器处理后的沿层振幅切片结果分别如图 2.89(c)～(f)所示，它们的 SNR 分别是 11.05dB、10.26dB、15.09dB 和 15.47dB，SSIM 分别是 0.78、0.75、0.90 和 0.91。相比于含噪声振幅切片[图 2.89(b)]，去噪后沿层振幅切片[图 2.89(c)～(f)]清晰

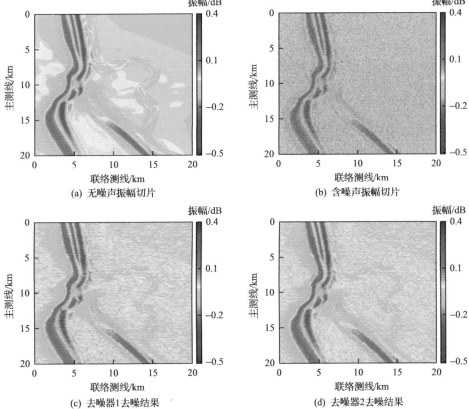

(a) 无噪声振幅切片

(b) 含噪声振幅切片

(c) 去噪器1去噪结果

(d) 去噪器2去噪结果

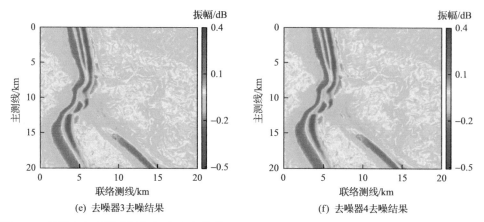

图2.89　无噪声与含噪声振幅切片及去噪器1~4的沿层振幅切片(时间为100ms)去噪结果对比

地恢复出两期河道系统。相比于其他 3 个去噪器的去噪结果[图 2.89(c)~(e)]，混合数据集训练得到的去噪器 4 对应的去噪结果[图 2.89(f)]不仅信噪比高，而且更好地保护了河道系统的内幕及边界细节。表 2.9、图 2.88 和图 2.89 共同说明了从多个方向学习地震数据的多种地质结构信息不仅提高了深度残差网络的去噪能力，而且保护了地震数据内嵌的固有地质结构的空间形态。

图 2.90 可视化展示了深度残差网络学习的部分特征图，直观地说明了神经网络"眼中"的去噪演化过程。除了展示网络的输入和输出外，图 2.90 还对第 1 个、第 5 个、第 13 个、第 20 个和第 26 个卷积层输出的前八个特征图进行展示。卷积

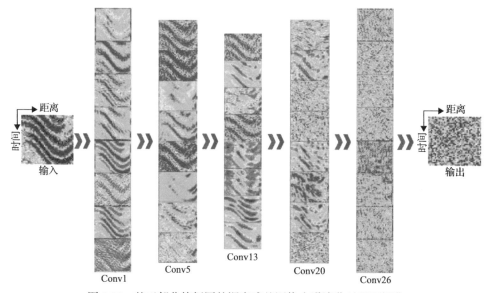

图 2.90　基于部分特征图的深度残差网络去噪演化过程可视化

作为一种特征提取器,深度残差网络的前 26 层分别采用局部感知的滤波器组合对来自输入端的归一化含噪声地震数据或上一层输出的特征图进行特征提取,自动获取、捕捉、挖掘或学习出不同水平的特征或模式。随着正向和反向传播的进行,深度残差网络通过多次迭代和多次渐进式自适应地震属性提取,学习到不同强度和不同分布的随机噪声特征。浅层的卷积层提取的特征以地震属性为主,更深的卷积层提取的特征中有效信号成分逐渐减少,学习到的不同频带噪声信息逐渐丰富(Sang et al., 2021)。深度残差网络第 26 层学习到的特征进一步在输出层编码成一个特殊的矩阵,即学习到的归一化噪声。因此,神经网络输入层输入的含噪声地震数据与最后一个卷积层输出的噪声相减即可输出信噪比明显增强的地震数据。

4. 实例分析

为了进一步验证深度残差网络去噪的有效性,应用中国西北某地区近 $400km^2$ 的实际三维地震数据进行检验。如图 2.91(a)所示,该数据大小为 1112 主测线×556 联络测线×402ms,其中时间采样间隔为 2ms,沿着联络测线方向(西—东)和主测

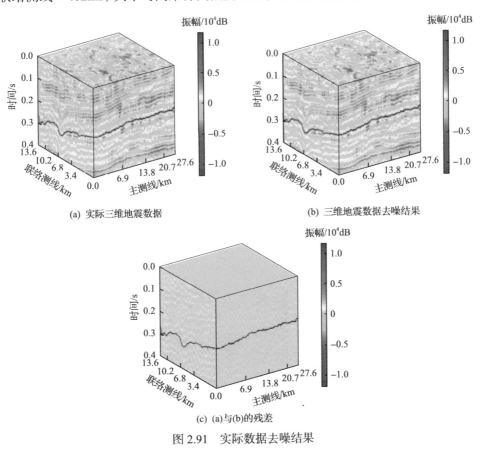

(a) 实际三维地震数据　　　　　　　　　(b) 三维地震数据去噪结果

(c) (a)与(b)的残差

图 2.91　实际数据去噪结果

线方向(南—北)的道间距均为 25m。该地震数据主要发育有大量的断层和近南北向的河道等地质体。通过对比深度残差网络的去噪结果[图 2.91(b)]和实际三维地震数据[图 2.91(a)]可以观察到,去噪后水平的、线性的、弯曲的和不连续的地震同相轴更加清晰和连续,去除的噪声体中[图 2.91(c)]仅包含微弱的有效信号。

图 2.91 中的黑色实线代表解释的目标层位,图 2.92(a)~(c)分别是对图 2.91(a)~(c)沿着目标层位提取得到的沿层振幅切片。对比图 2.92(a)和(b)可以看出,去噪后沿层振幅切片信噪比明显提高,断层等特殊地质体与周围地层仍保持着明显的地震响应差异。进一步观察对比图 2.92(a)和(b)中的红色、黑色和蓝色虚线椭圆内的区域不难发现,去噪后沿层振幅切片上的小断层[如图 2.92(b)的红色和蓝色箭头附近]和河道[如图 2.92(b)的黑箭头附近]的走向、延伸长度及边界更加清晰。图 2.92(a)~(c)中的黑线依次经过联络测线 100、主测线 900 和联络测线 430。从图 2.91(a)~(c)依次提取图 2.92(a)~(c)中黑线位置对应的地震剖面,得到图 2.92(d)~(f)。图 2.92(d)~(f)中的黑线代表解释的目标层位。经过深度残差网络去噪后,去噪后地震剖面[图 2.92(e)]比去噪前地震剖面[图 2.92(d)]的信噪比更高、横向连续性更好,且刻画断层走向和延伸范围更加清晰。从图 2.92(f)可看出,去除的噪声中没有明显的有效信号泄露。以上测试说明本小节建立的深度残差网络能直接推广应用到实际数据,适合噪声强度一般但地质结构复杂等场景的地震资料提高信噪比处理。

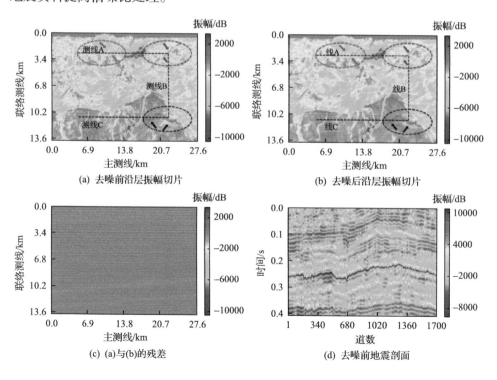

(a) 去噪前沿层振幅切片

(b) 去噪后沿层振幅切片

(c) (a)与(b)的残差

(d) 去噪前地震剖面

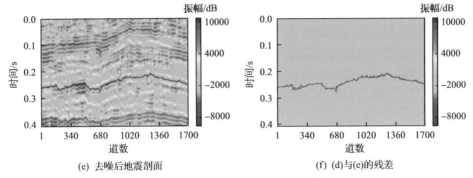

(e) 去噪后地震剖面　　　　　　　　　　(f) (d)与(e)的残差

图 2.92　沿层振幅切片和地震剖面的去噪结果

2.4.5　小结与展望

1. 小结

为了探究神经网络的去噪机制，建立了一种仅包含输入层和输出层且没有设置非线性激活函数和网络偏置的全连接神经网络，重点分析了神经网络与传统去噪滤波器之间的联系与区别。本质上说，基于全连接神经网络的地震数据提高信噪比处理方法可类比为均值滤波去噪。该方法通过挖掘含噪声数据块与数据块中心点对应的有效信号的线性关系而实现地震数据自适应降噪。全连接神经网络学习到的滤波器优于均值滤波器，它通过对含噪声数据块内数据点赋予不同的线性加权系数，一定程度上缓解了异常振幅对去噪性能的影响。

在全连接神经网络去噪机制分析的基础上，通过与主成分分析或奇异值分解进行比较分析，研究了去噪自编码器的非线性去噪机制。去噪自编码器中的编码器类似于主成分分析或奇异值分解的分解过程，但是编码器可以对含噪声数据非线性降维压缩，以提取出数据中最显著的特征，即有效信号。去噪自编码器的解码器类似于奇异值分解的重构过程。但是，解码器是利用有效信号在低维度空间的最佳投影进行线性或非线性重构。因此，解码器重构的有效信号质量优于奇异值分解。相比于全连接神经网络，去噪自编码器利用更多的滤波器去综合考虑地震数据局部信噪比的差异及含噪数据块内不同数据点的相对贡献，形成的滤波器组合具有更好的数据自适应性和提高信噪比处理能力。此外，去噪自编码器中间向量的维度与地震剖面的地质结构复杂程度存在一定的相关性。

基于对以上两种神经网络去噪机制的理解，考虑地震剖面包含的地质结构特征具有方向差异性，提出了一种基于深度残差网络的地震数据提高信噪比处理方法。与传统的地震数据去噪方法相比，该方法使用噪声作为监督标签学习含噪声地震数据(输入样本)与干净地震数据之间的残差，通过自我学习设计出由近2000 个滤波器非线性组合的最优信噪增强滤波器。不同的滤波器可以看作结合多种传统去噪算法使用的滤波器的优化组合，实现不同水平随机噪声的自适应去除，达到地震信噪比智能增强的效果。此外，采用同时提取不同方向的地震剖面和不同时刻的地震切片构建训练数据集，以增加深度残差网络对于不同地质结构特征的捕捉、响应、适应和描述能力。通过对含有丰富断层和河道系统的合成地震数据与陆地实际数据进行最佳网络的推广智能去噪应用，结果表明基于多维地质结构学习的训练集策略建立的深度残差网络能在提高信噪比的同时维持地质体的几何形态和空间分布。

2. 未来展望

本小节简单地介绍了全连接神经网络、去噪自编码器和深度残差网络三种数据驱动去噪方法在地震数据提高信噪比处理中的应用、关联及差异等。未来可能需要进一步开展以下几方面的工作。

(1)探究不同数据驱动去噪方法的地震降噪机制，厘清其与传统降噪算法的内在联系和区别，为不同自然环境(如沙漠、黄土塬和海洋等)、不同岩性环境(如页岩、火成岩、浊积岩等)、不同沉积环境(如河流相沉积和海相沉积等)、不同维度(如叠后、叠前)和不同数据域(如共检波点域、共炮点域和共偏移距域等)的地震数据高信噪比智能处理提供网络选取与设计方面的建议。形成适用于多种条件、多种数据类型及多种噪声类型的数据驱动去噪方法，达到"智能且普适"的地震数据提高信噪比处理。

(2)进一步加强训练集构建和物理知识引导或约束智能提高信噪比处理网络等方面的研究。除使用时域和频域特征，还可以考虑地震属性和变换域特征作为去噪网络的输入特征及作为目标函数中约束项。与此同时，进一步研究数据驱动与模型驱动联合的去噪算法，提升单一驱动去噪方法的去噪效率与质量。

(3)开展地震数据高信噪比智能化处理与地震数据(智能)解释的流程化和一体化研究。对智能去噪方法处理得到的高信噪比地震数据进一步开展地震解释等工作，一方面可以从地震解释的角度进一步检验与质控智能去噪方法的有效性，另一方面可以改善后续构造解释、地震反演和储层预测等工作的准确性，从而为钻井和油气藏开发提供可靠的地层参数。

参 考 文 献

陈德武, 杨午阳, 魏新建, 等. 2020. 基于混合网络 U-SegNet 的地震初至自动拾取. 石油地球物理勘探, 55(6): 1188-1201.

陈文超, 刘达伟, 魏新建, 等. 2021. 基于地震资料有效信息约束的深度网络无监督噪声压制方法. 煤田地质与勘探, 49(1): 249-256.

崔家豪, 杨平, 王洪强, 等. 2022. 基于深度学习的地震速度谱自动拾取研究. 地球物理学报, 65(12): 4832-4845.

Cova D, 刘洋, 丁成震, 等. 2021. 人工智能和视速度约束的地震波初至拾取方法. 石油地球物理勘探, 56(3): 419-435.

董新桐. 2021. 基于深度学习的复杂陆地地震数据噪声压制方法研究. 长春: 吉林大学.

董新桐, 李月, 刘飞, 等. 2021. 基于卷积神经网络的井中分布式光纤传感器地震数据随机噪声压制新技术. 地球物理学报, 64(7): 2554-2565.

高好天, 孙宁娜, 孙可奕, 等. 2021. DnCNN 和 U-Net 对地震随机噪声压制的对比分析. 地球物理学进展, 36(6): 2441-2453.

高洋, 孙彬松, 王文闯, 等. 2023. 基于层序统计结构和空间地质结构的深度学习高分辨率处理方法. 石油科学通报, 3: 290-302.

韩浩宇, 戴永寿, 宋建国, 等. 2022. 基于生成对抗网络的塔里木深层超深层叠前地震子波提取. 地球物理学报, 65(2): 763-772.

韩卫雪, 周亚同, 池越. 2018. 基于深度学习卷积神经网络的地震数据随机噪声去除. 石油物探, 57(6): 862-869.

李建平, 张硕伟, 丁仁伟, 等. 2023. 面向地震波初至智能拾取的超分辨率深度残差方法研究. 石油地球物理勘探, 58(2): 251-262.

李默. 2021. 地震勘探数据的噪声消减算法研究. 长春: 吉林大学.

李学贵, 周英杰, 董宏丽, 等. 2023. 基于双注意力 U-Net 网络的提高地震分辨率方法. 石油地球物理勘探, 58(3): 507-517.

陆孟基. 1993. 地震勘探原理. 北京: 石油工业出版社.

吕尧, 单小彩, 霍守东, 等. 2020. 基于深度卷积神经网络的地震数据局部信噪比估计. 地球物理学报, 63(1): 320-328.

牟永光. 1982. 地震勘探资料数字处理方法. 北京: 石油工业出版社.

牟永光. 2007. 地震数据处理方法. 北京: 石油工业出版社.

倪文军, 刘少勇, 王丽萍, 等. 2023. 基于深度学习的子波整形反褶积方法. 石油地球物理勘探, 58(6): 1313-1321.

潘树林, 闫柯, 杨海飞, 等. 2019. 一种类 RNN 的改进 ISTA 稀疏脉冲反褶积. 石油物探, 58(4): 533-540.

邵婕, 王一博, 梁兴, 等. 2022. 基于孪生网络的人工震源分布式光纤传感数据噪声压制. 地球物理学报, 65(9): 3599-3609.

宋辉, 高洋, 陈伟, 等. 2020. 基于卷积降噪自编码器的地震数据去噪. 石油地球物理勘探, 55(6): 1210-1219.

孙永壮, 黄鋆, 俞伟哲, 等. 2021. 基于 U-Net 网络的端到端地震高分辨率处理技术. 地球物理学进展, 36(3): 1297-1305.

唐杰, 孟涛, 张文征, 等. 2020. 利用基于深度学习的过完备字典信号稀疏表示算法压制地震随机噪声. 石油地球物理勘探, 55(6): 1202-1209.

王迪, 袁三一, 袁焕, 等. 2021. 基于自适应阈值约束的无监督聚类智能速度拾取. 地球物理学报, 64(3): 1048-1060.

王坤喜, 胡天跃, 刘小舟, 等. 2021. 基于数据增广训练的深度神经网络方法压制地震多次波. 地球物理学报, 64(11): 4196-4214.

王钰清, 陆文凯, 刘金林, 等. 2019. 基于数据增广和 CNN 的地震随机噪声压制. 地球物理学报, 62(1): 421-433.

武国宁, 于萌萌, 王君仙, 等. 2022. 应用平稳小波变换与深度残差网络压制地震随机噪声. 石油地球物理勘探, 57(1): 43-51.

吴学锋, 张会星. 2021. 基于循环一致性生成对抗网络的地震数据随机噪声压制方法. 石油地球物理勘探, 56(5): 958-968.

熊翥. 1993. 地震数据数字处理应用技术. 北京: 石油工业出版社.

杨翠倩, 周亚同, 何昊, 等. 2021. 基于全局上下文和注意力机制深度卷积神经网络的地震数据去噪. 石油物探, 60(5): 751-762.

于四伟, 杨午阳, 李海山, 等. 2021. 基于深度学习的地震散射面波智能压制方法. 科学通报, 66(18): 2343-2354.

张浩, 冯兴强, 付昌, 等. 2021. 基于卷积神经网络的倾角域弹性波逆时偏移噪声压制方法. 石油物探, 60(3): 376-384.

张联海, 王璐, 郑志超, 等. 2021. 基于深度卷积神经网络的稀疏反褶积方法. 中国海洋大学学报(自然科学版), 51(12): 81-88.

张岩, 李新月, 王斌, 等. 2021. 基于联合深度学习的地震数据随机噪声压制. 石油地球物理勘探, 56(1): 9-25.

张岩, 李新月, 王斌, 等. 2022. 基于深度学习的鲁棒地震数据去噪. 石油地球物理勘探, 57(1): 12-25.

周创, 居兴国, 李子昂, 等. 2020. 基于深度卷积生成对抗网络的地震初至拾取. 石油物探, 59(5): 795-803.

Abma R, Claerbout J. 1995. Lateral prediction for noise attenuation by *t-x* and *f-x* techniques. Geophysics, 60(6): 1887-1896.

Aharon M, Elad M, Bruckstein A. 2006. K-SVD: An algorithm for designing overcomplete dictionaries for sparse representation. IEEE Transactions on Signal Processing, 54(11): 4311-4322.

Ahmad A, Hashmi S. 2016. K-harmonic means type clustering algorithm for mixed datasets. Applied Soft Computing, 100(48): 39-49.

Alemie W, Sacchi M D. 2011. High-resolution three-term AVO inversion by means of a Trivariate Cauchy probability distribution. Geophysics, 76(3): R43-R55.

Almarzoug A M, Ahmed F Y. 2012. Automatic seismic velocity picking. 82th International Exposition and Annual Meeting, Las Vegas: 1-5.

Alsdorf D. 1997. Noise reduction in seismic data using Fourier correction coefficient filtering. Geophysics, 62(5): 1617-1627.

Al-Yahya K. 1989. Velocity analysis by iterative profile migration. Geophysics, 54(6): 718-729.

Araya-Polo M, Farris S, Florez M. 2019. Deep learning-driven velocity model building workflow. The Leading Edge, 38(11): 872a1-872a9.

Badrinarayanan V, Kendall A, Cipolla R. 2017. SegNet: A deep convolutional encoder-decoder architecture for image segmentation. IEEE Transactions on Pattern Analysis and Machine Intelligence, 39(12): 2481-2495.

Baltrušaitis T, Ahuja C, Morency L P. 2018. Multimodal machine learning: A survey and taxonomy. IEEE Transactions on Pattern Analysis and Machine Intelligence, 41(2): 423-443.

Batson J, Royer L. 2019. Noise2Self: Blind denoising by self-supervision. Proceedings of the 36th International Conference on Machine Learning, Long Beach: 524-533.

Beck A, Teboulle M A. 2009. Fast iterative shrinkage-thresholding algorithm for linear inverse problems. SIAM Journal on Imaging Sciences, 2(1): 183-202.

Beckouche S, Ma J W. 2014. Simultaneous dictionary learning and denoising for seismic data. Geophysics, 79(3): A27-A31.

Bekara M, van der Baan M. 2009. Random and coherent noise attenuation by empirical mode decomposition. Geophysics, 74(5): V89-V98.

Berkhout A J. 1977. Least-squares inverse filtering and wavelet deconvolution. Geophysics, 42(7): 1369-1383.

Bin Waheed U, Al-Zahrani S, Hanafy S M. 2019. Machine learning algorithms for automatic velocity picking: K-means vs. DBSCAN. 89th Annual International Meeting, San Antonio: 5110-5114.

Biswas R, Vassiliou A, Stromberg R, et al. 2018. Stacking velocity estimation using recurrent neural network. 88th Annual International Meeting, San Antonio: 2241-2245.

Boashash B, Mesbah M. 2004. Signal enhancement by time-frequency peak filtering. IEEE Transactions on Signal Processing, 52(4): 929-937.

Bock S, Goppold J, Weiß M. 2018. An improvement of the convergence proof of the ADAM-Optimizer. arXiv preprint arXiv: 1804.10587.

Boschetti F, Dentith M D, List R. 1996. A fractal-based algorithm for detecting first arrivals on seismic traces. Geophysics, 61(4): 1095-1102.

Caffagni E, Eaton D W, Jones J P, et al. 2016. Detection and analysis of microseismic events using a matched filtering algorithm (MFA). Geophysical Journal International, 206(1): 644-658.

Calderón-Macas C, Sen M K, Stoffa P L. 1998. Automatic NMO correction and velocity estimation by a feedforward neural network. Geophysics, 63(5): 1696-1707.

Cameron M, Fomel S, Sethian J. 2008. Time-to-depth conversion and seismic velocity estimation using time-migration velocity. Geophysics, 73(5): 205-210.

Canales L L. 1984. Random noise reduction. 54th Annual International Meeting, Atlanta: 525-527.

Candes E, Demanet L, Donoho D, et al. 2006. Fast discrete curvelet transforms. Multiscale Modeling & Simulation, 5(3): 861-899.

Canning A, Moulière-Reiser D, Weiss Y, et al. 2017. Neural networks approach to spectral enhancement. 87th Annual International Meeting, Houston: 4283-4286.

Castle R J. 1994. A theory of normal moveout. Geophysics, 59(6): 983-999.

Chai X T, Tang G Y, Lin K, et al. 2021. Deep learning for multitrace sparse-spike deconvolution. Geophysics, 86(3): V207-V218.

Chen D, Gao J, Hou Y, et al. 2019. High resolution inversion of seismic wavelet and reflectivity using iterative deep neural networks. 89th Annual International Meeting, San Antonio: 2538-2542.

Chen H L, Gao J H, Gao Z Q,et al. 2021a. A sequential iterative deep learning seismic blind high-resolution inversion. IEEE Journal of Selected Topics in Applied Earth Observations and Remote Sensing, 14: 7817-7829.

Chen H L, Gao J H, Jiang X D, et al. 2021b. Optimization-inspired deep learning high-resolution inversion for seismic data. Geophysics, 86(3): R265-R276.

Chen H L, Sacchi M D, Lari H H, et al. 2023. Nonstationary seismic reflectivity inversion based on prior-engaged semi-supervised deep learning method. Geophysics, 88(1): WA115-WA128.

Chen L C, Papandreou G, Kokkinos I, et al. 2017. Deeplab: Semantic image segmentation with deep convolutional nets, atrous convolution, and fully connected CRFS. IEEE Transactions on Pattern Analysis and Machine Intelligence, 40(4): 834-848.

Chen Y K. 2018. Automatic velocity analysis using high-resolution hyperbolic Radon transform. Geophysics, 83(4): A53-A57.

Chen Y K, Zhang G Y, Bai M, et al. 2019a. Automatic waveform classification and arrival picking based on convolutional neural network. Earth and Space Science, 6(7): 1244-1261.

Chen Y K, Zhang M, Bai M, et al. 2019b. Improving the signal-to-noise ratio of seismological datasets by unsupervised machine learning. Seismological Research Letters, 90(4): 1552-1564.

Chen Y Q. 2018. Automatic semblance picking by a bottom-up clustering method. Workshop: SEG Maximizing Asset Value Through Artificial Intelligence and Machine Learning, Beijing: 44-48.

Chen Y Q, Huang Y S, Huang L J. 2020. Suppressing migration image artifacts using a support vector machine method. Geophysics, 85(5): S255-S268.

Choi Y, Seol S J, Byun J, et al. 2019. Vertical resolution enhancement of seismic data with convolutional U-net. 89th Annual International Meeting, San Antonio: 2388-2392.

Choi Y, Jo Y, Seol S J, et al. 2021. Deep learning spectral enhancement considering features of seismic field data. Geophysics, 86(5): V389-V408.

Cook E E, Taner M T. 1969. Velocity spectra and their use in stratigraphic and lithologic differentiation. Geophsical Prospecting, 17: 433-448.

Coppens F. 1985. First arrival picking on common-offset trace collections for automatic estimation of static correction. Geophysical Prospecting, 33: 1212-1231.

Cova D, 刘洋, 丁成震, 等. 2021. 人工智能和视速度约束的地震波初至拾取方法. 石油地球物理勘探, 56(3): 419-435.

Dai H, MacBeth C. 1997. The application of back-propagation neural network to automatic picking seismic arrivals from single-component recordings. Journal of Geophysical Research: Solid Earth, 102(B7): 15105-15113.

de Jonge T, Vinje V, Poole G, et al. 2022. Debubbling seismic data using a generalized neural network. Geophysics, 87(1): V1-V14.

Ding C, Ma J. 2022. Automatic migration velocity analysis via deep learning. Geophysics, 87(4): U135-U153.

Dix C H. 1955. Seismic velocities from surface measurements. Geophysics, 20: 68-86.

Dong X T, Li Y, Yang B J. 2019. Desert low-frequency noise suppression by using adaptive DnCNNs based on the determination of high-order statistic. Geophysical Journal International, 219(2): 1281-1299.

Dong X T, Zhong T, Li Y. 2020. New suppression technology for low-frequency noise in desert region: The improved robust principal component analysis based on prediction of neural network. IEEE Transactions on Geoscience and Remote Sensing, 58(7): 4680-4690.

Duan X D, Zhang J. 2020. Multitrace first-break picking using an integrated seismic and machine learning method. Geophysics, 85(4): WA269-WA277.

Fabien-Ouellet G, Sarkar R. 2020. Seismic velocity estimation: A deep recurrent neural-network approach. Geophysics, 85(1): U21-U29.

Fang W Q, Fu L H, Li H W. 2023. Unsupervised CNN based on self-similarity for seismic data denoising. IEEE Geoscience and Remote Sensing Letters, 19: 8022205.

Fehmers G C, Höcker C F W. 2003. Fast structural interpretation with structure-oriented filtering. Geophysics, 68(4): 1286-1293.

Feng Q K, Li Y. 2023. Denoising deep learning network based on singular spectrum analysis-DAS seismic data denoising with multichannel SVDDCNN. IEEE Transactions on Geoscience and Remote Sensing, 60: 5902911.

Feng Q K, Li Y, Wang H Z. 2021. Intelligent random noise modeling by the improved variational autoencoding method and its application to data augmentation. Geophysics, 86(1): T19-T31.

Ferreira R S, Oliveira D A, Semin D G, et al. 2020. Automatic velocity analysis using a hybrid regression approach with convolutional neural networks. IEEE Transactions on Geoscience and Remote Sensing, 59(5): 4464-4470.

Fish B C, Kusuma T. 1994. A neural network approach to automate velocity picking. 64th Annual International Meeting, Los Angeles: 185-188.

Fomel S. 2009. Velocity analysis using AB semblance. Geophysical Prospecting, 57(3): 311-321.

Fomel S, Liu Y. 2010. Seislet transform and seislet frame. Geophysics, 75(3): V25-V38.

Gao Y, Zhao P Q, Li G F, et al. 2021. Seismic noise attenuation by signal reconstruction: An unsupervised machine learning approach. Geophysical Prospecting, 69(5): 984-1002.

Gao Y, Zhao D F, Li T H, et al. 2023. Deep learning vertical resolution enhancement considering features of seismic data. IEEE Transactions on Geoscience and Remote Sensing, 61: 5900913.

Gao Z Q, Hu S C, Li C, et al. 2021. A deep-learning-based generalized convolutional model for seismic data and its application in seismic deconvolution. IEEE Transactions on Geoscience and Remote Sensing, 60: 4503117.

Garotta R, Michon D. 1967. Continuous analysis of the velocity function and of the move out corrections. Geophysical Prospecting, 15: 584.

Gelchinsky B, Shtivelman V. 1983. Automatic picking of the first arrival and parameterization of traveltime curves. Geophysical Prospecting, 31: 915-928.

Gillfeather-Clark T, Horrocks T, Holden E J, et al. 2021. A comparative study of neural network methods for first break detection using seismic refraction data over a detrital iron ore deposit. Ore Geology Reviews, 137: 104201.

Goodfellow I, Pouget-Abadie J, Mirza M, et al. 2014. Generative adversarial nets. Advances in Neural Information Processing Systems, 1050: 10.

Gu S H, Zhang L, Zuo W M, et al. 2014. Weighted nuclear norm minimization with application to image denoising. IEEE Conference on Computer Vision and Pattern Recognition (CVPR), Columbus: 2862-2869.

Guo C, Zhu T, Gao Y, et al. 2021. AEnet: Automatic picking of P-wave first arrivals using deep learning. IEEE Transactions on Geoscience and Remote Sensing, 59(6): 5293-5303.

Guo S, Yan Z, Zhang K, et al. 2019. Toward convolutional blind denoising of real photographs. Proceedings of the IEEE/CVF Conference on Computer Vision and Pattern Recognition (CVPR), Long Beach: 1712-1722.

Han S, Liu Y, Li Y, et al. 2022. First arrival traveltime picking through 3-D U-Net. IEEE Geoscience and Remote Sensing Letters, 19: 8016405.

He K, Zhang X, Ren S, et al. 2015. Delving deep into rectifiers: Surpassing human-level performance on ImageNet classification. Proceedings of the 2015 IEEE International Conference on Computer Vision (ICCV), Santiago: 1026-1034.

He Q L, Wang Y F. 2021. Reparameterized full-waveform inversion using deep neural networks. Geophysics, 86(1): V1-V13.

Hochreiter S, Schmidhuber J. 1997. Long short-term memory. Neural Computation, 9(8): 1735-1780.

Hosseini S A, Javaherian A, Hassani H, et al. 2015. Adaptive attenuation of aliased ground roll using the shearlet transform. Journal of Applied Geophysics, 112: 190-205.

Hou A, Marfurt K J. 2002. Multicomponent prestack depth migration by scalar wavefield extrapolation. Geophysics, 67(6): 1886-1894.

Hu L, Zheng X, Duan Y, et al. 2019. First-arrival picking with a U-net convolutional network. Geophysics, 84(6): 45-57.

Hu J, Qian J, Cao J, et al. 2021. Ray-illumination compensation for adjoint-state first-arrival traveltime tomography. Geophysics, 86(5): U109-U119.

Huang K Y, Yang J R. 2015. Seismic velocity picking using Hopfield neural network. 85th Annual International Meeting, New Orleans: 5317-5321.

Hung C H, Chiou H M, Yang W N. 2013. Candidate groups search for K-harmonic means data clustering. Applied Mathematical Modelling, 37(24): 10123-10128.

Ioffe S, Szegedy C. 2015. Batch normalization: Accelerating deep network training by reducing internal covariate shift. Proceedings of the 32nd International Conference on International Conference on Machine Learning, Lille: 448-456.

Jia Z, Lu W K. 2019. CNN-based ringing effect attenuation of vibroseis data for first-break picking. IEEE Geoscience and Remote Sensing Letters, 16(8): 1319-1323.

Jiang P F, Deng F, Wang X B, et al. 2023. Seismic first break picking through swin transformer feature extraction. IEEE Geoscience and Remote Sensing Letters, 20: 7501505.

Jiao L X, Moon W M. 2000. Detection of seismic refraction signals using a variance fractal dimension technique. Geophysics, 65: 286-292.

Jo Y, Choi Y, Seol S J, et al. 2022. Machine learning-based vertical resolution enhancement considering the seismic attenuation. Journal of Petroleum Science and Engineering, 208: 109657.

Kahoo A R, Javaherian A, Araabi B N. 2006. Seismic deconvolution using Hopfield neural network. Proceedings of the 8th SEGJ International Symposium, Kyoto: 1-6.

Kaur H, Fomel S, Pham N. 2020. Seismic ground-roll noise attenuation using deep learning. Geophysical Prospecting, 68(7): 2064-2077.

Kim Y, Nakata N. 2018. Geophysical inversion versus machine learning in inverse problems. The Leading Edge, 37(12): 894-901.

Kingma D P, Ba J. 2014. Adam: A method for stochastic optimization. International Conference on Learning Representations, Banff: 1412.6980.

Krull A, Buchholz T O, Jug F. 2019. Noise2void-learning denoising from single noisy images. Proceedings of the IEEE/CVF Conference on Computer Vision and Pattern Recognition(CVPR), Long Beach: 2129-2137.

LeCun Y, Bengio Y, Hinton G. 2015. Deep learning. Nature, 521(7553): 436-444.

Lehtinen J, Munkberg J, Hasselgren J, et al. 2018. Noise2noise: Learning image restoration without clean data.

Li J, Wu X, Hu Z. 2021. Deep learning for simultaneous seismic image super-resolution and denoising. IEEE Transactions on Geoscience and Remote Sensing, 60: 5901611.

Li Y, Wang H Z, Dong X T. 2020. The denoising of desert seismic data based on cycle-GAN with unpaired data training. IEEE Geoscience and Remote Sensing Letters, 18(11): 2016-2020.

Li Y, Zhang M, Zhao Y, et al. 2022. Distributed acoustic sensing vertical seismic profile data denoiser based on convolutional neural network. IEEE Transactions on Geoscience and Remote Sensing, 60: 3194635.

Li Z, Jia X, Zhang J. 2019. Deep learning guiding first-arrival traveltime tomography. 89th Annual International Meeting, San Antonio: 2513-2517.

Li Z X. 2020. Adaptive multiple subtraction based on support vector regression. Geophysics, 85(1): V57-V69.

Lin N T, Liu H, Li G H, et al. 2013. Auto-plcking velocity by path-integral optimization and surface fairing. Chinese Journal of Geophysics, 56: 246-254.

Liao X, Cao J, Hu J, et al. 2019. First arrival time identification using transfer learning with continuous wavelet transform feature images. IEEE Geoscience and Remote Sensing Letters, 17(11): 2002-2006.

Liu D W, Deng Z Y, Wang C, et al. 2023. An unsupervised deep learning method for denoising prestack random noise. IEEE Geoscience and Remote Sensing Letters, 19: 7500205.

Liu D W, Wang W, Wang X K, et al. 2019. Poststack seismic data denoising based on 3-D convolutional neural network. IEEE Transactions on Geoscience and Remote Sensing, 58(3): 1598-1629.

Liu D W, Wang X K, Yang X H, et al. 2022a. Accelerating seismic scattered noise attenuation in offset-vector tile domain: Application of deep learning. Geophysics, 87(5): V505-V519.

Liu N H, Wang J L, Gao J H, et al. 2022b. NS2NS: Self-learning for seismic image denoising. IEEE Transactions on Geoscience and Remote Sensing, 60: 5922311.

Liu N H, Wang J L, Gao J H, et al. 2022c. Similarity-informed self-learning and its application on seismic image denoising. IEEE Transactions on Geoscience and Remote Sensing, 60: 5921113.

Liu W, Duan Z Y. 2020. Seismic signal denoising using *f-x* variational mode decomposition. IEEE Geoscience and Remote Sensing Letters, 17(8): 1313-1317.

Liu X Y, Chen X H, Li J Y, et al. 2020. Nonlocal weighted robust principal component analysis for seismic noise attenuation. IEEE Transactions on Geoscience and Remote Sensing, 59(2): 1745-1756.

Liu Z L, Lu K. 2021. Convolutional sparse coding for noise attenuation in seismic data. Geophysics, 86(1): V23-V30.

Long J, Shelhamer E, Darrell T. 2015. Fully convolutional networks for semantic segmentation. IEEE Transactions on Pattern Analysis and Machine Intelligence, 39(4): 640-651.

Lu W K. 2006. Adaptive noise attenuation of seismic images based on singular value decomposition and texture direction detection. Journal of Geophysics and Engineering, 3(1): 28-34.

Lumley D E. 1997. Monte Carlo automatic velocity picks. SEP Report, 75: 1-25.

Ma H T, Wang Y Z, Li Y, et al. 2021. Desert seismic low-frequency noise attenuation using low-rank decomposition-based denoising convolutional neural network. IEEE Transactions on Geoscience and Remote Sensing, 60: 5900809.

Ma M, Wang S X, Yuan S Y, et al. 2017. Multichannel spatially correlated reflectivity inversion using block sparse Bayesian learning. Geophysics, 82(4): V191-V199.

Ma M, Wang S X, Yuan S Y, et al. 2018. Multichannel block sparse Bayesian learning reflectivity inversion with l_p-norm criterion-based Q estimation. Journal of Applied Geophysics, 159: 434-445.

Martin G S, Wiley R, Marfurt K J. 2006. Marmousi2: An elastic upgrade for Marmousi. The Leading Edge, 25(2): 156-166.

Ma Y, Ji X, Fei T W, et al. 2018. Automatic velocity picking with convolutional neural networks. 88th Annual International Meeting, Anahein: 2066-2070.

Mache S, Pokala P K, Rajendran K, et al. 2023. Introducing nonuniform sparse proximal averaging network for seismic reflectivity inversion. IEEE Transactions on Computational Imaging, 9: 475-489.

Meng F L, Fan Q Y, Li Y. 2023. Self-supervised learning for seismic data reconstruction and denoising. IEEE Geoscience and Remote Sensing Letters, 19: 7502805.

Mcshbey V, Ragoza E, Kosloff D, et al. 2002. Three-dimensional travel-time calculation based on Fermat's principle. Pure and Applied Geophysics, 159: 1563-1582.

Miler R D. 1992. Normal moveout stretch mute on shallow reflection data. Geophysics, 57(11): 1502-1507.

Molyneux J B, Schmitt D R. 1999. First-break timing: Arrival onset times by direct correlation. Geophysics, 64:1492-501.

Murat M E, Rudman A J. 1992. Automated first arrival picking: A neural network approach. Geophysical Prospecting, 40(6): 587-604.

Niu C, Wang G. 2020. Noise2sim-similarity-based self-learning for image denoising. arXiv preprint arXiv: 2011.03384.

Niu W L, Zhou Y H, Wang X K, et al. 2022. A weakly supervised method for improving the resolution of seismic data based on cycle generative adversarial network. The 4th International Workshop on Mathematical Geophysics: Traditional & Learning, Virtual: 29-32.

Noack M M, Clark S. 2017. Acoustic wave and eikonal equations in a transformed metric space for various types of anisotropy. Heliyon, 3(3): e00260.

Noh H, Hong S, Han B. 2015. Learning deconvolution network for semantic segmentation. Proceedings of the IEEE International Conference on Computer Vision (ICCV), Santiago de Chile: 1520-1528.

Nowack R L. 1992. Wavefronts and solutions of the eikonal equation. Geophysical Journal International, 110(1): 55-62.

Oliveira D A B, Semin D G, Zaytsev S. 2020. Self-supervised ground-roll noise attenuation using self-labeling and paired data synthesis. IEEE Transactions on Geoscience and Remote Sensing, 59 (8): 7147-7159.

Oropeza V, Sacchi M. 2011. Simultaneous seismic data denoising and reconstruction via multichannel singular spectrum analysis. Geophysics, 76 (3): V25-V32.

Park M J, Sacchi M. 2020. Automatic velocity analysis using convolutional neural network and transfer learning. Geophysics, 85 (1): V33-V43.

Pham N, Li W C. 2022. Physics-constrained deep learning for ground roll attenuation. Geophysics, 87 (1): V15-V27.

Phan S, Sen M K. 2021. Seismic nonstationary deconvolution with physics-guided autoencoder. First International Meeting for Applied Geoscience & Energy Expanded Abstracts: 1635-1640.

Picetti F, Lipari V, Bestagini P, et al. 2018. A generative adversarial network for seismic imaging applications. 88th Annual International Meeting, Anaheim: 2231-2235.

Plenkers K J, Ritter R R, Schindler M. 2013. Low signal-to-noise event detection based on waveform stacking and cross-correlation: Application to a stimulation experiment. Journal of Seismology, 17 (1): 27-49.

Qian F, Liu Z B, Wang Y, et al. 2022. Ground truth-free 3-D seismic random noise attenuation via deep tensor convolutional neural networks in the time-frequency domain. IEEE Transactions on Geoscience and Remote Sensing, 60: 3149545.

Qin Z, Xu J, Zhang Y Y, et al. 2020. Frequency principle: Fourier analysis sheds light on deep neural networks. Communications in Computational Physics, 28 (5): 1746-1767.

Qiu C Y, Wu B Y, Liu N H, et al. 2021. Deep learning prior model for unsupervised seismic data random noise attenuation. IEEE Geoscience and Remote Sensing Letters, 19: 7502005.

Ratcliffe A, Roberts G. 2003. Robust, automatic, continuous velocity analysis. 73th Annual International Meeting, Dallas: 2080-2083.

Robinson E A. 1967. Predictive decomposition of time series with application to seismic exploration. Geophysics, 32: 418-484.

Ronneberger O, Fischer P, Brox T. 2015. U-net: Convolutional networks for biomedical image segmentation. Proceedings of the IEEE International Conference on Computer Vision (ICCV), Santiago de Chile: 1520-1528.

Russell B H. 1988. Introduction to Seismic Inversion Methods. Tulsa: SEG.

Saad O M, Bai M, Chen Y K. 2021. Uncovering the microseismic signals from noisy data for high-fidelity 3D source-location imaging using deep learning. Geophysics, 86 (6): KS161-KS173.

Saad O M, Chen Y K. 2020. Deep denoising autoencoder for seismic random noise attenuation. Geophysics, 85 (4): V367-V376.

Sabbione J I, Velis D. 2010. Automatic first-breaks picking: New strategies and algorithms. Geophysics, 75 (4): 67-76.

Sacchi M D. 1997. Reweighting strategies in seismic deconvolution. Geophysical Journal International, 129 (3): 651-656.

Sang W J, Yuan S Y, Yong X S, et al. 2021. DCNNs-based denoising with a novel data generation for multidimensional geological structures learning. IEEE Geoscience and Remote Sensing Letters, 18 (10): 1861-1865.

Saragiotis C D, Hadjileontiadis L J, Rekanos I T, et al. 2004. Automatic P phase picking using maximum kurtosis and k-statistics criteria. IEEE Geoscience and Remote Sensing Letters, 1 (3): 147-151.

Shao D, Zhao Y X, Li Y, et al. 2022. Noisy2noisy: Denoise pre-stack seismic data without paired training data with labels. IEEE Geoscience and Remote Sensing Letters, 19: 8026005.

She B, Wang Y, Liang J, et al. 2018. A data-driven amplitude variation with offset inversion method via learned dictionaries and sparse representation. Geophysics, 83 (6): R725-R748.

Shuey R T. 1985. A simplification of the Zoeppritz equations. Geophysics, 50(4): 609-614.

Simon J, Fabien-Ouellet G, Gloaguen E, et al. 2023. Hierarchical transfer learning for deep learning velocity model building. Geophysics, 88(1): R79-R93.

Simonyan K, Zisserman A. 2014. Very deep convolutional networks for large-scale image recognition. arXiv preprint arXiv: 1409.1556.

Smith K. 2017. Machine learning assisted velocity autopicking. 87th Annual International Meeting, Houston: 5686-5690.

Song W, Ouyang Y L, Zeng Q C, et al. 2018. Unsupervised machine learning: K-means clustering velocity semblance auto-picking. 80th Annual International Meeting, Copenhagen: 1-5.

Stork C. 1992. Reflection tomography in the postmigrated domain. Geophysics, 57(5): 680-692.

Sun H M, Yang F S, Ma J W. 2022. Seismic random noise attenuation via self-supervised transfer learning. IEEE Geoscience and Remote Sensing Letters, 19: 8025805.

Sun J, Slang S, Elboth T, et al. 2020a. A convolutional neural network approach to deblending seismic data. Geophysics, 85(4): WA13-WA26.

Sun J, Slang S, Elboth T, et al. 2020b. Attenuation of marine seismic interference noise employing a customized U-net. Geophysical Prospecting, 68(3): 845-871.

Swan H W. 2001. Velocities from amplitude variations with offset. Geophysics, 66(6): 1735-1743.

Symes W W. 2008. Migration velocity analysis and waveform inversion. Geophysical Prospecting, 56(6): 765-790.

Taillandier C, Noble M, Chauris H, et al. 2009. First-arrival traveltime tomography based on the adjoint-state method. Geophysics, 74(6): WCB1-WCB10.

Taner M T, Koehler F. 1969. Velocity spectra-digital computer derivation applications of velocity functions. Geophysics, 34(6): 859-881.

Tarantola A. 1984. Inversion of seismic reflection data in the acoustic approximation. Geophysics, 49(8): 1259-1266.

Tian X Y, Lu W K, Li Y D. 2021. Improved anomalous amplitude attenuation method based on deep neural networks. IEEE Transactions on Geoscience and Remote Sensing, 60: 5900611.

Tian Z, Shen C, Chen H, et al. 2019. FCOS: Fully convolutional one-stage object detection. arXiv preprint arXiv: 1904.01355.

Toldi J L. 1989. Velocity analysis without picking. Geophysics, 54(2): 191-199.

Torres K, Sacchi M D. 2023. Deep decomposition learning for reflectivity inversion. Geophysical Prospecting, 71(6): 963-982.

Trickett S. 2008. F-xy Cadzow noise suppression. 78th Annual International Meeting, Las Vegas: 2586-2590.

Tsai K C, Hu W, Wu X, et al. 2019. Automatic first arrival picking via deep learning with human interactive learning. IEEE Transactions on Geoscience and Remote Sensing, 58(2): 1380-1391.

Tselentis G A, Martakis N, Paraskevopoulos P, et al. 2012. Strategy for automated analysis of passive microseismic data based on S-transform, Otsu's thresholding, and higher order statistics. Geophysics, 77(6): 43-54.

Ulyanov D, Vedaldi A, Lempitsky V. 2018. Deep image prior. Proceedings of the IEEE Conference on Computer Vision and Pattern Recognition (CVPR), Salt Lake City: 9446-9454.

Um J, Thurber C. 1987. A fast algorithm for two-point seismic ray tracing. Bulletin of the Seismological Society of America, 77(3): 972-986.

Virieux J, Operto S. 2009. An overview of full-waveform inversion in exploration geophysics. Geophysics, 74(6): WCC1-WCC26.

Wang B F, Li J K, Han D. 2022. Iterative deblending using MultiResUNet with multilevel blending noise for training and transfer learning. Geophysics, 87(3): V205-V214.

Wang K X, Hu T Y, Wang S X, et al. 2022. Seismic multiple suppression based on a deep neural network method for marine data. Geophysics, 87(4): V341-V365.

Wang L L, Zhao Q, Gao J H, et al. 2016. Seismic sparse-spike deconvolution via Toeplitz-sparse matrix factorization. Geophysics, 81(3): V169-V182.

Wang L X, Mendel J M. 1992. Adaptive minimum prediction-error deconvolution and source wavelet estimation using Hopfield neural networks. Geophysics, 57(5): 670-679.

Wang R Q, Zhang R X, Bao C L, et al. 2022. Adapting the residual dense network for seismic data denoising and upscaling. Geophysics, 87(4): V321-V340.

Wang S X, Yuan S Y, Yan B P, et al. 2016. Directional complex-valued coherence attributes for discontinuous edge detection. Journal of Applied Geophysics, 129: 1-7.

Wang W L, McMechan G A, Ma J W, et al. 2021. Automatic velocity picking from semblances with a new deep-learning regression strategy: Comparison with a classification approach. Geophysics, 86(2): U1-U13.

Wang X W, Gao Y, Chen C, et al. 2022. Intelligent velocity picking and uncertainty analysis based on the Gaussian mixture model. Acta Geophysica, 70(6): 2659-2673.

Wang Y J, Zhang G Q, Chen T, et al. 2023. Data and model dual-driven seismic deconvolution via error-constrained joint sparse representation. Geophysics, 88(4): 1-112.

Wang Z, Bovik A C, Sheikh H R, et al. 2004. Image quality assessment: From error visibility to structural similarity. IEEE Transactions on Image Processing, 13(4): 600-612.

Wu H, Zhang B, Li F, et al. 2019. Semiautomatic first-arrival picking of microseismic events by using the pixel-wise convolutional image segmentation method. Geophysics, 84(3): V143-V155.

Wu H, Zhang B, Lin T F, et al. 2019. White noise attenuation of seismic trace by integrating variational mode decomposition with convolutional neural network. Geophysics, 84(5): V307-V317.

Wu N, Xing T, Li Y. 2022. Multi-scale progressive fusion attention network based on small sample training for DAS noise suppression. IEEE Transactions on Geoscience and Remote Sensing, 60: 5910712.

Wyllie M R J, Gregory A R, Gardner L W. 1956. Elastic wave velocities in heterogeneous and porous media. Geophysics, 21(1): 41-70.

Xie T, Zhao Y, Jiao X, et al. 2019. First-break automatic picking with fully convolutional networks and transfer learning. 89th Annual International Meeting, San Antonio: 4972-4976.

Xu P C, Lu W K, Wang B F. 2020. Seismic interference noise attenuation by convolutional neural network based on training data generation. IEEE Geoscience and Remote Sensing Letters, 18(4): 741-745.

Xu S, White R E. 1996. A physical model for shear-wave velocity prediction. Geophysical Prospecting, 44(4): 687-717.

Yang F, Ma J. 2019. Deep-learning inversion: A next generation seismic velocity-model building method. Geophysics, 84(4): R583-R599.

You J C, Xue Y J, Cao J X, et al. 2020. Attenuation of seismic swell noise using convolutional neural networks in frequency domain and transfer learning. Interpretation, 8(4): T941-T952.

Yuan H, Yuan S Y, Wu J, et al. 2024. A regression approach for seismic first-break picking. Petroleum Science, 21(3): 1584-1596.

Yuan P Y, Wang S R, Hu W Y, et al. 2020. A robust first-arrival picking workflow using convolutional and recurrent neural networks. Geophysics, 85(5): U109-U119.

Yuan S Y, Wang S X. 2013. Spectral sparse Bayesian learning reflectivity inversion. Geophysical Prospecting, 61(4): 735-746.

Yuan S Y, Wang S X, Ma M, et al. 2017. Sparse Bayesian learning-based time-variant deconvolution. IEEE Transactions on Geoscience and Remote Sensing, 55(11): 6182-6194.

Yuan S Y, Liu J W, Wang S X, et al. 2018. Seismic waveform classification and first-break picking using convolution neural networks. IEEE Transactions on Geoscience and Remote Sensing, 15(2): 272-276.

Yuan S Y, Wang S X, Luo Y N, et al. 2019. Impedance inversion by using the low-frequency full-waveform inversion result as an a priori model. Geophysics, 84(2): R149-R164.

Yuan S Y, Jiao X Q, Sang W J, et al. 2021. From model-driven to data-driven seismic high-resolution processing. 82nd Annual International Meeting, EAGE, Expanded Abstracts, Amsterdam: 1-5.

Yuan S Y, Jiao X Q, Luo Y N, et al. 2022a. Double-scale supervised inversion with a data-driven forward model for low-frequency impedance recovery. Geophysics, 87(2): R165-R181.

Yuan S Y, Zhao Y, Xie T, et al. 2022b. SegNet-based first-break picking via seismic waveform classification directly from shot gathers with sparsely distributed traces. Petroleum Science, 19(1): 162-179.

Yuan Y J, Si X, Zheng Y. 2020. Ground-roll attenuation using generative adversarial networks. Geophysics, 85(4): WA255-WA267.

Yung S K, Ikelle L T. 1997. An example of seismic time-picking by third-order bicoherence. Geophysics, 62: 1947-1952.

Yu S W, Ma J W. 2018. Complex variational mode decomposition for slop-preserving denoising. IEEE Transactions on Geoscience and Remote Sensing, 56(1): 586-597.

Yu S W, Ma J W, Wang W L. 2019. Deep learning for denoising. Geophysics, 84(6): V333-V350.

Zhang C, van der Baan M. 2021. Complete and representative training of neural networks: A generalization study using double noise injection and natural images. Geophysics, 86(3): V197-V206.

Zhang H, Alkhalifah T, Liu Y, et al. 2022. Improving the generalization of deep neural networks in seismic resolution enhancement. IEEE Geoscience and Remote Sensing Letters, 20: 7500105.

Zhang H, Yang X Y, Ma J W. 2020. Can learning from natural image denoising be used for seismic data interpolation?. Geophysics, 85(4): WA115-WA136.

Zhang H, Zhu P, Gu Y, et al. 2019. Automatic velocity picking based on deep learning. 89th Annual International Meeting, San Antonio: 2604-2608.

Zhang H F, Yuan S Y, Zeng H H, et al. 2023. Automatic velocity analysis using interpretable multimode neural networks. Geophysical Journal International, 235(1): 216-230.

Zhang J, Ghanem B. 2018. ISTA-Net: Interpretable optimization-inspired deep network for image compressive sensing. Proceedings of the IEEE Conference on Computer Vision and Pattern Recognition(CVPR), Salt Lake City: 1828-1837.

Zhang J L, Sheng G Q. 2020. First arrival picking of microseismic signals based on nested U-net and Wasserstein generative adversarial network. Journal of Petroleum Science and Engineering, 195:107527.

Zhang K, Zuo W M, Chen Y J, et al. 2017. Beyond a gaussian denoiser: Residual learning of deep cnn for image denoising. IEEE Transactions on Image Processing, 26(7): 3142-3155.

Zhang L. 1991. Automatic picking and its applications. SEG, 70: 275-292.

Zhang L, Claerbout J. 1990. Automatic dip-picking by non-linear optimization. SEP, 67: 123-138.

Zhang M, Liu Y, Bai M, et al. 2019. Seismic noise attenuation using unsupervised sparse feature learning. IEEE Transactions on Geoscience and Remote Sensing, 57(12): 9709-9723.

Zhang R, Castagna J. 2011. Seismic sparse-layer reflectivity inversion using basis pursuit decomposition. Geophysics, 76(6): R147-R158.

Zhang R F, Ulrych T J. 2003. Physical wavelet frame denoising. Geophysics, 68(1): 225-231.

Zhang Y S, Lin H B, Li Y, et al. 2022. Low-frequency seismic noise reduction based on deep complex reaction-diffusion model. IEEE Transactions on Geoscience and Remote Sensing, 60: 3086317.

Zhao X, Lu P, Zhang Y Y, et al. 2019. Swell-noise attenuation: A deep learning approach. The Leading Edge, 38(12): 934-942.

Zhao Y X, Li Y, Dong X T, et al. 2019. Low-frequency noise suppression method based on improved DnCNN in desert seismic data. IEEE Geoscience and Remote Sensing Letters, 16(5): 811-815.

Zhao Y X, Li Y, Yang B J. 2020a. Denoising of seismic data in desert environment based on a variational mode decomposition and a convolutional neural network. Geophysical Journal International, 221(2): 1211-1225.

Zhao Y X, Li Y, Yang B J. 2020b. Low-frequency desert noise intelligent suppression in seismic data based on multiscale geometric analysis convolutional neural network. IEEE Transactions on Geoscience and Remote Sensing, 58(1): 650-665.

Zhao Y Z, Li Y, Wu N. 2022. Coupled noise reduction in distributed acoustic sensing seismic data based on convolutional neural network. IEEE Geoscience and Remote Sensing Letters, 19: 8025605.

Zhu D, Gibson R. 2018. Seismic inversion and uncertainty quantification using transdimensional Markov chain Monte Carlo method. Geophysics, 83(4): R321-R334.

Zhu W, Beroza G C. 2019. Phasenet: A deep-neural-network-based seismic arrivaltime picking method. Geophysical Journal International, 216: 1831-1841.

Zhu W Q, Mousavi S M, Beroza G C. 2019. Seismic signal denoising and decomposition using deep neural networks. IEEE Transactions on Geoscience and Remote Sensing, 57(11): 9476-9488.

Zoran D, Weiss Y. 2011. From learning models of natural image patches to whole image restoration. 2011 International Conference on Computer Vision (ICCV), Barcelona: 479-486.

Zu S H, Cao J X, Qu S, et al. 2020. Iterative deblending for simultaneous source data using the deep neural network. Geophysics, 85(2): V131-V141.

第3章　人工智能地震资料解释

本章从传统机器学习-深度学习、有监督-无监督等不同角度、不同网络及不同方法出发，重点介绍了人工智能技术在层位拾取、断裂识别、孔洞识别、地震相解释及盐丘识别等地震资料解释领域中的应用。利用合成数据和实际数据验证了多种智能解释方法的可行性，并总结了人工智能地震资料解释的未来发展方向。

3.1　层　位　拾　取

地震资料解释通过阐明地下构造特征，为油气勘探寻找潜在的优质储层。地震层位拾取是地震资料解释的关键技术之一，其主要基于地震地质层位的对应关系，根据地震数据的振幅、波形和相位等反射特征追踪地震波同相轴，赋予地震反射界面地质含义，获得反映地质界面或层序界面空间展布特征的层位。准确的地震层位识别能够为速度建模、偏移成像、构造解释、属性分析、地震反演、储层预测和钻井监测与预警等工作提供基本数据和重要保障。

3.1.1　研究进展

目前，地震层位拾取主要有手工拾取、自动拾取和智能拾取三类方法。手工拾取通常是解释人员根据地质沉积演化规律和地震数据的波形、振幅与相位等物理特征，稀疏地解释少量纵、横测线剖面的目标层位，再依据波形相似性，通过数学插值的方式填充其他剖面上的层位，最终得到三维层位曲面。手工拾取具有操作简便和容易学习等优点，但该方法比较依赖解释人员的主观认识与经验，且无法同时保证层位追踪的精度与效率。因此，为了突破手工拾取方法的局限性，不少学者先后提出了兼顾精度与效率的层位自动拾取方法。自动拾取可以进一步分为比较局部波形差异的相关法和自动提取层位曲面的全局解释法(Zeng et al., 1998; Hoyes and Cheret, 2011)两类。相关法是最早兴起的层位自动追踪方法，其从相邻道中搜索与初始控制点的波形和地震属性具有相似性或相关性的数据点，利用新的数据点作为下次计算的控制点，通过不断更新控制点实现层位的自动追踪(Bugge et al., 2019; Liu Z et al., 2020)。该方法相比于人工解释的拾取效率和精度明显提升，但是针对断层、低信噪比、极性反转、弱反射、杂乱反射、构造不连续和显著的横向振幅变化等复杂情况容易出现层位追踪错误(Hoyes and Cheret, 2011; Herron, 2015; Tschannen et al., 2020)。全局解释法相比于相关法不需要拾取控制点，而是直接从地震数据体计算出层位面(Forte et al., 2016)。常用的全局解释法有基于倾角驱动的方法(Lomask et al., 2006; Zinck et al., 2013; 蒋旭东等, 2018; Wu and Fomel, 2018)、基于层位数据块的方法(Forte et al., 2016; Lou et al., 2019)和全局优化方法(Pauget et al., 2009; Parks, 2010)。全局解释法抗噪性能良好，但是当存在不整合和断层等层位终止或偏移的地质边界时，会减弱此类方法的应用效果(Bugge et al., 2019)。

相比于手工拾取和自动拾取，智能拾取开展波形分析追踪层位时不需要较多的领域知识和人工提取特征。该类方法基于数据驱动发现地震数据中层位特征的有效表示，以渐进的方式自适应提取不同水平的特征完成层位追踪。人工神经网络(Harrigan et al., 1992; Leggett et al., 1996)和自组织映射网络(Huang et al., 1990)等浅层学习器在层位解释领域的应用由来已久。浅层学习器的网络结构简单，基于有限的采样点表达层位的时空域特征的精度不足，且无法进一步表征层位的时空域特征，导致预测效果欠佳(Peters et al., 2019)。以卷积神经网络为代表的深度学习技术率先由 Lowell 和 Paton(2018)引入地震层位智能解释领域。Wu H 等(2019)基于图像分割思想和编码-解码网络实现对一维地震数据的分类与层位拾取。Yang 和 Sun(2020)使用三层卷积神经网络学习目标层位相似的地震反射特征，成功从包含复杂断层系统的三维数据体中自动追踪多套层位。Shi 等(2020)基于无监督变分自编码器表征地震数据的每个采样点为嵌入向量，根据待测试数据点与层位控制点对应的嵌入向量之间的距离评价二者的相似性，从而获得层位拾取结果。但是，该方法不能稳定拾取不整合和断距较大的断层附近的层位。Tschannen 等(2020)率先尝试基于叠前地震数据的层位智能解释，并通过主动学习精细解释断层等复杂区域的层位起伏形态和变化趋势。Bi 等(2021)采用自编码器框架直接从三维地震图像回归预测出相对地质时间(relative geologic time, RGT)体，并进一步利用 RGT 等值面和 RGT 的横向不连续性分别解释三维地震层位和断层。为提高智能解释法追踪层位的准确性和泛化性，目前主要有减少层位搜索区域和引入层序约束两种方法。例如，Luo 等(2022)提出了一种两阶段 U-Net 层位追踪方法。该方法使用第一阶段 U-Net 确定的层位搜索区域和相应的地震数据共同作为第二阶段 U-Net 的输入，最终提高了层位追踪的精度。Luo 等(2023)通过实际数据测试表明引入层序的相对位置关系作为约束可以提高多任务网络解释层位的稳定性。人工智能方法在层位拾取中的部分研究进展如表 3.1 所示。

表3.1　人工智能层位拾取部分研究进展

作者	年份	研究内容及成果
Huang 等	1990	设计了一种基于线性阵列特征映射的自组织模型算法,通过调整输入向量的权重来创建矢量量化器。实现了层位的自动追踪和分类,提高了地震解释的质量

续表

作者	年份	研究内容及成果
Veezhinathan 等	1993	介绍了一种将神经网络与分支定界技术相结合的地震层位跟踪方法,并给出了该方法在实际数据和合成数据上的应用效果
Alberts 等	2000	提出了一种基于人工神经网络的多个层位同时追踪算法,该算法可以自动跳过断层等不连续地质结构
赵皓	2005	针对断层两侧地层同相轴的提取,利用常用的地震特征提取方法对实际地震记录进行特征参数的提取,利用无监督自组织分类的特点对地震道特征参数进行聚类分析,从而实现层位同相轴轨迹定位
张泉 等	2017	将聚类方法引入地震 DNA 算法中。对地震 DNA 算法提取的地震层位进行分类,并利用欧几里得距离对聚类点进行连接
Lowell 和 Paton	2018	率先将以 CNN 为代表的深度学习技术引入地震层位智能解释领域
Zhou 等	2018	建立基于多属性约束的层位智能拾取网络,同时实现多套层位的横向高密度和高效率智能解释
Peters 等	2019	使用深度卷积神经网络,在训练少量地震图像的基础上实现整个数据体的层位自动追踪,提高了层位拾取的效率和精度
Wu H 等	2019	基于图像分割思想和编码-解码网络实现对一维地震数据的分类与层位拾取
Liu Z 等	2020a	开发了一种基于有向彩色图的新方法。该方法对目标层位附近信息进行编码,根据层位信息之间的相似性,利用有序聚类方法实现了层位的正确提取
Shi 等	2020	基于无监督变分自编码器表征地震数据的每个采样点为嵌入向量,根据待测试数据点与层位控制点对应的嵌入向量之间的距离评价二者的相似性,从而获得层位拾取结果
Tschannen 等	2020	率先尝试基于叠前地震数据的层位智能解释,并通过主动学习精细解释断层等复杂区域的层位起伏形态和变化趋势
Wu X 等	2020a	提出了一种利用编码器-解码器卷积神经网络的半自动地震层位解释方法,该方法使用大小可变的卷积滤波器,将每个地震道视为一个一维图像,以此开展地震层位解释工作。测试结果表明,该方法在断层表面和不整合面附近拾取层位精确
Yang 和 Sun	2020	使用三层卷积神经网络学习目标层位相似的地震反射特征,成功从包含复杂断层系统的三维数据体中自动追踪多套层位
Zhong 等	2020	结合改进的基于密度的聚类方法,提出了一种基于数据挖掘方法和启发式组合策略的地震全局层位自动跟踪算法,自动提取全局最优层位界面,地貌解释结果更准确
Bi 等	2021	采用自编码器框架直接从三维地震图像回归预测出 RGT 体,并进一步利用 RGT 等值面和 RGT 的横向不连续性分别解释三维地震层位和断层
Di 等	2021	提出加入解释人员的地质知识和相关经验对深度卷积神经网络施加约束。测试结果表明,施加解释约束能够提高卷积神经网络拾取的效果,更好地辅助构造成图和建模工作

作者	年份	研究内容及成果
Luo 等	2022	提出了一种两阶段 U-Net 层位追踪方法。该方法使用第一阶段 U-Net 确定的层位搜索区域和相应的地震数据共同作为第二阶段 U-Net 的输入，最终提高了层位追踪的精度
Siahkoohi 等	2022	引入似然函数和深度先验，提出基于深度先验的地震成像，在层位追踪时考虑地震成像中的不确定性，通过概率层位追踪框架获得被追踪层位的置信区间
Wu H 等	2022	针对地震层位少标签问题，首先利用可变波形表示算法来模拟波形特征，从而生成大量的地震道作为训练数据。并提出了一种将整体嵌套模块和 SegNet 模型结合起来的 HSegNet 模型，解决了地震层位提取问题
Luo 等	2023	利用地震波波峰和波谷交错出现的特性自动生成上下辅助层位，并设计了一个多任务网络，利用层序相对位置关系对目标层进行约束，减少了串层现象

3.1.2 基于 U-Net 的层位拾取

本小节介绍一种基于 U-Net 网络 (Ronneberger et al., 2015) 的层位拾取方法。该方法测试并分析了数据集生成方向和训练样本尺度大小对智能拾取结果的影响，并引入层拉平、层位闭合、层位等 T_0 图 (T_0 表示相同的地质时间)、地质导向相位切片和均方根振幅切片等地球物理质控手段，指导构建最佳的人工智能层位拾取模型，以获取最优层位拾取结果。利用三维物理模拟数据和三维实际数据分别对构建的层位拾取模型进行测试，以验证基于 U-Net 的层位拾取方法的可靠性与合理性。

1. 方法原理

不同大小的地震剖面包含的地质结构和目标层位存在差异，沿着不同方向提取的地震剖面可以凸显不同尺度、不同构造走向的地下异常体。本小节通过试验探究数据集生成方向、训练样本尺度大小对构建智能层位拾取模型的影响，以形成一种可靠的样本选取策略。

为了确保地震层位空间位置的正确性，拾取的层位应符合时间切片的波形特征和地质规律，设计合适的质控手段对拾取的层位进行科学论证，为精细构造解释和储层预测等工作提供可靠依据。近年来，随着地震属性分析技术的不断发展，从地震数据中提取的地震属性种类愈加丰富，地震属性分析在地震解释工作中得到了广泛应用。因此，本小节利用多种地震属性和多种层位可视化方式 (温庆庆，2008) 对 U-Net 等智能方法拾取的层位结果进行质控，分析智能拾取层位刻画地质结构的可靠性，以获得较优的层位拾取结果。主要包括以下几种质控方法。

(1) 层位闭合。主测线方向和联络方向上的层位线闭合。

(2) 层拉平。将地震数据体沿拾取层位拉平是一种展平地震数据的分析方法，由展平后的地震数据能够更容易观察同相轴的横向变化，有利于评估层位拾取效果。

(3)沿层振幅切片。振幅属性表征地震波动力学特征,用于识别特殊地质特征,如断裂、河道和溶洞等不整合构造,区分连续沉积和杂乱反射,适用于刻画地震反射的振幅变化。

(4)层位等 T_0 图。通过提取沿层时间数据获得,可将其看作一个二维空间曲面,在地质构造较简单的情况下,可以直观反映构造的基本形态和起伏变化。

(5)均方根振幅属性。均方根振幅是时窗内各采样点振幅平方和平均值的平方根,该属性对振幅的变化非常敏感。而振幅变化能够有效反映地层的连续性,因此,均方根振幅属性能够有效区分不同地质构造引起的振幅异常。

(6)地质导向相位属性。对地下构造和地质异常体引起的不连续性较为敏感,可表征三维曲面中近似垂直于构造的不连续性,能清晰地刻画地下异常体边界及整体趋势,也能反映地质异常体的尺度特征,突出和识别地下微小构造。

若质控过程中,人工智能层位拾取结果不满足某一质控手段对应的精度要求,则分析训练数据集和建模过程等方面潜在的问题,修改训练集并构建新的层位拾取模型,使层位拾取模型不断优化,直到获得满意的层位拾取结果。基于 U-Net 的地震层位智能拾取步骤如表 3.2 所示。

表 3.2　基于 U-Net 的地震层位智能拾取流程

输入数据:二维地震剖面
输出数据:地震剖面对应层位标签
(1)数据预处理。对三维数据体进行归一化处理
(2)训练集制备。制作层位标签。首先在人工解释层位附近设置时窗范围,将时窗内区域赋值为表征层位类别的非 0 自然数 1,将时窗外区域赋值为表征非层位类别的自然数 0,生成与地震数据尺寸相同的层位标签。遵循样本选取策略选择合适的地震剖面和对应的层位标签生成训练集
(3)模型训练。将训练集数据输入 U-Net 网络进行训练,得到地震层位拾取模型。利用已有的样本和设计的函数,找到一个所有训练样本预测概率与真实标签交叉熵最小的函数,即最优层位拾取模型
(4)模型推广。将层位拾取模型推广到三维地震数据体中,获得智能拾取层位
(5)结果质控。选择几种合适的方法质控智能层位拾取结果。若不满足某一质控手段对应的精度要求则分析原因,修改训练集,构建新的层位拾取模型,直至获得满足要求的层位

2. U-Net 网络架构

原始的 U-Net 网络(Ronneberger et al., 2015)由对称的上采样过程和下采样过程构成,与 SegNet 网络同属于对称的编码-解码结构。SegNet 神经网络通过池化索引的方式保存池化点的来源信息,在上采样过程中,直接利用记录的池化点来源信息进行反池化,更好地保留了边界特征。U-Net 神经网络在编码器和解码器对称的层位提供跳跃连接,使解码过程拼接编码过程对称层的特征向量,减少下采样过程带来的空间信息损失,提高上采样恢复特征中的信息,使最终特征图同时包含浅层和深层特征,实现不同尺度下的特征融合,提高网络图像分割的精度。

本小节选取端到端 U-Net 网络进行地震层位的智能拾取。左侧的下采样过程用于捕获输入的地震特征，并对时空地震属性进行自动降维，包含 4 个下采样阶段，每个下采样阶段均包含两个卷积层和一个池化层。卷积层采用多个卷积核从输入数据中提取地震特征。池化层对卷积层输出的所有特征图进行最大池化操作，以保留前端大部分特征，减少模型参数量。右侧的上采样过程用于对提取的多类地震特征进行重构，由于 U-Net 网络的对称结构，得到的地震层位拾取结果在尺寸上与输入的地震数据完全相同。其过程包含 4 个上采样阶段，每个上采样阶段均包含一个融合层和两个转置卷积层。U-Net 保留了下采样阶段的浅层特征，并通过跳跃连接与相应上采样部分的深层特征相融合，避免下采样过程中丢失信息，从而更好地实现对细节的修复。转置卷积层将特征图恢复至与对应下采样阶段池化层相同大小。上述卷积层及转置卷积层均采用 ReLU 激活函数，ReLU 激活函数在神经网络中建立非线性映射，以适应更复杂的问题。

智能层位拾取任务采用的训练样本尺寸为 128×128，经过原始的 U-Net 网络 4 次下采样后，特征图无法有效保留原始图像的局部细节，故将下采样和上采样层均由 4 层减少为 3 层。另外，原始的 U-Net 网络通道数依次为 64、128、256、512 和 1024，本小节将 U-Net 神经网络通道数调整为 16、32、64 和 512，以提高训练速度。图 3.1 为基于 U-Net 的地震层位智能拾取示意图。

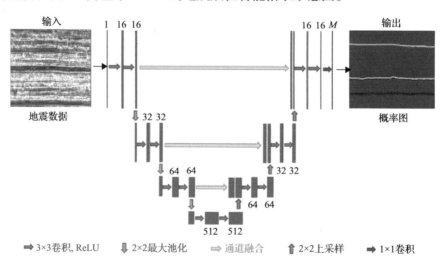

图 3.1　基于 U-Net 的地震层位智能拾取示意图

地震层位智能拾取方法建立的地震数据到地震层位的非线性映射关系为

$$Y = \text{U-Net}(X_1, m) \tag{3.1}$$

式中，$\text{U-Net}(\cdot)$ 为本小节所用的神经网络架构，用于建立地震数据与层位标签之间的非线性映射关系；X_1 为地震数据；m 为 U-Net 的网络参数；Y 为 U-Net 网络预测的层位结果。

基于 U-Net 神经网络的地震层位智能拾取问题可被视为像素级别的地震图像分类任务，其目标函数通常使用交叉熵损失函数。在单套层位拾取（二分类）的情况下，网络模型的输出为表征层位的概率图。层位和非层位两种类别预测得到的概率分别为 p 和 $1-p$，此时的目标函数为

$$\text{Loss} = -\frac{1}{N}\sum_{i=1}^{N}\left[y_i \ln p_i + (1-y_i)\ln(1-p_i)\right] \tag{3.2}$$

式中，N 为样本总数；y_i 为第 i 个样本的类别，层位位置为 1，非层位位置为 0；p_i 为第 i 个样本被预测为层位的概率。多套层位拾取（多分类）任务对应的目标函数为

$$\text{Loss} = -\frac{1}{N}\sum_{i=1}^{N}\sum_{j=1}^{M}\left(y_{ij}\ln p_{ij}\right) \tag{3.3}$$

式中，M 为层位类别的数量；p_{ij} 为第 i 个样本属于类别 j 的预测概率；y_{ij} 为符号函数，若样本的真实类别为 j，则 y_{ij} 取 1，否则 y_{ij} 取 0。当 $M = 2$ 时，式（3.2）与式（3.1）等价。

3. 模型测试

选取如图 3.2（a）所示的三维裂缝物理模型（王玲玲等，2017；Yuan et al.，2020）开展测试。该模型数据包含 750 条主测线、750 条联络测线，时间采样点数为 400，时间采样间隔为 1ms，沿联络测线方向（西—东）和主测线方向（北—南）道间距为 12.5m。该物理模型由浅至深依次发育六套沉积层［图 3.2（b）］，分别命名为 L_1～L_6。其中，第四套沉积层 L_4 为本小节研究的目的层，其平均厚度约为 190m。目的层 L_4 的地震层位与图 3.2（a）中黑线对应。通过目的层顶部的二维示意图［图 3.2（c）］和目的层对应的沿层振幅切片［图 3.2（d）］可以看到，目的层主要由两大部分组成，分别为位于北部的不同长度、宽度、密度、水平间隔、形状的 9 组简化裂缝带及位于南部的包含 4 个东西向逆断层的复杂区域组合。此外，裂缝带的埋藏深度比断层系统更深，形成南高北低、自南向北逐渐倾伏的地质结构。如图 3.2（d）所示，该数据沿联络测线方向抽取的地震剖面只包含断层或只包含裂缝，而沿主测线方向抽取的地震剖面往往能够同时包含断层和裂缝。因此，本小节沿联络测线方向等间隔抽取 50 组地震剖面和对应的标签制备联络测线训练集，沿主测线方向等间隔抽取 50 个地震剖面和对应的标签制备主测线训练集。将两个训练数据集分别输入至搭建的 U-Net 神经网络，设置相同的超参数训练模型，并分别沿与样本抽取方向一致的方向进行测试，获得两套人工智能层位拾取结果。

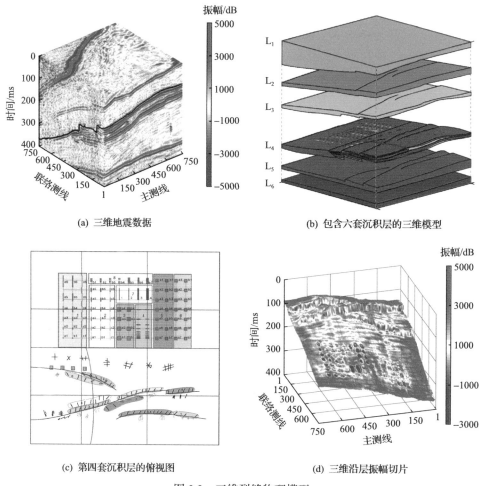

(a) 三维地震数据　　　　　　　　　　　(b) 包含六套沉积层的三维模型

(c) 第四套沉积层的俯视图　　　　　　　(d) 三维沿层振幅切片

图 3.2　三维裂缝物理模型

使用沿层振幅切片方式对比人工拾取结果及联络测线、主测线训练集对应的智能拾取结果，如图 3.3 所示。从图 3.3 可看出，2 种拾取器得到的沿层振幅切片均能刻画出断层和裂缝的基本形态。但是，主测线训练集获得的地震层位对断层的走势、裂缝的内幕刻画得更加精细和清晰。这主要是由于主测线方向的地震剖面包含的地质信息更丰富、更复杂，神经网络在训练过程中能够学习更多元化的地质结构特征与模式，提高了网络自适应提取层位的能力。因此，当三维地震数据的不同方向地质结构特征差异较大时，沿着地质结构特征复杂的方向抽取样本剖面构建训练集，能训练出更利于层位拾取的模型。

另外，不同大小的地震剖面包含的地质结构和层位信息存在差异，当训练样本尺度大小不同时会对智能层位拾取结果产生一定的影响。对主测线训练集中的 50 组大小为 400×750 的大尺度训练样本进行滑动开窗，得到 2700 组大小为

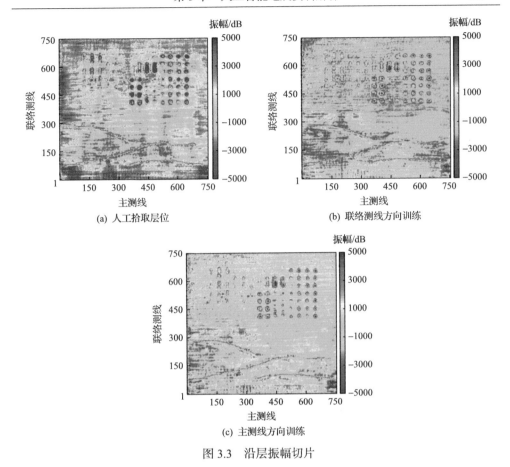

图 3.3 沿层振幅切片

128×128 的小尺度训练样本标签对，将大尺度训练样本及小尺度训练样本均输入至 U-Net 神经网络进行训练，并测试全部主测线方向地震剖面，得到两个三维层位拾取结果。

分别提取人工拾取层位及大尺度样本、小尺度样本拾取层位对应的均方根振幅切片，如图 3.4 所示。相较于人工拾取层位对应的均方根振幅切片[图 3.4(a)]，小尺度样本拾取层位对应的均方根振幅切片[图 3.4(c)]在断层附近出现了较多的地质假象，而大尺度样本拾取层位对应的均方根振幅切片[图 3.4(b)]对断层和裂缝的刻画整体上更为清晰干净，减少了噪声干扰。

U-Net 神经网络在小尺度及大尺度地震样本的训练中均能得到较完整、较清晰的层位拾取结果。无论样本尺度大小，网络结构是一致的。可根据式(3.4)计算网络的感受野大小：

$$\mathrm{RF}_{i+1} = (\mathrm{RF}_i - 1) \times \mathrm{stride}_i + \mathrm{ksize}_i \tag{3.4}$$

式中，RF_i 和 RF_{i+1} 分别为第 i 个和第 $i+1$ 个卷积层的感受野；stride_i 和 ksize_i 分别

为第 i 个卷积层的步长和滤波器大小。

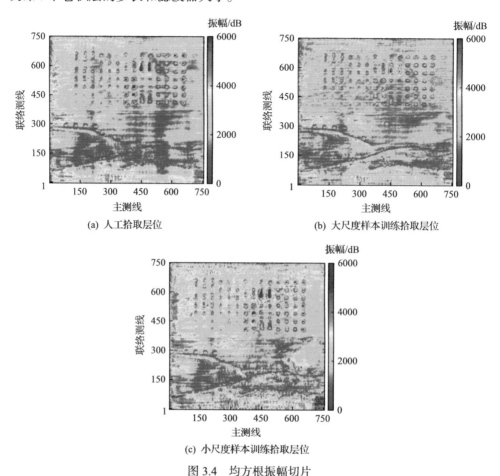

(a) 人工拾取层位　　　　　　　　　(b) 大尺度样本训练拾取层位

(c) 小尺度样本训练拾取层位

图 3.4　均方根振幅切片

　　两种网络的感受野均为 18×20。但是，由于大尺度样本集一定程度上包含更连续、更完整的层位信息和更少的边界信息，得到的网络模型能够更全面地关注全局地震数据特征，追踪更为一致的地震波同相轴，使得层位拾取结果更加精确和稳定，减少了层位细节的丢失及地质假象的产生。相较于大尺度样本集，小尺度样本集得到的地质结构连续性更差，边界信息更多，增加了网络学习难度，降低了拾取结果的稳定性和抗噪性。因此，基于以上测试，大尺度样本比小尺度样本更适用于层位拾取任务。

　　为了进一步验证沿复杂方向提取大尺度训练样本结论的准确性，引入层拉平手段质控智能层位拾取结果。抽取 2 个典型剖面分析人工智能层位拾取效果，图 3.5(a) 为一仅经过断层的东西向剖面联络测线 150 地震剖面，图 3.5(b) 为同时经过断层和多个裂缝带的南北向剖面主测线 406 地震剖面，其中图中黑线和绿线分别表示人工拾取和智能拾取的层位。对比发现，智能拾取的层位基本能够正确地反映层位变化趋势，追踪与地震构造一致的反射波同相轴信息，在断层和裂缝位置没有出现串层现象，与人工拾取层位整体相当。为进一步检验拾取的智能层位，对含断层和裂缝等特殊构造区域[图 3.5(a) 和 (b) 中椭圆框]分别沿着人工拾取层位(黑线)和人工智能拾取层位(绿线)拉平，结果如图 3.5(c)～(f)所示。沿智能拾取层位拉平后的地震数据同相轴横向变化更平稳，说明人工智能方法拾取的同相轴更准确。

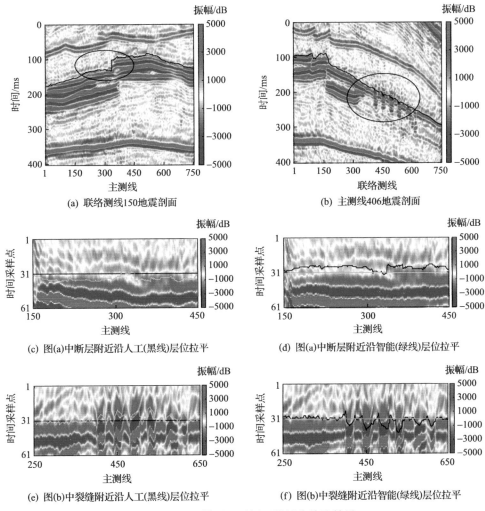

(a) 联络测线150地震剖面

(b) 主测线406地震剖面

(c) 图(a)中断层附近沿人工(黑线)层位拉平

(d) 图(a)中断层附近沿智能(绿线)层位拉平

(e) 图(b)中裂缝附近沿人工(黑线)层位拉平

(f) 图(b)中裂缝附近沿智能(绿线)层位拉平

图 3.5　物理模型地震剖面的层位拾取结果

选取层位闭合、层位等 T_0 图、地质导向相位属性这三种手段进一步质控三维层位拾取结果的质量。图 3.6(a) 和 (b) 展示了随机抽取的主测线剖面和联络测线剖面层位闭合情况。如图 3.6(a) 和 (b) 中黑色箭头所示，两个方向上的层位解释结果

（绿线）相交于一点，说明拾取结果满足层位闭合条件。人工拾取和智能拾取层位对应的等 T_0 图［图 3.6(c) 和(d)］均能清晰地刻画断层系统，但人工智能拾取层位对应的等 T_0 图能够更明显地表征北部的裂缝带。图 3.6(e) 和(f) 分别展示了人工

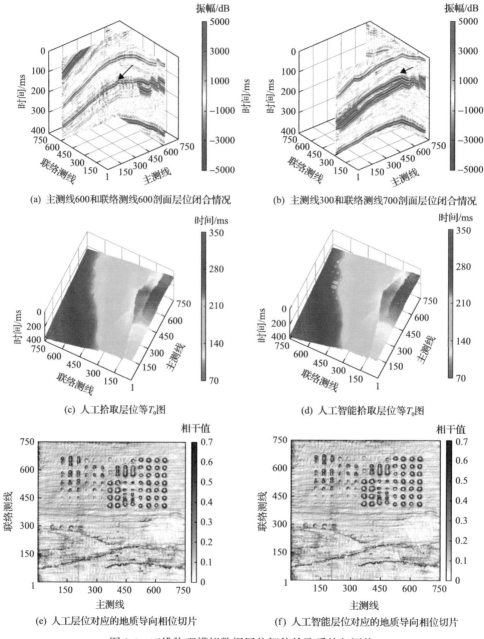

(a) 主测线600和联络测线600剖面层位闭合情况

(b) 主测线300和联络测线700剖面层位闭合情况

(c) 人工拾取层位等T_0图

(d) 人工智能拾取层位等T_0图

(e) 人工层位对应的地质导向相位切片

(f) 人工智能层位对应的地质导向相位切片

图 3.6　三维物理模拟数据层位智能拾取质控与评价

拾取、人工智能拾取层位对应的地质导向相位切片。对比可以看出，人工智能拾取层位对应的地质导向相位切片对于断层和裂缝组合的刻画更加清晰，受噪声干扰少，得到的地质异常体连续性更好、构造细节更丰富。

4. 实例分析

为了进一步验证所用方法的实际应用效果，选取我国西部某工区三维实际地震数据(图 3.7)进行推广测试。三维地震数据体共包含 800 条主测线和 800 条联络测线，时间采样点数为 451，时间采样间隔为 2ms，空间采样间隔为 15m，覆盖面积约 150km²。从地震剖面上可以发现，该区存在多个振幅较强、连续性较好的波阻抗界面。此次研究的主要地震层位为 H1 和 H2，这些地震反射层位均可在全工区内对比追踪(如图 3.7 中黑线所示)。浅部的目标层位 H1 主要发育复杂的河道系统，层位附近地震资料信噪比较高，而深部的目标层位 H2 主要发育高角度裂缝，层位附近地震资料信噪比相对较低。

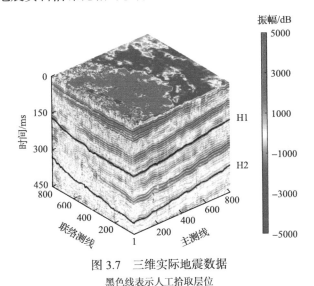

图 3.7 三维实际地震数据

黑色线表示人工拾取层位

根据 H1、H2 层位对应的沿层振幅切片[图 3.8(a)、图 3.9(a)]，观察三维实际数据的主测线剖面和联络测线剖面发现，联络测线方向地震波形复杂，包含更丰富的地质信息，能解释出多个河道体系和裂缝带。因此，在制备数据集时，基于本小节得到的沿着地质结构特征复杂方向提取大尺度样本建模更有利于推广测试的认识，沿联络测线方向等间隔抽取 50 个地震剖面，并精细解释以上地震剖面的层位以制作层位标签，得到 50 组大小为 451×800 的样本标签对。按照 4∶1 的比例创建训练集及验证集，并以全部 800 个联络测线剖面作为测试集，输入至 U-Net 神经网络获得智能层位拾取结果。抽取主测线 130 地震剖面分析人工智能层位拾取效果，如图 3.10 所示。可以看出，人工智能拾取层位能够稳定、准确地追踪反射波同相轴，刻画河道信息良好，与人工层位整体相当。选择沿层振幅属性、等 T_0 图和地质导向相位属性三种方式质控智能拾取的 H1 层位的准确性，如

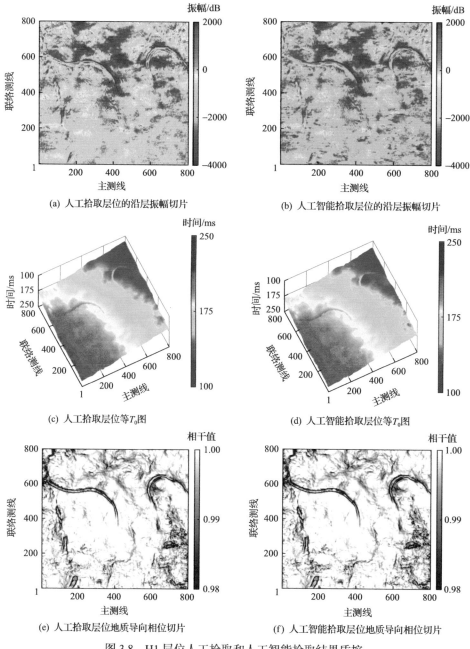

(a) 人工拾取层位的沿层振幅切片　　　　(b) 人工智能拾取层位的沿层振幅切片

(c) 人工拾取层位等 T_0 图　　　　(d) 人工智能拾取层位等 T_0 图

(e) 人工拾取层位地质导向相位切片　　　　(f) 人工智能拾取层位地质导向相位切片

图 3.8　H1 层位人工拾取和人工智能拾取结果质控

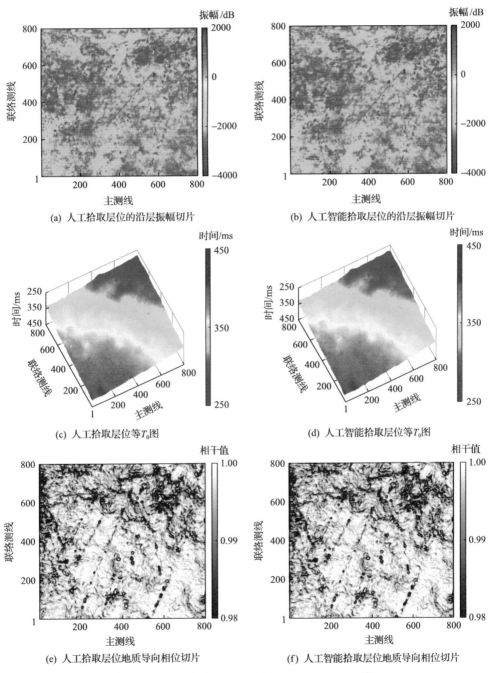

(a) 人工拾取层位的沿层振幅切片　　　　　(b) 人工智能拾取层位的沿层振幅切片

(c) 人工拾取层位等T_0图　　　　　　(d) 人工智能拾取层位等T_0图

(e) 人工拾取层位地质导向相位切片　　　　(f) 人工智能拾取层位地质导向相位切片

图 3.9　H2 层位人工拾取和人工智能拾取结果质控

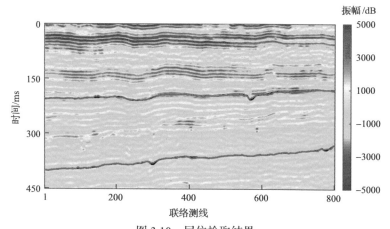

图 3.10　层位拾取结果

黑色线表示人工拾取层位；红色线表示人工智能拾取层位

图 3.8 所示。从图 3.8 可以看到，基于 U-Net 网络的层位拾取方法解释的目的层位对不同尺度的河道和断层的刻画更加清晰，整体与人工解释层位基本吻合。

图 3.9 为人工拾取和智能拾取的 H2 层位对应的沿层振幅切片、等 T_0 图和地质导向相位属性切片。人工智能拾取层位较清楚地显示出该处多条剪切状共轭断裂和次级断裂体系，且孔洞和断裂之间的接触关系也较为清晰，识别效果较好。

3.1.3　基于 VQVAE 的层位拾取

U-Net 网络的层位拾取精度取决于训练样本和标签的数量及质量。当成对的地震数据与层位标签较少时，其拾取结果容易出现"串层"和横向不连续等异常现象。本小节在 U-net 网络的基础上介绍一种基于矢量量化变分自编码器(vector quantised variational autoencoder, VQVAE)的层位拾取方法，以缓解智能拾取方法对于标签数量的依赖性。VQVAE 采用自编码器架构，首先将地震波形的每个数据点编码为嵌入向量，再将嵌入向量解码还原成与输入尽可能接近的地震数据。该方法不需要为地震数据进行大量的手动标注，而是从地震数据自身出发挖掘层位与非层位数据点的嵌入向量特征差异，实现层位的智能拾取。本小节接下来依次介绍 VQVAE 的方法原理、模型测试和实例分析。

1. 方法原理

VQVAE(向量量化变分自编码器)是由 DeepMind 公司提出的一种深度学习模型，它基于变分自编码器(VAE)并结合了离散化的思想，能够有效地对数据进行压缩和离散化编码。VQVAE 的核心思想是将输入数据(如图像、地震数据等)通过编码器转化为低维度的离散表示，并利用该表示进行重构，从而实现特征的提取和数据的生成。与传统的变分自编码器不同，VQVAE 使用了离散化编码，使数据在潜在空间中的表示变得离散，从而更容易捕捉到数据的结构性特征。

　　VQVAE 模型由三部分组成：编码器(encoder)、矢量量化码本(vector quantization codebook)和解码器(decoder)。该模型的工作流程通过编码和解码两个过程实现数据的压缩与重构。图 3.11 展示了 VQVAE 模型的基本架构。编码器通常由若干卷积层和池化层组成，它的任务是从输入数据中提取出有效的特征。在地震数据中，编码器负责从原始地震剖面或图像中提取出潜在的、重要的特征信息。在 VQVAE 中，编码器输出的是一个连续的特征向量，这个向量会与一个预定义的矢量量化码本进行匹配。每个特征向量会与码本中距离其最近的向量进行匹配，并用该向量的索引值替代原特征向量。通过这种离散化编码，VQVAE 能够减少数据的复杂性，并且提高数据的可表达性。解码器的任务是将从编码器中得到的离散化特征重新映射回原始数据空间，重构出与输入数据类似的输出结果。

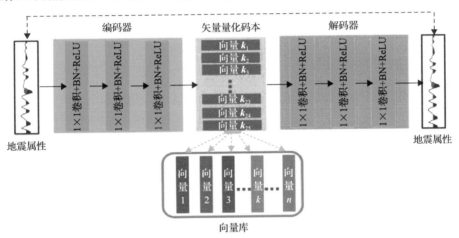

图 3.11　矢量量化变分自编码器结构示意图

BN-批量归一化层；ReLU-线性整流函数

　　无监督地震层位拾取模型对输入的每一个像素点进行编码，将其转化为可表示像素点特征的一维向量 $\boldsymbol{I}(x)$。本节引入了种子点的概念，它作为一个参考基准，通过矢量量化生成嵌入向量 $\boldsymbol{I}_c$。计算 $\boldsymbol{I}(x)$ 与 $\boldsymbol{I}_c$ 之间的距离。其中，与种子点波形相似的地震数据点将展现出更小的嵌入向量距离 $d_c(x)$。为了更直观地表达这种相似性对层位追踪的贡献，采取将负的嵌入距离 $-d_c(x)$ 取指数的策略，从而得到了层位的可能性结果 P_c。这一转换不仅放大了微小差异对最终结果的影响，还确保了 P_c 能够作为一个概率值来解释和应用。计算公式可以表示为

$$d_c(x) = \frac{\left\| \boldsymbol{I}(x) - \boldsymbol{I}_c \right\|}{0.9 \times \max\left(\left\| \boldsymbol{I}_1 - \boldsymbol{I}_2 \right\| \right)} \tag{3.5}$$

$$P_c(x) = \mathrm{e}^{-d_c(x)} \tag{3.6}$$

式中, I_1、I_2、$I(x)$、I_c 分别为数据点 1、2、x 和数据点 c 矢量后的嵌入向量; $\|I(x) - I_c\|$ 是计算两个嵌入向量 $I(x)$ 和 I_c 之间的欧几里得距离(或称为 L_2 范数)。这个距离直接反映了两个向量在多维空间中的相似度, 距离越小表示越相似。$0.9 \times \max(\|I_1 - I_2\|)$ 是一个归一化因子, 用于将 $d_c(x)$ 的值缩放到一个特定的范围内。这里, $\|I_1 - I_2\|$ 是任意两个数据点(如数据点 1 和数据点 2)嵌入向量之间的最大距离, 乘以 0.9 是为了引入一个小的缓冲或调整因子, 以避免分母过小导致的数值问题。$d_c(x)$ 的值越小, 表示数据点 x 与种子点 c 在嵌入空间中的距离越近, 即它们的地震波形越相似。设置同一个层位的多个种子点, 统计并提取与种子点嵌入距离小的数据点, 以获得最终层位拾取结果。

模型训练时, 其主要目标是优化解码器重构的损失, 损失函数值是用于判断模型学习好坏及收敛程度的重要指标。损失函数的表达式如式(3.7)所示:

$$\mathrm{Loss} = \ln p\big[x\big|z_q(x)\big] + \big\|\mathrm{sg}\big[z_q(x)\big] - e\big\|_2^2 + \beta\big\|z_e(x) - \mathrm{sg}[e]\big\|_2^2 \tag{3.7}$$

式中, $p\big[x\big|z_q(x)\big]$ 为在特定的编码表示下, 模型认为原始数据出现的概率, 即由编码器 z_q 重构的数据 x 有多接近原始数据。通过最大化这个概率, 可以使网络更好地重构输入数据。z_e 为输入信号的潜在空间; z_q 为实现矢量量化后输入信号的潜在空间离散; sg 为停止梯度, 这一项能够保证码本有效更新; β 为超参数, 防止编码器的更新速度快于码本的更新速度, 取值一般小于 1。明显地, 基于 VQVAE 的无监督层位拾取的损失函数由三部分构成。第一部分[式(3.7)右边第 1 项]为重构损失, 用于指导解码器的学习, 让解码器重建数据时损失值足够小; 第二部分[式(3.7)右边第 2 项]为量化损失, 这部分损失用于更新离散空间; 第三部分[式(3.7)右边第 3 项]为承诺损失, 防止嵌入空间任意增大, 确保编码器输入嵌入空间不是通过离散空间的增大来降低损失。

2. 模型测试

本小节采用与 3.1.2 节相同的三维裂缝物理模拟数据来测试无监督学习方法识别层位的潜力。沿主测线方向等间隔选取 50 个大小为 400×750 的地震剖面作为训练数据, 测试所有的主测线剖面。变分自编码器输入尺寸为 750×1。将矢量量化码本矢量维度设置为 30, 矢量数量设置为 37500, β 设置为 0.25, 模型批量大小设置为 512。采用 Adam 优化算法实现学习率的自动更新, 能够提高梯度下降速度。训练过程中, 模型迭代次数有差异, 为了避免训练数据集出现过拟合情况, 加入早停机制。整个模型共进行 64 次迭代训练, 记录每次迭代后训练集及验证集损失值并绘制曲线(图 3.12)，二者损失值在训练过程中逐渐下降并趋于平稳，训练集与验证集的最终损失值分别为 2.51×10^{-2} 和 3.82×10^{-2}。编码器主要由 3 组卷积层和批量归一化层构成，输出特征由 750×1 逐步增加为 750×8、750×16、750×32，经过 VQVAE 层的每个特征卷积降至长度为 30 的嵌入向量。随后，解码器的维度恢复为 750×32，使用 3 组反卷积层将图像逐层重构，最终将特征还原为与输入图像尺寸相同的重建图像。

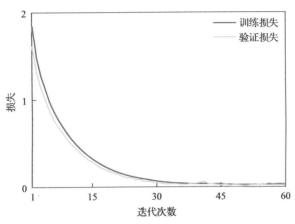

图 3.12　训练集和验证集损失值变化曲线

图 3.13(a)展示了主测线 406 地震剖面的拾取结果。为了方便对比，将人工智能拾取的层位(蓝线)和人工拾取的层位(黑线)同时投影至主测线 406 地震剖面上。从图 3.13(a)中可以看出，在地层连续处，人工智能拾取的层位和人工解释的层位高度吻合，几乎重合。在地层起伏较大的不整合处，人工智能拾取的层位能够很好地追踪波形、相位一致的同相轴，未出现中断和跳层现象。图 3.13(b)

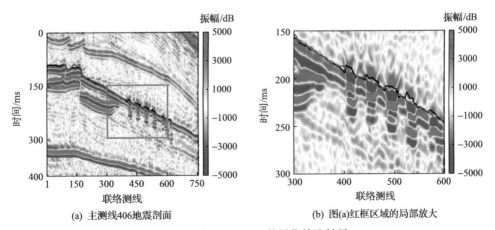

(a) 主测线406地震剖面　　　　　　　(b) 图(a)红框区域的局部放大

图 3.13　基于 VQVAE 的层位拾取结果

为图 3.13(a)中裂缝带位置(红框处)地震数据和层位拾取结果的放大显示,对比人工拾取结果,无监督层位拾取方法在不整合处的预测效果更理想。

采用沿层拉平手段对裂缝带处的地震数据分别沿着人工解释层位和人工智能拾取层位拉平,结果如图 3.14 所示。从图 3.14 可以看出,沿着人工智能层位拉平后的地震同相轴[图 3.14(b)]更为平缓,波形抖动小。图 3.15 为基于人工解释层位和无监督拾取层位提取的均方根振幅切片。通过对比发现,基于 VQVAE 的无监督层位拾取方法对于裂缝有较好的响应,能够识别出清晰合理的裂缝结构,相较于人工解释结果,对裂缝及断层附近的层位拾取精度更高。

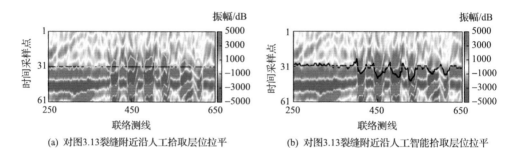

(a) 对图3.13裂缝附近沿人工拾取层位拉平　　　　　(b) 对图3.13裂缝附近沿人工智能拾取层位拉平

图 3.14　沿层位拉平

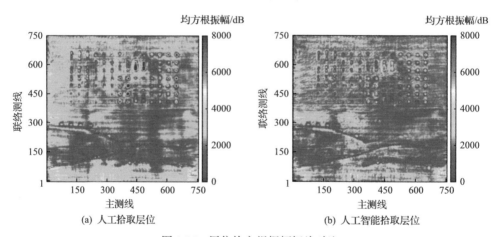

(a) 人工拾取层位　　　　　　　　(b) 人工智能拾取层位

图 3.15　层位均方根振幅切片对比

3. 实例分析

为了进一步验证方法的实用性,选取如图 3.16(a)所示的实际数据进行测试。研究区域位于中国西南部,相应的三维地震数据的大小为 200 主测线×200 联络测线×251 个时间采样点,时间采样间隔为 2ms,沿主测线(西—东)和联络测线(南—北)方向的空间采样间隔均为 25m。该地区目标储层的平均深度约 4500m,

受多期构造运动影响，发育了复杂的断层体系及断层周围的断裂带，受三角洲沉积作用影响，发育丰富的中孔隙度分流河道。

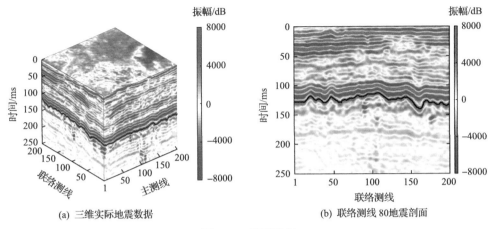

(a) 三维实际地震数据　　　　　　　　　　(b) 联络测线 80 地震剖面

图 3.16　实际数据

从三维数据体的主测线方向等间隔选取 40 张地震剖面作为训练数据，输入至矢量量化变分自编码器模型进行训练，得到人工智能拾取层位。将智能拾取层位和人工拾取层位同时投影到联络测线 80 地震剖面，如图 3.16(b) 所示。从图 3.16 中可以看出，智能拾取层位与人工拾取层位结果基本重叠，正确地反映了层位的变化趋势。

通过与人工拾取层位对应的地质导向相位切片 [图 3.17(a)] 相比，无监督 VQVAE 方法拾取层位对应的地质导向相位切片 [图 3.17(b)] 对河道的刻画更加清晰，层位未出现错位现象，结果整体表现良好。图 3.18 展示了人工拾取层位和无监督 VQVAE 方法拾取层位对应的等 T_0 图。从图 3.18 可以看出，无监督拾取层位

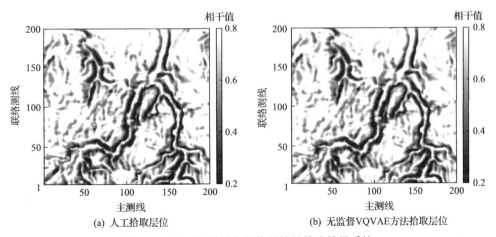

(a) 人工拾取层位　　　　　　　　　　　(b) 无监督VQVAE方法拾取层位

图 3.17　基于地质导向相位属性的拾取结果质控

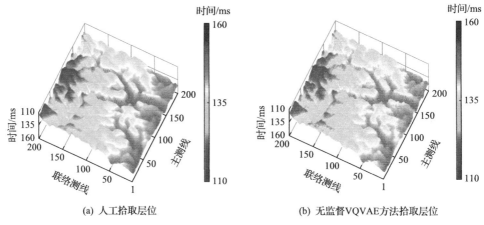

(a) 人工拾取层位　　　　　　　　　(b) 无监督VQVAE方法拾取层位

图 3.18　等 T_0 图对比

能够较好地反映地震层位的形态和起伏变化,与人工拾取结果一致。

3.1.4　多属性智能融合的层位拾取

　　基于 U-Net 网络的层位拾取方法和基于 VQVAE 的无监督层位拾取方法均以地震振幅数据为基础,寻找地震振幅信息与地震层位标签之间的映射关系,没有充分利用地震、测井和钻井等多元信息。Dunham(2021)通过模型试验说明在训练数据较少时,引入多种地震属性可以较为明显地提高人工智能算法分类地震相的精度。借鉴该思想,本小节提出一种多属性智能融合的井震联合多层位同时拾取方法。首先,以分级拾取、逐级递进的思想为指导,结合井上的钻井复杂层位建立全区地层骨架,形成三维地震层位稀疏网格。再以地层骨架为指导,实现地震属性综合提取,进行钻井复杂层位的敏感属性优选。其次,利用基于多属性智能融合的深度神经网络实现井震联合多层位的横向高密度、高效率拾取。再次,从井点层位一致性、地震波组特征一致性和层位曲面地质合理性三个角度评价层位的准确性,并进行必要修正。最后,获得高精度的层位拾取结果。建立“井震联合层位稀疏网格化解释+地层格架引导的地震属性优选+多属性智能融合的层位拾取”的人工智能层位拾取方法。

　　1. 方法原理

　　图 3.19 为多属性智能融合的井震联合多层位高效精细拾取方法流程图。该方法需要先后进行多井联合的井周围多层位精细解释和多属性智能融合的井震联合多层位高效拾取。多井联合的井周围多层位精细解释利用测井曲线和地震子波模拟合成地震记录并进行层位标定(吴景超,2011),搭建地震、地质和测井资料的桥梁,实现测井层位到地震层位的标定和映射,获得井震联合层位稀疏网格。

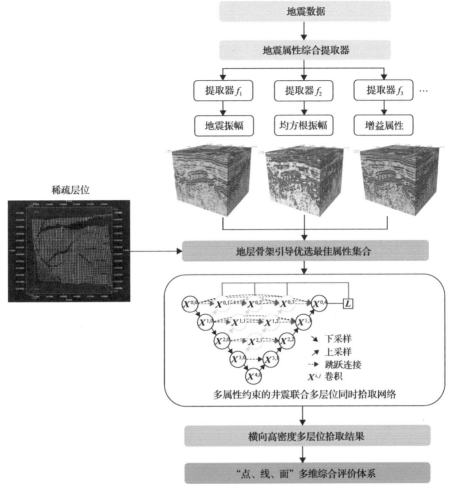

图 3.19　多属性智能融合的井震联合多层位高效精细拾取方法流程图

$$L = \frac{1}{4}\left(X^{0,1} + X^{0,2} + X^{0,3} + X^{0,4}\right)$$

　　首先，分析钻井、录井和测井等资料构成的单井地质剖面、标志层及测井曲线特征，初步制作合成记录并进行多井联合层位标定，初步明确地质标志层、地层层序和地震反射轴、地震波组的对应关系。根据前期的地质认识和专家经验选取工区的标准井，相比于其他井，标准井测井曲线经过正演生成的地震记录与井旁地震道的相关系数通常是最高的。根据标准井的声波时差和密度等曲线的范围，对其他井点位置的测井曲线进行标准化和野值剔除等预处理，从而提高不同井之间测井响应的相似性。在开展井震标定前，对地震数据进行随机噪声去除等预处理，提取过井地震剖面的统计性地震子波。其次，利用提取的地震子波对不同井进行井震标定，获得每口井的时深关系。绘制每口井的时深曲线，若少部分井的时深曲线与其他井的时深曲线差异较大，则对这些井进行重新标定与校正，直到每口井获得比较接近的时深关系。井上的地质层位是钻井取心后进行标定获得的，需要进一步转化至时间域。根据井震标定得到的时深关系，将部分井的深度域地质层位转化为时间域地震层位。在对比过程中，及时调整合成记录并进行多井联合层位标定，建立研究区的地质界限和地震波组的对应关系，完成地震层位的三维空间闭合，从而对井周围的地震数据进行多类钻井复杂层位精细解释。未参与井旁地震道层位拾取的井作为后期三维层位拾取结果的验证井。在获得井周围的地震层位后，对部分地震剖面的层位进行手工拾取，得到稀疏网格的多类钻井复杂层位全区地层骨架。获得全区地层骨架后，进一步进行多属性智能融合的井震联合多层位高效拾取。

实现多属性智能融合的井震联合多类层位高效拾取主要包括地层骨架引导的地震属性优选和基于多属性智能融合的层位拾取两大步骤。以往的地震属性优选方法只能获得具有数学意义的地震属性，没有考虑地震属性的地质意义。本方法在全区地层骨架的引导下，综合提取具有地质含义的地震属性。

通常来说，地震属性可划分为振幅、相位、频率、波形、相关、能量和衰减等几大类。20 世纪 90 年代初，Taner（1999）根据地震属性的基本定义，将地震属性分为几何属性和物理属性。几何属性用于层位解释及断裂解释。根据提取方式和应用场景的不同，地震属性也可分为表征储层特征的地震属性及基于运动学和动力学的地震属性。物理属性用于岩性与属性特征解释，可进一步分为基于叠后地震数据和基于叠前地震数据计算出的属性。振幅或能量类属性是地震岩性解释和储层预测常用的动力学属性。这类属性反映了储层内波阻抗、地层厚度、岩石成分、孔隙度及流体性质的变化。可用于识别振幅异常或地层层序特征分析，也可用于追踪三角洲、河道、河漫滩、冲积扇和特殊岩体等地层学特征，还可用于识别地层不整合、岩性界面及气体、流体聚集等。频率类属性主要反映了地层厚度、岩性及含流体成分的变化，常用于检测由上覆地层异常导致的部分频率成分吸收，也可识别由地层构造、岩相等改变而引起的频率变化。波形类属性反映了目标层内波阻抗的变化规律、沉积层序、地层层理特征、古代剥蚀面、古构造特征、沉积过程及其连续性、沉积盆地的大小等。

地震层位拾取是一个由粗到精的过程，且解释结果较依赖于地震数据质量，考虑到智能学习过程仍然是人类难以理解的"黑盒子"，因此，更加强调对其学习过程的分析，将其作为从"黑盒子"到"白盒子"拆分的突破口，将机器经验转变为人类经验。地层骨架引导优选的最佳属性集合方法通过大数据挖掘建立标签数据集，在一定程度上避免了地震勘探中经常面对的"小样本"问题。

首先，通过不同地震属性计算公式生成大量的地震属性，如最大振幅属性、自动增益（AGC）属性和相位一阶导属性等。其次，根据结构相似性评价地震属性与地震数据之间的相似性，其具体表达式如式（3.8）所示：

$$\text{SSIM}(x, y) = \frac{\left(2\mu_x\mu_y + c_1\right)\left(\sigma_{xy} + c_2\right)}{\left(\mu_x^2 + \mu_y^2 + c_1\right)\left(\sigma_x^2 + \sigma_y^2 + c_2\right)} \tag{3.8}$$

式中，SSIM 为 x 与 y (矩阵)的相似度；x、y 分别为地震数据和地震属性；μ_x、μ_y 为均值；σ_x、σ_y 为标准差；σ_{xy} 为协方差；c_1、c_2 为常数，用于避免分母为 0 带来的系统错误。结构相似性越高，说明提取的地震属性与地震数据越相似。

基于结构相似性指标初步筛选出与地震数据相关性较好的几种属性，并在地层骨架的引导下进一步优选出吻合层位横向趋势的、能够较好区分层位与非层位信息的地震属性。

另外，原始的叠后地震数据对于部分层位的响应比较微弱，不足以表达层位信息。因此，相比于传统的地震层位智能拾取方法，本方法联合地震数据和层位敏感的地震属性开展多属性智能融合的多类层位拾取。利用深度学习算法对地震数据和属性包含的层位特征进行深度挖掘和提取，以建立地震数据、地震属性与地震层位响应特征之间存在的复杂非线性映射关系：

$$Y = \text{U-Net++}(X_1, X_2; m) \tag{3.9}$$

式中，U-Net++($\cdot$) 为本小节用于建立地震数据、地震属性和与层位之间非线性映射关系的神经网络架构；X_1 为地震数据；X_2 为地震属性；Y 为 U-Net++($\cdot$) 预测的层位结果；m 为网络参数。

针对现有的、仅在地震数据上剖平结合的观测拾取层位结果的方式，本小节提出了一种新的层位拾取结果评价流程，即遵循"点、线、面"的原则，通过整合测井曲线上地质层位与智能拾取层位的对应关系、地震剖面上反射波组与智能拾取层位的对应关系、地震数据上地质构造与智能拾取层位对应关系强弱评价层位拾取结果的好坏，进一步实现了地震层位拾取精度和地质合理性的提高，得到更符合地质实际情况的解释结果。

2. U-Net++网络架构

深度卷积神经网络通过卷积层和池化层可以降低网络的参数量，防止模型出现过拟合，此时，网络输出的特征图为输入图像尺寸的若干分之一。然而，为了使输出结果与输入图像等大，需要利用上采样和反卷积操作来扩大输出特征图尺寸。但是，特征图经过扩大后会导致空间分辨率降低，极易引起细节信息丢失。从 DenseNet 架构中获得灵感，Zhou 等(2018)在 U-Net 网络结构的基础上添加跳跃路径、密集跳跃连接及深监督，提出了 U-Net++网络结构(图 3.20)。U-Net 模型通过跳跃连接融合编码器和解码器之间语义上的不同特征，U-Net++模型进一步将卷积层的输出融合到相应的上采样输出层以优化语义相似特征映射，可以减少编码器和解码器之间的语义差距，虚线箭头表示密集跳跃连接，确保收集到所有的特征映射并到达正确的节点，弥合了 U-Net 模型编码器和解码器特征图之间的语义鸿沟。

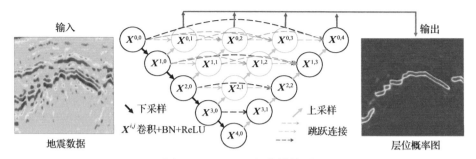

图 3.20 U-Net++ 网络结构图

通过不断减小预测结果与样本标签之间的误差来优化网络参数，寻找样本数据与标签之间的映射关系，并在训练过程中利用验证集对网络模型的能力进行初步评估，以及时调整超参数，得到最优的网络模型。然后，将测试集输入训练好的网络模型，得到测试集对应的预测结果，完成全区地震层位的精细解释。传统的层位拾取多分类问题一般使用交叉熵损失函数，虽然整体的准确率很好，但是对于少数类别，在训练过程中准确性可能较低，可能导致准确率很差。因此，为了缓解层位拾取过程中正负样本比例不均衡，本小节使用焦点损失 (Focal Loss) (Lin et al., 2020) 作为新模型的函数：

$$\text{Focal Loss} = \begin{cases} -\alpha[1 - \text{Net}(x,w)]^{\gamma} \ln[\text{Net}(x,w)], & \text{if } y = 1 \\ -(1 - \alpha)\text{Net}(x,w)^{\gamma} \ln[1 - \text{Net}(x,w)], & \text{if } y = 0 \end{cases} \quad (3.10)$$

式中，$\text{Net}(x,w)$ 为经过多属性智能融合的井震联合多层位同时拾取的预测结果；x 为原始地震剖面；w 为深度神经网络内部参数；y 为层位标签类别；γ 为调制系数，在这里 γ 取 2；α 为控制正负样本对在总损失的共享权重。假如类别 1($y = 1$) 比类别 2($y = 0$) 的样本数多很多，则需要设置 α 较小。一般而言，α 取 0~0.5，本小节 α 取 0.4。

3. 实例分析

为了验证本方法的可行性与实用性，选取位于我国东部某地区的三维实际地震数据，如图 3.21(a) 所示。数据包含 200 条主测线、416 条联络测线，时间采样点数为 1160，时间采样间隔为 2ms，沿联络测线方向(西—东)和主测线方向(北—南)道间距分别为 12.5m 和 25m。从主测线 30 地震剖面上[图 3.21(b)]可以发现，该区存在多个能量较强且连续性较好的地层界面，关注的层位从上至下依次为 Y1、Y2、Y3 和 Y4，如图 3.21(b) 中虚线所示。Y1~Y3 为平层，地震响应特征为连续的中等强度振幅；Y4 为埋藏较深的构造层，主要发育古潜山和断缝系统，其地震响应特征复杂，纵向上层位时间变化较大。

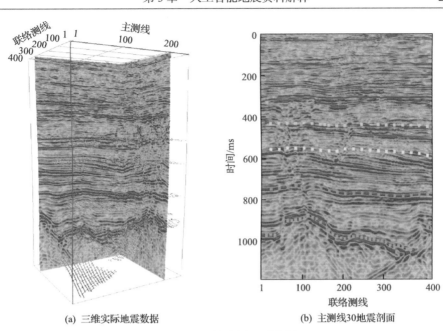

(a) 三维实际地震数据　　　　　　　(b) 主测线30地震剖面

图 3.21　三维实际地震数据

　　在完成地震数据和测井数据加载后，选取工区最为合适的地震子波，利用褶积原理得到合成地震记录进行井震标定。根据工区部分已知的地质层位，通过井震标定及手工拾取建立全区地层骨架。图 3.22 为 Y1～Y4 层位对应的全区地层骨

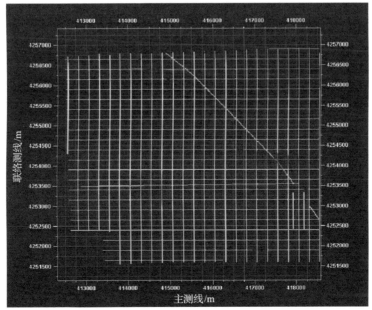

(a) Y1层位

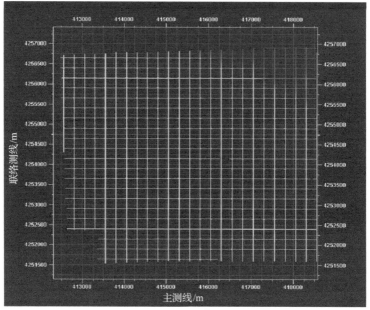

(b) Y2层位

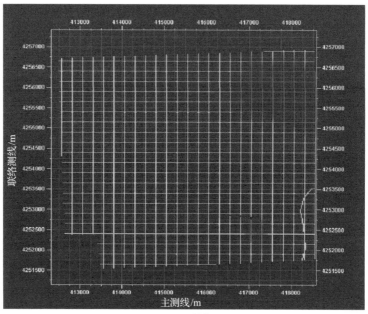

(c) Y3层位

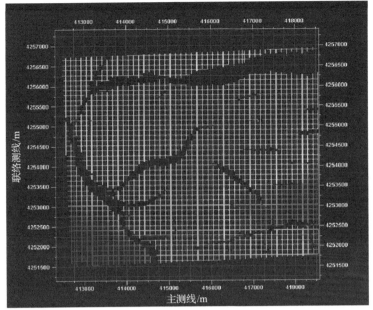

(d) Y4层位

图 3.22　全区地层骨架

架。对于 Y1～Y3 层位，主测线方向解释了 20 条层位线，每条主测线层位线长度
为 416，联络测线方向解释了 20 条层位线，每条联络测线层位线长度为 200。对
于 Y4 层位，主测线方向解释了 40 条层位线，每条主测线层位线长度约为 416，
联络测线方向解释了 40 条层位线，每条联络测线层位线长度为 200。

　　利用建立的地层骨架引导提取多种地震属性。根据三维地震数据提取的三维
均方根振幅属性体、三维增益属性体和三维瞬时相位属性体分别如图 3.23(a)、
(c)、(e) 所示。增益属性基于统计学原理，在时空域根据给定的统计采样振幅，以
中值、平均值或均方根值统计结果作为基数重构采样振幅，达到振幅均衡。均方根
振幅属性、增益属性和瞬时相位属性主测线 30 地震剖面分别如图 3.23(b)、(d)、
(f) 所示。可以看到，增益属性刻画层位清晰，能够有效区分层位与非层位信息，
瞬时相位属性和均方根振幅属性体现层位信息效果较差。同时，为提高深度学习预
测的精度、减少预测结果的多解性、降低计算误差，利用结构相似性准则分析评估
提取 8 种相关地震属性，相似程度如图 3.24 所示。结合图 3.23 和图 3.24，增益属
性相较于其他属性体，能够较好地突出弱反射信号，更好地区分层位位置与非层
位位置的特征差异，尤其是针对深层区域。因此，在地层格架的指导下优选增益
属性作为多类型层位高效拾取模型的额外输入特征。

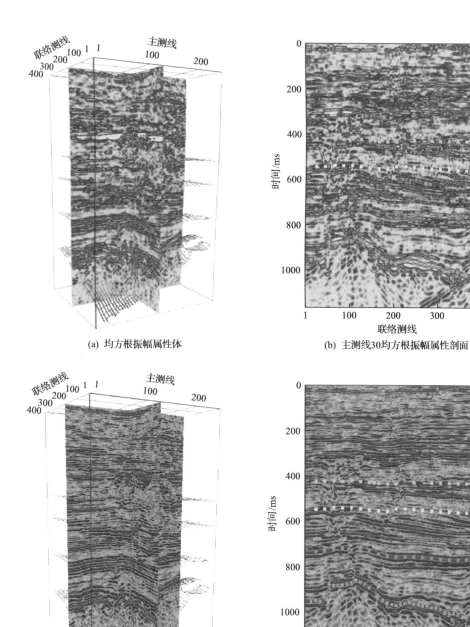

(a) 均方根振幅属性体　　　　　　(b) 主测线30均方根振幅属性剖面

(c) 增益属性体　　　　　　(d) 主测线30增益属性剖面

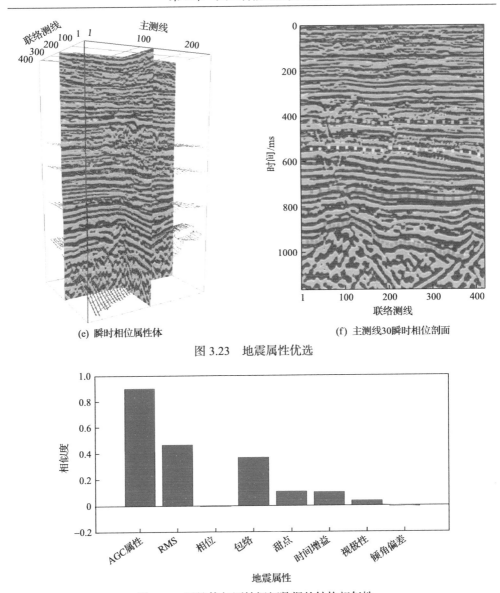

(e) 瞬时相位属性体

(f) 主测线30瞬时相位剖面

图 3.23 地震属性优选

图 3.24 属性体与原始振幅数据的结构相似性

在已有人工完整解释的层位附近设置时窗，将时窗内区域标记为所属的层位类别，分别为 1, 2, 3, 4，时窗外区域标记为 0，最终生成与地震剖面等大的层位标签，获得的层位标签如图 3.25(a) 所示。利用主测线方向已解释层位的 20 个地震剖面及其对应的增益属性和层位标签制作训练集，训练 U-Net++网络，并以全部的主测线剖面作为测试集，输入至训练好的层位拾取模型，获得智能层位拾取结果。图 3.25(b) 为多属性智能融合的井震联合层位拾取模型在地震剖面上拾取的层位结果。其中，虚线表示人工解释层位，实线表示本方法拾取的层位。可以明显看到，本方法拾取的层位基本能够正确地反映层位变化趋势，追踪与地震构造一致的反射波同相轴信息，没有出现串层现象，与人工拾取的地层骨架基本吻合。

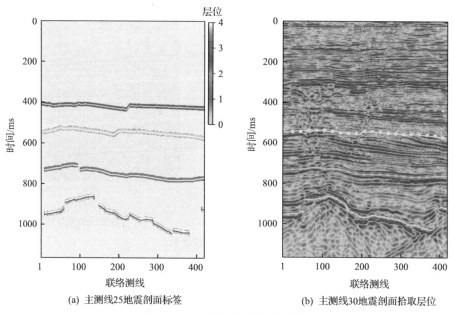

(a) 主测线25地震剖面标签　　　　　　　　(b) 主测线30地震剖面拾取层位

图 3.25　层位标签及拾取结果

图 3.26～图 3.29 依次为商业软件追踪、仅地震振幅数据预测及多属性智能融合预测的 Y1～Y4 层位等 T_0 图。通过对比，三种方法拾取层位整体相当，但由于软件追踪算法希望追踪的层位与已有的部分种子点存在一定的矛盾，拾取层位上出现了明显的网格痕迹，智能方法拾取层位总体更加平滑。相比于仅基于地震振幅数据训练的层位，多属性智能融合的层位拾取结果细节更丰富。在仅基于地震振幅数据训练的层位中出现了较多异常跳点，通过剖平结合的方式验证了异常跳点附近层位拾取结果抖动性强，导致层位拾取结果的横向连续性差。多属性智能融合的井震联合多类层位高效精细拾取层位无异常跳点出现，进一步证明了本方法的准确性和实用性。并且，商业软件在自动追踪 Y4 层位时会自动连接断裂处的层位，拾取的层位结果无法刻画断裂位置和边界信息，而井震联合多类层位高效精细拾取方法的层位拾取结果可以清晰刻画断层位置信息。相比于只使用地震振幅数据拾取的层位，基于多属性智能融合拾取的层位能够更加精确地刻画多条断裂，并且各断裂之间的接触关系也更加清晰，减少了层位信息的丢失和非层位信息的误判。

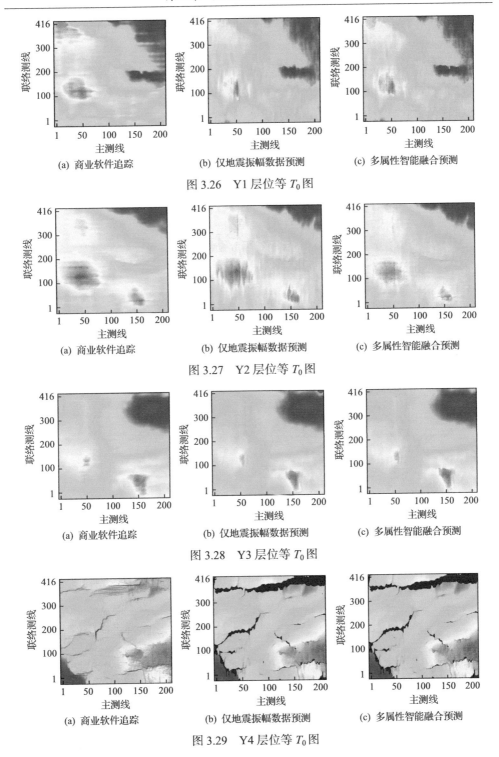

(a) 商业软件追踪　　(b) 仅地震振幅数据预测　　(c) 多属性智能融合预测

图 3.26　Y1 层位等 T_0 图

(a) 商业软件追踪　　(b) 仅地震振幅数据预测　　(c) 多属性智能融合预测

图 3.27　Y2 层位等 T_0 图

(a) 商业软件追踪　　(b) 仅地震振幅数据预测　　(c) 多属性智能融合预测

图 3.28　Y3 层位等 T_0 图

(a) 商业软件追踪　　(b) 仅地震振幅数据预测　　(c) 多属性智能融合预测

图 3.29　Y4 层位等 T_0 图

　　对比井上的地质层位(图3.30水平虚线)与多属性智能融合的井震联合多类层位高效精细拾取方法拾取的层位(图3.30中的蓝线),如图3.30所示,可以看出,本方法拾取的地震层位与井上地质层位匹配较好,时间上表现出一致性,表明本方法拾取的层位具有较高的准确性,可以用于钻井钻前风险评估等工作。

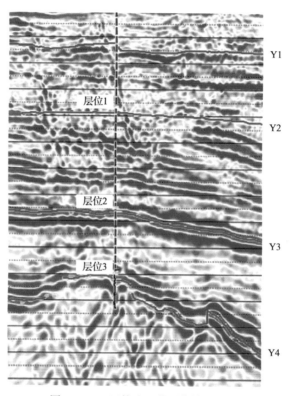

图3.30　工区某验证井层位拾取结果

3.1.5　小结与展望

1. 小结

　　基于 U-Net 网络的层位拾取方法采用沿着地质结构特征复杂方向提取大尺度数据构建训练集的逐级样本选取策略,实现了多套目标层位的高效同时提取,对建立层位智能解释模型具有一定的物理可解释性和普适性,拾取结果与人工层位拾取结果高度吻合,且同相轴追踪结果稳定。通过应用层拉平、层位闭合、等 T_0 图、均方根振幅属性、地质导向相位属性等多种地球物理质控手段可以有效对比和评价人工智能层位拾取与人工层位拾取的优劣,指导训练样本的选取与人工智能层位拾取模型的建立与优化。

基于矢量量化变分自编码器的无监督层位拾取方法，展示了如何利用提取的地震数据特征来实现高效高精度的层位拾取，缓解了网络训练中缺少样本标签的问题。模型数据及实际地震数据测试结果表明，使用无标签数据集进行训练的方法能够很好地刻画构造的位置及形态，取得了与人工拾取方法相当的效果。这种无监督层位拾取方法以较少的数据量获得较高的反射波同相轴追踪质量，一定程度上弥补了标签不足带来的不利影响。然而，由于矢量量化变分自编码器是逐像素生成嵌入向量，模型训练速度较慢。

多属性智能融合的井震联合多层位同时拾取方法，借助神经网络将地震数据和地震属性等多种类型数据的优势相结合，基于地层骨架进行地震属性优选，标定出既能表征地震层位规律又与原始地震数据相关性较好的地震属性集合，有效拓展了地震资料表征层位的属性空间，显著提高了层位拾取的准确性和可解释性，获得的层位拾取结果兼具数学、物理和地质多重含义。从井位置的地质层位与智能拾取层位的对应关系、地震剖面上反射波组与智能拾取层位的对应关系及智能拾取的三维层位曲面的地质合理性三方面评价拾取结果，提高了层位拾取的可靠性。

2. 未来展望

以上智能地震层位拾取方法大体都能够获得高质量层位拾取结果。但是，这些方法在低信噪比、反射特征不稳定、陡倾角断层等复杂区域容易出现层位拾取不稳定甚至"串层"等问题。未来考虑从数据、算法和地球物理知识方面提高层位智能拾取效果。

(1)从数据高信噪比处理和高分辨率处理角度提升地震数据质量；从叠后地震数据及属性拓展到叠前地震数据及属性，挖掘高维数据的层位信息；增加复杂区域的层位解释密度及质量，提升层位标签的质量。

(2)研究智能算法拾取层位的实现机理，寻找适合不同场景或最适合某种场景的层位拾取网络。探究智能算法对于单套层位拾取和多套层位拾取的差异性与先决条件，以及拾取不同复杂程度的层位的差异性。

(3)考虑引入地质模式规律和地球物理准则，提高人工智能层位拾取的精度，探究跨工区层位拾取的可行性。

(4)开展层位与断层解释或地震反演等多个任务的联合智能化研究，从构造解释和地震反演等角度评价智能层位拾取的准确性与可靠性。

3.2　断　裂　识　别

在地壳不断运动过程中，断层和裂缝是随之产生的一种常见的地质现象，其对于油气的运输与汇集有着举足轻重的影响。随着国内外石油勘探开发技术的发展，当前的油气藏开发方向从以前的构造型油气藏逐渐转向了由裂缝和断层控制的隐蔽型油气藏。因此，断层、裂缝作为这类油气藏形成与开发的重要影响因素，正确描述断层和裂缝的空间产状分布至关重要。人工断裂解释虽然可以灵活地利用各种领域知识，但费时费力，且具有较强的主观性。例如，从地震数据中获取相干和曲率等单一的地震属性是识别断裂较为有效的方法，但是部分断裂构造及其周围形成的地质结构在地震数据中的呈现情况非常复杂，导致处理后得到的断裂特征不明显，形态模糊，准确度低。因此，仅通过单个或几个地震属性无法充分描述断层和裂缝构造。此外，断裂属性对地层变化和地震数据中的噪声也非常敏感。目前，随着数据量的增多和计算机的高速发展，从地震大数据中挖掘数据之间的内在联系已成为新的发展趋势。本节主要阐述基于人工智能的断裂识别方法，能够有效解决上述问题，得到更精确的断裂预测结果。

3.2.1　研究进展

断层与裂缝作为地下构造圈闭的重要组成部分之一，可以成为油气在地下汇聚和运输的通道。因此，在地质构造的解释过程中，实现对断裂位置的精确刻画是解释工作中至关重要的一步。传统的识别方法主要依靠具有丰富专业知识和专业背景的地震解释人员，其利用从地震数据中获取的各种地震属性来识别断层和裂缝带。常用的地震几何属性包括相干属性、曲率属性和蚂蚁体属性等（Richard，1994；Marfurt et al.，1999；Randen et al.，2001）。

近年来，随着人工智能的飞速发展，人工智能算法被广泛应用于地震勘探的各个领域。由此，断层的自动识别也得到了进一步发展。人工智能技术在挖掘数据的隐藏信息和寻找数据的映射关系方面具有强大的能力，是一类以数据为驱动的智能方法。其优势在于寻找隐藏在数据内部的规律，并且能够高效率地建立输入数据与目标输出之间的映射关系。在使用过程中，可以将人工智能技术分为两大类：传统机器学习算法和深度学习算法。传统机器学习算法包括 K 均值聚类、支持向量机和随机森林等方法，该类方法计算方便，参数量少，可以达到一定的效果。但是，对于数据量庞大和复杂的高维地震资料，其断层自动识别效率和精度难以满足精细解释要求。深度学习可以在迭代训练的过程中不断优化模型参数，学习地震数据中断裂的各种特征，如同相轴低连续或高度不连续性，最终得到断裂智能识别模型。人工智能发展初期，一些研究人员使用全连接神经网络或带有全连接层的卷积神经网络进行断裂识别，这类方法由于使用了全连接层，未能有效利用空间中的关联信息，识别精度较低。随后，出现了端到端的全卷积神经网络，能够更加直接地提取数据中的时空信息，更好地完成断裂识别任务。随着深度学习神经网络的进一步发展，贝叶斯理论和注意力机制等技术也逐渐被引入神经网络中，取得了良好的应用效果。人工智能方法在断裂识别中的部分研究进展见表 3.3。

表 3.3　人工智能方法在断裂识别中的部分研究进展

作者	年份	研究内容及成果
Tingdahl 和 Rooij	2005	将一组 12 个地震属性作为全连接神经网络的输入特征,通过生成断层概率图进行断层识别
Zheng 等	2013	提出了一种优化的多层感知机神经网络断层检测方法,将多个地震属性融合为一个新的地震敏感属性,通过融合新产生的断层概率属性来识别断层
Di Giuseppe 等	2014	利用 K 均值将电磁和地震数据划分为五个分离良好的类型,并应用于浅层断层带成像
Araya-Polo 等	2017	提出了一种考虑叠前地震信息的断层识别方法,通过在叠前合成数据上训练一个深度神经网络,并使用 Wasserstein 损失函数对其进行约束,实现了断层的自动识别
Di 等	2017	基于多属性支持向量机对断层进行识别,通过对几何属性、边缘检测属性和纹理属性进行属性选择,再进行支持向量机分析,完成数据体处理,进而完成对断层的自动识别
Huang 等	2017	构建了一个面向地震数据分析的大数据处理平台,利用多种叠后地震属性,应用卷积神经网络进行断层解释
Xiong 等	2018	通过 CNN 模型对带有标注的三维地震体进行断层识别,验证了深度学习算法在断层识别连续性上优于相干体技术
Wu X 等	2019	生成了一批带有标签的 3D 合成数据用于 CNN 模型训练,解决了过去仅能使用小样本实际资料训练的问题,同时使用了一种高效的端到端 U-Net 神经网络,可以直接实现断层识别
Zhou 等	2019	建立了具有地质专家经验的自动图像处理方法,将其用于校正深度学习的断层检测结果,通过不断地迭代校正,约束正断层识别结果,提高了断层识别的连续性
Cunha 等	2020	利用迁移学习识别断层,并设计对比了三种不同的迁移学习策略。同时,设计了一种纹理对比算法,使预训练的自然图像数据和地震数据的分布最大限度地接近,提高迁移学习断层识别的精度
丁燕 等	2020	综合伽马、井径等敏感性曲线,构建了裂缝识别参数 FIC_c,以 FIC_c 曲线作为训练目标、以井旁地震数据作为样本训练深度信念网络,建立了井旁地震数据与 FIC_c 曲线之间的非线性映射关系,并将其推广到实际地震数据体中,预测裂缝空间分布
何健 等	2020	应用随机森林算法对叠后地震属性特征与岩心中裂缝的发育程度之间的对应关系进行学习建模,并将其应用到实际工区,实际应用表明随机森林多属性预测的准确性与可靠性均高于常规的单属性
陈芊澍 等	2021	引入极限学习机算法预测裂缝带,通过极限学习机算法对地震属性特征与裂缝带发育程度之间的对应关系进行学习,并将其应用到实际工区
Feng 等	2021a	在断层检测中使用了 Dropout 方法来近似贝叶斯推理,通过变分分布估计神经网络中的不确定性,在不影响计算成本和预测精度的前提下,以蒙特卡罗方式捕捉了断层识别的认知不确定性和偶然不确定性

续表

作者	年份	研究内容及成果
Guarido 等	2021	提出了一种 2.5D 的断层识别方法，该方法使用相同的残差网络分别训练主测线、联络测线剖面方向和时间切片方向，通过融合两个方向上的预测结果，在一定程度上弥补了三维空间信息的不足
Jiang 和 Norlund	2021	提出了一种使用多个不同空洞率的空洞卷积的多尺度模块，该模块能够系统地聚合多尺度地震信息，并以更高的分辨率改善断层的连续性
Alfarhan 等	2022	在改进 U-Net 网络的基础上，实现了断层与盐丘的同时检测。同时使用 ImageNet 的预训练参数，在此基础上进行再训练，可以充分利用自然图像中的原始特征（线段、边等）与断裂特征之间的相似性，提高神经网络的识别能力
Lin 等	2022	在断层识别中，使用四个相邻的实际地震剖面作为输入，一方面保留了三维空间的相关性，另一方面降低了人工解释标签的时间成本。同时，使用一种具有通道注意力的神经网络，可以有效利用相邻剖面间的相关性信息，提高断层识别的性能
Mosser 和 Naeini	2022	对 Deep Ensembles、Concrete Dropout 和随机权重平均（stochastic weight averaging Gaussian, SWAG）三种方法进行了详细对比，并用于提取数据中的偶然不确定性和模型中的认知不确定性
Wu J 等	2022	在 U-Net 神经网络的基础上加入空洞卷积，设计了组间通道扩张卷积模块（inter-group channel dilated convolution module, IGCDCM）和组间空间扩张卷积模块（inter-group space dilated convolution module, IGSDCM）两个模块，增强了网络选择多尺度信息的能力，捕获了更多相邻信息，具有检测更精细细节的能力
Yu 等	2022	将 SE（squeeze-and-excitation）模块整合到三维 U-Net 网络中，使神经网络通过计算通道之间的相关性，定位出有用的信息，抑制无用的信息，进而从大量的信息中快速筛选出对当前任务更有价值的信息，提高特征提取能力
Zhu 等	2022	提出了一种弱监督的断层识别方法，使用一种稀疏的人工解释标签来识别三维断层。同时，提出一种基于 CNN 的断层标定框架 FRF（fault registration framework）断层识别方法，将三维卷积神经网络和二维卷积神经网络对同一剖面的识别结果使用图像配准方式相结合，提高了断层识别的精度

　　本节通过基于主成分分析的多属性融合机器学习方法、三维多尺度卷积神经网络方法和基于深层聚合（DLA）神经网络的多属性融合方法，从多个角度实现断裂的自动识别，并采用三维物理模型和三维实际数据等进行测试分析。

3.2.2　基于主成分分析的断裂识别

1. 方法原理

　　主成分分析（principal component analysis, PCA）是一种数据统计分析技术，也是一种使用最广泛的数据降维算法（图 3.31）。在地震勘探领域，PCA 方法通过线性空间变换，以矩阵的降维思想把大量的地震属性转化为几个综合属性（即主成分）。该方法的主要思想是将 n 维特征映射到 k 维上，这个 k 维特征是全新的正交特征，也被称为主成分，是在原有 n 维特征的基础上重新构造出来的。PCA 的过程就是从原始的空间中顺序找一组相互正交的坐标轴，新坐标轴的选择与数据本身是密切相关的。其中，第一个新坐标轴选择原始数据中方差最大的方向，即第一主成分（PCA1），在属性体融合中能够最大程度包含单个属性特征的综合属性；第二个新坐标轴选择与第一个新坐标轴正交的平面中方差最大的方向，即第二主成分（PCA2）；第三个新坐标轴选择与第一、第二个新坐标轴正交的平面中方差最大的方向，即第三主成分（PCA3）。依次类推，之后得到的每个主成分展示的均为剩余可变性的特征值，以此得到的各类主成分之间的属性信息也各不关联。在最后的结果中，低阶分量包含数据中的大部分方差信息，高阶分量则包含大部分冗余信息，各类主成分所包含的属性体成分含量也不一致。因此，可以将 n 维空间的原始数据集变化到小于 n 个维度的空间进行分析，大大降低了数据中冗余信息对有效信息的压制与覆盖程度，有助于凸显单一属性数据间的细节信息。

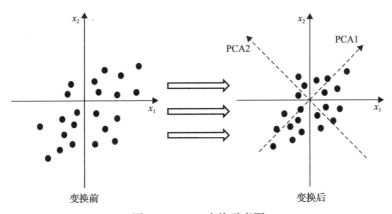

图 3.31　PCA 变换示意图

x_1,x_2-原始数据集中的特征轴；PCA1、PCA2-原始数据经过 PCA 变换后的特征轴

该方法能够反映各个原始属性大部分信息，减少属性中地质信息的重复冗余，充分利用地震属性信息，实现断裂的自动识别，更细节、更清晰地展现断裂特征。其具体计算步骤如下。

（1）将多个地震属性构成的高维数据矩阵在其各个维度上进行标准化处理，以消除不同属性数据之间的量纲影响：

$$z_{ij} = \frac{x_{ij} - \overline{x}_j}{\sqrt{\mathrm{Var}(x_j)}}, \quad i=1,2,\cdots,n; \quad j=1,2,\cdots,p' \tag{3.11}$$

式中，z_{ij} 为第 i 个样本的第 j 个维度经过标准化后的值；x_{ij} 为第 i 个样本在原始数据集中第 j 个维度原始值；$\bar{x}_j$、$\mathrm{Var}(x_j)$ 分别为第 j 个维度的平均值和方差；n 为每个地震属性中样本点的个数；p' 为高维数据矩阵的维度数。方差用来表示数据的离散程度，方差越大，离散程度越大，即数据的波动越大。在 PCA 中，方差最大的方向包含了更多的信息，对数据特征的影响也更大。

(2) 对于经过标准化处理后的高维数据矩阵，根据协方差公式 (3.12) 计算得到协方差矩阵；n 维协方差矩阵可表示为式 (3.13)。协方差是针对高维数据计算的方差，可以计算高维数据不同维度之间即多个不同的地震属性之间的相关性：

$$\mathrm{Cov}(X,Y) = \frac{1}{n-1} \sum_{i=1}^{n} (x_i - \bar{x})(y_i - \bar{y}) \tag{3.12}$$

$$\mathrm{Cov}(X_1, X_2, \cdots, X_n) = \begin{bmatrix} \mathrm{Cov}(x_1, x_1) & \mathrm{Cov}(x_1, x_2) & \cdots & \mathrm{Cov}(x_1, x_n) \\ \mathrm{Cov}(x_2, x_1) & \mathrm{Cov}(x_2, x_2) & \cdots & \mathrm{Cov}(x_2, x_n) \\ \vdots & \vdots & & \vdots \\ \mathrm{Cov}(x_n, x_1) & \mathrm{Cov}(x_n, x_2) & \cdots & \mathrm{Cov}(x_n, x_n) \end{bmatrix} \tag{3.13}$$

式中，$\mathrm{Cov}(X,Y)$ 为随机变量 X 和 Y 的协方差，其中 X、Y 表示地震数据的两种属性；x_i、y_i 为单个地震记录中两个地震属性的观测值；$\bar{x}$、$\bar{y}$ 为单个属性 X 和 Y 的平均值。

(3) 根据矩阵的施密特正交化，求出协方差矩阵的特征值 $(\lambda_1, \lambda_2, \cdots, \lambda_{p'})$ 和特征值所对应的特征向量 $(\alpha_1, \alpha_2, \cdots, \alpha_{p'})$。协方差矩阵是一个实对称矩阵，故其特征向量之间必然正交，所计算出的特征向量则代表了降维之后的维度，即主成分。此时，原本的多种具有不同含义的地震属性，已经被融合成多种新的未知属性，这种新的未知属性被称为多属性融合的主成分属性。

(4) 将协方差矩阵的特征值 $(\lambda_1, \lambda_2, \cdots, \lambda_{p'})$ 从大到小进行排序，此时，特征值的大小表示对应特征向量所包含主成分信息的多少，可以根据式 (3.14) 计算各个主成分的累计贡献率。根据各个主成分的累计贡献率，选择保留的主成分的数量：

$$d_i = \frac{\lambda_i}{\sum_{k=1}^{p'} \lambda_k} \tag{3.14}$$

式中，λ_i 为计算后的一个主成分属性；$\sum_{k=1}^{p'} \lambda_k$ 为计算后的主成分属性求和；d_i 为主成分属性对应的累计贡献率。

2. 实例分析

本小节选用我国西部某工区的实际数据进行方法测试，现截取该工区内相应的三维偏移地震数据(图 3.32)，其尺寸大小为 400 主测线×400 联络测线×448 时间采样点，时间采样间隔为 2ms，空间采样间隔为 25m。该工区主要为断控型油气藏，以北—东向平行走滑断裂为主，经过多期活动改造，具有发育样式多、断距小、水平位移小、分段性强和埋藏深(大于 7300m)等特点。该目标层段的地层整体较平，发育过程以海相沉积为主，主要发育走滑断裂，断裂带内幕各级断裂发育，结构复杂。

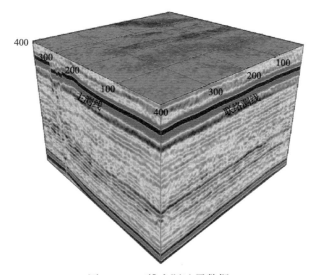

图 3.32　三维实际地震数据

利用主成分分析法进行属性融合前需进行地震属性优选工作。结合实际数据特征，为突出地震信息中的空间几何特征，更好地利用不同地震属性获取断层和裂缝等地质异常体的各类形态细节，本小节选择地震几何属性中的相干属性与曲率类属性进行融合分析。图 3.33 展示了所提取的相干属性体、最大正曲率属性体和最小负曲率属性体。相干属性具有计算效率高、计算结果稳定和算法简单等优点。其主要利用特征值计算地震波形或道间的相似性，通过地震波形中频率、相位和振幅的响应变化来判断地质特征的变化。相干性强则代表地层较为连续，当相干性变差时，则会在相干属性中有明显的异常地质体结构指示，可以突出地震数据中细微的不连续特征，尤其对于小断裂引起的细微不连续性有较好的刻画效果。曲率属性可以从不同角度反映地层界面的构造信息，此处通过厘清曲率属性与周围应力场分布及地质构造特征之间的几何相关性，进而刻画描述地质构造的具体形态。最大正曲率属性与最小负曲率属性结合能够突出正、负向构造，在获取走滑断裂中主干断层、裂缝走向及宽度信息的定量信息方面具有良好的指导意义，尤其对于大断裂边缘派生的小尺度断裂及断裂内幕的构造识别更为精细，提供的构造信息也更为丰富。

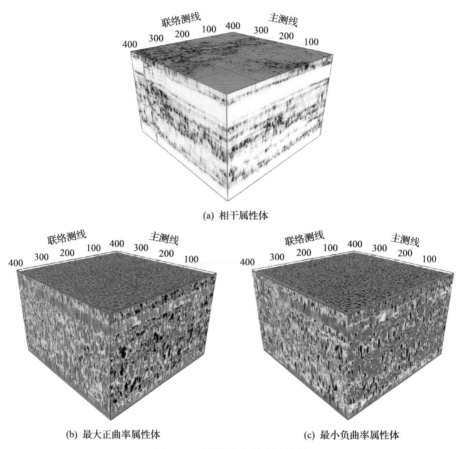

(a) 相干属性体

(b) 最大正曲率属性体　　　　　　　　　　　(c) 最小负曲率属性体

图 3.33　属性融合所选属性体

　　另外，通过频谱分解技术获得多频带地震信息，避免了地震数据在时间域中由不同频率互相干扰而导致的分辨率较低和信噪比较低等问题，丰富了不同属性中获取的地质构造信息。本小节选用连续小波变换(continuous wavelet transform, CWT)技术得到一系列离散频率的振幅数据体，其能够反映特定频率下的振幅变化特征，且采用频率相对较窄的 Morlet 小波，可以使分频结果更精细。图 3.34 为相对低频(15Hz)和相对高频(35Hz)下的相干属性沿层切片。从图 3.34 可以看出，箭头所示走滑断裂的两侧主干断裂处高频成像不如低频成像效果连贯，而对比红圈位置处的内幕刻画效果，高频组分下的断裂裂缝数量明显增多，裂缝形态呈现更加清楚。由此说明，同一断裂体系中不同尺度断裂适应的敏感频率组分不同，最终导致的识别效果也不同。

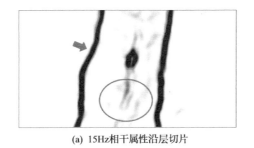
(a) 15Hz相干属性沿层切片

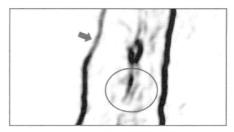
(b) 35Hz相干属性沿层切片

图 3.34　不同频率下相干属性沿层切片

因此，为了呈现融合效果，本小节选择对相干、最大正曲率和最小负曲率三种属性的低频（15Hz）与高频（35Hz）共 6 个属性进行融合，得到第一主成分、第二主成分和第三主成分 3 个数据体（图 3.35），即 PCA 方法的三维断裂预测结果。其

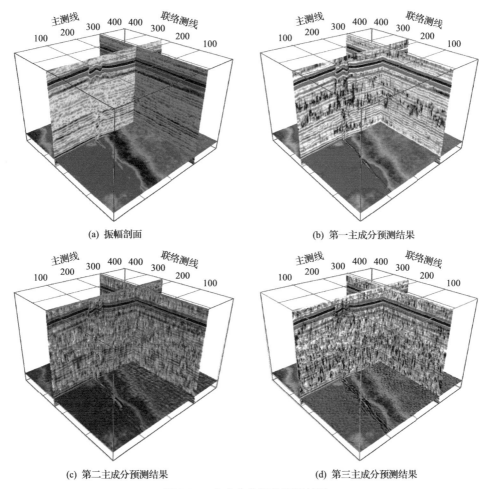

(a) 振幅剖面　　　　(b) 第一主成分预测结果

(c) 第二主成分预测结果　　　　(d) 第三主成分预测结果

图 3.35　主成分分析的预测结果

中识别出的断层及裂缝构造纵向分布在地震剖面上，能够大体分辨出目标区主干断裂和外部断裂等不同位置及尺度的断层、裂缝构造。第二主成分与第三主成分中也有构造信息显现，但对断层、裂缝细节刻画的整体效果稍差于第一主成分。

从属性切片和剖面两个角度观察第一主成分对断裂的识别效果。在切片上可以看出，融合属性(图 3.36)和相干属性(图 3.34)形态基本一致，沿层属性切片仅在箭头所示位置处相较于融合前的单一频率相干属性连贯性有改善，且背景干扰有所降低。

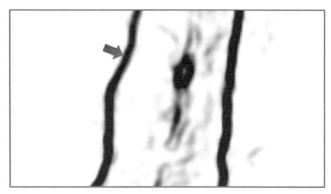

图 3.36　第一主成分沿层切片分析

从剖面的断裂呈现效果中可以观察用于多属性融合的低频和高频属性剖面与第一主成分的差异，对比图 3.37 中箭头所示位置，图 3.37(a)呈现出一条明显断裂，而图 3.37(b)高频组分下该断裂连贯性稍差，图 3.37(c)的融合属性对该断裂的识别效果相对高频有所提升，由此可见，第一主成分属性能够在一定程度上保证低频下大尺度断裂的连贯性和完整性。对比图 3.38 中箭头所示位置第一主成分属性也能够保留高频条件下断裂内幕的地质信息，相对于用于融合的各成分断裂数量均有增多。可见该方法能够较好地融合两种频率组分的优点，保证了地质构造信息的丰富性，在连贯性与细节的呈现上有所改善。

(a) 低频组分下属性剖面　　　　(b) 高频组分下属性剖面　　　　(c) 第一主成分属性剖面

图 3.37　第一主成分与单一频率的剖面 1 对比

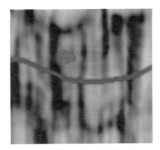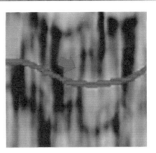

(a) 低频组分下属性剖面　　　　(b) 高频组分下属性剖面　　　　(c) 第一主成分属性剖面

图 3.38　第一主成分与单一频率的剖面 2 对比

3.2.3　基于三维多尺度卷积神经网络的断裂识别

1. 方法原理

断裂识别的主要目的是在地震数据中准确刻画断裂所在位置。因此，在深度学习中可以通过将断裂识别任务视为二分类问题来完成断裂刻画，即分为断裂类别(标签为 1)和非断裂类别(标签为 0)。同时，由于断裂识别任务需要对每一个数据点进行分类，断裂识别任务属于像素点级别的分类问题，即语义分割问题。在深度学习中，常使用全卷积神经网络进行端到端的训练和预测。全卷积神经网络是 CNN 的一种，与常规的 CNN 有所不同，常规的 CNN 在网络的最后几层为全连接层，利用全连接层得到固定长度的特征向量从而进行分类。全卷积神经网络将 CNN 中的全连接层替换为卷积层，因此，可以接收任意尺寸大小的输入数据，不会产生因输入数据的大小不一致而无法输入网络的问题，更加具有普适性和泛化性。此外，相较于 CNN，全卷积神经网络中使用了上采样层对卷积后的特征图进行处理，可以使图像恢复到原有的尺寸。这个操作不仅可以恢复原始输入数据的空间信息，还可以保证输出和输入尺寸大小相同，最终实现像素点级别的分类。

在利用深度学习进行断裂识别时，由于小卷积核所使用的参数和计算量更少，且多层小卷积核的堆叠在一定程度上和大卷积核有一样的感受野。因此，常规的神经网络识别方法均采用单一大小的卷积核。然而，对于不同序级的断裂带，仅利用单一大小的卷积核进行识别，难以充分提取不同尺度的信息，使神经网络对低序级断裂的识别能力较差。因此，本小节在常规 CNN 的基础上，采用多个不同大小的卷积核并行的方式，旨在捕获不同大小感受野中更全面的断裂特征，以此进行综合评估。本小节构建多尺度 CNN 寻找地震数据特征与断裂之间的复杂非线性映射关系，具体公式如式(3.15)所示：

$$Y = \text{MSNet}(X, m) \tag{3.15}$$

式中，MSNet(•)为本小节所用的多尺度卷积神经网络模型；X 为输入的地震数据；Y 为地下真实走滑断裂位置。通过训练神经网络 MSNet(·)优化其网络参数，构建输入地震数据 X 与地下真实走滑断裂位置 Y 之间的映射关系，实现智能断裂识别。

相较于非断裂位置，地震数据体中的断裂位置通常要少很多，且部分小断裂地质特征不明显，难以区分。为了缓解断裂和非断裂类别数据量不平衡问题，本小节采用 Focal Loss 作为损失函数。Focal Loss 函数是二元交叉熵损失函数的变种，主要通过两个权值来修正神经网络的学习方向，使神经网络更关注难分类样本，表达式如式(3.16)所示：

$$\text{Focal Loss}(p, y) = -\alpha y(1-p)^{\gamma}\ln(p) - (1-\alpha)(1-y)p^{\gamma}\ln(1-p) \qquad (3.16)$$

式中，$\text{Focal Loss}(p, y)$ 为 Focal Loss 的损失值；p 为预测的概率值；y 为对应的标签；α 为平衡因子，用于平衡正负样本的数量；γ 为调制系数，用于减少易分类样本的损失，使模型更加关注于难分类样本。例如，当 $\gamma = 2$ 时，对于置信度为 0.9 的简单样本与置信度为 0.6 的困难样本，其权重比例由交叉熵中的 $1:4$ 变为 $1:16$，有效加强了对于困难样本的关注度。Focal Loss 损失函数能够削弱简单样本对梯度更新方向的主导作用，避免网络学习到大量无用信息。同时，Focal Loss 损失函数也能够避免模型偏爱样本数量多的类别，在一定程度上缓解类别不平衡问题。

本小节使用准确率对模型进行评估，具体计算如式(3.17)所示：

$$\text{Accuracy} = \frac{\text{TP} + \text{TN}}{\text{TP} + \text{TN} + \text{FP} + \text{FN}} \qquad (3.17)$$

式中，TP 为真实样本为断裂且模型预测结果也为断裂的情况；TN 为真实样本为非断裂且模型预测结果也为非断裂的情况；FP 为真实样本为非断裂而模型预测结果为断裂的情况；FN 为真实样本为断裂但模型预测结果为非断裂的情况。因此，准确率为分类正确的样本数与总样本数的比值，该指标能对网络模型的性能进行宏观判断。

本小节介绍的三维多尺度卷积神经网络断裂识别的具体流程可概括如下。

(1)数据准备。设计不同倾角、断距的断裂模型，采用不同主频地震子波并通过褶积方式正演模拟得到大量的三维合成地震数据。

(2)数据预处理。对全部地震数据的振幅值进行最大最小归一化处理。

(3)网络结构设计。设计网络结构，设置模型的各项超参数，定义 Focal Loss 作为损失函数。

(4)网络模型训练。将准备好的三维训练数据和对应的标签送入网络模型中，根据损失值变化判断网络模型的收敛情况。

(5)网络模型评估。利用评价指标(准确率)对正常收敛的模型进行评估,以评价模型优劣并确定最优模型。

(6)模型推广应用。将三维物理模型和三维实际地震数据输入最优模型,得到最终的断裂识别结果。

2. 三维多尺度卷积神经网络结构

本节将断裂识别任务转化为一个简单的分类问题,根据断裂识别任务的特点,在 3.1.2 节中介绍的 U-Net 神经网络的基础上对其进行了一定的调整。调整后的网络如图 3.39 所示。其中,第一次池化前的卷积部分被替换为多尺度卷积结构,利用不同尺寸卷积核提供的不同大小的感受野,从输入数据中提取更原始的多尺度特征。除此以外,针对输入的三维地震数据,构建三维卷积神经网络。网络中的卷积层由 3×3×3 的卷积核组成,卷积操作后跟着一个 ReLU 激活函数。图 3.39 中左侧为编码网络,由三个最大池化层构成,核大小为 2×2×2,步长为 2,每经过一次池化操作,特征图的大小减小一半,数量增大一倍。图 3.39 中右侧为解码网络,由三个上采样层构成,每完成一次上采样过程,特征图大小扩大一倍后,与左侧对应的特征图进行通道维度上的结合。在解码部分,该网络使用了上采样方法。网络中最后一个卷积层的卷积核大小仅为 1×1×1,其主要作用是将通道数减少为一个通道,以此得到与输入数据大小完全相同的输出数据,保证了端到端的实现。最后,通过 Sigmoid 激活函数计算三维结果中每个点属于断裂类别的概率值。

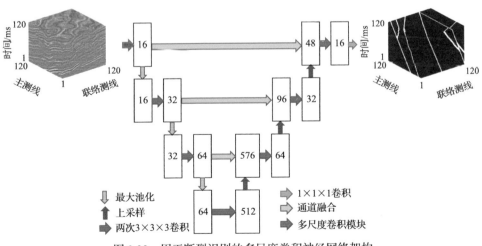

图 3.39　用于断裂识别的多尺度卷积神经网络架构

多尺度卷积的设计源自谷歌在 2014 年提出的 GoogLeNet 系列网络(Szegedy et al., 2015)。借鉴该网络及结合地震断裂识别的场景问题,设计了用于断裂识别的多尺度卷积神经网络架构，如图 3.39 所示。相比于常规 CNN 和 U-Net，主要核心是引入了 Inception 模块，如图 3.40 所示。该模块通过将 1×1 卷积、3×3 卷积、5×5 卷积和 3×3 最大池化进行并联，来提取更密集的特征(图 3.40 中红色框)。图 3.40 中绿色框表示 1×1 卷积，用于缩减通道数，从而减少计算量，同时引入了非线性操作，进一步增加了网络的表达能力。此前的经典卷积神经网络，如 AlexNet 和 VGGNet 等的结构都是通过增加网络的深度(层数)来获得更好的训练效果。然而，网络层数的增加也会带来一定的负面效果，容易出现过拟合、梯度消失或梯度爆炸等现象。谷歌提出的 GoogLeNet 利用 Inception 结构成功地规避了上述问题。Inception 模块改变了一贯的串联操作，不再纯粹地增加网络深度，而是从增加网络宽度入手，降低了参数量的同时，又保证了精度，更加有效地利用了网络参数。其通过将多个不同大小的卷积核并行计算，以稀疏的方式根据高相关性的原则，将卷积计算后的结果聚集到多个组中，使得每个组内的特征都具有类似的相关性。

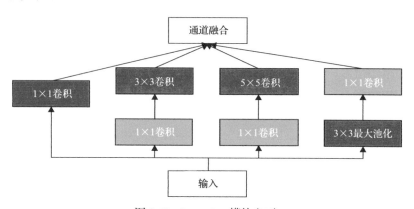

图 3.40　Inception 模块(V1)

在经典的卷积神经网络中，研究者更倾向于使用小卷积核。一方面，小卷积核可以大幅降低模型大小和计算开销；另一方面，堆叠小卷积核也可以使神经网络变得更深，学习到更多的非线性变换。但是，后续研究证明，大卷积核依然有其独特的优点。例如，尽管堆叠的小卷积核可以获得与大卷积核同样的感受野，但不同位置对感受野的贡献是不同的，大卷积核对于距离较远或者边缘的像素更加"友好"。因此，使用不同大小卷积核并联的结构，可以更好地融合所提取的断裂特征。

本小节使用的多尺度卷积结构将 3×3×3、5×5×5 和 7×7×7 三个不同大小的卷积核并行地堆叠在一起，增加网络宽度的同时，也进一步提高了网络对多种不同尺度特征的适应性。同时，为了说明该方法的有效性，选取 3×3×3 大小的卷积核作为小尺度卷积，7×7×7 大小的卷积核作为大尺度卷积，如图 3.41 所示，后续将会对这三种结构进行对比测试。

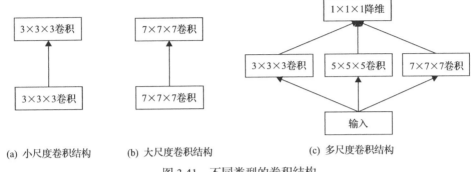

(a) 小尺度卷积结构　　　(b) 大尺度卷积结构　　　　　(c) 多尺度卷积结构

图 3.41　不同类型的卷积结构

3. 实例分析

本小节使用生成的三维合成数据(Wu X et al., 2019)对网络进行训练,共准备了 210 个尺寸为 $128×128×128$ 的三维数据体,按照 20∶1 的比例分别创建训练集和验证集,测试集选用了一个三维物理模型和一个三维实际数据,以测试模型在物理模拟资料和实际资料中的应用效果。在神经网络的超参数设置方面,将初始学习率设置为 0.0001,批量大小设置为 1,最大轮次(epoch)为 50 轮,调制系数 $\gamma = 2$,平衡因子 α 经过实验对比取为 0.25 时,模型的效果最好。因此,采用 $\alpha = 0.25$,$\gamma = 2$ 来共同调节损失函数。最终,多尺度卷积神经网络模型在三维合成数据上的预测准确率可达到 95.70%。选取验证集中某个三维合成地震数据体进行推广测试,结果如图 3.42 所示。从图 3.42 可以看出,多尺度卷积神经网络模型预测的断层走势与标签结果高度吻合,其中高角度断层数量较多,其预测的大致形态及延伸方向在主测线、联络测线和时间切片上都具有较好的一致性,能够较清晰地识别断层高度发育或交叉位置处的构造特征。同时,所预测的断层

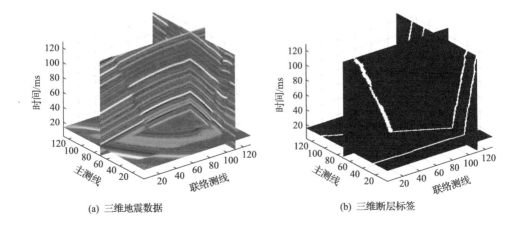

(a) 三维地震数据　　　　　　　　　　(b) 三维断层标签

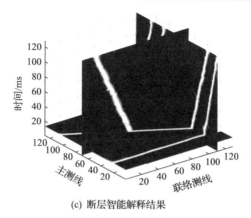

(c) 断层智能解释结果

图 3.42　验证集地震数据体测试结果

宽度相对于标签略粗，在一定程度上避免了断层漏判的情况，这定性验证了本小节所提出的多尺度模型的有效性。

1) 三维物理模型

　　本小节采用与 3.1.2 节相同的物理模型，该数据整体构造参考我国西南部某盆地地下地质结构，共发育 6 套沉积层，本小节选取第 4 套沉积层作为研究的目标层。该目标层发育多个裂缝构造和多个大型的逆断层，如图 3.43 所示。模型的北部设计了多个典型的裂缝带，其虽然分布较为规则，但长度、宽度、方位和倾角等各个控制参数互不相同。因此，该模型为验证基于三维多尺度卷积神经网络方法识别低等级断层的精确性提供了一个理想的测试场景，并展现该方法在识别不同规模构造特征方面的有效性。模型的南部则设计了 4 个近东西向的大型逆断层 (标记为 $f_1 \sim f_4$)，这 4 个大型断层由交叉、渐进和错断等形式构成。除此以外，4 个大型断层的附近随机分布了众多小型的断裂带，f_3 断层附近设计了 4

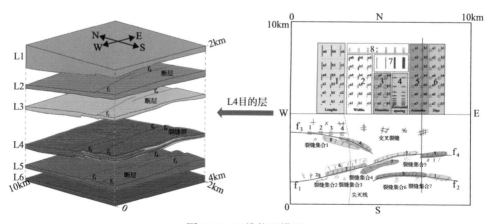

图 3.43　三维物理模型

个规则裂缝群(红色数字 1～4 所示)，其裂缝密度呈现由西向东微弱增大的趋势，但整体形态差异性不大，且裂缝群位置逐渐远离 f_3 断层。整个模型大小为 $100km^2 \times 2000ms$，时间采样间隔为 1ms。

将三维物理模型数据输入训练好的大尺度、小尺度、多尺度网络模型进行测试，得到断裂概率预测结果。由图 3.44 可知，三种方法均可检测断裂位置，在解释两处不同方向的地震剖面中，大尺度卷积网络由于卷积核尺寸及感受野大小的限制，仅能检测出两条序级较高的断层，对于低序级断层检测效果较差。多尺度卷积和小尺度卷积网络可以较清晰地检测出剖面中数十条不同序级的断裂，识别效果均优于大尺度卷积网络。同时，对于图 3.44 中红框位置的众多低序级断裂，小尺度卷积网络由于卷积核尺度过小产生断裂过度识别的情况，容易造成误判和错判。相较于小尺度卷积模型，多尺度卷积模型预测结果更加清晰、完整，符合实际地质构造，且整体的断裂误判也有所减少(绿色箭头)。

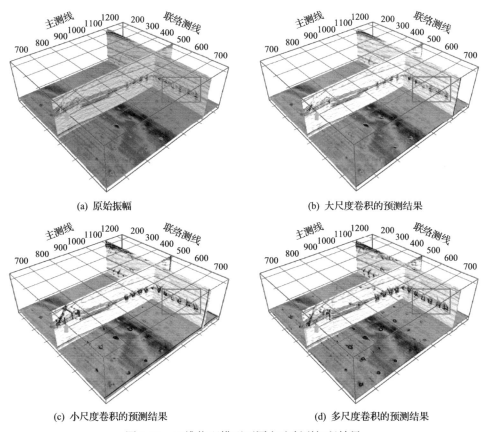

(a) 原始振幅　　　　　　　　　　　　　　(b) 大尺度卷积的预测结果

(c) 小尺度卷积的预测结果　　　　　　　　(d) 多尺度卷积的预测结果

图 3.44　三维物理模型不同方法断裂解释结果

图 3.45 展示了不同卷积大小模型预测的 L4 层位结果对比。参考设计模型，

图 3.45 中红色箭头所示位置应为大型的 f_2 断层。但是，使用小尺度卷积网络进行识别时，受到地震数据中层效应的影响，其预测结果中出现了平行状的断层假象，

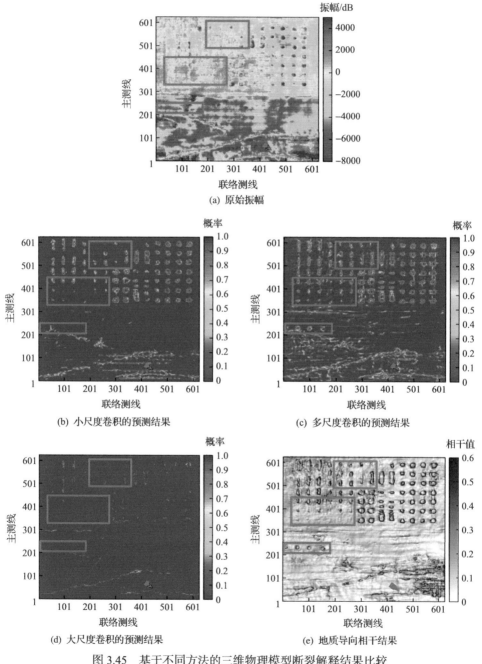

(a) 原始振幅

(b) 小尺度卷积的预测结果

(c) 多尺度卷积的预测结果

(d) 大尺度卷积的预测结果

(e) 地质导向相干结果

图 3.45 基于不同方法的三维物理模型断裂解释结果比较

(b)～(d) 中的概率值越高代表分类为断裂的可能性越大

且断裂构造呈现过于破碎,不利于辨认。大尺度卷积模型能够规避这一问题,且相较于小尺度卷积网络来说,南部的 f_1 和 f_4 断层成像相对清晰连贯。但是,大尺度卷积模型仍无法最大程度达到断裂解释的要求,且从预测结果整体角度考虑,该尺度下提取到的地质信息过少,导致过多断裂构造丢失。相较于单一尺度卷积模型,多尺度卷积模型能够较清晰完整地识别出 f_2 和 f_4 两个大型断层,且预测结果边界刻画相对完整,相较于相干属性结果更为精确。从整体上看,多尺度卷积模型预测结果中构造信息明显增多,但也导致成像背景略显杂乱。

对于低序级断裂(图 3.45 中红色方框位置),大尺度卷积模型对该区域的预测效果较差,识别结果中几乎没有低序级断裂。而小尺度卷积网络在北部两个方框区域处预测结果与相干结果相似程度更高,断裂形态刻画相对准确。但是,小尺度卷积网络对于西部方框处的次序级断裂(f_1 断层附近的 1~4 号裂缝带)识别效果较差。相较于单一尺度卷积网络,多尺度卷积模型通过并联不同尺度的卷积核,充分融合利用了不同尺度的信息,能够更好地识别该层位低序级断裂。从图 3.45 中三处红框区域的结果对比可以看出,多尺度卷积模型优于小尺度卷积模型。同时,多尺度卷积模型识别结果与地质导向相干结果中呈的断裂信息基本一致。

2) 三维实际数据

该三维实际数据来自我国西南部某工区,面积约 $250km^2$。三维地震数据的大小为 1112 主测线 ×556 联络测线 ×1000 个时间采样点,其中主测线方向和联络测线方向的空间采样间隔均为 25m,时间采样间隔为 2ms,如图 3.46(a)所示。由于受到了来自多个时期的不同构造运动的影响,该地区发育复杂的断层体系,且在断层周围发育一些断裂带。同时,受到三角洲沉积作用影响,也有部分河道发育。将训练好的不同尺度卷积网络模型直接推广到三维实际数据中,得到三维断裂预

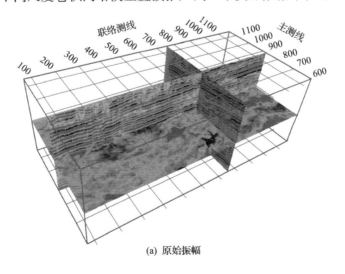

(a) 原始振幅

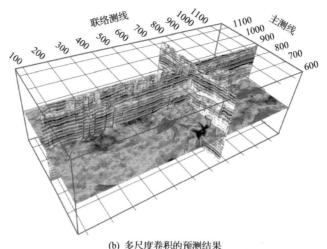

(b) 多尺度卷积的预测结果

图 3.46　三维实际数据和多尺度卷积方法的断裂预测结果

测结果。图 3.46(b)展示了多尺度卷积神经网络的预测结果与地震数据的叠合显示图。从图 3.46(b)中可以看出，多尺度卷积模型识别出的不同序级的多条断裂，基本符合整体的地质构造，剖面上大多呈现为垂直裂缝形态，并且发育相对稀疏，可清晰判断断层落差范围及延伸方向。结合原始振幅，可以在沿层切片方向上清晰分辨断裂与河道的不同发育区域及其具体形态。

　　图 3.47 展示了主测线 242 地震剖面中三种不同尺度卷积神经网络断裂解释结果。观察原始地震振幅剖面[图 3.47(a)]可以看出，同相轴横向相对平缓、连续，局部有小的扭动。对比不同尺度卷积模型预测结果[图 3.47(b)～(d)]，大尺度卷积模型仅能识别到较明显的高序级断裂。小尺度卷积模型可以提取到较多的断裂信息，但是识别结果较模糊，出现了较多的误判，不能有效区分出断裂形态。多尺度卷积模型不仅能识别出很多不同序级的断裂，同时相对于小尺度卷积模型，刻画的断裂更为精细。从细节上看，图 3.47 中红色方框内的地震同相轴存在一定的扭曲，绿色方框内同相轴存在一定的扭曲、分叉和振幅强度的变化，这属于断层的弱响应，标志着这里可能存在一些低序级的断裂。大尺度卷积模型在大范围感受野的指引下，受邻近断层的引导，对这类低序级断裂有着完整识别出来的趋势。小尺度卷积模型的感受野较小，所提取到的信息比较有限，常常难以确定弱响应处是否存在断裂。多尺度卷积模型依托多种不同大小的感受野所提取的多尺度信息融合，可以更完整、清晰地识别弱响应处的断裂。

　　图 3.48 展示了沿着某一层位进行的不同尺度卷积方法的结果对比。宏观对比可以看出，大尺度卷积模型刻画了规模较大的断裂形态，走向清晰、连贯性较强。但是，预测结果图中断裂数量明显少于小尺度卷积模型和多尺度卷积模型，部分信息刻画不完整，尤其对于微小断裂。

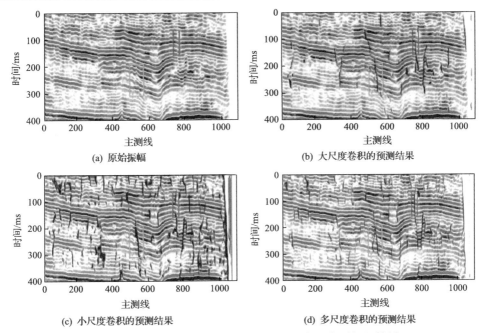

(a) 原始振幅　　　　　　　　　　　　(b) 大尺度卷积的预测结果

(c) 小尺度卷积的预测结果　　　　　　　(d) 多尺度卷积的预测结果

图 3.47　基于不同方法的主测线 242 地震剖面断裂解释结果

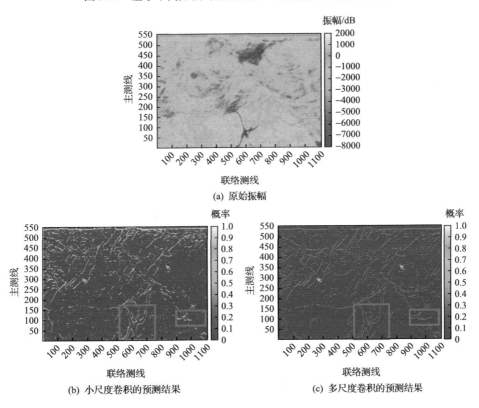

(a) 原始振幅

(b) 小尺度卷积的预测结果　　　　　　　(c) 多尺度卷积的预测结果

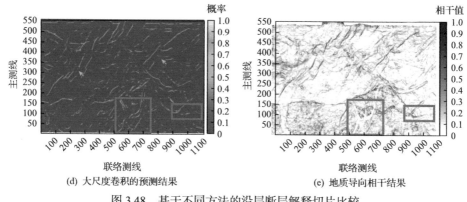

(d) 大尺度卷积的预测结果　　　　　　　　(e) 地质导向相干结果

图 3.48　基于不同方法的沿层断层解释切片比较

图 3.48 中绿色箭头指向地层中发育的北东-南西向断层。其中，对于左侧绿色箭头所指向的断层，大尺度卷积模型识别出两段独立的断层，与地质导向相干结果不符。小尺度卷积模型识别结果中存在一定的不连续，但是其存在连贯的趋势。然而，多尺度卷积模型可以识别出完整的断层，与相干结果十分接近。对于右侧绿色箭头指向的断层，大尺度卷积模型仅识别出相干结果中较清晰的一部分断层。相对于小尺度卷积模型而言，多尺度卷积模型识别出的断层更加完整，且形状与长度也与相干结果更为接近。同时，在断裂识别的基础上，多尺度卷积神经网络方法还可以通过检测不连续性，间接地、更好地识别地层中的河道。图 3.48 中南部大的红色方框区域为发育完整的叠置河道体系。小尺度卷积模型呈现了多段不连续的河道边界，整体结构不够清晰；大尺度卷积模型则对该河道识别不够准确，河道形态刻画不完整，较为破碎；然而，多尺度卷积模型对河道边界的识别比较完整，可以清楚地看出河道的整体形状，与地质导向相干结果基本一致。

3.2.4　基于深层聚合神经网络的多属性融合断裂识别

1. 方法原理

目前，依托人工智能的断裂识别方法大多聚焦于地震敏感属性提取和断裂成像等网络算法的优化方面。相比于传统的人工解释，人工智能断裂识别极大地提升了计算效率，但也囿于单一地震属性识别构造信息不全面等问题，其识别结果中效果较好的大多为序级高的大断裂，对于小断裂的识别精度无法达到精细解释要求。本小节通过地震多属性融合分析与地震响应模式研究，总结不同地震属性对不同尺度断裂刻画的地质规律与地质认识，降低由地质资料或地质沉积现象造成的"伪构造"等地质异常体的错判、漏判现象，并通过人工智能算法达到仅依靠小批量样本识别工区内走滑断裂的目的。

本小节运用频谱分解技术得到多个单频地震数据，分析多尺度、多频带地震敏感属性的断裂识别特征，同时结合走滑断裂构造类型、尺度规模及地震响应特征，以构建空间拓扑结构的方式实现多属性融合，并基于此制作走滑断裂样本标签，利用人工智能方法中的深层聚合神经网络对走滑断裂进行训练并完成目标工区断裂预测。

结合现有实际地震资料情况构建走滑断裂空间拓扑结构时，充分考虑由于地应力改变产生的各类断层、裂缝节理的发育接触关系，如低序级断层连接、交汇和重叠等多种拓扑关系，并基于空间拓扑结构理论，以断裂节点和断裂分支为主要元素，根据相交关系将节点划分为 4 种类型(图 3.49)：主干断裂连接节点(A 型节点)、断裂内幕发育节点(B 型节点)、主干周围分支连接节点(C 型节点)、诱导裂缝带中独立断裂分支节点(D 型节点)。再将所获断点信息进行点线联合，利用测井信息及人工经验下的地质演化规律对初始得到的断裂形态进行调整，以及二维、三维联合地震解释(冯琦，2021)，可以得到走滑断裂空间拓扑结构，能够直观反映出断裂级别，同时得到明确的断裂展布形态与断裂类型。

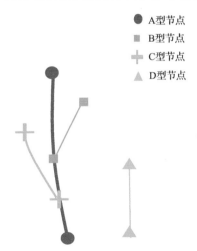

图 3.49 拓扑结构示意图

同时，为了提供更准确的断裂特征进行空间拓扑结构的构建，本小节基于现有工作，对不同尺度断裂类型的发育规模及成因机制进行划分，结合其剖面特征，分析断裂地震响应特征及地质形态，总结划分了在不同尺度下断裂的地球物理特征(潘仁芳和金吉能，2011)，具体见表 3.4。

针对上述不同尺度的断裂系统，可依据其走向延伸距离和分布规律等方法划分为一级断裂、二级断裂、三级断裂，便于在进行地震属性解释时，通过剖面、平面联合分析，划分所刻画位置处的断裂级别，更精确地描绘断裂纵向连接形态。最后，运用后处理将走滑断裂空间拓扑结构标记为相应的断裂标签。

表 3.4　断裂尺度分级

断裂级别	一级断裂	二级断裂	三级断裂
断裂规模划分	主要断裂	主要断裂	次级断裂、外部断裂
地震反射特征	地震同相轴错断明显或存在较大变形，断裂基本切割整个地层，断距最大	地震同相轴呈现明显大褶曲，断裂切割部分地层，断距较大	地震同相轴合并、分叉或显示模糊。多为主要断裂伴生断裂，切割地层较少或发育在地层之间，断距最小
适宜频率组分	原始主频	原始主频、25Hz	35Hz
分辨率特征	原始主频即可分辨	原始主频或较高频率分辨效果较好	较高频段下分辨率较高

进行神经网络搭建时也需要充分结合实际数据特征，本小节所使用实际地震数据为典型负花状走滑断裂，其形成机制存在特殊性，具有垂直断距较小、断层两侧地层结构变化大和伴生断裂复杂等特点。同时，走滑断裂规模大小不一，相较于大尺度断裂，小尺度断裂内幕地震响应较弱，地质特征不明显。因此，需要在神经网络中更加充分地利用所提取到的不同级别的语义信息。本小节构建可以逐层融合语义特征的深层聚合神经网络，并配合基于多属性融合构建的走滑断裂空间拓扑结构来寻找地震数据特征与走滑断裂之间的复杂非线性映射关系，其表达式如式(3.18)所示：

$$Y = \text{DLANet}(X, m) \tag{3.18}$$

式中，$\text{DLANet}(\cdot)$为本小节所用的深层聚合神经网络模型；X为输入的地震数据；Y为地下真实走滑断裂位置；m为深层聚合神经网络的网络参数。深层聚合神经网络在网络参数m的约束下，学习地震数据X中有关走滑断裂Y的特征。在模型训练完成后，$\text{DLANet}(\cdot)$最终可以表征X与Y之间的映射关系。

为应对数据不平衡问题，本小节主要采用了平衡交叉熵作为神经网络的损失函数，表达式如式(3.19)所示：

$$\text{Loss} = -\beta \sum_{i=0}^{N} y_i \ln[M(D,L)] - (1-\beta)\sum_{i=0}^{N} y_i \ln[1-M(D,L)] \tag{3.19}$$

式中，$M(D,L)$为深层聚合神经网络数据驱动模型输出的概率；D和L分别为输入模型的地震数据和对应的人工解释标签；y_i为样本对应的断裂标签；N为样本点个数；β 为平衡系数，用于控制正负样本在总损失中的权重。

本小节介绍的深层聚合神经网络断裂识别的具体流程可概括如下。

(1) 数据准备。从三维数据体中选取部分主测线剖面划分为训练集和验证集，并采用多属性融合的方法制作标签。

(2) 数据预处理。对所使用的地震数据进行最大最小归一化处理。

(3) 网络结构设计。设计网络结构，设置模型的各项超参数，考虑到断裂样本数据不平衡，定义平衡交叉熵作为损失函数。

(4) 网络模型训练。将准备好的训练集和对应的基于多属性融合的标签送入网络模型中，根据损失值变化判断其收敛情况。

(5) 网络模型评估。将训练好的神经网络模型应用在验证集上，并利用评价指标(准确率)评估模型优劣，确定最优模型。

(6) 模型推广应用。将该模型推广至整个工区的所有主测线地震剖面，最终拼接成三维断裂体结果。

2. 深层聚合神经网络结构

在视觉识别领域，往往需要用从低到高、从小到大、从粗到细的分辨率表示，方能更好地完成识别任务。因此，本小节使用一种具有迭代深度聚合结构的深层聚合神经网络(Yu et al., 2018)，强化多层次特征信息的融合，由此辅助走滑断裂的精确识别。

常规的全卷积神经网络在对走滑断裂数据进行构造特征提取的时候，会生成多个不同分辨率的特征。受到网络限制，较深层特征的图像分辨率较低，但相对浅层来说会蕴含更多能够体现构造特征的高级语义信息。因此，如果能够将较浅层和较深层不同分辨率的特征进行不断地聚合，将能更好地融合语义信息，实现空间的定位和特征的分类，有利于捕捉不同序级断裂的特征。深层聚合神经网络所使用的迭代深度聚合结构如图 3.50 所示。根据所提取特征图的分辨率，神经网络可以将网络层划分为多个阶段，较深阶段中的特征图具有更加丰富的语义信息，但在空间上更加粗糙。考虑到较浅阶段与较深阶段的跳跃连接可以融合不同级别的语义特征，因此迭代深度聚合结构逐步实现聚合和深化，从最浅的阶段开始，迭代合并到更深的阶段。通过这种方式，当浅层特征通过不同的聚合阶段进行传播时，内部的语义信息会进一步被细化，进而提升网络的性能。具有越来越深的语义信息的一系列网络层 x_i 的迭代深度聚合结构(图 3.50)函数表示为

$$I(x_i) = \begin{cases} x_1, & i=1 \\ T(x_1, x_2), & i=2 \\ T(I(x_1, \cdots, x_{i-1}), x_i), & \text{其他} \end{cases} \tag{3.20}$$

式中，I 为迭代深度聚合结构的函数；x_i 为网络层；i 为迭代深度聚合结构的深度；T 为聚合阶段，可以基于卷积层等任意的网络层，主要用于融合输入的两部分特征并从中提取更高级的特征。

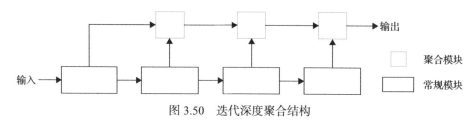

图 3.50　迭代深度聚合结构

深层聚合神经网络结构(图 3.51)与 U-Net 神经网络结构类似，都是由一个 U 形网络结构作为整个神经网络的主干部分。与之不同的是，深层聚合神经网络融合了迭代深度聚合结构，不断地将相邻特征进行融合，有助于增加同类型断裂构造信息的纠正与学习。这种聚合方式可以将低级别特征图中的语义特征和高级别特征图中的语义特征进行深度融合，大幅增强了神经网络对全局信息和局部信息的聚合，可以更好地完成语义分割任务。同时，深层聚合神经网络使用了两次迭代深度聚合结构，一次用于连接主干网络中的各个网络层，另一次用于恢复图像的分辨率。深层聚合神经网络中所有的节点与 U-Net 神经网络类似，由重复两次的 3×3 卷积、批量归一化和 ReLU 激活函数组成，下采样部分采用 2×2 大小的最大池化，上采样部分设计为双线性插值。

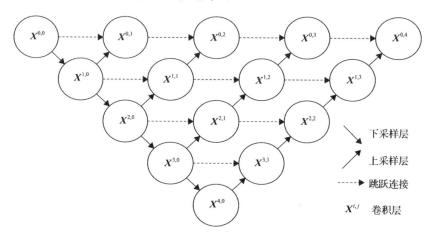

图 3.51　深层聚合神经网络结构示意图

3. 实例分析

本小节选用与 3.2.2 节相同的实际地震数据。首先，对地震数据采用相同方法进行分频处理得到一系列离散频率的振幅数据体。其次，利用不同频段数据体中的地震剖面信息分别提取多类地震属性。基于切片和剖面多个方向及三维地震响应特征，通过剖平分析过程(图 3.52)进行属性优选，同时依据不同序级断裂的振幅、波形随断裂形态变化而发生的扭曲扰动现象等地震响应模式对断裂进行人工精细解释。

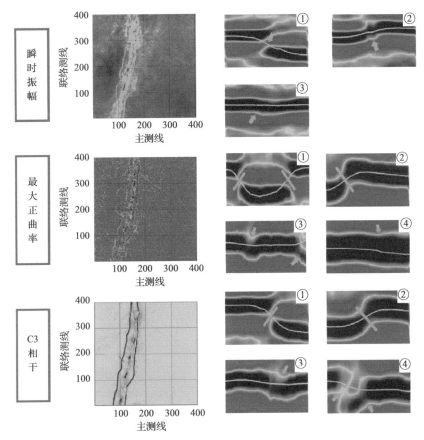

图 3.52　剖平结合分析过程

图 3.52 为选取的某一沿层的瞬时振幅、最大正曲率和 C3 相干切片的分析过程。对于瞬时振幅属性，截取切片中显示的断裂位置，观察其地震响应模式，可以发现，该属性对于大尺度断层刻画的整体连贯性较好，但其呈现的两处主干断裂的扭曲次数较多，在局部位置处断裂走向发育刻画不够精细，呈现不明显，因此可用作一级断裂刻画的参考；而且主干断裂间发育的微小断裂成像模糊，其同相轴扭曲幅度极其微弱，刻画效果相较 C3 相干与曲率属性来讲连贯性差，无法用于二级与三级断裂的判断。最大正曲率属性在沿层切片中对于不同级别断裂均

有较好的呈现效果，除一级断裂外，断裂内幕在平面上的连通性更佳，刻画断裂枝干更精细、更清晰，能够较好地指示其中的二级或三级断裂。C3相干属性能有效展示地质构造的连贯性并能揭示断裂边界及其周围小尺度地质异常体的复杂地质形态。这表明该属性在平面上可以捕获大量微小断裂信息，这些信息为我们提供了重要参考。以此思路在不同层位或时间切片选取多种地震属性逐一分析，选择不同尺度断裂的最优敏感地震属性，同时把控三维空间地质构造的展布特点，结合多种不同尺度断裂的本质特征，基于空间拓扑结构理论，通过确定不同断点类型、分布位置及结构分支类型实现走滑断裂空间拓扑结构的搭建，完成走滑断裂的标签制作。

结合上述多种地震属性剖面和平面结合分析结果，在待解释的剖面上确定断点及节点的类型与位置，结合剖面相干属性指示断裂连接方式，以此得到断裂构造体系，如图3.53(a)所示。图3.53(b)为搭建出的断裂拓扑结构，其中共包含2条A-A型主干断裂、5条B-B型断裂内幕，1条C-C型断裂分支，2条D-D型独立断裂和若干节点，其中距主要断裂构造较远或较孤立的节点没有合适的可连接的分支因此被淘汰。所刻画的拓扑结构基本符合走滑断裂花状构造人工解释结构。之后对所得到的走滑断裂拓扑结构进行后处理，在地震剖面中分离出走滑断裂的位置，从而得到走滑断裂标签图像(图3.54)。

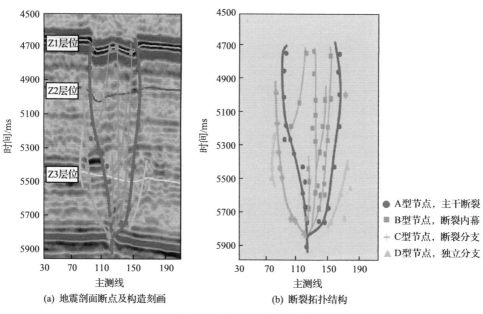

(a) 地震剖面断点及构造刻画　　　　(b) 断裂拓扑结构

图3.53　走滑断裂拓扑结构

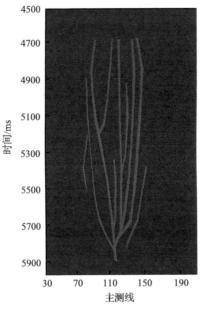

图 3.54　走滑断裂标签图像

在该数据体中，主测线方向为走滑断裂的主断裂方向。因此，采用上述拓扑结构理论，结合地震多属性的地质认识，随机选取了 33 个地震剖面进行人工精细解释并作为样本的标签。为了保证断裂结构解释的精确度，解释过程用时较长。因此，仅对该数据体 8.25% 的数据进行人工解释，并推广至数据体剩余部分进行智能化识别。对人工精细解释的数据按照 10∶1 的比例划分训练集和验证集。样本标签制作完成后，对神经网络超参数进行设置，同样选用 Adam 作为优化器，将神经网络的初始学习率设置为 0.001，批量大小设置为 4，迭代训练 100 轮直至网络模型收敛。经多次测试，本小节损失函数中的 β 设置为 0.75。随后，将准备好的数据和基于多属性融合构建的对应标签送入深层聚合神经网络进行训练和评估，期望得到最优的神经网络模型。

图 3.55 展示了 C3 相干方法与深层聚合神经网络方法的三维预测结果。从图 3.55 可以明显看出，深层聚合神经网络方法预测得到的断裂信息相较于 C3 相干方法，断裂识别更清晰。相干属性无法分辨原始数据中因岩体弱破碎产生的较多空白条带或微弱长条带反射特征，产生过多的黑色层状断裂假象。除了个别层位上存在明显的同相轴错断能够识别出较微弱的断裂构造外，在主测线与联络测线两方向剖面的其他位置处均无法分辨出走滑断裂发育结构类型。随着地层深度增加，受到周围沉积环境的影响，浅层部分横向及纵向断裂构造的分辨率受到严重影响，识别效果较差。

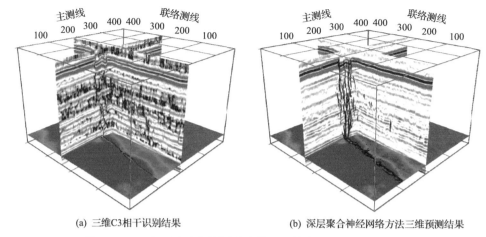

(a) 三维C3相干识别结果　　　　　　　(b) 深层聚合神经网络方法三维预测结果

图 3.55　　C3 相干方法与深层聚合神经网络方法的三维预测对比

图 3.56 展示了验证集中某两个地震剖面的断裂预测结果与人工解释结果的对比。其中主测线 75 剖面中走滑断裂花状构造顶部信息相对丰富，除断裂主干外，断裂内幕与分支数量较多；主测线 125 剖面中走滑断裂构造中存在独立分支断裂，基底断裂构造较明显，相对主测线 75 剖面构造类型更丰富。因此，此处所选两个剖面能够在一定程度上代表该地震数据，从整体上看，纵向上断裂主干显示清晰，断裂走向分布及延伸长度基本与人工解释相符，横向上断裂主干、分支层次相对分明，且分布位置接近人工解释结果的断裂分布。图 3.56(a)为主测线 75 剖面断裂构造，观察其顶部黄框位置，人工解释出 2 段大尺度断裂及 2 处断裂内幕，预测结果断裂数量与其基本一致，其中主断裂、微小断裂的发育形态及走向均识别

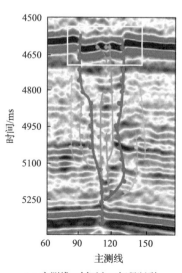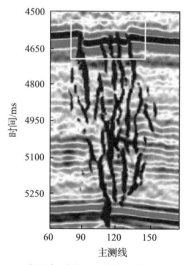

(a) 主测线75剖面人工解释断裂　　　　　　(b) 主测线75剖面DLA神经网络预测结果

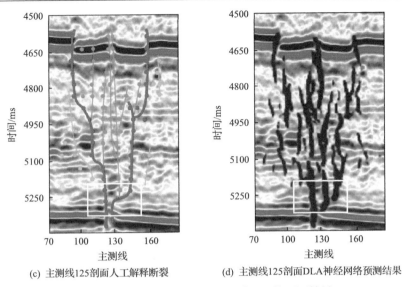

(c) 主测线125剖面人工解释断裂　　　　　　(d) 主测线125剖面DLA神经网络预测结果

图 3.56　人工解释断裂与 DLA 神经网络预测结果

清晰。图 3.56(c) 为主测线 125 剖面断裂构造，观察其底部黄框位置，该处预测出的 3 条断裂与人工解释断裂数量及形态基本一致。同时该结果针对人工解释出的独立断裂分支也有一定的识别效果，其断裂边界成像清晰，分支、主干位置分明，证明该方法识别出的断裂结果具有参考性。

从图 3.57 可以看出，本方法能够较好地反映该地区的地质结构，沿层切片对于走滑断裂外部轮廓走向、断裂内幕分布位置均有良好的刻画效果，既能够保证主干断裂边界的连贯性，又对断裂内幕中的扭曲细节及延伸方向有较好的体现，且预测结果中断裂轮廓有粗细区分，能够直观反映不同序级断裂分布情况，对于断裂内幕构造的发育形态及展布特征呈现结果更为精细，构造信息呈现丰富。

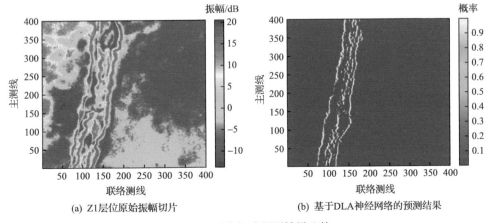

(a) Z1层位原始振幅切片　　　　　　　　(b) 基于DLA神经网络的预测结果

图 3.57　层位切片预测结果比较

　　图 3.58 为某一时间切片的局部放大图。从图 3.58 可以看出，在断裂内幕以及外部断裂的刻画上，基于 DLA 神经网络的预测结果[图 3.58(a)]相较于相干属性[图 3.58(b)]展现的构造信息更加丰富且清晰。具体来说，相干属性中只能清晰看出 2 条不连贯的主干断裂，而基于 DLA 神经网络方法的切片除了观察到 2 条主干断裂，对于断裂内幕和周围伴生等次序级断裂展布情况及数量的成像均较为清晰。

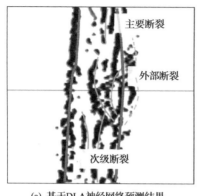 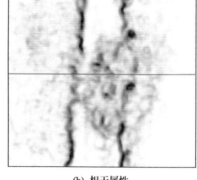

(a) 基于DLA神经网络预测结果　　　　　　　　　　(b) 相干属性

图 3.58　走滑断裂水平切片局部特征分析

3.2.5　小结与展望

1. 小结

　　本节主要针对断裂识别问题，通过将人工智能技术与地质知识相结合，避免了人工解释方法中主观性强和时间成本高等问题，进一步提高了多序级断裂及河道系统等其他地质异常体刻画的能力。本节具体介绍了主成分分析方法、三维多尺度卷积神经网络方法和基于深层聚合神经网络的多属性融合断裂识别方法。

　　主成分分析法是一种传统的非监督机器学习方法。其以降维的方式，通过将多数量、多类型的地震敏感属性融合并转化为少数几个综合属性，能够反映出原始属性中蕴含的大部分特征信息，减少地震敏感属性中的地质信息重复冗余，充分利用地震敏感属性信息，实现断裂的自动识别。本方法在无须制作标签的情况下，仅需使用少量的计算资源，即可深度挖掘多种类地震敏感属性中的断裂特征信息，实现对断裂的自动高效识别。

　　三维多尺度卷积神经网络方法在 U-Net 架构的基础上，通过并联不同大小的卷积核，构建了三维多尺度卷积神经网络，利用多种不同大小的卷积核并行提取断裂特征信息，扩大了神经网络的感受野。同时，可以将不同大小的三维卷积核所提取到的断裂特征信息依据不同高相关性分别聚合，符合实际的视觉感知。该方法对于高序级断层和一些较为细致的低序级断裂的形态、走向和倾角等都能得到良好的解释结果。同时，对河道等其他地质异常体也能达到理想的识别效果。但是，由于提取到的信息过多，可能会造成对一些断裂的误判。

基于深层聚合神经网络的多属性融合断裂解释方法利用深层聚合神经网络复刻走滑断裂内幕空间拓扑结构的构建思想，依据样本标签中的多种敏感属性地质信息、地震响应模式判别断裂构造规律，自动学习构建断裂形态，提高走滑断裂识别精度，实现依托小样本的精细解释，完成剩余大数据的断裂识别。针对断裂结构复杂及与常规正、逆断层特征相差较大的走滑断裂，采用了小批量人工解释的实际地震数据训练模型，一方面可以避免神经网络方法中合成数据与实际数据断裂类型不符的问题，另一方面，同类型的断裂可以提供更多相似的断裂信息，有利于提高识别效果。

2. 展望

目前，针对基于人工智能的断裂解释任务，需要进一步研究以下几个问题。

(1)大部分基于深度学习技术的断裂识别方法都将原始振幅数据作为神经网络的输入，往往忽略了不同的地震属性对断裂有着不同的表征能力。有必要进一步将地震属性和深度学习技术相结合。

(2)现有的智能识别方法都是利用叠后数据检测断裂的存在，然而在叠前不同偏移距的剖面会呈现出不同的断裂特征。有必要探究如何利用叠前数据来提升断裂识别的精度。

(3)目前智能断裂识别方法大多聚焦在较为明显的大尺度断裂上，对于大尺度断裂周围较小尺度的断裂仍缺少针对性的识别方法。

(4)基于人工智能的自动识别方法大多数都倾向于从地震数据内部挖掘信息，辅助进行断裂识别，但这不具备一定的地质逻辑。有必要探究如何利用地质知识引导智能断裂检测方法，提升地质问题的可解释性。

(5)图神经网络作为一种应用于非欧空间的神经网络，非常适用于解决具有图结构的问题，而具有空间拓扑结构的走滑断裂呈现出了一种图形态。有必要探究如何将图神经网络引入断裂识别问题中，使基于深度学习的断裂识别具有一定的可解释性。

3.3 孔洞识别

中国的海相碳酸盐岩地层经过漫长的地质时期受到深埋、高温及高压的影响，并经历了连续的成岩作用和溶蚀作用，形成了富含次生孔隙和洞穴的复杂结构。这些结构为油气资源提供了关键的储集空间。因此，快速准确地找到孔洞对油气勘探具有重要意义。在地震剖面上，孔洞以横向分布范围不大但纵向差异明显的"串珠状"强反射地震特征为主(Yang et al., 2012)。为提高孔洞的解释效率，本小节使用 U-Net和 VQVAE 等神经网络，介绍三种人工智能孔洞识别方法的基本原理和应用案例。

3.3.1　研究进展

在地震资料解释初期阶段，碳酸盐岩等储层的孔洞识别主要依靠人工手动标注，其识别精度受限于解释人员的主观经验和地质认识。为了进一步提高孔洞识别的准确率，现有的研究工作主要从基于正演模拟的地震响应特征分析、提高地震道集和偏移成像质量、基于多属性预测的孔洞内幕描述与边界刻画等方面开展。例如，基于波动方程正演研究不同尺度孔洞的地震响应模式(孙东等，2010；李凡异等，2012)。Sun(2018)根据不同尺度溶洞的频谱特征设置全频带 CMP 道集分频处理的分频参数，再通过对不同频带的分频叠前偏移成像结果提取均方根振幅属性，实现了根据不同频段振幅属性的响应差异检测塔河油田地区的多尺度溶洞。Liu 和Wang(2017)利用地震不连续面，根据地震相分类、随机反演等岩相分类进行碳酸盐岩储层断层和岩溶裂缝的探测。Lu 等(2018)将离散频率相干属性应用于碳酸盐岩缝洞体探测。王震等(2019a，2019b)先后研究了分频能量属性横向定位和波阻抗体纵向定位的孔洞空间位置综合预测技术，以及梯度结构张量第二特征值检测孔洞轮廓和孔隙度体、蚂蚁体和张量体融合描述孔洞内部结构的孔洞刻画技术。

随着人工智能技术的发展，利用机器学习算法从地震数据中提取孔洞特征逐渐成为一种简单、高效的方法。Tian 等(2017)和 Ebuna 等(2018)早期根据地震属性在地质体分割中的不同作用，对提取的属性数据与孔洞之间的非线性关系进行统计分析，建立了一种客观、高效率的智能化孔洞系统识别方法。针对有监督孔洞识别任务中获得大量有标记样本困难的问题，Cai 等(2018)和 Wu J 等(2022)利用地震子波和孔洞模型导出的反射系数正演模拟合成大量的三维地震记录，实现了基于三维合成数据的孔洞解释网络构建与训练，并直接推广应用到实际数据中，取得了较好的大尺度古岩溶洞穴识别效果。人工智能方法在孔洞识别中的部分研究进展见表 3.5。

表 3.5　人工智能方法在孔洞识别中的部分研究进展

作者	年份	研究内容及成果
Meldahl 等	2001	将多个属性重新组合为一个新属性，利用神经网络识别不同地质结构
Cai 等	2018	提出了一种使用优化卷积神经网络(OCNN)的改进深度学习孔洞识别模型。该模型可以从地震数据中提取具有不同形状、尺度和充填的孔洞及具有不同空间分布的多个孔洞的深度特征，实现了高精度智能孔洞识别
Ebuna 等	2018	结合逐步二次判别分析的岩溶多属性工作流程，为识别喀斯特系统和地震属性之间的非线性关系提供了一种半自动的方法。该方法以较少的计算时间得到了较好的空间识别效果，降低了地震目标检测中神经网络的不确定性

续表

作者	年份	研究内容及成果
任海洋	2019	提出了一种基于深度回归森林算法的孔洞体积定量预测方法，该方法使用正演数值模拟对串珠状反射进行雕刻与体积估算。结合卷积神经网络与随机森林算法，将输出的特征向量输入深度回归森林模型中，实现了孔洞体积的精确预测
Méndez 等	2020	使用分层聚类技术识别地震相，利用混合聚类技术对岩溶层段的地震道进行处理，从输出中提取岩溶相，并综合两个输出描绘岩溶
Wu X 等	2020b	提出了一种利用三维卷积神经网络识别三维地震数据古岩溶和相关塌陷特征的方法。该方法可以生成数值模拟地震数据，训练卷积神经网络，实现古岩溶和相关塌陷特征的快速自动识别
Yan 等	2022	首先通过 U-Net 模型对地震剖面上的"串珠状"异常反射进行识别，再根据"串珠"识别结果对地震数据进行小范围截取，将其输入深度残差网络中，实现对实际孔洞轮廓的精确定位与预测
Ismail 等	2022	分别使用多层感知器和自组织无监督矢量量化器的反向误差传播算法作为有监督和无监督神经网络方法来检测含气区和气烟囱，并对气烟囱和非气烟囱进行分类
Zhang J Y 等	2022	通过统一流形逼近与投影算法建立了岩心-测井-地震非线性回归模型，指导地震相的高精度识别，形成了一套综合多尺度地球物理资料的三维空间多层储层表征技术，实现了层间古岩溶储层和古孔洞充填类型的表征
Zhang G Y 等	2022a	根据露头和钻井数据等地质知识设计合成孔洞模型，训练刻画孔洞形态及不确定性的贝叶斯深度学习网络，塔里木盆地的实际数据测试表明该方法优于地震属性方法和传统神经网络，且预测的不确定性有利于提高评估结果的可靠性，孔洞边界和小尺度孔洞往往表现出更强的不确定性
张傲 等	2023	提出了基于 Yolox 的"串珠状"目标检测模型网络结构。该方法先在地震剖面上识别相对大尺度的"串珠状"，然后基于"串珠状"与溶洞的映射关系，实现溶洞识别

3.3.2　基于多属性制作标签的孔洞识别

本小节介绍一种基于多特征属性的孔洞识别方法。为了解决地震数据中获得大量有标记样本困难的问题，本小节利用孔洞的不同属性特点，通过属性优选和阈值分割方式在短期内生成大量的标签数据，训练 U-Net 网络建立一个端到端的孔洞识别模型。使用基于 U-Net 的网络结构，一方面可以从地震数据体中自主学习特征，另一方面也可以更为有效地依靠数据增强的手段利用少量的训练数据，实现高效、智能化的识别过程，获得更加准确的结果。

1. 方法原理

对于地震孔洞识别任务而言，人工制作标签虽具备较高的科学性和准确性，但费时费力，且其对标注人员要求较高，标注人员虽为领域专家，但仍存在个体认知差异，所以实现大规模的标注仍存在一定困难。针对人工智能识别孔洞缺少样本标签的问题，本小节提出利用多属性与"串珠状"地震响应之间的关系，对多种属性进行分析挖掘，提取刻画"串珠状"明显的地震属性，实现孔洞标签的制作。地震孔洞标签制作的具体实现流程如图 3.59 所示。根据不同属性体的特性采用阈值分割的方法选择合适的阈值，将表示孔洞的位置标记为 1，非孔洞位置标记为 0。随后，利用集成学习中的"硬投票"策略，对标记的属性体进行融合，以获得每个个体学习器"好而不同"的显著优势，使得最终结果更加准确。换言之，为确保孔洞标签中孔洞位置是准确且确定的，采用"少数服从多数"的思想对两种属性体的分割结果进行融合(当两种属性体的分割结果均被识别为孔洞类别时，即判定该位置对应类别为孔洞，否则为非孔洞)。

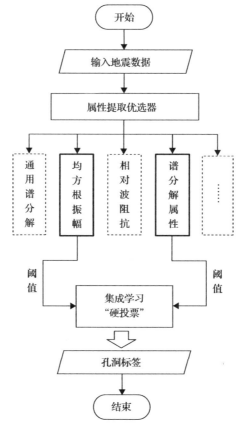

图 3.59　地震孔洞标签制作流程

U-Net 神经网络具有训练速度快、语义分割效果好、可解释性强等优点，适用于地震资料解释领域。因此，本小节选用与 3.1.2 节结构相同的 U-Net 卷积神经网络进行人工智能地震孔洞识别，网络结构如图 3.60 所示。将地震数据及对应的孔洞标签输入至 U-Net 神经网络进行训练。U-Net 根据已知数据及标签学习地震孔洞的特征及特征到分离目标的映射函数，训练完成后对未知的地震数据进行预测。使用交叉熵损失函数作为有监督地震孔洞识别问题的目标函数，网络模型最后输出表征孔洞的概率图。交叉熵损失函数的表达式如式(3.21)所示：

$$\text{Loss} = -\frac{1}{N}\sum_{i=1}^{N}\left[y_i\ln(p_i)+(1-y_i)\ln(1-p_i)\right] \tag{3.21}$$

式中，N 为样本的个数；y_i 为第 i 个样本的类别；p_i 为第 i 个样本被预测为孔洞的概率。

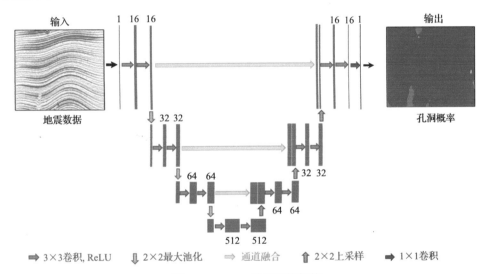

图 3.60 U-Net 神经网络架构

2. 实例分析

选用基于野外实际地层构造设计的三维物理模拟数据(Xu et al., 2016)来验证基于 U-Net 网络的有监督地震孔洞识别的效果，如图 3.61 所示。模型包括不同规模、速度、形状和流体的单个孔洞，以及不同空间分布的多个孔洞，共 143 个缝洞体孔洞。缝洞被部分或者全部充填，其中部分充填油气，中央位置有明显的“X形”断裂。叠后地震数据包含 640 条主测线和 780 条联络测线，时间采样点数为800，采样间隔为 2ms，时间记录范围为 0~1600ms，模拟地层范围为 20km×17km。图 3.62(a) 展示了该模型中缝洞体平面展布的俯视图，沿层位上下 150ms范围内提取的均方根振幅切片如图 3.62(b) 所示。结合孔洞地震反射特征，优选提取均方根振幅属性体和通用谱分解属性体，分别如图 3.63(a) 和 (b) 所示。可以

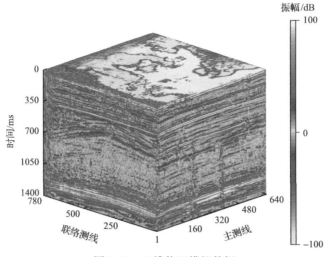

图 3.61　三维物理模拟数据

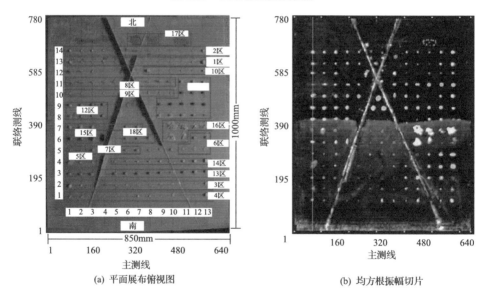

(a) 平面展布俯视图　　　　　　　　　　　　(b) 均方根振幅切片

图 3.62　缝洞体模型

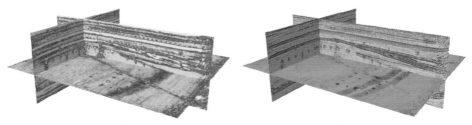

(a) 均方根振幅属性　　　　　　　　　　　　(b) 通用谱分解属性

图 3.63　地震属性优选

看到，两种属性体刻画孔洞分布特征良好，与真实"串珠"位置和形状对应。

采用阈值分割的方法为均方根振幅属性体和通用谱分解属性体设置合适的阈值以保留孔洞结果。针对该数据体，将均方根振幅属性体阈值设置为 25，高于 25 的数据点设置为 1，以表征孔洞类别，低于 25 的数据点设置为 0，表征非孔洞类别。对谱分解属性体采用相同方式处理，阈值大小设置为 28。均方根振幅属性体和通用谱分解属性体得到的孔洞标签俯视图如图 3.64 所示。采用"硬投票"的集成策略，对两种属性体标签结果进一步融合，以获得准确性更高的孔洞标签。根据图 3.64(a) 和 (b)，由于断层在横向及纵向上表现为强振幅及波形的不连续，根据属性体制作的孔洞标签仍存在较强的断层干扰。因此，为了进一步获得更高精度的孔洞标签，采用将断层位置设置为 0 的手段去除"X 形"断层，最终三维标签俯视图如图 3.64(c) 所示。利用原始叠后地震数据及建立的孔洞标签，沿时间方向等间隔抽取 50 个尺寸为 780×640 的水平切片及对应的标签制作样本集，训练 U-Net 卷积神经网络。测试三维数据体的全部时间切片。为了不加大后续计算难度，需要选择合适的参数。具体设置如下：将 U-Net 神经网络模型迭代次数设置为 100，批尺寸大小设置为 2，学习率设置为 10^{-4}。

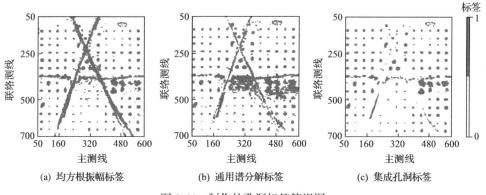

(a) 均方根振幅标签　　　　(b) 通用谱分解标签　　　　(c) 集成孔洞标签

图 3.64　制作的孔洞标签俯视图

选取 680ms 处的时间切片展示孔洞识别效果[图 3.65(a)]，预测孔洞用黄色色块表示。可以看出，该模型识别孔洞良好，对于框中尺度小、分布近的孔洞预测结果也较为理想。进一步展示全工区预测孔洞俯视图，如图 3.65(b) 所示，孔洞预测结果与真实标签基本一致。但存在一定的小尺度孔洞预测漏失的情况，在联络测线 600~780 位置出现较多噪声，识别方法有待进一步提升。

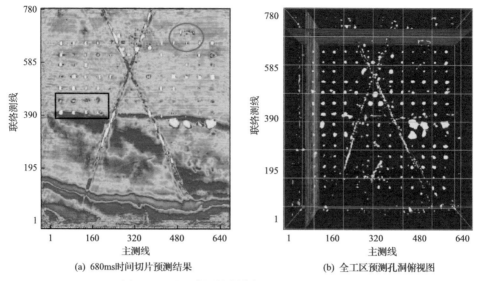

(a) 680ms时间切片预测结果　　　　　　　(b) 全工区预测孔洞俯视图

图 3.65　基于多属性制作标签的孔洞识别结果

3.3.3　基于 VQVAE 的孔洞识别

尽管有监督深度学习地震孔洞识别方法得到了快速发展，在识别精度上有很大提升，但依然面临着智能识别结果受标签质量控制的难题。因此，本小节针对目前地震孔洞识别任务中有监督算法的局限性，提出一种基于 VQVAE 的无监督地震孔洞识别算法，该算法对不同的孔洞数据具有普适性。

1. 方法原理

VQVAE 是一种结合了变分自编码器和矢量量化(vector quantization, VQ)技术的生成模型。变分自编码器是一种生成模型，通过学习数据的潜在分布来生成新的数据样本。VQ 是一种数据压缩技术，它通过将连续数据映射到离散数据来减少数据表示的复杂性。VQVAE 通过引入一个灵活的矢量量化码本，巧妙地替代了传统变分自编码器中预设且固定不变的高斯分布假设。这一矢量量化码本中的每一个嵌入向量均享有高度的自由度，它们不受任何特定概率分布的束缚。这种设计使 VQVAE 能够更加精准且创造性地捕捉地震孔洞特征的复杂性与多样性，从而实现对这些特征更加生动、细腻的表达。因此，相较于传统变分自编码器方法，VQVAE 在地震孔洞特征的表达上展现出了更为卓越的性能与潜力。本小节采用与 3.1.3 节相同的 VQVAE 网络训练地震孔洞智能识别模型，如图 3.11 所示，VQVAE 由编码器、矢量量化码本和解码器组成，矢量量化码本中保存了生成的多个嵌入向量。输入数据被送入编码器后，编码器将数据编码成潜在表示并通过嵌入向量对内容进行建模，解码器接收离散表示后的嵌入向量并尝试生成与原始输入相匹配的数据。孔洞识别模型训练时,通过编码器提取地震数据特征,经过编码器编码后,利用嵌入向量对隐藏层变量进行离散化处理,然后与编码器输出的向量拼接,送入解码器重构出数据特征,最后合成地震数据。在转换过程中,将从地震数据中提取出的特征送入编码器进行编码,通过计算隐藏层变量与嵌入字典中的每个嵌入之间欧几里得距离,找到代替隐藏层变量的嵌入,还原成地震数据特征。本节将继续采用 3.1.3 节中定义的损失函数[式(3.7)]来指导模型的构建。

VQVAE 网络对输入的每个像素点进行编码,将其转化为可表示像素点特征的一维向量 $I(x)$,种子点 c 在向量库中匹配出一个嵌入向量 I_c。本节仍采用式(3.5)与式(3.6)计算嵌入向量进而可以得出深入表征孔洞的概率性结果 P_c。

2. 实例分析

本小节采用与 3.3.2 节相同的地震数据来测试 VQVAE 的无监督地震孔洞识别的应用效果。沿时间方向等间隔抽取 50 个尺寸为 780×640 的水平切片制作样本集,训练 VQVAE 网络,测试集为三维数据体的全部时间切片。将 VQVAE 网络模型的批量大小设置为 256,矢量维度设置为 30,矢量数量设置为 37500,β 设置为 0.25。实际的孔洞"串珠"在地震剖面上的响应特征往往为"两峰一谷"和"三峰两谷"等,应设置合适的窗口大小选择种子孔洞表征孔洞特征,进而获得能够较好区分孔洞与非孔洞类别的识别结果。经过多次测试对比分析,本小节使用大小为 9×11 的非孔洞窗口作为种子点,获得的无监督学习结果能更有效地突出"串珠状"孔洞特征。

同样选取 680ms 处的时间切片展示孔洞识别效果,如图 3.66(a)所示。可以看到,训练后的神经网络能准确地将"串珠状"孔洞识别出来。根据图 3.66(b)中的

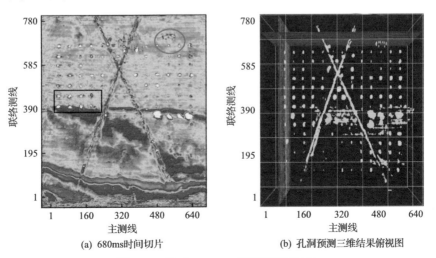

(a) 680ms时间切片

(b) 孔洞预测三维结果俯视图

图 3.66 基于 VQVAE 的孔洞识别结果

全工区预测孔洞结果俯视图可以直观地看出，基于 VQVAE 的无监督地震孔洞识别方法在小孔洞识别方面有明显的改善，噪声明显减少，漏失情况有所缓解。然而，该方法同样将与孔洞相同强振幅的断层信息误判为孔洞类别，并出现一定程度的噪声干扰。因此，有必要对智能孔洞识别技术进行进一步研究，并进行多因素分析进而得到完整认识。

3.3.4　联合 U-Net 与 VQVAE 的孔洞识别

基于 U-Net 网络的孔洞识别在识别速度上有较好的表现，但网络模型的训练需要大量高质量的孔洞标签数据。基于 VQVAE 的孔洞识别方法对不同孔洞数据的适应性、分类性能较好，但由于 VQVAE 算法人工设置种子点大小，不同解释人员的解释结果存在较大差异，同时识别结果受种子点位置和数量影响较大。因此，本小节提出一种联合 U-Net 与 VQVAE 的孔洞识别方法，该方法不仅充分利用 U-Net 网络有监督学习与 VQVAE 无监督学习的优点，还能在一定程度上弥补无监督学习和有监督学习的不足。

1. 方法原理

有监督的地震孔洞识别方法是将识别任务转化为分类任务，利用已有孔洞标签的数据集训练分类器，并使用该分类器对新的地震数据进行分类。然而有监督的孔洞识别方法需要使用带有标注的训练集进行训练，这就使训练集会直接影响模型的识别效果。无监督的识别方法不需要带有标注的地震数据，首先对原始地震数据进行数据编码，其次确定具有代表性的孔洞或非孔洞，按照既定规则计算其他位置的孔洞可能性，评估获取的孔洞以确定最终孔洞集合。虽然无监督方法在区分断层、强振幅噪声和孔洞方面性能较差，但可以发现无监督网络能够满足对地震孔洞的信息描述，且以"串珠状"反射为单位进行特征提取能够进一步满足有监督学习的学习需求。

因此，联合 U-Net 与 VQVAE 的孔洞识别方法旨在利用 VQVAE 挖掘地震数据的内在规律，提取孔洞特征属性体，将原始振幅数据与 VQVAE 提取的属性体作为网络的训练集，使在不丢失原始地震振幅信息的情况下让网络充分学习孔洞与非孔洞的差异信息，从而达到使用少量地震孔洞标签得到较合理的地震孔洞识别结果的目的。U-Net 神经网络具有训练速度快、语义分割效果好、可解释性强等优点，因此，本小节仍选用 U-Net 神经网络和 VQVAE 进行联合智能地震孔洞识别。联合网络结构及网络参数与 3.1.2 节基于多属性制作标签的孔洞识别和 3.3.3 节基于 VQVAE 的孔洞识别中的设置一致。孔洞识别流程可大致分为以下四个步骤：①制作孔洞标签；②VQVAE 特征增强；③构建双输入模型；④数据测试应用。

2. 实例分析

本小节采用与 3.3.2 节相同的地震数据来测试联合 U-Net 与 VQVAE 的孔洞识别方法的应用效果。对于 VQVAE 无监督学习提取的特征结果，在默认制作孔洞标签准确的前提下，分别统计 680ms 时间切片处孔洞类别(蓝色)和非孔洞类别(红色)的无监督学习特征值和原始地震振幅数据，如图 3.67 所示，其中横坐标表示特征值大小，纵坐标表示数值出现的频次。可以看到，VQVAE 学习提取的特征图[图 3.67(a)]中，孔洞类别集中在 0.9~1.0，非孔洞类别广泛分布在 0.5~0.8，故该特征能够较好地区分孔洞和非孔洞；而地震振幅图[图 3.67(b)]的孔洞与部分非孔洞类别较为集中，二者差异不明显。因此，无监督学习提取的特征体在有监督学习过程中作为输入时，能够提供更丰富、更具有区分度的表征，有利于有监督模型更准确地识别孔洞区域。

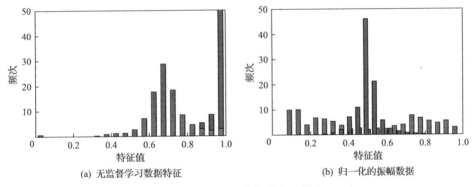

(a) 无监督学习数据特征　　　　　　　　(b) 归一化的振幅数据

图 3.67　孔洞与非孔洞特征分布比较(680ms)

首先，对地震振幅数据等间隔抽取 10 个尺寸为 780×640 的时间切片，将其输入 VQVAE 进行训练，以获得与时间切片等大的无监督学习特征。其次，对抽取的时间切片进行归一化处理并制作对应的孔洞标签。最后，将无监督学习特征和归一化的振幅数据输入至 U-Net 卷积神经网络进行训练，测试集为三维数据体的全部时间切片。

同样，选取 680ms 处的时间切片展示孔洞识别效果，如图 3.68(a)所示。从图 3.68(a)中可以看出，识别结果与地震切片上的孔洞基本重合，位置准确。进一步展示工区内所有孔洞预测结果俯视图，如图 3.68(b)所示。从图 3.68(b)可以看出，联合 U-Net 与 VQVAE 的孔洞识别方法对于孔洞的识别清晰、完整，与孔洞模型基本吻合，证明了方法的有效性和准确性。相比于 3.3.4 基于 U-Net 网络的孔洞识别方法和 3.3.3 节基于 VQVAE 的孔洞识别方法，本小节提出的联合 U-Net 与 VQVAE 孔洞识别技术在孔洞识别精度上实现了显著提升。这种联合方法不仅减少了噪声干扰，而且能够更准确地描绘孔洞其他地质特征，从而提供更为优化的识别效果。

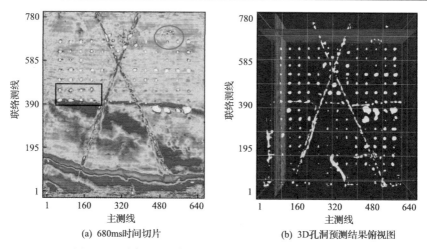

(a) 680ms时间切片　　　　　　　　　　(b) 3D孔洞预测结果俯视图

图 3.68　联合 U-Net 与 VQVAE 的 680ms 孔洞识别结果

　　为了进一步验证方法的实用性，将联合 U-Net 与 VQVAE 的孔洞识别方法应用于如图 3.69 所示的实际工区地震数据。该工区位于中国西部某地区，三维地震数据体共包含 800 条主测线和 800 条联络测线数据，时间采样点数为 451，采样间隔为 2ms，面积约为 150km^2。工区内发育剪切断裂，从浅到深沉积相从大陆相过渡为海相。浅层目标储层属于大陆碎屑岩储层，深层储层属于海洋碳酸盐岩储层。酸性流体流经断裂带对碳酸盐岩溶蚀改造，形成孔渗性较好的断溶体，发育高角度裂缝。

图 3.69　3D 实际地震数据

　　结合孔洞地震反射特征，对提取的均方根振幅属性体和通用谱分解属性体也采用阈值分割的方法制作孔洞标签(将均方根振幅属性体和通用谱分解属性体阈值均设置为 1500，高于 1500 的数据点其标签被设置为 1，表征孔洞类别；低于 1500 的数据点其标签被设置为 0，表征非孔洞类别)，得到的孔洞标签俯视图分别如图 3.70(a) 和(b)所示。采用"硬投票"集成策略对两种属性体的分割结果进行融合，获得的孔洞标签俯视图如图 3.70(c)所示。

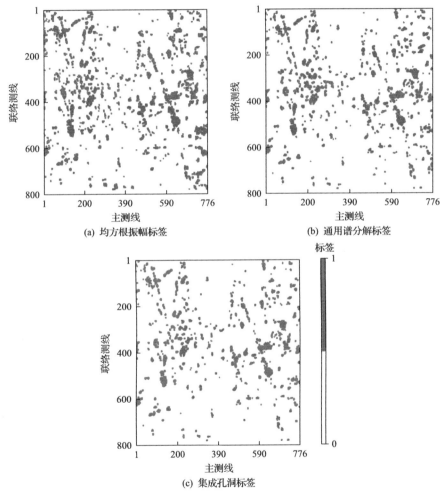

(a) 均方根振幅标签　　　　　(b) 通用谱分解标签

(c) 集成孔洞标签

图 3.70　联合 U-Net 与 VQVAE 制作的孔洞标签俯视图

　　统计 300ms 处无监督学习孔洞(蓝色)和非孔洞(红色)的特征值，并与原始地震振幅数据对比，统计结果如图 3.71 所示，其中横坐标表示特征值大小，纵坐标表示数值出现的频次。可以看到，VQVAE 提取的特征图中孔洞和非孔洞区分度较高，原始地震振幅数据在孔洞和非孔洞处相对混淆，二者差异性较小。

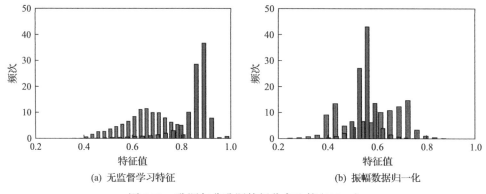

(a) 无监督学习特征 (b) 振幅数据归一化

图 3.71 孔洞与非孔洞特征分布比较(300ms)

沿时间方向等间隔抽取 10 个尺寸为 800×800 的无监督学习特征、归一化振幅数据及相应的孔洞标签,输入 U-Net 卷积神经网络进行训练,并推广到整个数据体。在实际地震数据 300ms 处的孔洞识别结果如图 3.72(a)所示,从图中可以看出,本小节方法识别结果与剖面上的孔洞基本重合,位置准确。工区内孔洞预测结果俯视图如图 3.72(b)所示,可以看到本方法很好地刻画出孔洞位置和大小,与孔洞标签基本一致。

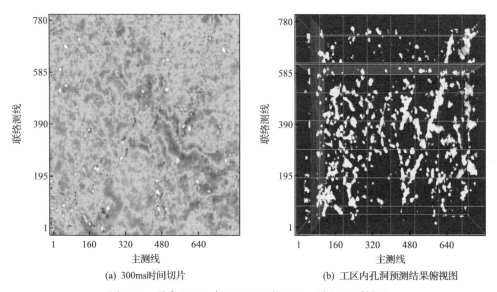

(a) 300ms时间切片 (b) 工区内孔洞预测结果俯视图

图 3.72 联合 U-Net 与 VQVAE 的 300ms 孔洞识别结果

当一些地质层自身构造存在裂缝或溶洞时,会导致在施工过程中出现钻井液漏失的现象。加上在施工时还会受到压力的影响,这就加大了地层结构出现漏失现象的可能。因此,在发生裂缝类漏失的时候,需要对其进行及时有效的解决,减少漏失对施工造成的影响。三维地震资料上一具有较好孔洞反射特点的连井剖面如图 3.73 所示。与地震剖面对比,智能识别的孔洞位置与明显的强振幅异常"串珠状"反射对应;根据钻井结果显示,在预测孔洞位置发生了漏失现象,也间接证实了智能识别结果的可靠性。同时,结合漏失点位置提取相干体时间切片(图 3.74)。从图 3.74 可看出,本方法识别孔洞结果与相干体识别孔洞位置基本一致,进一步

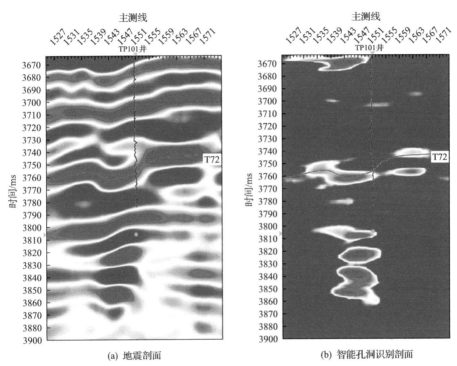

(a) 地震剖面　　　　　　　　　　　(b) 智能孔洞识别剖面

图 3.73　过井地震剖面与识别的孔洞

黑线为测井曲线

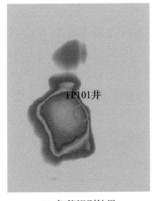
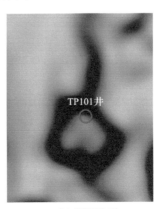

(a) 智能识别结果　　　　　　　　　(b) 相干识别结果

图 3.74　漏失点时间切片

验证了本小节方法的有效性。

3.3.5 小结与展望

1. 小结

地震孔洞的准确识别对研究石油、天然气等资源的分布与开采有着十分重要的影响。本节将人工智能算法应用到地震孔洞识别任务之中，分别从有监督学习、无监督学习等不同角度出发，采用有监督算法、无监督算法及将有监督和无监督相结合的算法，实现了不同分布、不同尺度的地震孔洞智能识别任务。

基于 U-Net 网络的孔洞识别算法，提出了一种利用孔洞的不同属性特点，通过属性优选和阈值分割的方式实现了短期内生成大量孔洞标签数据，解决了地震数据中获得大量有标记孔洞样本困难的问题。利用深度神经网络，一方面从地震数据体中自主学习特征，另一方面建立一个端到端的孔洞识别模型，实现了高效、智能化的识别过程，可获得准确的孔洞识别结果。然而尽管基于多属性制作标签的孔洞识别通过创新的属性优选和阈值分割方法，在短期内成功生成了大量孔洞标签数据，显著缓解了地震数据中有标记孔洞样本稀缺的问题，并实现了高效、智能化的孔洞识别，但其仍然受限于获取大量高质量标签数据的难度大以及可能引入的伪标签噪声问题。此外，该方法的泛化能力也受到训练数据多样性和标注准确性的制约。

为了克服这些局限性，并探索一种更为灵活和自适应的孔洞识别策略，本节进一步提出了基于 VQVAE 的无监督孔洞识别算法。这种算法跳出了传统有监督学习的框架，无需依赖大量的人工标注孔洞数据，而是通过其独特的编码器-矢量量化码本-解码器架构，自动从地震数据中学习并提取特征。这一创新不仅避免了有监督方法因标签数据不足而带来的种种限制，还展现了对不同孔洞数据良好的适应性和鲁棒性。但是 VQVAE 算法在预测速度上可能稍显不足，并且其预测结果受人为设置种子点的影响。

为了最大化识别效果，本节进一步探索了联合 U-Net 与 VQVAE 的孔洞识别方法。这一策略巧妙融合了有监督学习的精确识别能力和无监督学习的强大特征提取能力，实现了地震孔洞识别的高效与精准。实验结果表明，即使在有标签地震数据极为有限的情况下，该方法也能获得理想的预测结果。此外，钻井数据和相干体技术相结合进行验证，进一步证实了这种有监督与无监督结合方法的实用性和准确性，为地震孔洞识别领域提供了潜在的新的研究路径。

2. 未来展望

针对基于人工智能的地震孔洞识别任务，以下几个问题有待进一步探究。

(1)深入研究在提取均方根振幅属性体与通用谱分解属性体的过程中，如何针对多样化的数据特性精准选择适配参数，并进一步探讨如何筛选出最能精确描绘"串珠状"地质特征的特定属性体，以提升解释的准确性与精细度。

（2）鉴于当前智能识别技术主要局限于对孔洞位置和尺度的粗略估计，且"串珠"模式与实际孔洞间尚存差距，探究如何高效整合大数据资源与丰富的属性体信息，通过先进算法与模型优化，实现地震数据中孔洞的定量化精准识别，以缩小预测与实际之间的偏差。

（3）针对小尺度缝洞单元的精细刻画挑战，仅依赖叠后地震数据解析"串珠状反射"现象显得力不从心。因此，聚焦于探索利用叠前地震数据识别绕射波特征的新方法，以及结合叠前与叠后数据的多源信息融合技术，通过综合分析与建模，从根本上突破孔洞精细解释的技术瓶颈，实现对地质构造细节更深层次的理解和精确刻画。

3.4　地震相解释

由于不同沉积环境下岩性、物性参数(孔隙度、组成成分和孔隙流体等)存在较大差异，地震数据反射特征(振幅、频率、相位和连续性等)存在或多或少的区别。因此，在地震剖面上，不同的反射特征能反映不同的岩性和沉积环境，从而体现不同的地震相结构。地震相解释是根据地震数据反射特征的差异划分地震相类型的方法(Yu et al., 2020)，其目的是根据地震资料对地震反射特征进行分类，进一步研究地层的沉积体系和岩相特征，重塑研究区域的沉积史和构造史等，预测有利储集相带。在地震资料解释过程中，准确划分和识别地震相类别是一项基础性工作，对后续探究地质环境和地质构造、高分辨率处理、地震反演、储层预测、构造解释等都有重要作用。

3.4.1　研究进展

在地震勘探发展初期，地震相解释过程缺乏系统的科学理论，通常需要解释人员以人的视觉为基础，结合其自身的专业知识及经验给出合理的划分结果。然而，这一过程中人工解释工作量巨大、解释效率低且存在较强的主观性。因此，有必要研究一种借助自动方法的地震相分类方法，以减轻解释人员的工作量。目前，地震相解释的主要的方法有波形分类法、基于地震地貌学的划分方法及地震属性特征映射法(Zeng, 2004; Chopra and Alexeev, 2006; Gao, 2008)。这些传统机器学习算法在地震相解释领域的研究中发挥了重要作用(Saggaf et al., 2003; Bagheri and Riahi, 2013)，解决了传统方法存在的人工工作量大、主观性强等问题。

伴随"两宽一高"等地震采集技术的进步，地震数据体量也日益庞大，仅用传统机器学习方法难以充分挖掘地震剖面蕴含的丰富信息。如何从地震数据中高精度、高效率地进行多类别地震相判别成为亟待解决的问题（Li et al., 2020）。近年来，深度学习技术在计算机视觉等领域取得了重大进展。深度学习通过提取数据的抽象结构来学习复杂的映射关系，挖掘大数据背景下的隐含信息，在油气勘探、开发领域任务中发挥其"自动化、智能化"的特点，展示出了解决人力所不及问题的潜能。U-Net（Ronneberger et al., 2015）、SegNet（Badrinarayanan et al., 2017）等深度神经网络架构在地震相解释方面取得了良好的应用效果（Zhao et al., 2018; Alaudah et al., 2019; Zhang et al., 2020）。人工智能方法在地震相解释中的部分研究进展如表 3.6 所示。

表 3.6　人工智能方法在地震相解释中的部分研究进展

作者	年份	研究内容及成果
Dubois 等	2007	为划分地震相，测试了基于贝叶斯规则的经典参数方法及模糊逻辑、k 近邻和 ANN 的非参数方法，用 3600 个样本（每个样本有 4~5 个岩相类）构造数据集训练网络，测试结果表明，ANN 是适合这种特定分类问题的最优分类器，并在很多方面取得了较好效果
Bagheri 和 Riahi	2013	优选了 14 种地震属性，如相位余弦、瞬时频率等来表达地震相，并证明了支持向量机分类器在划分具有高维特征的小样本时，其准确率高于多层感知机网络的划分结果
Song 等	2017	将多线性子空间学习与自组织映射聚类技术相结合，并利用多窗口倾角搜索算法提取多波形，降低地震相边界的不确定性。合成数据测试结果表明，该方法相比传统波形分类方法对噪声具有更强的鲁棒性
Chevitarese 等	2018	基于 CNN 创建了一个全卷积神经网络架构，该网络可以区分不同类别的地震相，以实现在像素级别对地震图像进行分类。测试结果表明，该网络的预测结果接近人工解释的结果
Li	2018	首先基于无监督学习对包含多种地质构造要素的地震数据进行分析，其次利用堆叠自编码器和 CNN 对其进行分类，两种网络模型在测试数据中均得到了合理的预测结果
Qian 等	2018	使用深度卷积自编码器开发了一种新的偏移时间特征提取方法，该方法可以直接从叠前地震图像中学习地震反射的连续性、振幅的变化、波速异常等有助于地震相解释的特征，从而实现地震相解释。合成及实际叠前数据测试结果证明了该方法的有效性
Shafiq 等	2018	提出了利用基于稀疏自动编码器的无监督框架来学习自然图像的特征，并将其应用于地震数据。合成及实际数据测试结果表明，该算法在特征突出的区域有较高的分类准确率
Zhao 等	2018	提出基于无监督学习算法的结果，结合专家知识，对输入的地震属性进行加权。测试结果表明，所提出的基于加权的属性选择方法相比使用相同权重的方法，能更好地区分感兴趣的特征
Alaudah 等	2019	提出了一种弱监督学习方法，可以为各种地震反射结构生成弱训练标签。该方法不需要任何人工解释工作，并且可以产生大量有标签地震数据

作者	年份	研究内容及成果
Duan 等	2019	将地震相分类分为属性提取和地震相聚类分析，引入深度卷积嵌入式聚类，提高了地震相边缘分辨率
Liu M 等	2020	对比了 CNN 和 GAN，并指出了 GAN 具有强大的特征学习和表征能力，可以在训练样本不足的情况下显著提升地震相识别能力
闫星宇等	2020	提出在传统 U-Net 模型末端加入金字塔池化模块，以提高模型获取全局信息的能力，改善地震相边界刻画的问题，并提出了"预测信息熵"的概念用于评估地震相预测结果的不确定性
Zhang 等	2020	建立了两个独立网络分别用于识别全部地震相和识别单类别地震相，提出了一种集成学习的方法将二者的优势相结合，以提高模型的预测能力
Asghar 和 Byun	2021	在传统深度学习模型中加入重建模块以优化输入数据的特征提取过程，利用未标记数据完成特征学习任务，该方法可以在数量有限且类别不平衡的训练数据集上获得准确的相分类结果
Feng 等	2021b	提出在贝叶斯框架下使用 CNN 预测地震岩相，采用变分方法逼近 CNN 参数的后验分布，并量化地震相分类中的不确定性
Kaur 等	2021	提出了一种基于 GAN 的地震相分类框架，并使用贝叶斯框架将不确定性分析纳入工作流程。实际数据测试结果表明，该方法可以提高解释效率，同时减少解释过程中的随机性
Li 等	2021	提出了一种基于软注意力机制的深度扩张卷积神经网络，以实现高精度地震相自动识别。并利用空间-光谱注意力图揭示了地质沉积和地震频谱之间的关系，提高地震相识别问题的可解释性
Lubo-Robles 等	2021	将穷举搜索算法与概率神经网络(PNN)相结合，以测试所有可能的属性组合，拒绝不相关的属性，降低计算成本，并确定地震属性的最佳组合，以区分墨西哥湾数据集中的盐和背景硅质碎屑沉积物
Zhang 等	2021	应用增强型编码器-解码器 DeepLabv3+进行强监督学习，提出了一种有效方案自动处理和生成训练数据，并讨论了将地震属性用于地震相解释的可行性。测试结果表明，该方法能显著提高地震相解释的精度和效率
Di 等	2022	提出了 RGT 约束地震相识别的 CNN 方法，输入为 RGT 和地震振幅两种数据，输出包括地震相和重构 RGT，采用乘法正则化算法使目标匹配损失和 RGT 的重构损失同时最小化。使用 RGT 约束进行地震相预测显著减少了假象，提高了预测结果的横向一致性
He 等	2022	提出了一种基于伪标签策略的半监督学习算法，该方法利用有标签数据为无标签数据制作伪标签，借助无标签地震数据来克服地震相标签的稀缺性
李祺鑫等	2022	以兼顾数据变换的表示能力及数据的聚类能力为出发点，采用卷积自编码网络结构，引入了聚类损失函数与重建损失函数，使网络结构兼顾地震数据的两种能力
Nasim 等	2022	针对目标域与源域分布有差异且没有标签问题，构造了一个最小化源和目标相关性之间差异的可微损失函数，即相关对齐损失，将该损失引入域自适应方法中，实现了深度域自适应的无监督地震相预测

作者	年份	研究内容及成果
贺粟梅	2023	利用深度学习数据驱动模型挖掘高维的地震数据特征，利用 k 近邻(kNN)机器学习模型表征低维的地质空间信息，构建了一套地震数据与地质特征融合的多类别地震相智能识别方法
Wang 等	2023	提出了一种基于大量的未标注地震数据预训练网络和使用极少的地震数据与地震相标签再次训练地震相分割网络的半监督语义分割框架，实际数据测试说明该框架相比于有监督语义的分割框架在少样本情况下能够提高地震相识别精度，同时还采用两种策略来进一步提升识别效果：一是基于时间移动的数据增强方法，二是引入集成学习来评估地震剖面解释结果中的不确定性，并将这些具有较高不确定性的剖面纳入网络训练

3.4.2　基于 XGBoost 有监督学习的地震相解释

本小节介绍一种基于空间约束的多属性智能地震相解释方法。地震属性能直观反映地质构造、地层层序等特征，因此，本小节通过专家优选属性，提取了原始振幅、均方根振幅、方差和混乱地震属性，并且添加时间、空间坐标信息，采用机器学习算法 XGBoost 作为机器学习模型开展多属性地震相智能解释。在实际数据集上对模型进行测试，以评估该方法的性能。

1. 方法原理

1) XGBoost 原理

考虑到各类别地震相与地震属性之间存在复杂的非线性映射关系，因此，采用集成学习算法可以有效提升模型的分类效果并降低单个模型的过拟合风险。提升算法是最常见的集成学习算法之一，其基本思想是将多个低精度的树模型相结合，在每次迭代更新后为模型生成一个新树，建立更精确的模型。目前，提升算法中较为有效的方法是梯度提升法，该方法利用梯度下降法生成基于所有先前树的新树，从而使目标函数向最小值方向优化(闫星宇等，2019)。

本小节采用 XGBoost 算法(Chen et al., 2015)来实现多类别地震相智能解释。该方法又称为极限梯度提升算法，与单纯使用梯度下降法策略相比，该算法采用了二阶泰勒公式展开目标函数，并添加正则项进行优化，以精确捕捉各种预测变量的非线性特征组合，从而在分类任务中实现高效且准确的优化。XGBoost 算法依据梯度提升算法思想，通过将多个弱分类器组合成一个强分类器的方式对基础模型进行迭代串联，逐步降低误差，提高模型的预测性能。XGBoost 算法建模的具体步骤如表 3.7 所示。

表 3.7　XGBoost 算法建模流程

(1)模型初始化。初始化模型的权重、损失函数等参数

(2)计算损失函数的负梯度。使用当前模型对训练样本进行预测,并计算损失函数的负梯度

(3)模型训练。使用步骤(2)计算得到的负梯度作为目标值,训练一个新的分类树,以最小化损失函数

(4)更新模型。将步骤(3)训练得到的树模型添加到当前模型中,更新样本权重

(5)重复步骤(2)~(4),直到达到预设的迭代次数或满足停止条件

该算法通过将多个决策树的预测结果相加,得到最终预测结果,具体计算公式如式(3.22)所示:

$$\hat{y}_i = \sum_{k=1}^{K} f_k(x_i), \quad f_k \in F \tag{3.22}$$

式中,$\hat{y}_i$ 为模型得到的预测值;K 和 k 分别为决策树的数量和索引;x_i 为第 i 个输入样本的特征向量;F 为所有树模型的集合;f_k 为第 k 个决策树模型。训练模型的目的是最小化损失函数,寻找最匹配数据的模型参数。XGBoost 的损失函数公式如式(3.23)所示:

$$\text{Loss} = \sum_{i=1}^{n} l(y_i, \hat{y}_i) + \sum_{k=1}^{K} \Omega(f_k)$$
$$\Omega(f) = \gamma T + \frac{1}{2}\lambda \|\omega\|^2 \tag{3.23}$$

式中,Loss 为衡量模型分类效果的总损失值,由梯度提升算法损失与正则项两部分构成;前一项中,n 为训练函数的样本数量,l 为单个样本的训练损失;后一项定义了整个集成模型的复杂程度,其中 T 为叶子节点数目,ω 为每个叶节点的得分权值,γ 和 λ 为人为设定的超参数。一般来说,随着 λ 的增加,模型的约束效果增强,模型训练变得更加保守。

XGBoost 算法在模型的训练过程中采用了多种优化方法,如梯度剪枝、缺失值处理、并行计算等,因此在预测准确率和计算效率上取得了良好的表现。同时,XGBoost 算法也具有良好的可解释性,可以通过可视化树结构等方式解释模型的预测结果,便于理解和应用。

2)SMOTE 原理

在地震相分类任务中,往往存在数据不均衡的问题。数据不均衡是指不同类别的样本数量差异过大,通常情况下,某些地震相类别的数量较少,而另一些类别的数量较多。模型倾向于将更多的样本预测为数量较多的类别,故数据不均衡

会对模型的性能产生负面影响，从而导致在少数类别上的预测效果较差。

在数据采样中，过采样和负采样策略是解决数据集类别分布不均衡问题的基本方法。过采样即增加少数类样本的数量，负采样即减少多数类样本的数量，两种采样策略都是通过改变数据集类别分布的方式得到相对平衡的数据集，从而解决训练模型对少数类样本识别效果较差的问题。SMOTE 算法用于生成基于少数类样本近邻的合成样本(Chawla et al., 2002)，从而增加少数类样本的数量，是一种应用范围较广的过采样方法。SMOTE 算法的公式如式(3.24)所示：

$$a_{\text{new}} = a_i + (\hat{a}_i - a_i) \times \delta \quad a_i \in S_{\min} \tag{3.24}$$

式中，$S_{\min}$ 为数据集 S 中的少数类别集合，对于每个样本 $a_i \in S_{\min}$，根据欧几里得距离随机选择其 k 个近邻样本 $\hat{a}_i$，用于获取与原样本之间的特征向量差异，选取一个介于[0, 1]的随机数 δ 来乘以特征向量差异，从而得到一个新的合成样本；a_i 为少数类样本；$\hat{a}_i$ 为与 a_i 欧几里得距离最近的少数类样本；a_{new} 为采用 SMOTE 增广后的样本。

图 3.75 为 SMOTE 算法在二维特征空间采样的示意图。这种过采样方式从特征空间上选取了邻近区间的样本，相较于传统的随机上采样策略，该策略的效果更好。传统的随机上采样策略仅仅是简单复制少数类样本，导致模型泛化能力较差。

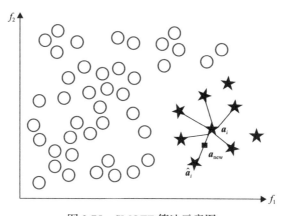

图 3.75　SMOTE 算法示意图

2. 数据介绍

选用新西兰 Parihaka 工区数据来验证本小节方法的效果，对应地震相标签由雪佛龙(Chevron)公司提供。三维地震数据体共包含 590 条主测线和 768 条联络测线，采样间隔为 3ms，时间采样点数为 992，时间记录范围为 528~3501ms，如图 3.76

所示。该三维地震数据体具有丰富的地震相类型，根据地震数据振幅、频率和连续性等反射特征，可将其划分为以下 6 种地震相类别[图 3.76(c)]，包括：①基底或其他(作为背景)。该区域信噪比较低，内部反射较少。②斜坡泥岩 A。该区域上下边界振幅强，内部多为低振幅连续或半连续反射。③块状搬运沉积层。该区域内部反射多为杂乱反射或低振幅平行反射。④斜坡泥岩 B。该区域内部反射多为强振幅平行反射。⑤坡谷。该区域起伏相对较低，多发育高振幅下切谷。⑥海底峡谷。该区域振幅较低、局部起伏较大，大部分为变形斜坡泥岩，且基底表面附近

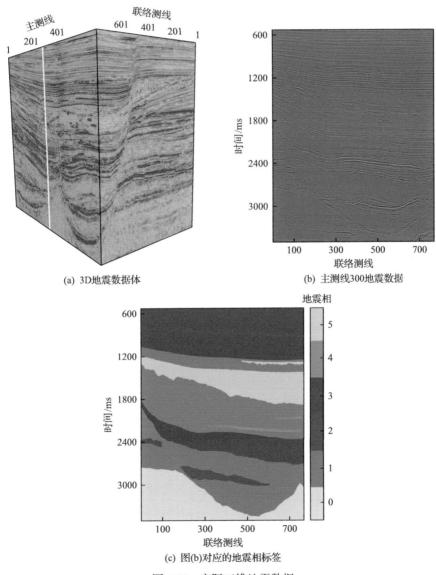

(a) 3D地震数据体　　(b) 主测线300地震数据

(c) 图(b)对应的地震相标签

图 3.76　实际三维地震数据

发育砂岩充填通道。6 种地震相类别分别对应编号 0、1、2、3、4 和 5，分别记作 label 0、label 1、label 2、label 3、label 4 和 label 5。label 0 对应的地震相结构简单，特征明显；label 2、3、4 和 5 对应的地震相被其他类别分为了多个区域，且区域之间无连通性，穿插于 label 1 之间；label 2、4 和 5 对应地震相分布范围较小、厚度较薄，增加了对应地震相识别的难度。

3. 数据预处理及模型训练

本小节介绍的基于 XGBoost 有监督学习的地震相解释方法与传统图像分割方法有区别，考虑到 XGBoost 模型输入模式为[数据长度，数据维度]，故需要将训练集中每一个二维的地震剖面数据转化为一维形式。在维度转换前，对应位置还需加入三维坐标信息和标签信息，前者用于空间约束，后者用于有监督学习训练。考虑该数据集存在较强的类别不均衡问题，引入了 SMOTE 过采样处理，最后输入到 XGBoost 训练相识别模型。数据预处理及模型训练的具体步骤如表 3.8 所示。

表 3.8　数据预处理及模型训练流程

输入数据：某采样点对应的原始地震振幅数据、三种地震属性及三个空间坐标
输出数据：该采样点对应的地震相类别
(1) 数据准备。选取三维数据体的原始振幅数据、均方根振幅属性、方差属性和混乱属性，并且为三维数据体的各个采样点匹配主测线、联络测线和时间坐标作为空间维度信息
(2) 数据预处理。从主测线方向等间隔抽取 10 张地震剖面作为训练集数据，并对原始振幅数据及各个属性进行归一化操作
(3) 训练集制作。采用像素级数据输入方式，即将原始地震振幅数据、三种地震属性、三个空间坐标以及地震相标签分别拉伸为一维向量形式，并一一对应，即 7 个特征对应 1 个标签，构成训练集数据
(4) 过采样策略。对训练集数据进行乱序处理，并利用 SMOTE 算法进行过采样处理，以实现数据增强
(5) 模型训练。将训练集数据输入 XGBoost 模型进行训练，得到多类别地震相智能解释模型

数据预处理及模型训练流程图如图 3.77 所示。

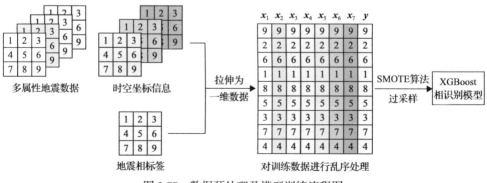

图 3.77　数据预处理及模型训练流程图

4. 实例分析

从三维数据体及三维属性体的主测线方向等间隔选取 10 张地震剖面作为训练数据，输入 XGBoost 模型进行训练，得到多类别地震相解释模型。本小节选取主测线 280 地震剖面进行效果展示，得到的预测结果如图 3.78 所示。通过对比地震相标签[图 3.78(b)]和预测结果[图 3.78(c)]可以看出，该模型可基本识别各类别地震相的分布范围，其识别精度为 91%。由于采用像素级点对点识别方式，将一维向量形式的预测结果还原为二维剖面后，部分区域的边界刻画较粗糙，在地质构造起伏较大的区域尤为突出，如块状搬运沉积层(label 2)和深部的斜坡泥岩 B(label 3)。同时，对于存在小样本类别的区域，如坡谷(label 4)和浅层的海底峡谷(label 5)，在地震相不同类别的边缘区域分布较为分散，模型识别的误差较大，有待进一步提升。

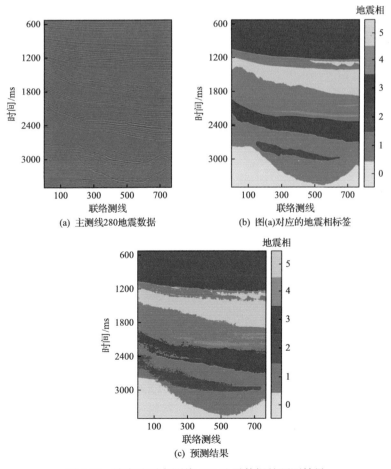

图 3.78　该方法对主测线 280 地震数据的预测结果

对于基于机器学习的多属性特征模型，可以显示模型各个特征的重要性排序，以分析不同特征对模型预测效果的影响。特征重要性得分表示每个特征对于模型预测的贡献程度。这些得分是通过计算每个特征在所有决策树中分裂点的信息增益或信息增益率的平均值来获得的。需要注意的是，特征重要性得分只是一种相对指标，它仅仅表明在给定的模型和数据集下，各个特征的重要性相对关系。不同模型和数据集下的特征贡献分数可能会有所不同。如图 3.79 所示，作为空间约束的时空坐标信息对于模型训练起到重要作用。相比于其他地震属性，均方根振幅属性对于地震相解释的作用最大，但总体而言，均方根振幅属性、方差属性、混乱属性和原始振幅属性对地震相预测的贡献较小，且相互差距不大。对结果进行进一步分析可知，斜坡泥岩 A(label 1)和块状搬运沉积层(label 2)内部多为低振幅反射，而斜坡泥岩 B(label 3)和坡谷(label 4)内部多为高振幅反射，故振幅类属性的区分度较低。在完成像素点级别分类任务时，采用传统机器学习算法 XGBoost，并根据振幅属性进行地震相划分效果不佳，因此需要利用时间、空间坐标信息进行额外的空间约束。

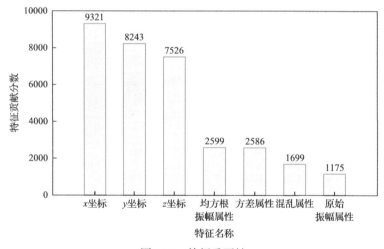

图 3.79　特征重要性

3.4.3　基于 U-Net 有监督学习的地震相解释

如 3.4.2 节所示，基于 XGBoost 有监督学习的地震相解释属于传统机器学习方法，添加时空坐标信息作为约束，以构建智能地震相解释模型。该方法在解决复杂地震相识别任务时具有一定的局限性。例如，对于构造起伏较大或存在小样本类别的区域，预测准确率较低。近年来，U-Net、GAN 和 Deeplab 等深度神经网络在地震相解释方向展现出了良好的应用效果和广阔的应用前景(Zhang et al., 2021; Kaur et al., 2021; He et al., 2022)。本小节以 U-Net 神经网络(Ronneberger et al.,

2015)为例,介绍基于深度神经网络的智能地震相解释方法。该网络模型在解决生物医学领域图像语义分割任务上表现良好,考虑地震相解释问题与图像语义分割问题类似,故本节介绍基于 U-Net 网络的地震相解释。

1. 方法原理

解释人员根据不同的地震反射特征将地震数据划分为不同的地震相类别,深度学习算法旨在用机器代替这一繁琐过程,使其自动进行特征提取,学习地震数据的内在规律,以寻找地震数据特征与地震相类别之间存在的复杂非线性映射关系,如式(3.25)所示:

$$Y = \text{U-Net}(X, m) \tag{3.25}$$

式中,U-Net($\cdot$)为本小节所用的网络模型,表征输入的地震数据 X 与地震相分类结果 Y 之间的映射关系。

在网络训练过程中,通常采用不同的数字编号代表不同的地震相类别,然而,不同编号的类别之间不存在远近关系。考虑到这一问题,本小节对地震相标签进行独热编码,即将无序的、离散的特征取值扩展到欧几里得空间,从而使不同类别地震相标签之间的距离计算更加合理。本小节所用地震数据共 6 个地震相类别,分别记为 label 0、label 1、label 2、label 3、label 4 和 label 5。对于 label 0 类别,其独热编码为[1 0 0 0 0 0],对于 label 1 类别,其独热编码为[0 1 0 0 0 0],其他类别以此类推。

将全部地震数据分为训练集、验证集和测试集,其中训练集和验证集数据有对应的地震相标签。利用训练集训练网络模型,通过不断减小预测结果与样本标签之间的误差来优化网络参数 m,寻找样本数据与标签之间的映射关系,并在训练过程中利用验证集对网络模型的能力进行初步评估,以及时调整超参数,得到最优的网络模型。最后,将测试集输入训练好的网络模型,得到测试集地震数据对应的预测结果,实现地震相的自动解释。

本小节使用加权交叉熵函数(Rezaei-Dastjerdehei et al., 2020)作为损失函数。常规交叉熵函数为所有类别分配相同的权重,而本节所用三维数据集各地震相类别之间存在不均衡性,故为小样本的地震相类别分配更多权重。加权交叉熵损失函数表示为

$$\text{Loss}(Y_1, Y_1') = -qY_1 \ln Y_1' - (1 - Y_1)\ln(1 - Y_1') \tag{3.26}$$

式中,Y_1 为真实标签;Y_1' 为网络模型的预测结果;q 为权重;$\text{Loss}(Y_1, Y_1')$ 为真实标签与模型预测结果之间的加权损失值。当 q 为 1 时,该公式退化为常规交叉熵函数。

本小节采用 3.2.2 节中介绍的准确率对网络模型的性能进行宏观评价。准确率

定义为分类正确的样本数占总样本数的比值。然而，当不同类别的样本数据量不均衡时，仅使用准确率容易出现误导性结果，难以综合衡量模型的各项性能。故本小节还引入了混淆矩阵。本小节在传统混淆矩阵对角线区域计算其对应召回率，即分类正确的正样本数占全部正样本数的比值，更全面地评价地震相的预测结果。召回率(Recall)的计算公式表示为

$$Recall = \frac{TP}{TP+FN} \tag{3.27}$$

通过混淆矩阵可直观了解网络模型对于各个类别的分类效果，尤其适用于多分类任务。故本小节采用准确率衡量网络模型对于地震相的整体识别效果，采用混淆矩阵评估网络模型对于各类别地震相的学习情况，综合实现对于地震相解释任务的质量监控。

2. U-Net 网络架构

本小节采用与 3.1.2 节相同的 U-Net 神经网络架构进行智能地震相解释。为了避免训练样本较少而产生过拟合问题，提高网络训练的准确率及效率，增强网络的泛化能力，本小节在该 U-Net 神经网络的基础进行改进。在下采样阶段的卷积过程之后加入批量归一化层(Ioffe and Szegedy, 2015)，用于对神经网络的中间层进行归一化处理，不仅加快了模型训练速度，而且在一定程度上缓解了梯度消失问题，使训练过程更加稳定。利用 Dropout 层(Hinton et al., 2012)随机删除一定比例的隐藏层神经元，以简化神经网络的复杂度，降低过拟合的风险。本小节所用的具体网络架构如图 3.80 所示。

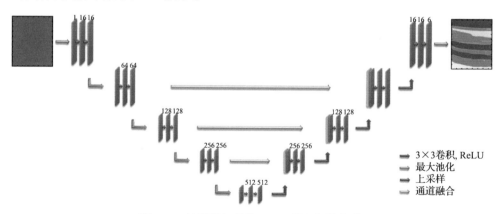

图 3.80　地震相解释的 U-Net 神经网络架构

将地震数据及地震相标签裁剪为 192×192 大小，通过滑动窗口连续切割地震数据作为网络输入。第一层卷积层分别采用 16 个卷积核进行两次卷积操作，卷

积核尺寸为 3×3，移动步长为 1，经过卷积的特征图与原特征图尺寸保持不变。此时，特征图的尺寸为 192×192×16。随后进行 2×2 最大池化操作，池化步长为 2，故池化后的特征图尺寸为 96×96×16。第二层卷积层采用 64 个卷积核进行两次卷积操作，随后进行 2×2 最大池化，池化后的特征图尺寸为 48×48×64。卷积核尺寸、卷积步长等参数始终保持不变，以此类推，直至完成全部下采样、上采样阶段。最后经过 Softmax 层得到 192×192×6 大小的特征图，第三维对应各地震相类别的预测概率，通过最大化操作得到其最大概率值，最大概率值对应的地震相类型即该像素点的地震相预测结果，最终输出尺寸为 192×192×1 的地震相语义分割结果，实现端到端的智能地震相解释。

3. 实例分析

本小节采用与 3.4.2 节相同的三维地震数据来测试深度学习算法的应用效果。从主测线方向中均匀选取 20 个地震剖面作为训练数据，占总数据量的 3.39%。为平衡计算效率及预测精度，将地震数据裁剪为 192×192 的滑动窗口数据作为网络训练的输入。按照 6∶2 的比例创建训练集及验证集，并以全部 590 个地震剖面作为测试集，以得到模型对三维数据体的预测结果。得到的整体预测准确率如图 3.81 所示，基于 U-Net 有监督学习的地震相解释的平均预测准确率为 95.94%。图 3.81 中横坐标代表沿主测线方向(东南—西北方向)的各个地震剖面编号，其中 20 个峰值位置对应训练集的 20 个地震剖面位置，纵坐标代表每个主测线方向地震剖面预测结果的准确率。从图 3.81 可以看出，该方法对于 542 个地震剖面的预测准确率均大于 90%，甚至基本都超过了 95%，整体准确率较高。然而，主测线编号为 280～450 的区域整体准确率相对较低，说明该方法有一定的区域依赖性。此外，随着距离训练集越远，地震剖面的预测准确率呈下降趋势。

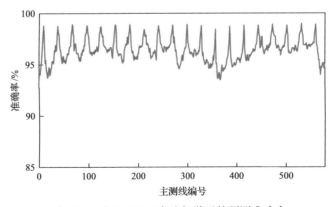

图 3.81　基于 U-Net 有监督学习的预测准确率

选择主测线 175 地震剖面展示深度学习算法的预测结果。图 3.82(c)为该方法的预测结果, 其预测准确率为96.48%。为了直观地体现预测效果, 图3.82(d)展示了该方法预测结果与真实地震相标签[图3.82(b)]之间的残差分布。从图3.82(c)和(d)可以看出, 基于U-Net有监督学习方法可以识别出大致的地震相分布, 且对于大部分类别的边界区域而言, 其准确率较高。但是, 在个别类别地震相的内部区域, 大量像素点被归为不正确的地震相类别。图 3.82(e)为该方法对应的混淆矩阵, 通过混淆矩阵可直观地了解各个类别地震相的分类效果。对于背景(label 0)、斜坡泥岩 A(label 1)、块状搬运沉积层(label 2)和斜坡泥岩 B(label 3)而言, 其准确率均大于94%, 部分类别甚至大于97%。然而, 对于坡谷(label 4)和海底峡谷(label 5), 该方法存在较大的预测误差。坡谷(label 4)类别属于小样本区域, 少量的边界误差即可导致其准确率数值产生大范围波动, 故使该区域准确率数值较低。海底峡谷(label 5)类别内部反射振幅较低, 斜坡泥岩 A(label 1)类别内部也多为低振幅反射, 本小节训练网络采用地震数据的振幅属性, 二者属性特征相似或是其预测准

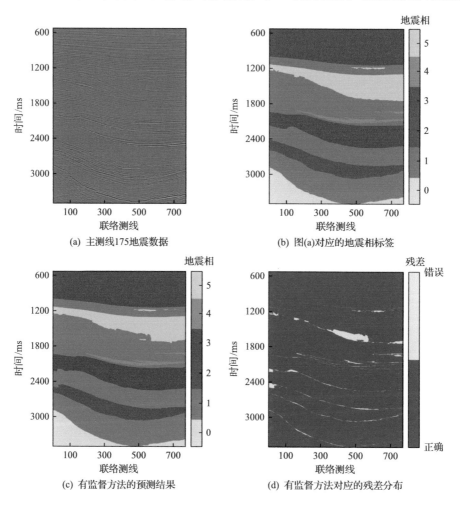

(a) 主测线175地震数据

(b) 图(a)对应的地震相标签

(c) 有监督方法的预测结果

(d) 有监督方法对应的残差分布

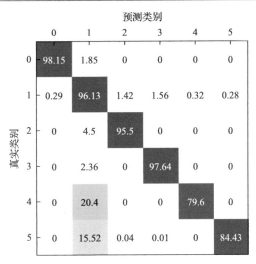

预测类别

	0	1	2	3	4	5
0	98.15	1.85	0	0	0	0
1	0.29	96.13	1.42	1.56	0.32	0.28
2	0	4.5	95.5	0	0	0
3	0	2.36	0	97.64	0	0
4	0	20.4	0	0	79.6	0
5	0	15.52	0.04	0.01	0	84.43

(e) 有监督方法对应的混淆矩阵

图 3.82　基于 U-Net 有监督学习的地震相解释方法对主测线 175 地震数据的预测结果
及结果分析

确率较低的原因之一，其预测效果有待进一步改进。

图 3.83 展示了三维地震数据体对应的地震相标签与本小节方法对三维时空地震相的预测结果。从图 3.83(b) 可以看出，部分类别的边界区域不平滑，尤其在联络测线方向及时间方向误差较明显。然而整体而言，该方法得到的预测结果 [图 3.83(b)] 与真实标签 [图 3.83(a)] 吻合度高，在推广方向（联络测线及时间方向）也展示出了良好的预测结果，不同方向剖面之间的连接处十分连续，说明该方

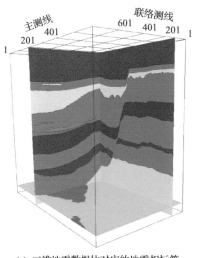

(a) 三维地震数据体对应的地震相标签

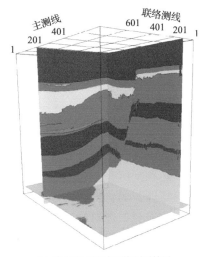

(b) 有监督方法的三维预测结果

图 3.83　三维地震数据测试

法在整体上得到了良好的应用效果。

3.4.4　基于半监督学习的地震相解释

如 3.4.3 节所示，基于 U-Net 有监督学习的地震相解释利用深度神经网络寻找输入二维地震振幅属性与地震相标签之间的映射关系，以实现端到端地震相解释。其本质上是一种有监督学习算法，需要提供丰富的地震标签数据，以供网络学习。本小节介绍一种不同类型的基于半监督学习的地震相解释方法。该方法考虑相邻地震剖面的连续性特征，借助伪标签策略，利用有标签地震数据为无标签地震数据制作伪标签，增加标签数量，同时学习地震数据的不同分布形态(He et al., 2022)。本小节采用与 3.4.3 节相同的网络架构，使用更少的地震相标签以测试网络模型在训练集不足或训练数据分布较单一的情况下的应用效果。测试结果表明，该方法可以使用相对少量的地震相标签得到较合理的地震相解释结果。

1. 方法原理

在实际生产过程中，由于解释成本较高，有标签地震数据十分有限。地震相标签的数量对于相识别模型的性能有很大影响，常规方法中可利用窗口滑动方式实现数据增强。然而，在数据增强过程中，增加训练数据的多样性比仅扩展数据量更为重要(Zhang et al., 2021)。现存的数据增强方法通常是通过各种手段增加样本数量，没有从本质上丰富训练数据的分布多样性。本小节采用半监督学习的方式，用无标签的地震数据增加训练集的样本多样性，从而达到样本增强的目的。

地震相解释任务通常旨在高效率、高精度地解释已知工区的地震数据，在该数据集上取得最佳泛化能力，即训练及测试数据集处于"封闭世界"。故本小节借鉴直推式学习的思想(Bianchini et al., 2016)，同时使用有标签的训练数据和无标签的测试数据进行地震相解释模型的训练，并再次使用测试数据测试模型效果，以充分利用无标签的地震数据。根据地质理论，地层沉积一般是有规律的，其规律表现为空间位置相近的地震剖面，其对应的地震数据特征及地震相划分结果应高度相似。本小节方法充分利用地层沉积的规律性，用少量有标签地震数据作为大量无标签地震数据的先验信息，实现增量式学习，以此来克服地震相标签的稀缺性。

为了达到推广并学习不同类型地震数据的目的，本小节更关注地震数据的分布及波形特征，弱化振幅因素。余弦相似度使用两个向量夹角的余弦值来衡量两个个体间的差异，而对绝对的振幅数值不敏感。相比闵可夫斯基距离等其他相似度量准则，余弦相似度准则更强调对于波形特征的关注，且在研究对象维度较高的情况下依然适用。故本小节选择余弦相似度作为研究地震相识别问题的相似度量准则。将每个地震数据所包含的特征矢量化为高维空间的向量，两个向量内积空间的余弦值即可表征两个地震数据特征域之间的相似性。余弦相似度 (Yearwood and Wilkinson, 1997)计算公式可以表示为

$$\text{Similarity}(\boldsymbol{X}_1, \boldsymbol{X}_2) = \cos\theta = \frac{\boldsymbol{x}_1 \boldsymbol{x}_2}{\|\boldsymbol{x}_1\|\|\boldsymbol{x}_2\|} = \frac{\sum\limits_{i=1}^{m} \boldsymbol{x}_{1i} \boldsymbol{x}_{2i}}{\sqrt{\sum\limits_{i=1}^{m} \boldsymbol{x}_{1i}^{2}} \times \sqrt{\sum\limits_{i=1}^{m} \boldsymbol{x}_{2i}^{2}}} \tag{3.28}$$

式中，$\boldsymbol{x}_{1i}$、$\boldsymbol{x}_{2i}$分别为第一个、第二个地震数据经过矢量化后的第 i 个数据点；$\boldsymbol{X}_1$、$\boldsymbol{X}_2$为计算相似度的两个地震数据；$\boldsymbol{x}_1$、$\boldsymbol{x}_2$分别为 $\boldsymbol{X}_1$、$\boldsymbol{X}_2$矢量化后的两个向量；m 为 $\boldsymbol{x}_1$、$\boldsymbol{x}_2$对应的维度；θ 为 $\boldsymbol{x}_1$ 和 $\boldsymbol{x}_2$ 之间的夹角；Similarity 为计算得到的两个地震数据 $\boldsymbol{X}_1$ 和 $\boldsymbol{X}_2$ 之间的相似度，即相似度判别器。其数值范围为–1～1，若值为 1，则表明两个地震数据在余弦距离下的波形特征完全相同，其对应向量在方向上完全一致；若值为–1，则表明完全相反。在该数值范围内定义一个相似度阈值，相似度高于该阈值，则表明两个地震数据相似程度满足给定标准。当相似度阈值较低时，相似数据集中的地震数据波形特征差异较大，不利于标签传播；当相似度阈值较高时，降低了标签传播的速度。

2. 模型训练

本小节方法模型训练的实现步骤如表 3.9 所示。

表 3.9　基于半监督学习的地震相解释流程

(1)数据准备。确定初始训练集及对应的地震相标签，确定相似度阈值

(2)相似度计算。计算各个初始训练数据与三维体中其他地震数据的相似度，满足阈值的记为一组相似训练集。由于地质构造的连续性，相似训练集分布在该初始训练数据两侧

(3)标签传播。对一组相似数据集赋予相同的地震相标签，即该组初始训练数据对应的地震相标签

(4)网络训练。将所有相似数据集及对应标签输入神经网络进行训练，得到网络模型

(5)标签更新。利用得到的网络模型，预测各组相似数据集两端的地震数据，并将预测结果视为该地震数据的真实标签

(6)模型优化。以各组相似数据集两端的地震数据为新的初始训练集，重复步骤(2)～(4)，直至所有地震数据用完或已得到理想的预测结果，停止迭代，得到最终地震相解释模型

(7)模型应用。利用最终的地震相解释模型预测测试集，得到三维地震数据预测结果

　　模型训练的工作流程图如图 3.84 所示(以 5 个有标签地震数据为例)，其中蓝色箭头部分描述了网络的迭代训练过程，红色箭头部分描述了网络的预测过程。该方法充分利用地层沉积的规律性及地质结构横向变化的连续性，为无标签地震数据制作伪标签，并将其加入至训练集进行有监督学习，不断重复该过程，以实现扩充地震相标签的目的。最终进化训练出可实现多类别地震相解释的复杂深度学习数据驱动模型。这一工作流程模拟了解释人员的工作，动态优化网络模型，

使其更加贴合实际解释的过程。

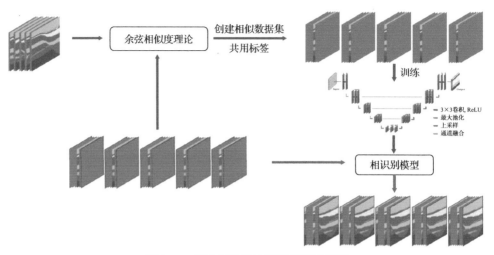

图 3.84　半监督学习地震相解释流程图

3. 实例分析

本小节采用与 3.4.2 节和 3.4.3 节相同的地震数据来测试该方法的应用效果。从主测线方向中均匀选取 5 个地震剖面作为初始训练集，其占总数据量的 0.85%。本小节采用与 3.4.3 节相同的网络结构、输入数据尺寸、训练集验证集比例及测试集数据，以展示本小节方法的应用效果。图 3.85 展示了所有主测线方向地震剖面的预测准确率随主测线编号的变化曲线，该方法的平均预测准确率为 95.12%。图 3.85 中 5 个准确率峰值所在位置指示了 5 个训练数据的位置，说明测试集精度低于训练集精度。从图 3.85 可以看出，该方法对于每个地震剖面的预测准确率几乎均大

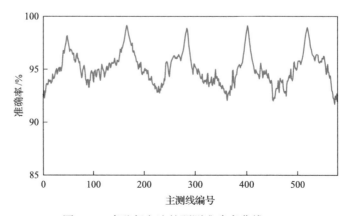

图 3.85　半监督方法的预测准确率曲线

于 90%，且准确率曲线较平稳，对于区域的依赖性小。

选择主测线 280 地震剖面展示该方法的预测结果，其预测准确率为 95.28%。图 3.86(d) 展示了该方法的地震相预测结果 [图 3.86(c)] 与真实标签 [图 3.86(b)] 之间的残差。从残差结果可以看出，该方法的预测结果准确、地质构造清晰、地震相边界平滑，即使对于存在较小区域的地震相类别，都有准确的预测结果。该方法的误差主要集中在不同类别地震相的边界区域。人工解释时，由于地震分辨率有限，解释人员并非严格按照像素点进行地震相划分，故边界处的误差是客观存在的。图 3.86(e) 展示了该方法对应的混淆矩阵。从矩阵数值可以看出，一些数量较多的地震相类别，如斜坡泥岩 A(label 1) 或结构相对简单的地震相类别如斜坡泥岩 B(label 3) 易于网络学习，具有更高的分类准确率，不易与其他类别混淆。对于一些样本不均衡的地震相类别如坡谷(label 4) 或存在较小、较薄区域的地震相

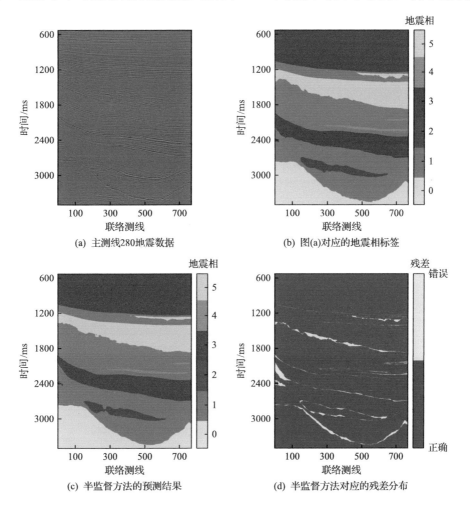

(a) 主测线280地震数据

(b) 图(a)对应的地震相标签

(c) 半监督方法的预测结果

(d) 半监督方法对应的残差分布

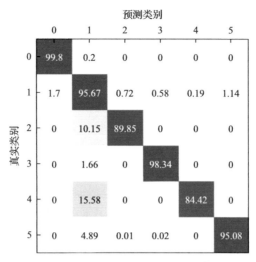

(e) 半监督方法对应的混淆矩阵

图 3.86　基于半监督学习的地震相解释方法对主测线 280 地震数据的预测结果
及结果分析

类别如块状搬运沉积层(label 2)和海底峡谷(label 5)往往需要大量的有标签数据
进行训练。本小节方法不仅可以增加训练集的数量,还可以学习不同分布类型的
地震数据,从有标签训练集中学习更多的信息。故本小节方法对于样本不均衡的
地震相类别仍然有较高的识别准确率。

图 3.87 分别展示了三维地震相标签与半监督方法的预测结果。对比可以看出,
无论对于地质构造的起伏形态还是对于不同类别的地震相,该方法得到的预测结果

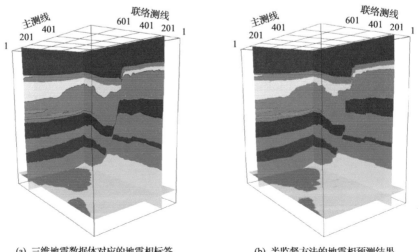

(a) 三维地震数据体对应的地震相标签　　　　　　(b) 半监督方法的地震相预测结果

图 3.87　三维地震数据半监督方法预测结果与真实标签对比测试

[图 3.87(b)]都与真实标签[图 3.87(a)]高度吻合，无论在二维地震剖面还是三维地震体上，均表现出了良好的预测性能。在制作伪标签的过程中，该方法不断增加训练数据的数量，同时考虑地震数据的横向变化，对于地震相标签的依赖性较低，仅用不到 1%的地震数据即可得到 95%以上的平均准确率，且对于每一类别均有较准确的预测结果，展现出了该方法的有效性及良好的泛化能力。

3.4.5　基于自监督学习的地震相解释

3.4.2～3.4.4 节介绍了基于有监督学习及半监督学习的地震相解释技术。通常情况下，合理、准确、丰富的地震相标签数据相对稀缺(Qi et al., 2016)。因此，通过挖掘地震数据本身蕴含的差异性与相似性，实现纯数据驱动下的地震相解释具有现实意义。

1. 方法原理

地震相解释主要包括两个步骤：①地震特征提取；②地震特征分类。借鉴信号分析技术领域的思想，提取地震特征的过程可类比为对地震信号的某种"频域"变换，使地震信号具有区分性，在变换后的"域"对地震相进行聚类，实现地震相的解释(李祺鑫等, 2022)。

自编码神经网络(O'Shea and Hoydis, 2017)结构是一种无监督神经网络架构，用其来表征对地震信号的映射函数：

$$\tilde{\boldsymbol{x}} = g_\varphi\big[f_\theta(\boldsymbol{x})\big] \tag{3.29}$$

式中，编码器表示为 $\boldsymbol{z} = f_\theta(\boldsymbol{x})$；解码器表示为 $\tilde{\boldsymbol{x}} = g_\varphi(\boldsymbol{z})$；$\boldsymbol{x}$ 为输入数据；$\boldsymbol{z}$ 为隐藏编码；$\tilde{\boldsymbol{x}}$ 为解码器输出；θ 与 φ 为自编码网络参数。

构建损失函数 Loss：

$$\text{Loss} = \text{Loss}_{\text{rec}} + \lambda\text{Loss}_{\text{c}} \tag{3.30}$$

$$\text{Loss}_{\text{rec}} = \left\| \boldsymbol{x} - g_\varphi\big[f_\theta(\boldsymbol{x})\big] \right\|_2^2 \tag{3.31}$$

$$\text{Loss}_{\text{c}} = \text{KL}\big(P\big\|Q\big) = \sum_i \sum_j p_{ij} \ln \frac{p_{ij}}{q_{ij}} \tag{3.32}$$

$$q_{ij} = \frac{\left(1 + \left\| z_i - \mu_j \right\|^2 / \alpha\right)^{-\frac{\alpha+1}{2}}}{\sum_j \left(1 + \left\| z_i - \mu_j \right\|^2 / \alpha\right)^{-\frac{\alpha+1}{2}}} \tag{3.33}$$

$$p_{ij} = \frac{{q_{ij}}^2 / \sum_i q_{ij}}{\sum_j \left({q_{ij}}^2 / \sum_i q_{ij} \right)} \qquad (3.34)$$

式中，P 为模型输出的每个地震相的概率分布；Q 为期望的每个地震相的概率分布；KL 为计算预测分布 P 与目标分布 Q 之间的 KL 散度；$Loss_{rec}$ 为重建损失函数，负责隐藏编码对于地震数据的无损恢复；$Loss_c$ 为聚类损失函数，负责隐藏编码，实现"物以类聚"的分布，使其类内距离更紧密，类间距离更疏远；λ 为小于 1 的权重超参数，以平衡网络对地震信号的"重建"能力与"聚类"能力；对于隐藏编码 z，在隐藏空间 $z \in Z$ 上初始化 k 个聚类中心。式(3.33)的意义为，采用学生 T 分布(Student's T-distribution)定义隐藏空间任意一点 z_i 与聚类中心 μ_j 的距离，α 为学生 T 分布的自由度。

2. 模型训练

本小节所用自编码器网络结构采用卷积层与线性连接层，共计 9 层，其示意图如图3.88所示。输入地震数据维度为32，其中编码器组成为 $Conv_{16}^3 \rightarrow Conv_{32}^3 \rightarrow Conv_{64}^3 \rightarrow FC_{10}$。$Conv_n^{ks}$ 表示卷积核个数为 n，卷积核大小为 ks，滑动步长为 2 的卷积层，FC_{10} 表示输出维度为 10 的全连接层。解码器结构为编码器的镜像，为 $FC_{256} \rightarrow Dconv_{32}^3 \rightarrow Dconv_{16}^3 \rightarrow Dconv_1^3$，$Dconv_n^{ks}$ 表示卷积核个数为 n，卷积核大小为 ks，滑动步长为 2 的转置卷积层。卷积层与线性连接层之后的激活函数均选用线性修正单元 ReLU。

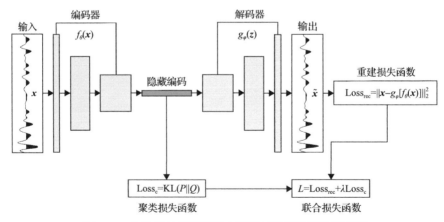

图3.88　自监督地震相解释自编码神经网络架构示意图

网络训练通过四个阶段来完成。第一阶段，训练自编码网络，这一阶段仅优化重建损失函数，定义自编码网络参数 θ、φ 的初始化估计 θ_{init}、φ_{init}。第二阶段，利用编码器初始化参数 θ_{init}，对原始地震数据进行编码 $z_{init} = f_{\theta_{init}}(x)$。第三阶段，

通过 K 均值聚类方法初始化隐藏编码的聚类中心 $\left\{\mu_j^{\text{init}}\right\}_{j=1}^k$。第四阶段，极小化损失

函数[式(3.30)]，同时对自编码网络参数 θ_{init}、φ_{init}、$\left\{\mu_j^{\text{init}}\right\}_{j=1}^k$ 开展更新迭代。

3. 实例分析

将本小节方法应用于中国北部某致密气探区，验证其效果。研究区目的层为下二叠统太原组二段(简称太二段)，埋深约 2000m，厚度为 45~60m，为浅水海陆过渡相三角洲沉积环境，河道近南-北向展布，水下分流河道砂体发育。太二段呈低频、强振幅、连续反射的特征(图 3.89)。

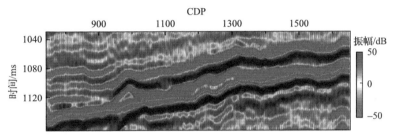

图 3.89　研究区太二段地震反射特征(黄色虚线为太二段底)

首先,利用 T 分布随机邻域嵌入(T-distributed stochastic neighbor embedding, T-SNE)技术(van der Maaten and Hinton, 2008)将隐藏编码低维可视化，如图 3.90 所示。从图 3.90 可以看到，随着迭代次数的增加，具有相似地震反射特征的地震

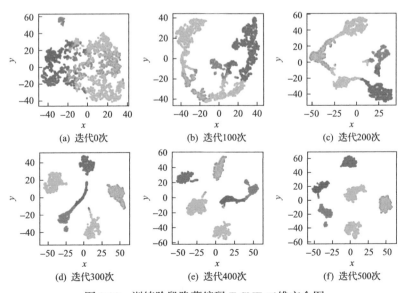

(a) 迭代0次　　　(b) 迭代100次　　　(c) 迭代200次

(d) 迭代300次　　　(e) 迭代400次　　　(f) 迭代500次

图 3.90　训练阶段隐藏编码 T-SNE 二维交会图

道逐渐聚集，不同地震反射特征的地震道逐渐远离，证实该方法对于地震相具有良好的聚类能力。试验表明，迭代 500 次后，隐藏编码能够形成比较明显的聚类特征。

通过解码器对取得的隐藏编码重建地震数据。由图 3.91 可见，隐藏编码能完全恢复原始地震信号的特征，相对误差小于 5%，证实了隐藏编码对于地震数据的表示能力。

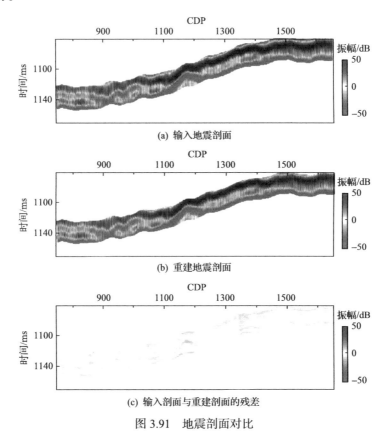

图 3.91　地震剖面对比

对工区进行平面成图分析，相比于均方根振幅属性 [图3.92(a)]，本小节方法 [图3.92(b)] 的优势体现在：①对河道的刻画更为准确。均方根振幅属性比较清晰地刻画了工区中部的两支河道，而本小节方法 [图 3.92(b)] 同样刻画了这两支河道（相 4、相 6），同时，还清晰地展示了工区西部的另一条河道（相 6），并已被钻井证实。②能展示河道间的差别。中部的西支河道（相 6）不同于东支河道（相 4）。钻井证实相 6 所代表的河道沉积粒度粗、分选好、孔隙度大，6 口钻井测试无阻流量为 0.49 万～2.07 万 m^3/d；而相 4 所代表的河道测试 2 口钻井，均未达产。③细节更丰富。相 3 所代表的河道边界及相 2 代表的河道沉积局部加厚区可以反映河道内部的非均质性。相比 K 均值聚类方法[图3.92(c)], 本小节方法的优势体现在: ①信噪比更高, 对地震数据的噪声相对不敏感; ②更符合沉积规律。例如, 图3.92(b)展示的河道边界(相3)仅围绕着河道主体, 而图3.92(c)河道边界与主体存在一定程度的混淆。

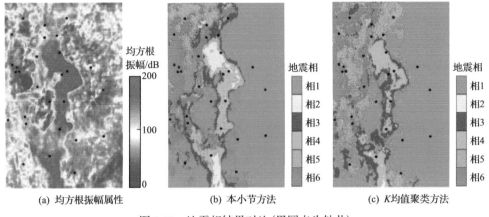

(a) 均方根振幅属性　　　　　(b) 本小节方法　　　　　(c) K均值聚类方法

图 3.92　地震相结果对比(黑圆点为钻井)

3.4.6　小结与展望

1. 小结

地震相的准确划分对于深刻认识油藏生、储、盖配置关系及优质储层的预测等具有重要的指导意义。早期的解释工作仅借助专家知识进行人工识别, 这种方法耗时耗力、繁琐复杂, 且具有很强的主观性, 容易丢失细节信息。而人工智能技术弥补了人工识别的局限性, 节约了人力成本并提高了地震相解释的精度和效率。本节将人工智能算法应用到地震相解释任务之中, 采用传统机器学习有监督算法、深度学习有监督算法、深度学习半监督算法及深度学习无监督算法, 分别从传统机器学习-深度学习、有监督学习-半监督学习-自监督学习、多点到单点映射方式-多点到多点映射方式等不同角度出发, 以实现多类别地震相智能解释任务。

基于 XGBoost 有监督学习的地震相解释利用传统机器学习算法, 介绍了一种基于空间约束的多属性地震相识别方法。该方法选取多种类别的地震属性数据作为特征, 并引入了三个方向的坐标信息作为空间约束。其特点在于多属性、多输入的点对点输入模式, 且该方法利用过采样策略提高小样本类别的识别精度, 缓解了数据集中存在的样本不均衡问题。基于传统机器学习的地震相识别方法可直观展示各特征的重要性, 即各特征对于模型训练的贡献度, 模型的可解释性较强。

基于 U-Net 有监督学习的地震相解释利用深度学习算法, 介绍了一种常见的编码器-解码器架构的网络模型, 并对网络进行改进, 使其更适用于地震相解释任务。U-Net 神经网络的"端到端"特性可实现多点到多点的特征映射，并采用多个卷积核自动提取特征实现多类别地震相分类。基于 U-Net 有监督学习的地震相解释方法，其输入输出采用多维数据格式，可自动学习地震数据的内在规律并进行特征提取，减少了人工经验的主观性和不确定性，增强了数据分析的可靠性。该方法预测的三维结果与三维地震相标签的吻合度高，且在边界处的误差较小。

基于半监督学习的地震相解释利用伪标签策略不断迭代，向训练集添加新的数据以考虑地震相的横向变化。测试结果表明，该方法在有标签地震数据十分有限的情况下也可以得到较理想的预测结果。故将少量有标签地震数据与大量无标签地震数据相结合，可以显著提高网络模型对地震相解释任务的准确性，达到与使用大量有标签地震数据相近的预测效果。三维实际资料测试结果表明，该方法仅利用不到 1% 的有标签地震数据，即可获得 95% 以上的平均准确率。

基于自监督学习的地震相解释，以兼顾数据变换的表示能力及数据的聚类能力为出发点，采用卷积自编码网络结构，引入聚类损失函数与重建损失函数，建立联合损失函数并优化网络结构，使其兼顾两类能力。将本方法应用到实际数据，基于自监督学习的地震相解释方法在高产河道识别及河道内部刻画方面显示出良好的应用潜力。

基于传统机器学习的算法以点对点方式进行数据训练，计算机运算资源占用较少，因此计算速度较慢，训练时间长。传统机器学习模型参数量少，但数据预处理过程相对繁琐。基于深度学习的算法利用显卡计算资源并行加速，大幅度提高模型训练速度，耗时较低，且对于深度学习模型，无须过多的数据预处理及属性选取过程，但其网络模型结构复杂，模型参数量较多。二者在地震相解释任务中展现了各自的优势，传统机器学习的可解释性也为深度学习算法的特征选取提供了快速、准确的依据，帮助其提升训练准确率。

2. 未来展望

目前，针对基于人工智能的地震相解释任务，仍然有以下几个问题有待进一步探究。

(1) 大部分基于深度学习技术的地震相识别研究将地震相识别视为图像分割任务，往往忽视其地质含义。地震振幅数据仅为网络训练提供了界面信息，考虑增加输入通道(如波阻抗、90° 相移、层位等)，丰富地震数据的地层信息，以充分利用解释人员经验、地质认识作为知识约束与深度学习数据驱动相结合。

(2) 大部分智能地震相识别研究都是基于单个数据集，而深度学习技术已发展到大数据预训练模型来实现通用问题甚至多模态问题，探究如何利用大数据、多模态数据实现地震相识别任务的通用框架。

(3) 地震反演存在多解性，反演任务准确率较低。探究如何有效将相信息用于约束随机模拟过程和反演过程,以提高的储层预测精度。

(4)将地震相识别的单任务问题转化为多个任务问题。例如,地震相识别和层位拾取。多个任务可以相互约束、相互质控,提升地震相解释精度。

3.5 盐 丘 识 别

盐丘是盐岩等地下容易流动的物质在受到上覆地层或者周围环境压力的作用下向上运动、挤入围岩而使上覆地层隆起,形成的一种具有封闭空间的底辟结构(图 3.93)(张利萍,2020)。盐丘内部多呈现杂乱或空白地震反射,其内部密度低于围岩,且地震波速度非常高,盐丘的识别正是利用了这些特征差异。在油气勘探领域,盐丘这类封闭空间有利于油气资源的富集,石油、天然气的分布和盐丘等地质异常体密切相关,故地下盐丘识别对油气勘探至关重要。同时,盐丘作为地震相的一类,可约束成像甚至反演过程,对地下盐体成像或速度建模有重大意义,可将盐丘偏移成像与速度全波形反演相结合,实现地下盐体的精确建模与成像(Alaliand and Alkhalifah, 2022)。然而,地震剖面特征复杂、地震数据分辨率有限、地震数据包含大量噪声等因素都给盐丘识别带来了巨大的挑战。

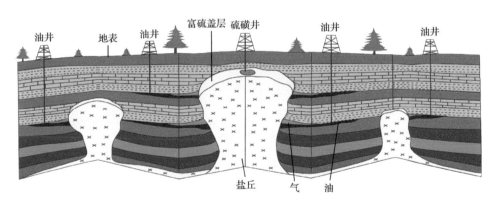

图 3.93 盐丘结构和油气资源分布关系示意图

3.5.1 研究进展

在地球物理勘探初期,盐丘等地质异常体的识别通常由地质专家结合理论知识和经验来实现。这些传统方法具有较强的主观性,需要耗费大量的时间及人力,同时对解释人员的专业背景要求较高。而且,人工方法往往难以深入挖掘地震剖面蕴含的丰富的细节信息,导致识别精度受限。为提升解释效率,众多学者相继提出了多种计算机辅助识别方法,包括边缘检测方法(Aqrawi et al., 2011)、基于纹理特征的识别方法(Halpert and Clapp, 2008; Shafiq et al., 2015)及基于地震属性的识别方法(Wu, 2016)等。

随着地震资料采集技术的发展，实际生产中获取的地震资料越来越复杂，且数据量越来越庞大，传统方法难以高效、高精度处理这些庞大的地震数据。计算机图像处理技术的进步为盐丘识别提供了新的可能性，机器学习尤其是深度学习等人工智能方法成为研究热点，并被广泛应用于地球物理勘探的各个领域。借助人工智能方法进行地震资料解释能显著缩短工作周期，提高特定场景下的解释精度，改善对于地震数据局部细节的把控。在盐丘识别任务上，传统方法往往侧重于突出数据的某些特征，导致在计算过程中可能丢失一些数据信息，因此无法充分描述、表征实际地震数据。相比之下，人工智能方法从大量原始地震数据出发，挖掘人们难以看到、难以演绎的地质特征。众多学者已将结合不同专家知识的各类人工智能方法应用到了盐丘识别任务中，部分研究进展见表 3.10。

表 3.10　人工智能方法应用于盐丘识别的部分研究进展

作者	年份	研究内容及成果
Amin 和 Deriche	2016	提出了一种新的基于码本学习和数据驱动的盐丘检测方法，强化了非强反射下盐丘边界的学习，该方法具有较高的计算效率和灵活性
Lewis 和 Vigh	2017	采用深度学习算法提取地震数据中与盐丘相关的特征，建立全波形反演所需的初始模型，基于偏移图像生成盐丘概率图，并将其耦合进全波形反演的目标函数，可用于盐丘自动识别
Di 等	2018	将能够识别盐丘的 12 个属性与机器学习算法 K 均值聚类方法相结合，实现了对盐丘边界的高精确划分。同时考虑了不确定性分析，采用概率输出最终预测结果，为专业人员进一步解释提供了帮助
Shi 等	2018	受 SegNet 神经网络启发，提出了一种深度卷积神经网络进行盐丘识别。该网络在解码层中通过元素复制进行上采样，消除了 SegNet 采用编码器最大池化索引来执行解码器的上采样造成的伪影，在盐丘检测任务中效果良好
Waldeland 等	2018	利用三维卷积神经网络对盐丘进行自动识别，将完整的三维立方体划分成多个小块三维立方体，在三维盐丘预测问题中效果较理想，且对中间特征进行了可解释性分析
Ye 等	2019	使用偏移地震图像及先验知识(偏移速度)来识别盐丘，通过加入第二通道的先验信息，可以减少过拟合的风险。同时，提出了利用三维盐丘数据体三个方向(主测线、联络测线及时间方向)的组合来训练网络，有效缓解了单一方向数据训练出现的震荡
Alfarhan 等	2020	采用迁移学习将在自然图像上预训练得到的网络模型用于地震图像的分析和解释，缓解了地震数据标签难以获取的问题，该方法在识别盐丘及断层上取得了良好的效果
Guo 等	2020	设计了一种深度监督的语义分割模型，该方法以 U-Net 为框架，并引入边缘损失及非空损失共同监督神经网络训练。该方法能同时准确识别盐丘位置及盐丘边界

作者	年份	研究内容及成果
张利萍	2020	针对现有地震数据难以满足有监督学习所需要的像素级别标签的问题,设计了一套弱监督盐丘识别方法。通过高斯混合模型生成粗略标签,然后通过可信度和交并比对弱监督神经网络预测结果进行标签筛选与迭代更新。最终测试结果能达到全监督算法的 96%
Arsha 和 Thulasidharan	2021	将 R-CNN 系统应用于盐丘的智能识别任务中,该系统首先采用卷积神经网络进行盐丘特征提取,随后采用包围盒的方式对可能包含盐丘的区域进行分类,相较于现有的传统卷积神经网络,该方法的预测效果更好
Jia 等	2021	提出了一种迭代的半监督学习盐丘识别方法,在训练过程中同时使用标记数据和未标记数据,并用上一次迭代中获得的模型为未标记数据生成伪标签,提高了模型的泛化能力
Chung 等	2022	针对噪声标签对深度学习训练的影响,提出了一种噪声鲁棒网络进行噪声标签的去除,对去除噪声的数据进行分割测试,该方法对实际数据集的预测效果有很大幅度的提升
Zhang H 等	2022c	针对实际地震数据中存在噪声的问题,在前景和背景上分别选取正、负样本点,并将其转换为两个欧几里得距离图作为多通道输入,最后采用图像分割算法实现了对盐丘边界的清晰提取
Bodapati 等	2023	利用改进的 U-Net 模型从地震图像中准确分割盐沉积区。经过实验验证,该模型在公开的 TGS 数据集上表现优越,应用数据增强技术才实现了平均交并比(IoU)为 85.60 的性能。然而,这种深度模型需要大量数据支持,不适用于数据有限的场景
Xu 等	2023	提出了一个创新的 3D 盐体解释方法——3D Salt-HSM,采用混合半监督训练范式并结合稳定伪标签和多级一致性约束。同时引入了从图像级到像素级的多任务学习(MTL)策略,并加入了基于盐体多尺度背景的上下文特征融合模块(CFFM),帮助网络实现细粒度盐体解释。实验表明,3D Salt-HSM 在盐体分割上显著超越先前方法,为未来地质结构解释研究提供了有力基准

　　盐丘识别是一个典型的二分类问题,即判断某一像素点是盐丘类别或是非盐丘类别。机器学习及神经网络等人工智能方法旨在从给定数据集中学习一个分类决策函数或者分类模型,然后输入新数据到建立的模型即可完成盐丘识别。本节将机器学习及神经网络等人工智能方法运用于盐丘的自动识别任务中,通过与人工精细解释结果的对比,验证人工智能方法识别盐丘的可行性。

3.5.2　基于随机森林的盐丘识别

1. 方法原理

　　随机森林(图 3.94)是通过投票的思想将多个树集成的一种算法,它的基本单元是决策树,而它的本质属于机器学习的一大分支——集成学习算法,其分类结果相较于单一决策树算法更稳定(Breiman, 2001)。随机森林算法的特点是数据层和特征层的选择都具有随机性。对于数据层,随机森林从原始的数据集中有放回抽样，以构建子数据集，利用子数据集来构建子决策树。随机森林中的每个决策树都会针对新数据进行一次"决策"，最后通过投票表决，选取投票数最多的结果作为最终的预测结果。若投票数相同，则可随机选择其中一个投票结果作为最终结果。对于特征层，类似于数据层的随机选取策略，从所有待选特征集中随机选取一定数量的特征，再在随机选取的特征中根据特征选择方法(信息增益、信息增益比或基尼系数)，选取与标签最相关的特征。值得注意的是，随机森林中单个子决策树并非使用所有的待选特征进行分类，这使随机森林中的每个决策树都具有差异性，这种方式可提升系统的多样性和分类器的性能。同时，不同特征对分类结果的作用程度不同，据此也能综合衡量各个特征的重要性。

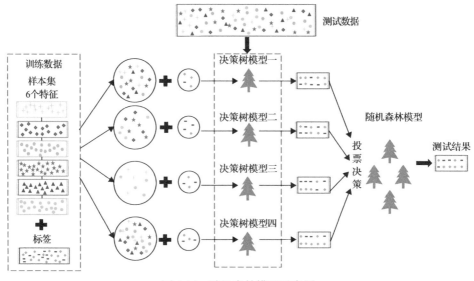

图 3.94　随机森林模型示意图

2. 数据预处理

本节选用荷兰北海 F3 区块的三维地震数据体来测试该方法的应用效果。研究区块是北海盆地油源岩的主要聚集地，研究成果可为该地区上侏罗统—下白垩统的油气勘探提供重要价值。该三维地震数据体包含 542 条主测线和 768 条联络测线，时间记录范围为 184～1716ms，时间采样点数为 384，时间采样间隔为 4ms。该数据上部 1200ms 内的反射层属于中新世、上新世和更新世。地层反射剖面有一个明显的"S 形"层面，该层面代表了三角洲沉积系统，其中大部分流向波罗的海区域。基于地震反射特征，可以将 F3 数据划分成九种地震相类别：①盐丘；②强振幅地震相；③弱振幅地震相；④杂乱地震相；⑤楔形强振幅地震相；⑥楔形弱振幅地震相；⑦强振幅连续性地震相；⑧低连续性地震相；⑨空白地震相。

本节将盐丘识别问题视为二分类任务，即将整个 F3 数据体分为盐丘类及其他类，旨在降低分类任务的难度，使得人工智能方法更聚焦盐丘分类，而无须对其他地震相进行细分，对应的盐丘标签如图 3.95(b)所示。

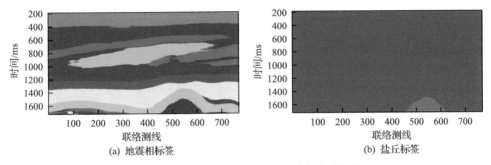

图 3.95　F3 数据地震相标签及对应盐丘标签

本节研究的盐丘类别仅占 F3 数据的 1.48%，因此在整个 F3 数据中存在显著的样本不平衡现象。本节从三维数据体主测线方向等间隔选取 18 张地震剖面作为训练数据，这些训练集占总数据量的 3.32%。对地震数据提取各种属性，其中均方根振幅属性及方差属性对盐丘识别较为敏感，如图 3.96 所示。这些属性体不仅能为盐丘识别提供指导性意义，同时也能为人工智能盐丘识别提供知识约束。

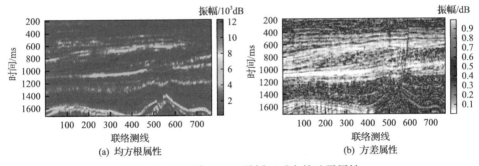

图 3.96　主测线 180 地震剖面对应的地震属性

在原始振幅属性的基础上，加入均方根振幅属性及方差属性共同对随机森林分类模型进行训练。同时，为地震数据中各个像素点匹配主测线、联络测线和时间坐标进行时间及空间位置约束。采用像素级数据输入方式，将原始地震振幅数据、两种敏感地震属性、三个空间坐标及盐丘标签分别拉伸为一维向量形式，并且使六个特征与盐丘标签一一对应，构成输入数据集。通过以上预处理，得到训练集数据的大小为 $6 \times 5322240(385 \times 18 \times 768)$，对应标签大小为 1×5322240 $(385 \times 18 \times 768)$。随后，对训练数据集进行乱序处理，并输入随机森林模型进行训练，得到盐丘识别模型。数据预处理过程及模型训练的流程如图 3.97 所示，其

中 N 表示三维盐丘数据中训练集方向剖面的数量。

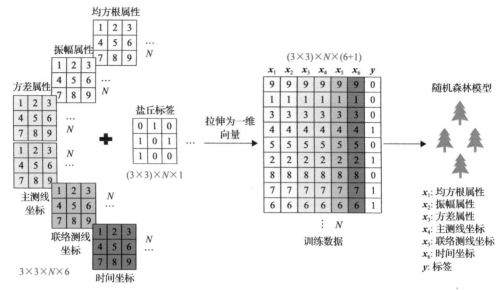

图 3.97　数据预处理及模型训练流程图

为了方便显示和描述，这里将数据集某一剖面大小视为 3×3

3. 实例分析

针对不同的分类场景，需要不断地调整随机森林模型的超参数以获得优选的分类模型，包括决策树的最大深度、决策树的数量和不纯度衡量标准等。本小节设置了 100 个决策树进行集成学习，集成策略选用众数投票方式。对于无众数的情况，则随机选择其中一棵决策结果作为随机森林的决策结果。为适应随机森林"像素对像素"的分类方式，需将三维数据体拉伸为一个一维向量，拉伸后的样本量(向量的长度)十分庞大，故决策树的深度应设置得相对较大，本小节决策树的深度设置为 40。分裂节点标准选择基尼系数，该指数用于衡量样本被每个决策树、每个节点错误分类的可能性，帮助找出最好的特征作为决策树根节点进行分类。本小节采用总准确率和盐丘类别准确率综合评估随机森林模型对于盐丘识别任务的预测效果，具体公式见表 3.11。

表 3.11　预测结果评价指标

预测类别	真实类别		评价指标
	盐丘类	非盐丘类	
盐丘类	TP	FP	$Accurate_{salt} = TP/(TP+FP)$
非盐丘类	FN	TN	$Accurate = (TP+TN)/(TP+TN+FP+FN)$

本节从主测线方向均匀选取 18 个地震剖面及对应的地震属性和空间坐标作为训练集。同时选取训练方向的主测线 190 地震剖面(不包含在训练集中),推广方向的联络测线 760 地震剖面及推广方向的 360ms 时间切片进行随机森林盐丘识别的效果展示,分别如图 3.98~图 3.100 所示。相较于训练集,这些测试集在盐丘形状、分布位置及盐类别所占比例方面存在较大的差异,可用于评估机器学习模型的学习性能。通过对比人工标注的盐丘标签和预测结果可以发现,随机森林盐丘识别模型可基本识别盐丘的分布范围和不同尺度的盐丘相(红色区域)。盐丘类别的准确率在主测线方向约为 96.90%,在联络测线方向约为 90.11%,在时间切片方向约为 93.76%。同时,主测线方向的预测结果能清晰表征盐丘类别在纵向上的起伏状况及边界分布。联络测线及时间方向的预测结果均能清晰地刻画盐丘的形状及盐丘的空间分布情况。值得注意的是,由于大多数机器学习分类算法采用一维像素对像素的分类方式,在对某个像素进行分类时,未考虑样本在空间上的相关性。因此,将一维向量形式的预测结果还原为二维剖面后,盐丘分类边界处会出现不光滑的现象。这是由于盐丘边界处于不同地震相的交汇处,局部邻域地震振幅属性、均方根属性及方差属性区别不大。传统基学习机(决策树)分类器将该区域像素点类别判别为盐丘类别或非盐丘类别的概率值多集中于 0.5 左右,

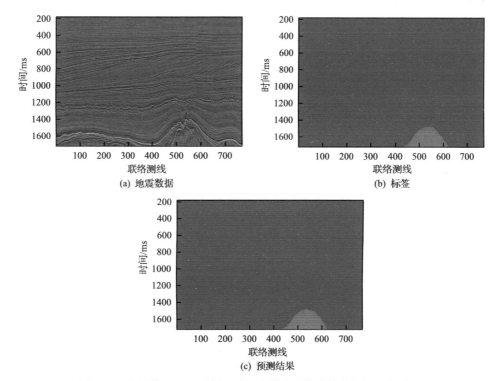

图 3.98 主测线 190 地震剖面随机森林盐丘分类结果与标签的对比

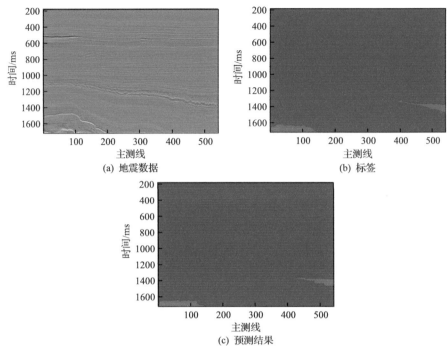

图 3.99　联络测线 760 地震剖面随机森林盐丘分类结果与标签的对比

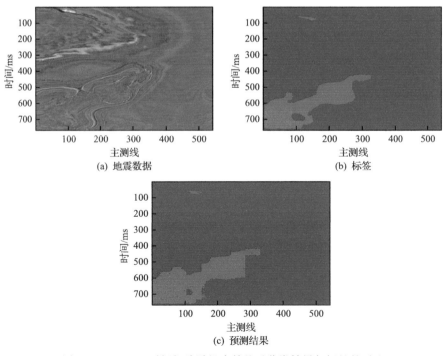

图 3.100　360ms 时间切片随机森林盐丘分类结果与标签的对比

导致分类不确定性较大,这给盐丘的形状预测造成了很大困难。采用集成学习策略,综合考虑了不同决策树的预测效果,可减少基学习器(决策树)对这些边界类别的误判,增加分类边界的光滑性,使其预测结果更接近真实的盐丘分布形态。

图 3.101 为训练得到的随机森林盐丘识别模型在 542 个主测线剖面上的预测准确率曲线。其中,横坐标对应三维数据体沿主测线方向的各个地震剖面的编号,纵坐标对应各个地震剖面的准确率(计算公式见表 3.11)。蓝色曲线代表每个主测线地震剖面盐丘类别和非盐丘类别的总准确率,黄色曲线代表每个主测线方向地震剖面仅盐丘类别的准确率。总准确率(Accurate)即分类正确的样本占总样本的比例;仅盐丘类别的准确率($Accurate_{salt}$)是指盐丘类别正确预测样本占全部盐丘样本的比例。测试结果表明,随机森林预测方法能够较为精确地识别盐丘。同时能够观察到,在靠近训练集位置(局部极大准确率位置),盐丘的预测结果准确率较高。随着测试剖面远离训练集,测试结果的准确率出现一定程度的下降,但依然处于可接受的范围。对于盐丘准确率低于 80% 的部分测试集,其总准确率较高,这是由于这些剖面上盐丘类别数量较少,故少量的分类误差即会导致其准确率数值产生大范围波动,使该区域盐丘准确率数值低。

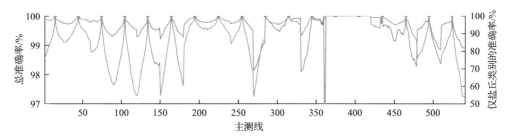

图 3.101 主测线方向随机森林预测总准确率(蓝线)及盐丘类别准确率(黄线)曲线图

为了便于对比不同机器学习方法的精度,本小节还对预测的三维数据体在三维空间中求取准确率。此时,随机森林预测的三维盐丘准确率为 91.56%。但是,不采用集成学习思路,仅采用决策树,其预测的三维盐丘准确率仅为 71.94%。通过对比集成学习随机森林算法与基学习机决策树的盐丘识别效果,证实了采用集成学习类算法能提高预测结果的稳定性,并显著提升预测的精度。

3.5.3 基于 U-Net++的盐丘识别

1. 方法原理

盐丘识别与地震相解释均属于分类任务。然而,在盐丘识别任务中,盐丘类别占比过小,本节所使用的 F3 数据盐丘类别仅占总数据量的 1.48%,与非盐丘类别之间存在严重的数据不平衡,且盐丘类别在不同剖面及时间切片上尺度变化较大。

为了高效地对这些多尺度盐丘进行识别，在卷积神经网络的构建方面，需综合考虑神经网络提取的局部特征及全局特征。通常，卷积神经网络的池化过程会降低特征图的采样率，从而损失一些小尺度的细节信息，丢失局部特征。针对该问题，可在每次最大池化后及时附加上采样过程，防止局部特征过度损失，提取小尺度特征，使神经网络综合考虑每次下采样后的、代表不同尺度特征的信息。基于这一思想，本小节采用一种基于嵌套和密集跳跃连接的新分割体系架构——U-Net++，如图 3.102 所示。该网络最早用于医学领域图像分割问题，后逐渐被引入地球物理领域，以解决小尺度目标检测及语义分割问题。类似经典卷积神经网络 U-Net，该网络由许多卷积层、最大池化层、上采样层和特征融合组成。相对于其他卷积神经网络，U-Net++具有以下优点：①设计较短的跳跃连接以融合不同尺度的语义信息，而不是将语义差距较大的特征拼接在一起，弥补了编码器和解码器之间的语义差距；②增加深监督模块，该模块可以同时监督不同深度 U-Net 网络的输出结果，对每个深度的 U-Net 网络设置损失函数，让网络自动寻找适合该场景的最优深度。

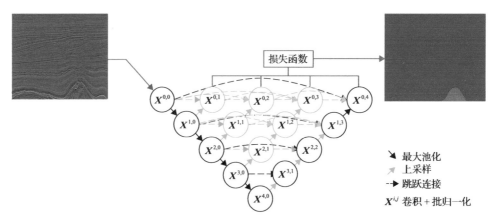

图 3.102　盐丘识别的 U-Net++网络架构

利用 U-Net++网络实现盐丘识别任务的模型表述如下：

$$Y = \text{U-Net++}(X, m) \tag{3.35}$$

式中，X 为输入的地震振幅数据；Y 为输出的盐丘图像分割结果；U-Net++$(\cdot)$为本小节所用的网络架构。通过已有的样本数据及标签训练神经网络 U-Net++，优化并寻找最佳网络参数，从而构建输入地震振幅数据 X 与输出预测结果 Y 之间的映射关系，实现智能特征提取及盐丘识别。

本小节使用 Adam 算法(Kingma and Ba, 2014)进行模型优化，并沿用 3.5.2 节中定义的总准确率及盐丘类别准确率对模型预测效果进行评估。为了更好地适应盐丘识别任务，本小节在原 U-Net++神经网络的基础上进行了改进。加入批量归一化模块提高网络的训练速度，降低训练中梯度爆炸的风险。同时引入 Dropout

模块，在训练过程中随机减少一定比例的神经元，防止网络过拟合。此外，采用 Focal Loss 损失函数 (Lin et al., 2020) 来缓解样本数据的不均衡问题，其具体表达式如式 (3.36) 所示：

$$FL(p) = -\alpha(1-p)^{\gamma} \times y\ln(p) - (1-\alpha)p^{\gamma} \times (1-y)\ln(1-p) \qquad (3.36)$$

式中，p 为模型预测某一个样本为盐丘类别的概率；y 为样本的标签，取值为 0 或 1；通过设置 α 值来控制盐丘和非盐丘类别样本对总损失的贡献权重，较大的 α 值可以降低非盐丘类别样本的权重；通过设置 γ 值来调节难、易分类样本的权重，使模型在训练时更专注于难分类的样本。

Focal Loss 损失函数通过调整盐丘类别和非盐丘类别对网络训练的贡献因子，增大盐丘识别结果与真实盐丘标签的误差对损失函数的贡献。这使网络更加注重优化盐丘类别的识别结果，从而提高盐丘识别的精度。在此基础上，引入集成通道注意力模块 (ECAM) 对网络进行深监督。该模块包括两个通道注意力模块，一个用于提取 U-Net++ 不同层网络输出之间的关系，另一个则用于提取 U-Net++ 每层网络输出的内部信息。同时，通道注意力模块可计算各个通道的重要性，将其转化为权重以提高特征表达能力。此外，它还能将 U-Net++ 的不同层网络输出信息利用起来，以达到考虑不同层次输出之间的语义信息和空间位置差异的目的。改进后的网络能够更准确地定位和强化盐丘边界。

2. 数据预处理

本节采用与 3.5.2 节相同的方式，均匀选取主测线方向的 18 个地震剖面作为训练集。深度神经网络 U-Net++ 需要大量的训练数据以保证模型的训练效果，训练数据不足容易导致网络过拟合，而人工解释并制作盐丘标签费时费力。为缓解这些问题，本小节对盐丘数据及对应标签进行数据增强。需要注意的是，通过平移、翻转和添加噪声等常规数据增强方式，可以显著增加训练数据量，但对训练样本的多样性提升有限。采用局部变形等传统图像识别领域的数据增强方式可能会改变盐丘的地质含义，从而影响语义分割效果。为保证训练数据中盐丘构造的多样性，对选取的地震剖面进行 256×256 大小的滑动窗口处理，滑动窗口步长在联络测线及时间方向覆盖率均为 50%。针对不同的数据集，输入的尺寸不同可能导致某些滑动窗口内无法完全包含地震数据。为了解决此问题，对每个滑动窗口中不包含数据的部分用非盐丘类别进行填充，同时赋予该部分非盐丘类别标签。对于二分类问题，该方式不会对盐丘类别的识别造成影响。最终得到的训练数据集及对应标签的尺寸为 216×256×256。选取全部 542 个主测线方向的地震剖面作为测试集，以宏观展示 U-Net++ 模型在三维数据体上的盐丘识别效果。

3. 实例分析

在神经网络结构与超参数设置方面，本小节采用 5 层的 U-Net++结构来处理盐丘识别任务，其中卷积核大小设为 3×3，池化核大小设为 2×2，学习率设为 0.001，α 值设为 0.5，γ 值设为 2。利用训练数据集对 U-Net++神经网络盐丘识别模型进行训练，并用训练好的 U-Net++模型对测试集进行预测。

图 3.103 展示了训练得到的 U-Net++盐丘识别模型在 542 个主测线剖面的预测准确率，其中横坐标表示三维数据体沿主测线方向的各个地震剖面，纵坐标表示各地震剖面对应的准确率。蓝色曲线代表每个主测线地震剖面盐丘和非盐丘类别的总准确率，黄色曲线代表每个主测线地震剖面上仅盐丘类别的准确率。值得注意的是，不同的主测线剖面盐丘的构造形态存在显著差异。例如，主测线 330～440 的各个地震数据中，几乎不含盐丘类别，各剖面盐丘类别占比不到 0.1%，且主测线 450 之后的地震剖面，其对应的盐丘在构造形态上产生了巨大的变化，这给盐丘识别任务造成了极大的挑战，在盐丘类别的准确率曲线上也有所体现。本节计算三维数据体的总准确率以宏观展示网络预测效果，同时计算盐丘类别的准确率以强调网络对盐丘类别的刻画能力。该方法的总准确率达到了 99.57%，仅盐丘类别的准确率为 90.28%。结果表明，该方法在盐丘识别任务上具有一定的应用效果。

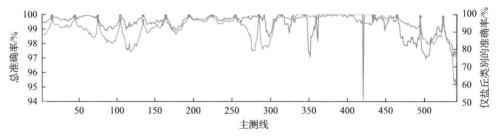

图 3.103　主测线方向 U-Net++预测总准确率及盐丘类别准确率曲线图

与 3.5.2 节相同，选择训练方向的主测线 190 地震剖面(不包含在训练集中)及推广方向的联络测线 760 地震剖面和推广方向的 360ms 时间切片来展示 U-Net++网络对盐丘的识别效果，分别如图 3.104～图 3.106 所示。通过对比主测线方向的盐丘标签[图 3.104(b)]及网络预测结果[图 3.104(c)]可以发现，训练得到的盐丘识别网络模型能够准确预测出盐丘类别的分布范围。即使对于一些极小尺度的盐丘区域，该方法也取得了较为理想的结果。对比联络测线方向的盐丘标签[图 3.105(b)]与网络预测结果[图 3.105(c)]及时间方向的标签[图 3.106(b)]与预测结果[图 3.105(c)]可以得到相似的结论。该深度学习盐丘智能识别网络对于盐丘内部的区域分类准确，描绘出了盐丘所在区域范围，与真实标签基本一致。同时，该网络勾勒出的盐丘边界轮廓与真实标签在整体上基本吻合，体现出了该方法的应用效果。

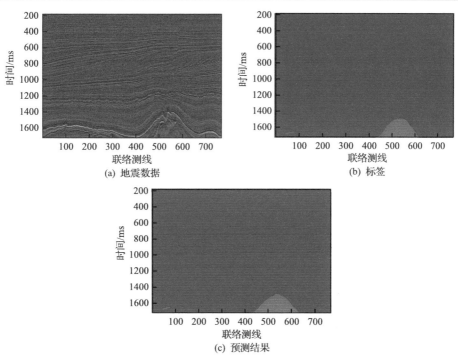

图 3.104　主测线 190 剖面 U-Net++盐丘分类结果与标签的对比

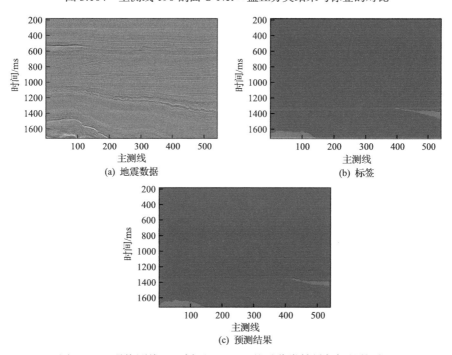

图 3.105　联络测线 760 剖面 U-Net++盐丘分类结果与标签的对比

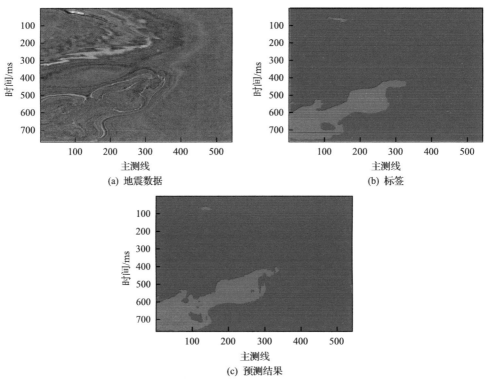

(a) 地震数据

(b) 标签

(c) 预测结果

图 3.106　360ms 时间切片 U-Net++盐丘分类结果与标签的对比

图 3.107 展示了三维数据体对应的盐丘标签与 U-Net++网络模型对三维数据

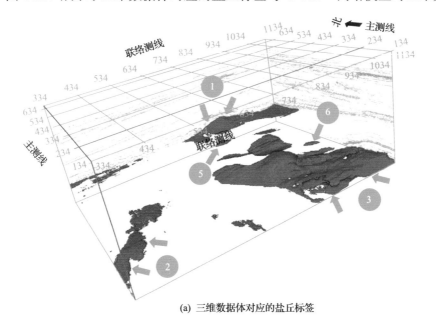

(a) 三维数据体对应的盐丘标签

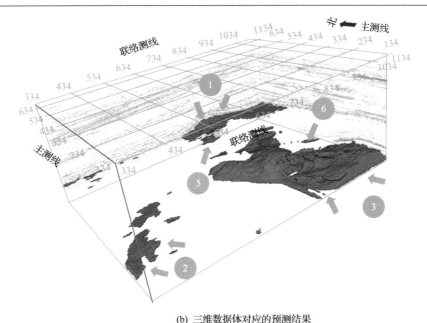

(b) 三维数据体对应的预测结果

图 3.107　三维盐丘的可视化图

体的预测结果。预测结果清晰地刻画了三个主要的盐体，在图中由蓝色编号 1、2、3 及相应的蓝色箭头指示。通过对比 2 号盐体在标签及预测结果上的分布，可说明预测结果能很好地凸显盐丘的走向、空间位置分布及边界轮廓。同样地，对比 1 号盐体及 3 号盐体在标签及预测结果上的分布，说明预测结果能清晰地表征盐丘在时间(深度)方向的起伏情况及顶界面位置。绿色编号 5、6 及相应的箭头展示了一些小尺度的盐体分布。通过对比预测结果与标签可以发现，多尺度卷积神经网络 U-Net++在识别小尺度盐体方面具有优良的性能。

3.5.4　联合 CAE 与 K 均值的盐丘识别

在人工智能领域，有监督学习策略能够拟合地震数据与盐丘标签之间的非线性关系，揭示难以观察和挖掘的盐丘特征。然而，这类方法通常需要大量有标签地震数据来训练深度神经网络模型，以获得良好的泛化能力。在有标签数据集有限的情况下，仅用少量有标签地震数据训练得到的网络模型对于盐丘的识别能力较差。由于训练数据集多样性不足，网络模型所构建的地震数据与盐丘标签的映射关系较为单一，难以拟合普遍映射关系。因此，在不同区块或构造形态差异较大的测试数据集上，弱盐丘识别模型难以表现良好的预测性能。尤其是在训练标签存在较大误差时，模型在小样本空间中无法准确拟合映射关系，且容易出现过拟合问题。为缓解上述问题，本小节提出一种联合卷积自编码器(convolutional autoencoder, CAE)与 K 均值的盐丘识别方法。该方法在有效识别盐丘的同时，可以为有监督学习生成标签，从而扩充训练数据集。

1. 方法原理

CAE 是一种旨在将输入数据复制到输出的神经网络 (Masci et al., 2011)。相较于传统的自编码器，CAE 采用卷积层和池化层替换了全连接层，从而在高维特征空间中保留输入数据的局部特征信息和空间结构。卷积自编码器由编码器与解码器两部分组成。编码器结构中引入了卷积神经网络的卷积和池化操作，以实现多区域、多层次的特征提取，并将输入数据压缩为潜在空间表示。卷积层可以看作一个滤波器，能够提取特定的局部图像特征。编码器的计算过程如式 (3.37) 所示：

$$h^l = \sigma\left(x \times \omega^l + b^l\right) \tag{3.37}$$

式中，σ 为激活函数；l 为卷积核的数量；ω 为卷积核的权重；b 为偏置项。

解码器通过反卷积和反池化操作的堆叠形成一个深层神经网络结构，以重构来自潜在空间表示的输入数据，并对图像进行恢复。解码器的计算过程如式 (3.38) 所示：

$$y = \sigma\left(h^l \times \psi^l + c^l\right) \tag{3.38}$$

式中，ψ 为反卷积核的权重；c 为偏置项。

模型训练过程中，通过最小化反卷积操作后的图像与原始图像距离的差值，以构建合理的模型参数。其具体方程如式 (3.39) 所示：

$$E = \frac{1}{2N} \sum_{i=1}^{N} \left(x_i - y_i\right)^2 \tag{3.39}$$

式中，N 为样本的数量；x_i、y_i 分别为卷积操作后图像每个像素点的值及原始图像每个像素点的值；i 为像素点索引；E 为目标函数的值，通过不断减小 E 来判断网络是否收敛。

CAE 采用一种基于地震数据的自监督学习方法进行参数学习，无须任何盐丘标签信息。这使得其能够从未标记的地震数据中提取普遍有用的特征，检测并去除输入的冗余信息。

与 CAE 相同，K 均值算法 (Steinley, 2006) 也属于无监督学习。该算法是一种典型的基于划分的聚类方法，其核心目标在于从数据对象中挖掘出有价值的信息。K 均值聚类方法通常采用距离作为衡量数据对象间相似性的标准。在样本标签未知的情况下，该算法通过分析数据内在关系，将样本划分为多个类别，使同一类别中的样本相似度较高，不同类别间的样本相似度较低，即提高类内聚合度，降低类间距离。对于给定的数据集，首先，根据用户需求设定簇的个数 k。其次，重复执行以下两个步骤。

(1)计算每个样本与各个聚类中心点的距离,并将样本划分至距离最近的中心点所在的簇。

(2)计算每个簇中所有样本特征的均值,并将这些均值作为新的聚类中心。该过程持续迭代,直至聚类中心不再发生显著变化或移动幅度在预设范围内。

算法通过不断优化目标函数来实现聚类,具体公式如式(3.40)所示:

$$\arg\min_{C} J(C) = \sum_{k=1}^{K} \sum_{x^{(i)} \in C_k} \left\| x^{(i)} - \mu^{(k)} \right\|_2^2 \qquad (3.40)$$

式中,$J(C)$ 为聚类的目标函数,它量化了一个给定聚类配制 C 的总体内聚度;$\mu^{(k)}$ 为第 k 个聚类中心位置;K 为聚类中心的个数;$x^{(i)}$ 为样本空间除聚类中心点外的其他样本点。

最终,得到优化后的聚类中心及每个样本所属的类别。

图 3.108 展示了一个包含 1 个特征的数据集通过 K 均值聚类方法处理过程中的动态变化。该数据集拥有 3 个不同的簇心,且各类样本点围绕各自的簇心呈现相同

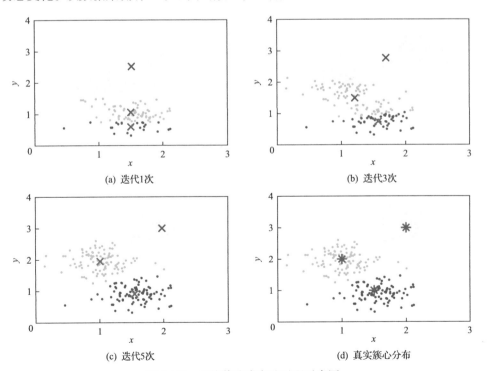

(a) 迭代1次　　　　　　　　　　　　　(b) 迭代3次

(c) 迭代5次　　　　　　　　　　　　　(d) 真实簇心分布

图 3.108　K 均值聚类方法过程示意图

红色×代表初始及迭代过程中聚类中心点的位置,蓝色星星代表最后一次迭代聚类中心的位置,
所有实心点代表被聚类的样本点,其中黄色点、青色点及紫色点分别代表被聚成的不同类别的点。

的标准差分布,如图 3.108(d) 所示。在 K 均值聚类方法的初始阶段,随机选取了 3 个聚类中心,如图 3.108(a) 中的红色符号所示。随着迭代的进行,图 3.108(a)~(c) 清晰地描绘了每次迭代过程中簇心的位置及每个样本所属的类别如何演变,目标是尽可能靠近每个簇的实际中心。这一过程体现了 K 均值聚类方法的核心思想:通过连续迭代优化簇心位置,最大限度地接近或匹配真实簇心的位置。

本小节充分利用 CAE 和 K 均值聚类方法的特性,首先,利用 CAE 在潜在空间(编码器末端)从不同分布的数据中提取多个盐丘局部特征,从而过滤掉冗余信息。其次,利用 K 均值聚类方法对提取的局部特征进行聚类分析。最后,通过集成这些局部特征来获得盐丘的识别结果。本方法的详细过程如图 3.109 所示。

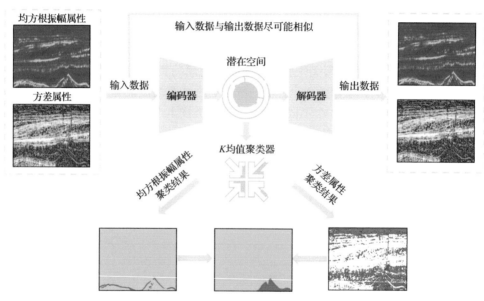

图 3.109 联合 CAE 与 K 均值聚类方法的盐丘识别流程图

2. 数据预处理

本小节将沿用 3.5.2 节所选取的荷兰北海 F3 区块的三维地震数据体,进一步验证本节所采用方法的应用效果。首先,对地震属性数据进行归一化处理。这一步骤不仅有助于消除数据规模差异所带来的潜在偏差,同时也能优化训练流程,加快 CAE 的收敛速度,从而提升整体的训练效率。在盐丘的诸多地震属性中,均方根振幅属性对于描绘盐丘边界特征有着重要作用,它能强化这些边界特征。同时,方差属性则可以有效地凸显出盐丘内部的混乱反射,可以帮助理解和识别盐丘的内部结构。因此,本小节选择这两类属性数据输入 CAE 中,以进行更深入的局部特征提取。

3. 实例分析

本小节采用了一个三层 CAE 结构来进行盐丘识别任务,其中卷积核大小设为 3×3。由于池化可能会大幅压缩特征图,本小节没有设置池化模块。学习率设为 0.001,使用均方误差损失函数进行反向传播以优化神经网络参数。在 K 均值超参数设置方面,由于盐丘识别任务是二分类问题,聚类数量 K 设置为 2。将地震属性数据输入 CAE 后,编码层最后一个模块的输出为一个四维张量(batch_size× channel×height×width,其中,batch_size 为批量大小;channel 为通道数;height 为高度;width 为宽度)。当 batch_size 取值为 1 时,本小节将该四维张量拉伸成一个二维张量 channel×(height×width)进行后续处理。接着使用 K 均值聚类方法沿 channel 方向进行聚类分析,得到一个由通道数×K(聚类数量)组成的二维张量,提取占比最多的类型作为主成分。接下来,得到一个 batch_size×m×height× width(m>channel,m 为经过主成分分析后的通道数,比原始通道数 channel 小)的四维张量,将该四维张量拉伸成一个二维张量 channel×(height×width)。随后,沿着(height×width)方向对该数据应用 K 均值聚类,得到一个 K(聚类数量)× (height×width)的三维张量。根据此张量,可以提取盐丘的局部特征。在利用 CAE 和 K 均值聚类分析获取盐丘局部特征之后,需要对这些特征进行 k 近邻平滑处理,以过滤掉被错误归为盐丘特征类别的非目标区域。接下来,对得到的盐丘边界进行线性插值处理,以得到完整的盐丘边界。随后,根据盐丘内部杂乱反射的特点,保留高方差地震道对应的盐丘边界,去除低方差地震道对应的盐丘边界以保留两者共有的部分,从而排除异常反射边界和一些高方差的非盐丘像素点。此时即实现了对盐丘边界的有效识别和描绘,提高了盐丘识别的准确性和可靠性。

图 3.110～图 3.112 分别展示了 3 个主测线剖面上基于 CAE 与 K 均值联合的盐丘识别结果。在这些图像中,红色部分表示地震剖面上盐丘的位置分布。由陈

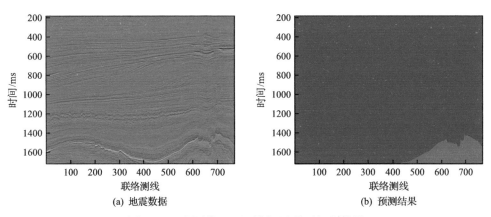

(a) 地震数据　　　　　　　　　　　　(b) 预测结果

图 3.110　主测线 10 地震剖面和盐丘识别结果

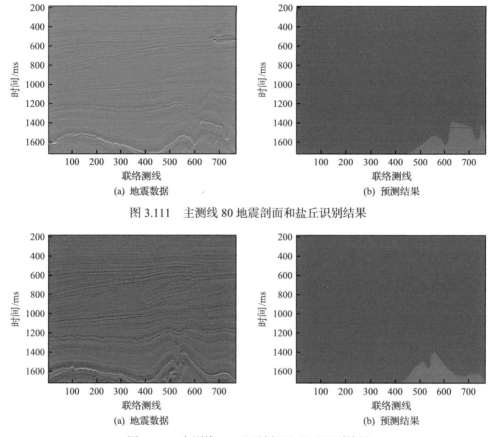

(a) 地震数据　　　　　　　　　　　　　(b) 预测结果

图 3.111　主测线 80 地震剖面和盐丘识别结果

(a) 地震数据　　　　　　　　　　　　　(b) 预测结果

图 3.112　主测线 180 地震剖面和盐丘识别结果

洪涛等(2008)及狄帮让和裴正林(2010)在地震剖面上关于盐丘识别的经验可以发现，盐丘划分结果与地震剖面上的底辟构造具有较好的对应关系。在 3 个测试剖面中，底辟构造上方均可观察到明显的强反射同相轴，这可能是两套地层的界面。所观察到的盐丘类型为盐枕型盐丘，尚未穿透上覆地层。盐丘顶面左右两翼不对称，这种不对称性可能与形成期间的区域应力方向有关。值得注意的是，在主测线 10 地震剖面[图 3.110(a)]和主测线 80 地震剖面[图 3.110(a)]上，盐丘边界反射相对较弱，而地震剖面的浅层存在一些较强反射界面。仅依据地震属性解释盐丘可能导致识别结果受到严重影响。然而，本小节提出的方法在一定程度上可以减轻浅层强同相轴的影响。

CAE 作为一种无监督学习算法，在没有标签约束的情况下，仅从数据本身挖掘有价值的信息。当目标特征不明显或者输入 CAE 的数据受到噪声干扰较严重时，CAE 可能会过度挖掘非目标特征，导致背景被误判为盐丘类别。为了在一定程度上避免强同相轴干扰或局部噪声的影响，本小节取主测线 180(盐丘边界反射特征较强，噪声干扰较弱)附近的地震剖面(主测线 160 至主测线 200 剖面中等间隔抽取 10 张)训练 CAE，进而应用推广其他地震剖面。从图 3.109 和图 3.111 中可以发现，尽管主测线 10 地震剖面与主测线 80 地震剖面相对训练集有一定距离，但其盐丘边界与盐丘内部具有相似的局部特征。这些局部特征能够被本小节提出的方法有效识别，并进一步刻画盐丘。这表明该方法在提高盐丘识别精度和鲁棒性方面具有显著优势。在实际应用中，可以进一步优化 CAE 的网络结构和参数设置，并且调整训练集，以实现更高效的特征提取和更准确的盐丘识别。

3.5.5　小结与展望

1. 小结

盐丘具有一定的封闭空间，有利于油气资源的聚集。石油、天然气的分布和盐丘等地质异常体密切相关。常规三维盐丘识别方法繁琐复杂、工作量大，且难以挖掘地震剖面蕴含的丰富细节特征。而人工智能方法直接从原始数据出发，挖掘人们难以发现、解释的地质特征。本节基于传统机器学习算法及深度学习算法，利用少量训练数据实现盐丘的智能识别。

在传统机器学习方面，本节将集成学习随机森林算法应用于盐丘的自动识别任务上。同时提取常用于盐丘识别的地震属性，并加入三维盐丘数据的时空坐标信息作为附加特征约束，监督随机森林训练过程。该方法采用像素级的点对点输入模式，能用少量数据对整个三维工区的盐丘进行自动识别，并且识别精度较高。对比随机森林与决策树盐丘识别效果，表明在决策树模型参数设置相同的情况下，集成学习算法的预测结果具有更好的稳定性且精度更高。随机森林算法能够较精确地识别盐丘的分布位置，但是存在边界连续性较低的问题。

在深度学习方面，本节介绍了一种深监督特征融合网络(U-Net++)盐丘检测方法。该方法融合不同尺度的语义信息，通过深监督模块，综合利用不同层次的网络输出结果，实现对小尺度目标及盐丘边界的精准刻画。并引入 Focal Loss 损失函数以缓解盐丘类别与非盐丘类别之间的数据不平衡。采用了荷兰北海 F3 区块三维地震数据验证该方法的应用效果，测试结果表明，仅使用少量标记过的盐丘数据对神经网络进行训练，即可达到 90% 以上的预测准确率。该方法不仅可以处理大量三维地震资料，提高解释效率，同时能得到高精度的三维盐丘识别结果。但目前通过训练得到的网络模型仅对与训练数据集相似的测试集有良好的识别能力，面对构造形态差异较大的盐丘数据，该方法的识别能力有待加强。

在无监督学习方面，本节提出了一种基于 CAE 与 K 均值集成策略的盐丘识别方法，该无监督学习方法首先筛选出对盐丘局部特征敏感的地震属性。随后，利用 CAE 提取地震属性的局部特征，再通过 K 均值对提取的特征进行筛选，以增强对盐丘局部特征的敏感性。接下来，综合多种局部特征以达到盐丘识别的目的。该方法仅在具有明显盐丘特征的少量有标签地震剖面进行训练，便可实现精确的盐丘识别，减少了人为主观因素的干扰，提高了解释效率，同时也为有监督深度学习提供了高质量的标签。

此外，许多机器学习分类算法也可以用于处理盐丘识别问题，例如 k 近邻、支持向量机及朴素贝叶斯等。同时，除了随机森林这类 Bagging 集成学习算法之外，Boosting 类集成学习算法也可以用于处理盐丘识别问题。相比于传统机器学习算法，深度学习类方法能够自动提取数据集的更多抽象特征，在小尺度目标检测、语义分割及多类别等复杂任务中表现优异。但神经网络方法存在训练较慢的问题，同时对计算机性能的要求较高。无监督学习方法在一定程度上能够实现对盐丘的精确划分，并为有监督学习提供盐丘标签。但在地震剖面噪声较大的情况下，该方法的适用性会降低，需要加强对训练数据的监控和筛选。

总之，在实际应用中，根据数据特点和问题复杂程度，选择合适的机器学习或深度学习方法对盐丘识别进行处理是至关重要的。同时，针对不同场景和数据质量，灵活调整算法参数及采用有监督或无监督学习策略将有助于进一步提高盐丘识别的准确性和可靠性。

2. 未来展望

目前，在人工智能盐丘自动识别领域，仍存在若干问题亟待进一步研究。

(1)深度学习技术与大数据密不可分，获得大量的盐丘标签耗时耗力。而且测试发现，神经网络对错误标签非常敏感，若盐丘标签不准确，则会导致测试准确率明显下降。有必要进一步研究弱监督盐丘识别方法，并确保盐丘标签的准确制作。

(2)盐丘作为地震相的一类，可约束反演过程，对地下盐体成像具有重大意义。有必要将人工智能盐丘识别与盐体偏移成像相结合，实现对地下盐体的精确成像。

参 考 文 献

陈洪涛, 李建英, 范哲清, 等. 2008. 滨里海盆地 B 区块盐丘形成机制和构造演化分析. 石油地球物理勘探, 43(S1): 103-107.

陈芊澍, 文晓涛, 何健, 等. 2021. 基于极限学习机的裂缝带预测. 石油物探, 60(1): 149-156.

狄帮让, 裴正林. 2010. 盐丘模型弹性波方程正演模拟及波场特征分析. 石油地球物理勘探, 45(6): 826-832,936,785.

丁燕, 杜启振, Qamar Y, 等. 2020. 深度学习的裂缝预测在 S 区潜山碳酸盐岩储层中的应用. 石油物探, 59(2): 267-275.

冯琦. 2021. 鄂尔多斯盆地西缘中南段构造特征及演化与油气赋存. 西安: 西北大学.

何健, 文晓涛, 聂文亮, 等. 2020. 利用随机森林算法预测裂缝发育带. 石油地球物理勘探, 55(1): 161-166.

贺粟梅. 2023. 地质知识引导的多类别地震相智能识别方法研究. 北京: 中国石油大学(北京).

蒋旭东, 曹俊兴, 胡江涛. 2018. 基于结构导向的层位自动追踪. 石油物探, 57(5): 726-732.

李凡异, 魏建新, 狄帮让, 等. 2012. 碳酸盐岩溶洞的"串珠"状地震反射特征形成机理研究. 石油地球物理勘探, 47(3): 385-391.

李祺鑫, 罗亚能, 马晓强, 等. 2022. 基于深度嵌入网络的地震相聚类技术. 石油地球物理勘探, 57(2): 261-267,241.

潘仁芳, 金吉能. 2011. 断层和裂缝尺度识别的地球物理方法探讨. 长江大学学报(自然科学版), 8(3): 16-18,13.

任海洋. 2019. 基于深度学习方法的溶洞体识别及定量计算. 成都: 电子科技大学.

孙东, 潘建国, 潘文庆, 等. 2010. 塔中地区碳酸盐岩溶洞储层体积定量化正演模拟. 石油与天然气地质, 31(6): 871-878.

王玲玲, 魏建新, 黄平, 等. 2017. 裂缝储层地震物理模拟研究. 石油科学通报, 2(2): 210-227.

王震, 文欢, 邓光校, 等. 2019b. 塔河油田碳酸盐岩断溶体刻画技术研究与应用. 石油物探, 58(1): 149-154.

王震, 文欢, 胡文革. 2019a. 塔河油田碳酸盐岩缝洞空间位置预测方法研究. 工程地球物理学报, 16(4): 433-438.

温庆庆. 2008. 可视化地震资料解释系统的研究与开发. 西安: 西安科技大学.

吴景超. 2011. 零偏 VSP 井资料在地震层位标定中的应用. 重庆科技学院学报(自然科学版), 13(6): 104-107.

闫星宇, 顾汉明, 肖逸飞, 等. 2019. XGBoost 算法在致密砂岩气储层测井解释中的应用. 石油地球物理勘探, 54(2): 447-455,241.

闫星宇, 顾汉明, 罗红梅, 等. 2020. 基于改进深度学习方法的地震相智能识别. 石油地球物理勘探, 55(6): 1169-1177.

张傲, 李宗杰, 刘军, 等. 2023. 基于 Yolox 算法的碳酸盐岩储层溶洞"串珠状"异常反射智能检测. 石油地球物理勘探, 58(3): 540-549.

张利萍. 2020. 基于深度学习的盐丘识别和地震相划分. 南京: 南京大学.

张泉, 朱连章, 郭加树, 等. 2017. 地震 DNA 算法的改进及其在地震层位拾取中的应用. 石油物探, 56(3): 400-407.

赵皓. 2005. 基于人工神经网络方法的断层两侧地层层位追踪的研究. 成都: 成都理工大学.

Alaliand A, Alkhalifah T. 2022. Integrating U-net with full-waveform inversion for an efficient salt body construction. Second International Meeting for Applied Geoscience and Energy, Houston: 917-921.

Alaudah Y, Michalowicz P, Alfarraj M, et al. 2019. A machine-learning benchmark for facies classification. Interpretation, 7(3): SE175-SE187.

Alberts P, Warner M, Lister D. 2000. Artificial neural networks for simultaneous multi horizon tracking across discontinuities. 70th Annual International Meeting, Calgary: 651-653.

Alfarhan M, Deriche M, Maalej A. 2022. Robust concurrent detection of salt domes and faults in seismic surveys using an improved U-net architecture. IEEE Access, 10: 39424-39435.

Amin A, Deriche M. 2016. Salt-dome detection using a codebook-based learning model. IEEE Geoscience and Remote Sensing Letters, 13(11): 1636-1640.

Aqrawi A A, Boe T H, Barros S. 2011. Detecting salt domes using a dip guided 3D Sobel seismic attribute. 81st Annual International Meeting, San Antonio: 1014-1018.

Araya-Polo M, Dahlke T, Frogner C, et al. 2017. Automated fault detection without seismic processing. The Leading Edge, 36(3): 208-214.

Arsha P V, Thulasidharan P P. 2021. Salt body segmentation in seismic images using mask R-CNN. International Conference on Communication, Control and Information Sciences(ICCISc), Indukki: 21229897.

Asghar S, Byun J. 2021. Semi-supervised facies classification with reconstruction cooperation. First International Meeting for Applied Geoscience and Energy Expanded Abstracts, Denver: 2173-2177.

Badrinarayanan V, Kendall A, Cipolla R. 2017. SegNet: A deep convolutional encoder-decoder architecture for image segmentation. IEEE Transactions on Pattern Analysis and Machine Intelligence, 39(12): 2481-2495.

Bagheri M, Riahi M A. 2013. Support vector machine based facies classification using seismic attributes in an oil field of Iran. Iranian Journal of Oil and Gas Science and Technology, 2(3): 1-10.

Bi Z, Wu X, Geng Z, et al. 2021. Deep relative geologic time: A deep learning method for simultaneously interpreting 3-D seismic horizons and faults. Journal of Geophysical Research: Solid Earth, 126(9): e2021JB021882.

Bianchini M, Belahcen A, Scarselli F. 2016. A comparative study of inductive and transductive learning with feedforward neural networks. 15th International Conference of the Italian Association for Artificial Intelligence, Genova: 283-293.

Bodapati J D, Sajja R, Naralasetti V. 2023. An efficient approach for semantic segmentation of salt domes in seismic images using improved U-net architecture. Journal of The Institution of Engineers (India): Series B, 104(3): 569-578.

Breiman L. 2001. Random forests. Machine Learning, 45: 5-32.

Bugge A J, Erik Lie J, Evensen A K, et al. 2019. Automatic extraction of dislocated horizons from 3D seismic data using nonlocal trace matching. Geophysics, 84(6): IM77-IM86.

Cai H, Ren H, Wu Q, et al. 2018. Identification of karst cave reservoirs using optimized convolutional neural network. 88th Annual International Meeting, Anaheim: 2282-2286.

Chawla N V, Bowyer K W, Hall L O, et al. 2002. SMOTE: Synthetic minority over-sampling technique. Journal of Artificial Intelligence Research, 16(1): 321-357.

Chen T, Tong H, Benesty M. 2015. Xgboost: Extreme gradient boosting. R Package Version 0, 1(4): 1-4.

Chevitarese D, Szwarcman D, Silva R M D, et al. 2018. Seismic facies segmentation using deep learning. AAPG Annual and Exhibition, Cape Down.

Chopra S, Alexeev V. 2006. Applications of texture attribute analysis to 3D seismic data. The Leading Edge, 25(8): 934-940.

Chung Y, Lu W, Tian X. 2022. Data cleansing for salt dome dataset with noise robust network on segmentation task. IEEE Geoscience and Remote Sensing Letters, 19: 8027805.

Cunha A, Pochet A, Lopes H, et al. 2020. Seismic fault detection in real data using transfer learning from a convolutional neural network pre-trained with synthetic seismic data. Computers & Geosciences, 135: 104344.

Di Giuseppe M G, Troiano A, Troise C, et al. 2014. K-Means clustering as tool for multivariate geophysical data analysis. An application to shallow fault zone imaging. Journal of Applied Geophysics, 101: 108-115.

Di H B, Li Z, Abubaker A. 2022. Using relative geologic time to constrain convolutional neural network-based seismic interpretation and property estimation. Geophysics, 87(2): IM25-IM35.

Di H, Li C, Smith S, et al. 2021. Imposing interpretational constraints on a seismic interpretation convolutional neural network. Geophysics, 86(3): IM63-IM71.

Di H, Shafiq A, Alregib G. 2017. Seismic-fault detection based on multiattribute support vector machine analysis. 87th Annual International Meeting, Houston: 2039-2044.

Di H, Shafiq M, AlRegib G. 2018. Multi-attribute k-means clustering for salt-boundary delineation from three-dimensional seismic data. Geophysical Journal International, 215(3): 1999-2007.

Duan Y, Zheng X, Hu L, et al. 2019. Seismic facies analysis based on deep convolutional embedded clustering. Geophysic, 84(6): 87-97.

Dubois M K, Bohling G C, Chakrabarti S. 2007. Comparison of four approaches to a rock facies classification problem.

Computers & Geosciences, 33(5): 599-617.

Dunham M W. 2021. Are seismic attributes still helpful for deep learning? SEG Technical Program Expanded Abstracts, Denver: 1561-1565.

Ebuna D R, Kluesner J W, Cunningham K J, et al. 2018. Statistical approach to neural network imaging of karst systems in 3D seismic reflection data. Interpretation, 6(3): B15-B35.

Feng R, Balling N, Grana D, et al. 2021b. Bayesian convolutional neural networks for seismic facies classification. IEEE Transactions on Geoscience and Remote Sensing, 59(10): 8933-8940.

Feng R, Grana D, Balling N. 2021a. Uncertainty quantification in fault detection using convolutional neural networks. Geophysics, 86(3): M41-M48.

Forte E, Dossi M, Pipan M, et al. 2016. Automated phase attribute-based picking applied to reflection seismics. Geophysics, 81(2): V141-V150.

Gao D L. 2008. Application of seismic texture model regression to seismic facies characterization and interpretation. The Leading Edge, 27(3): 394-397.

Guarido M, Wozniakowska P, Emery D J, et al. 2021. Fault detection in seismic volumes using a 2.5D residual neural networks approach. First International Meeting for Applied Geoscience & Energy Expanded Abstracts, Denver: 1626-1629.

Guo J, Xu L, Ding J, et al. 2020. A deep supervised edge optimization algorithm for salt body segmentation. IEEE Geoscience and Remote Sensing Letters, 18(10): 1746-1750.

Halpert A, Clapp R G. 2008. Salt body segmentation with dip and frequency attributes. Stanford Exploration Project, 113(1-12): 2.

Harrigan E, Kroh J R, Sandham W A, et al. 1992. Seismic horizon picking using an artificial neural network. IEEE International Conference on Acoustics, Speech, and Signal Processing, San Frandsc: 105-108.

He S M, Song Z H, Zhang M K, et al. 2022. Incremental semi-supervised learning for intelligent seismic facies identification. Applied Geophysics, 19(1): 41-52.

Herron D A. 2015. Pitfalls in horizon autopicking. Interpretation, 3(1): SB1-SB4.

Hinton G E, Srivastava N, Krizhevsky A, et al. 2012. Improving neural networks by preventing coadaptation of feature detectors. Computer Science, 3(4): 212-223.

Hoyes J, Cheret T. 2011. A review of "global" interpretation methods for automated 3D horizon picking. The Leading Edge, 30(1): 38-47.

Huang K Y, Chang W R I, Yen H T. 1990. Self-organizing neural network for picking seismic horizons. 60th Annual International Meeting, San Francisco: 313-316.

Huang L, Dong X, Clee T E. 2017. A scalable deep learning platform for identifying geologic features from seismic attributes. The Leading Edge, 36(3): 249-256.

Ioffe S, Szegedy C. 2015. Batch Normalization: Accelerating deep network training by reducing internal covariate shift. Proceedings of the 32nd International Conference on Machine Learning, Lille: 448-456.

Ismail A, Ewida H F, Nazeri S, et al. 2022. Gas channels and chimneys prediction using artificial neural networks and multi-seismic attributes, offshore West Nile Delta, Egypt. Journal of Petroleum Science and Engineering, 208: 109349.

Jia L, Mallick S, Sen S. 2021. Subsurface salt recognition via deep learning: An iterative semisupervised approach. First International Meeting for Applied Geoscience & Energy Expanded Abstracts, Denver: 1405-1409.

Jiang F, Norlund P. 2021. Assisted fault interpretation by multi-scale dilated convolutional neural network. 82nd Annual

International Meeting, EAGE, Expanded Abstracts, London: 1-5.

Kaur H, Pham N, Fomel S, et al. 2021. A deep learning framework for seismic facies classification. First International Meeting for Applied Geoscience & Energy Expanded Abstracts, Denver: 1420-1424.

Kingma D, Ba J. 2014. Adam: A method for stochastic optimization. International Conference on Learning Representations, Banff.

Leggett M, Sandham W A, Durrani T S. 1996. 3D horizon tracking using an artificial neural network. First Break, 14(11): 413-418.

Lewis W, Vigh D. 2017. Deep learning prior models from seismic images for full-waveform inversion.87th Annual International Meeting, Houston: 1512-1517.

Li A, Yang J S, Peng C Y, et al. 2020. Seismic phase identification using the convolutional neural networks based on sample enhancement. Acta Seismologica Sinica, 42(2): 163-176.

Li F Y, Zhou H L, Wang Z Y, et al. 2021. ADDCNN: An attention-based deep dilated convolutional neural network for seismic facies analysis with interpretable spatial-spectral maps. IEEE Transactions on Geoscience and Remote Sensing, 59(2): 1733-1744.

Li W. 2018. Classifying geological structure elements from seismic images using deep learning. 88th Annual International Meeting, Anaheim: 4643-4648.

Lin L, Zhong Z, Cai Z, et al. 2022. Automatic geologic fault identification from seismic data using 2.5D channel attention U-net. Geophysics, 87(4): M111-M124.

Lin T Y, Goyal P, Girshick R, et al. 2020. Focal loss for dense object detection. IEEE Transactions on Pattern Analysis and Machine Intelligence, 42(2): 318-327.

Liu M, Jervis M, Li W, et al. 2020. Seismic facies classification using supervised convolutional neural networks and semisupervised generative adversarial networks. Geophysics, 85(4): 47-58.

Liu Y, Wang Y H. 2017. Seismic characterization of a carbonate reservoir in Tarim Basin. Geophysics, 82(5): B177-B188.

Liu Z, Song C, Li K, et al. 2020. Horizon extraction using ordered clustering on a directed and colored graph. Interpretation, 8(1): T1-T11.

Lomask J, Guitton A, Fomel S, et al. 2006. Flattening without picking. Geophysics, 71(4): P13-P20.

Lou Y, Zhang B, Lin T, et al. 2019. Seismic horizon picking by integrating reflector dip and instantaneous phase attributes. Geophysics, 85(2): O37-O45.

Lowell J, Paton G. 2018. Application of deep learning for seismic horizon interpretation. 88th Annual International Meeting, Anaheim: 1976-1980.

Lu Y J, Cao J X, He Y, et al. 2018. Application of discrete frequency coherence attributes in the fractured-vuggy bodies detection of carbonate rocks. International Geophysical Conference, Beijing: 812-816.

Lubo-Robles D, Ha T, Lakshmivarahan S, et al. 2021. Exhaustive probabilistic neural network for attribute selection and supervised seismic facies classification. Interpretation, 9(2): T421-T441.

Luo Y L, Zhang G L, Li L, et al. 2022. Attention-based two-stage U-net horizon tracking. IEEE Geoscience and Remote Sensing Letters, 19: 8030205.

Luo Y L, Zhang G L, Zhan J J, et al. 2023. Sequence-constrained multitask horizon tracking. Geophysics, 88(2): M15-M27.

Marfurt K J, Sudhakar V, Gersztenkorn A, et al. 1999. Coherency calculations in the presence of structural dip. Geophysics, 64(1): 104-111.

Masci J, Meier U, Cireşan D, et al. 2011. Stacked convolutional auto-encoders for hierarchical feature extraction. Artificial Neural Networks and Machine Learning, Espoo: 52-59.

Meldahl P, Heggland R, Bril B, et al. 2001. Identifying faults and gas chimneys using multiattributes and neural networks. The Leading Edge, 20(5): 474-482.

Méndez J N, Qiang J, María G, et al. 2020. Predicting and 3D modeling of karst zones using seismic facies analysis in Ordovician carbonates of the Tahe oilfield, China. Interpretation, 8(2): T293-T307.

Mosser L, Naeini E Z. 2022. A comprehensive study of calibration and uncertainty quantification for Bayesian convolutional neural networks: An application to seismic data. Geophysics, 87(4): M157-M176.

Nasim M Q, Tannistha M, Srivastava A, et al. 2022. Seismic facies analysis: A deep domain adaptation approach. IEEE Transactions on Geoscience and Remote Sensing, 60: 4508116.

O'Shea T, Hoydis J. 2017. An introduction to deep learning for the physical layer. IEEE Transactions on Cognitive Communications and Networking, 3(4): 563-575.

Parks D. 2010. Seismic image flattening as a linear inverse problem. Golden: Colorado School of Mines.

Pauget F, Lacaze S, Valding T. 2009. A global interpretation based on cost function minimization. 79th Annual International Meeting, Golden: 2592-2596.

Peters B, Granek J, Haber E. 2019. Multiresolution neural networks for tracking seismic horizons from few training images. Geophysics, 7(3): SE201-SE213.

Qi J, Lin T, Zhao T, et al. 2016. Semisupervised multiattribute seismic facies analysis. Interpretation, 4(1): SB91-SB106.

Qian F, Yin M, Liu X Y, et al. 2018. Unsupervised seismic facies analysis via deep convolutional autoencoders. Geophysics, 83(3): A39-A43.

Randen T, Pedersen S I, Sønneland L. 2001. Automatic extraction of fault surfaces from three-dimensional seismic data. 71th Annual International Meeting, San Antonio: 551-554.

Rezaei-Dastjerdehei M R, Mijani A, Fatemizadeh E. 2020. Addressing imbalance in multi-label classification using weighted cross entropy loss function. 27th National and 5th International Iranian Conference on Biomedical Engineering(ICBME), Tehran: 333-338.

Richard J L. 1994. Detection of zones of abnormal strains in structures using Gaussian curvature analysis. AAPG Bulletin, 78(12): 1811-1819.

Ronneberger O, Fischer P, Brox T. 2015. U-Net: Convolutional networks for biomedical image segmentation. Medical Image Computing and Computer-Assisted Intervention(MICCAI). Munich: 234-241.

Saggaf M M, Toksöz M N, Marhoon M I. 2003. Seismic facies classification and identification by competitive neural networks. Geophysics, 68(6): 1984-1999.

Shafiq M A, Prabhushankar M, Alregib G. 2018. Leveraging sparse features learned from natural images for seismic understanding. 80th Annual International Meeting, Copenhagen: 1-5.

Shafiq M A, Wang Z, Amin A, et al. 2015. Detection of salt-dome boundary surfaces in migrated seismic volumes using gradient of textures. 85th Annual International Meeting, New Orleans: 1811-1815.

Shi Y, Wu X, Fomel S. 2018. Automatic salt-body classification using a deep convolutional neural network. 88th Annual International Meeting, Anaheim: 1971-1975.

Shi Y, Wu X, Fomel S. 2020. Waveform embedding: Automatic horizon picking with unsupervised deep learning. Geophysics, 85(4): WA67-WA76.

Siahkoohi A, Rizzuti G, Herrmann F J. 2022. Deep Bayesian inference for seismic imaging with tasks. Geophysics, 87(5): S281-S302.

Song C, Liu Z, Wang Y, et al. 2017. Multi-waveform classification for seismic facies analysis. Computers & Geosciences, 101: 1-9.

Steinley D. 2006. K-means clustering: a half-century synthesis. British Journal of Mathematical and Statistical Psychology, 59(1): 1-34.

Sun Z. 2018. Multi-scale cave detection based on amplitude difference of prestack frequency division. Geophysical Prospecting for Petroleum, 57(3): 452-457.

Szegedy C, Liu W, Jia Y, et al. 2015. Going deeper with convolutions. Proceedings of the IEEE Conference on Computer Vision and Pattern Recognition, Boston: 1-9.

Taner M T. 1999. Seismic attributes, their classification and projected utilization. 6th International Congress of the Brazilian Geophysical Society, Rio de Janeiro: 215.

Tian W Y, Li J L, Ma Y Z, et al. 2017. Carbonate sedimentary facies prediction using seismic attributes in Mishrif reservoir of H-Oilfield, Iraq. Workshop: Carbonate Reservoir E&P Workshop, SEG, Global Meeting Abstracts, chengdu: 74-77.

Tingdahl K, Rooij M D. 2005. Semi-automatic detection of faults in 3D seismic data. Geophysical Prospecting, 53(4): 533-542.

Tschannen V, Delescluse M, Ettrich N, et al. 2020. Extracting horizon surfaces from 3D seismic data using deep learning. Geophysics, 85(3): N17-N26.

van der Maaten L, Hinton G. 2008. Visualizing data using T-SNE. Journal of Machine Learning Research, 9(86): 2579-2605.

Veezhinathan J, Kemp F, Threet J. 1993. A hybrid of neural net and branch and bound techniques for seismic horizon tracking. Proceedings of the 1993 ACM/SIGAPP Symposium on Applied Computing: States of the Art and Practice, ACM/SIGAPP, Indianapolis: 173-178.

Waldeland A U, Jensen A C, Gelius L J, et al. 2018. Convolutional neural networks for automated seismic interpretation. The Leading Edge, 37(7): 529-537.

Wang L, Joncour F, Barrallon P E, et al. 2023. Semisupervised semantic segmentation for seismic interpretation. Geophysics, 88(3): IM61-IM76.

Wu H, Zhang B, Lin T, et al. 2019. Semi-automated seismic horizon interpretation using encoder-decoder convolutional neural network. Geophysics, 84(6): 1-56.

Wu H, Li Z, Liu N. 2022. Variable seismic waveforms representation: Weak supervised learning based seismic horizon picking. Journal of Petroleum Science and Engineering, 214: 110-412.

Wu J, Shi Y, Wang W. 2022. Fault imaging of seismic data based on a modified U-Net with dilated convolution. Applied Sciences, 12(5): 2451.

Wu X M. 2016. Methods to compute salt likelihoods and extract salt boundaries from 3D seismic images. Geophysics, 81(6): IM119-IM126.

Wu X M, Fomel S. 2018. Least-squares horizons with local slopes and multigrid correlations. Geophysics, 83(4): IM29-IM40.

Wu X, Liang L, Shi Y, et al. 2019. FaultSeg3D: Using synthetic data sets to train an end-to-end convolutional neural network for 3D seismic fault segmentation. Geophysics, 84(3): IM35-IM45.

Wu X, Geng Z, Shi Y, et al. 2020a. Building realistic structure models to train convolutional neural networks for seismic structural interpretation. Geophysics, 85(4): WA27-WA39.

Wu X, Yan S, Qi J, et al. 2020b. Deep learning for characterizing paleokarst collapse features in 3-D seismic images.

Journal of Geophysical Research: Solid Earth, 125 (9): e2020JB019685.

Xiong W, Ji X, Ma Y, et al. 2018. Seismic fault detection with convolutional neural network. Geophysics, 83 (5): 97-103.

Xu C, Di B, Wei J. 2016. A physical modeling study of seismic features of karst cave reservoirs in the Tarim Basin, China. Geophysics, 81 (1): B31-B41.

Xu Z, Li K, Ma C, et al. 2023. 3D Salt-HSM: Salt segmentation method based on hybrid semi-supervised and multi-task learning. IEEE Transactions on Geoscience and Remote Sensing, 61: 5916412.

Yan X, Gu H, Yan Y. 2022. Karst cave detection and prediction by using two fully convolutional neural networks. 4th International Workshop on Mathematical Geophysics: Traditional & Learning, Virtual, Online: 90-93.

Yang L X, Sun S Z. 2020. Seismic horizon tracking using a deep convolutional neural network. Journal of Petroleum Science and Engineering, 187: 106709.

Yang P, Sun S Z, Liu Y, et al. 2012. Origin and architecture of fractured-cavernous carbonate reservoirs and their influences on seismic amplitudes. The Leading Edge, 31 (2): 140-150.

Ye R, Cha Y H, Dickens T, et al. 2019. Multi-channel convolutional neural network workflow for automatic salt interpretation. 89th Annual International Meeting, San Antonio: 2428-2432.

Yearwood J, Wilkinson R. 1997. Retrieving cases for treatment advice in nursing using text representation and structured text retrieval. Artificial Intelligence in Medicine, 9 (1): 79-99.

Yu F, Wang D, Shelhamer E, et al. 2018. Deep layer aggregation. Proceedings of the IEEE Conference on Computer Vision and Pattern Recognition, Salt Lake City: 2403-2412.

Yu T, Wang X, Chen T J, et al. 2022. Fault recognition method based on attention mechanism and the 3D-UNet. Computational Intelligence and Neuroscience, (1): 9856669.

Yu W W, Feng L, Du Y Y. 2020. The comprehensive characterization method of seismic facies and the application. Science Technology and Engineering, 20 (24): 9779-9787.

Yuan S Y, Wang J H, Liu T, et al. 2020. 6D phase-difference attributes for wide-azimuth seismic data interpretation. Geophysics, 85 (6): IM37-IM49.

Zeng H L. 2004. Seismic geomorphology-based facies classification. The Leading Edge, 23 (7): 644-688.

Zeng H, Backus M M, Barrow K T, et al. 1998. Stratal slicing, Part I: Realistic 3-D seismic model. Geophysics, 63 (2): 502-513.

Zhang G Y, Lin C Y, Ren L H, et al. 2022. Seismic characterization of deeply buried paleocaves based on Bayesian deep learning. Journal of Natural Gas Science and Engineering, 97: 104340.

Zhang H R, Chen T S, Liu Y, et al. 2021. Automatic seismic facies interpretation using supervised deep learning. Geophysics, 86 (1): IM15-IM33.

Zhang H, Zhu P, Liao Z, et al. 2022. SaltISCG: Interactive salt segmentation method based on CNN and graph cut. IEEE Transactions on Geoscience and Remote Sensing, 60: 5915114.

Zhang J Y, Tian F, Zhang W X, et al. 2022. Seismic intelligent characterization of paleocave filling types in deeply buried carbonate reservoirs. 2nd International Meeting for Applied Geoscience & Energy, Houston: 3286-3290.

Zhang Y X, Liu Y, Zhang H R, et al. 2020. Seismic facies analysis based on deep learning. IEEE Geoscience and Remote Sensing Letters, 17 (7): 1119-1123.

Zhao T, Li F, Marfurt K J. 2018. Seismic attribute selection for unsupervised seismic facies analysis using user-guided data-adaptive weights. Geophysics, 83 (2): 31-44.

Zheng Z H, Kavousi P, Di H B. 2013. Multi-attributes and neural network-based fault detection in 3D seismic interpretation. Advanced Materials Research, 838: 1497-1502.

Zhong H, Su M J, Feng Q, et al. 2020. Global seismic horizon interpretation based on data mining: A new tool for seismic geomorphologic study. Interpretation, 8(1): T131-T140.

Zhou R, Cai Y, Yu F, et al. 2019. Seismic fault detection with iterative deep learning. 89th Annual International Meeting, SEG, Expanded Abstracts: 2503-2507.

Zhou Z, Siddiquee M M R, Tajbakhsh N, et al. 2018. UNet++: A nested U-Net architecture for medical image segmentation. Deep Learning in Medical Image Analysis and Multimodal Learning for Clinical Decision Support. Granada: 3-11.

Zhu D, Li L, Guo R, et al. 2022. 3D fault detection: Using human reasoning to improve performance of convolutional neural networks. Geophysics, 87(4): M143-M156.

Zinck G, Donias M, Daniel J, et al. 2013. Fast seismic horizon reconstruction based on local dip transformation. Journal of Applied Geophysics, 96: 11-18.

第4章　人工智能地震资料反演

本章将探讨人工智能技术在地震资料反演中的应用，包括波阻抗反演和叠前弹性参数反演。主要采用循环神经网络和卷积神经网络构建模型，并基于单监督学习、半监督学习和双监督学习多种角度，对合成数据和实际数据进行测试与分析，展示了人工智能技术在地震资料反演中的优势，同时为地球物理领域的研究和实践带来创新与思考。

4.1　波阻抗反演

波阻抗是地球物理勘探领域刻画储层特征的关键弹性参数之一，其物理含义为纵波速度与密度的乘积。波阻抗反演是一种最为常用的叠后地震反演技术，其结合地震、测井和地质等资料，充分发挥地震数据具有较高的横向分辨率和测井资料具有较高的垂向分辨率的优势，将地震数据转换为波阻抗。然而，随着油气勘探与开发的研究目标逐渐由构造油气藏过渡到复杂的岩性油气藏，复杂油气藏埋藏深、储层厚度小和油气分布范围相对发散，对波阻抗反演的精度提出了更高要求。当前，人工智能技术为提高波阻抗的预测精度提供了可行性途径。精确预测的波阻抗结果可以有效识别出地下储层的空间结构特征，进一步推断岩性和物性参数的空间分布，为油藏表征、地质建模和油气藏工程评价等研究领域提供有力支撑。

4.1.1　研究进展

随着勘探开发的不断深入和地球物理技术迭代更新，波阻抗反演经历了从叠后反演到叠前反演，从线性反演到非线性反演，从确定性反演到随机反演，从单一数据反演到多元数据联合反演等发展历程。传统波阻抗反演方法的多解性较强，存在约束条件苛刻、局部寻优和计算效率低等问题。而随着高性能计算和大数据技术的发展，人工智能技术为突破传统地震反演方法的瓶颈提供了机遇。以深度学习为代表的人工智能技术具有表征复杂非线性关系和提取隐含关联特征等优势，逐渐成为波阻抗反演新的研究热点与应用趋势。

从基本网络架构的角度，智能波阻抗反演可分为基于全连接类神经网络、基于卷积类神经网络和基于循环类神经网络的反演。从学习模式的角度，智能波阻抗反演可分为基于单监督学习、基于半监督学习和基于双监督学习的反演。从学习策略的角度，智能波阻抗反演可分为迁移学习反演和多任务学习反演等。迁移学习反演可以提高智能波阻抗反演方法在实际应用中的泛化性，减小不同区域数据间的分布差异；多任务学习反演可以挖掘并利用任务之间的关系。近几年，随着智能波阻抗反演技术的发展，为量化预测结果的不确定性，出现了使用近似贝叶斯计算方法估计后验分布和利用不确定性反向传播作为约束的方法。此外，为提高智能波阻抗反演方法的可解释性和泛化性，将地质和地球物理知识逐渐引入波阻抗智能反演中。例如，初始模型、相对地质时间和岩相特征等地球物理知识以额外输入特征和目标函数的正则化项等形式嵌入神经网络的训练过程。这几种方法一定程度上还提高了波阻抗结果的横向连续性、稳定性和地质合理性。此外，基于序贯高斯模拟生成训练集、单道内插重采样等方法也开始用于增强训练样本的丰富性和完备性。人工智能方法在波阻抗反演中的部分研究进展如表 4.1 所示。

表 4.1 人工智能方法在波阻抗反演中的部分研究进展

作者	年份	研究内容及成果
杨立强等	2005	提出一种基于反向传播神经网络(BPNN)的波阻抗反演方法，克服了基于模型的测井约束反演过于依赖初始模型和易于陷入局部最优等局限性，在实际地震数据反演中取得了较好的效果
Baddari 等	2009	研究了径向基函数人工神经网络(RBF-ANN)在波阻抗反演中的应用，易于通过反向传播算法进行训练，不会陷入局部极小值
Alfarraj 和 AlRegib	2019	提出了一种使用测井数据监督的基于循环神经网络的半监督反演框架。同时，该方法利用地震正演对训练过程正则化，并作为反演的地球物理约束
Biswas 等	2019	使用 CNN 和物理驱动模型来实现无监督地震反演。然而，该方法需要正演物理模型、低频模型和精确的地震子波。但是，低频模型只是简单地添加到预测结果中，而没有参与无监督学习的训练过程
Das 等	2019	应用了 CNN 进行波阻抗反演，并使用近似贝叶斯计算方法估计预测结果对应的后验分布，量化其不确定性，并在挪威某实际数据中取得了较好的预测效果
赵鹏飞等	2019	提出了一种基于神经网络的随机地震反演方法，并通过构建基于序贯高斯模拟的训练集，使样本具有多样性和空间相关性。但是，在波阻抗横向连续性方面，反演结果还不够理想
Wang 等	2020	提出一个闭环卷积神经网络来反演波阻抗，可对地震正演和反演同时建模。与传统的开环卷积神经网络相比，闭环卷积神经网络既可以从有标记数据中学习，又可以提取未标记数据中的信息
Wu 等	2020	应用了全卷积残差网络(FCRN)与迁移学习相结合的波阻抗反演方法，对噪声和相位差具有较好的鲁棒性。其中，迁移学习可以提高网络模型的泛化性，并应用于不同的实际数据
Chen 等	2021	提出了一种基于优化的半监督深度学习波阻抗反演方法，综合利用了模型驱动优化算法和数据驱动深度学习方法各自的优点
Meng 等	2021	提出了一种基于条件生成对抗网络(CGAN)的波阻抗反演方法，生成器从地震数据中预测阻抗，鉴别器学习区分真假波阻抗。但是，该方法仅应用于模型数据，并未得到实际数据的验证

续表

作者	年份	研究内容及成果
Mustafa 等	2021	提出了一个时间卷积网络(TCN)来反演波阻抗,将局部空间的二维数据输入网络,提高了横向连续性。该方法还提出联合反演方案,可共享多数据集之间的信息
宋磊等	2021	提出了一种基于先验约束的深度学习波阻抗反演方法,根据地震相类型将待反演区域分割,以此作为空间约束条件,并将低频波阻抗作为标签
Wang 等	2021a	提出一种深度学习结合地球物理约束的波阻抗反演方法:采用褶积模型模拟地震正演过程,为反演过程提供理论约束;并结合双边滤波作为约束,进一步提高反演结果的空间连续性
Wu 等	2021	用二维 CNN 代替一维 CNN,将地震数据和低频的初始阻抗同时输入网络当中,初始模型对低频趋势进行控制,提高了预测结果的横向连续性
伊小蝶等	2021	通过在理论上推导单道内插重采样的增广方法,生成了反演训练集,然后运用主动学习,配置了反演网络参数并确定了参数更新方式
Zeng 等	2021	基于仿真的地质模型,讨论了控制井数量和沉积相特征对于随机森林波阻抗反演精度的影响,认为引入沉积相特征可以提高随机森林方法刻画不同相带波阻抗差异的能力
Bi 等	2022	提出了一种基于相对地质时间的井插值方法,从稀疏分散的井数据中构建地质一致性的相对地质时间模型,并提供足够精确的低频控制,以进一步用于深度学习或地震反演方法,以提高精度
Gao 等	2022	提出了一种基于全局优化算法和深度学习的人工智能地震反演方法,利用全局优化算法从几个地震道中获得波阻抗,并将其用于生成训练数据集,随后采用 U-Net 用于学习和推广应用,兼顾了二者的优势
Ge 等	2022	提出了结合闭环 CNN 和地质统计学的反演方法,将其应用于三角洲沉积体系中可识别高阻抗的薄互层砂岩,反演结果与测井资料和地质背景吻合较好,为储层表征和油气识别提供了依据
Ma 等	2022	提出了一种基于不确定性反向传播的波阻抗反演方法,该网络基于闭环框架,可以同时预测波阻抗和认知不确定性,利用预测的不确定性作为约束,提高了智能方法的可解释性
Meng 等	2023	设计了一种带有特征融合层的多输入网络,首先学习地震数据与高频阻抗的非线性映射关系,其次将低频信息特征输入网络,并与高频阻抗特征融合,约束整个网络。该方法还进一步引入了迁移学习的思想,获得了准确的薄层阻抗,且与井资料吻合较好
Smith 等	2022	采用 TCN 开展波阻抗反演,通过测试认为使用带有实际相干噪声的合成数据进行数据增广能够提高 TCN 的泛化性和抗噪性
Wang 等	2022	提出了一种基于域自适应的二维波阻抗反演方法,与一维方法相比可以提高横向连续性。该方法神经网络中的域自适应层可以减小源域和目标域数据分布的差异
Wu 等	2022	提出了一种残差注意网络(ResANet),包含残差模块及两种注意机制——通道注意和特征图注意,能够融合多尺度通道信息,自适应地重新校准通道特征响应和接收域,可以预测高分辨率和强横向连续性的波阻抗
Yuan 等	2022	提出了基于门控循环编码器–解码器网络(GREDN)的双尺度监督波阻抗反演方法,该方法完全是数据驱动的,且能很好地反演出低频阻抗信息,并刻画出良好的空间连续性,同时避免了构建初始模型的不确定性和地震子波提取的影响

续表

作者	年份	研究内容及成果
Zheng 等	2022	提出了一种全卷积残差网络来同时实现地震波阻抗反演和地震数据重构，并采用基于贝叶斯模型同方差不确定性的方法来平衡两项任务的损失函数权重，通过多任务学习提高了模型的泛化能力，从而提高主任务在等量标记数据上的性能
Zhu 等	2022	采用分频技术提取地震数据的低频、中频和高频成分作为深度神经网络的多尺度输入，使网络更容易学习到高频信息特征，最终获得了高分辨率的波阻抗反演结果
Dixit 等	2023	结合了自适应矩估计的自适应学习和遗传算法遗传进化的优点提出一种混合全局优化器，从而提升半监督波阻抗反演的收敛效果与效率，避免其陷入局部最优解
Li 等	2023	提出了一种基于渐进多任务学习网络的储层弹性参数高分辨率预测方法，提出的网络由三部分组成：网络 1 用于扩展低频，网络 2 利用网络 1 的结果直接预测弹性参数，网络 3 输入弹性参数输出超级分辨率结果。合成资料和实际资料证实了提出的网络可以获得高分辨率的储层弹性参数预测结果
Liu 等	2023	开展了深度域波阻抗的智能反演研究，利用背景阻抗模型和逆时偏移导出的反射系数预测绝对波阻抗，并结合迁移学习、低频背景约束与高频分量约束进行了实际数据测试
Luo 等	2023	采用一种随机减少测井样点再插值重构测井曲线的方式进行数据增广，以减少训练集与测试集的阻抗分布差异，从而提高了物理约束的闭环网络的波阻抗反演效果，并开展了反演不确定性估计
桑文镜 等	2024	提出了基于数据与模型联合驱动的波阻抗反演方法。该方法利用循环神经网络反演的波阻抗的低频分量替代井插值初始模型，为基于模型的反演提供精细且丰富的低频信息，以此加快基于模型反演的收敛速度并改善反演质量

4.1.2　井震联合有监督波阻抗反演

本小节介绍一种地震和测井数据联合的有监督波阻抗反演方法，后续简称为井监督方法。该方法通过双向门控循环单元建立输入地震数据与期望输出的波阻抗之间的非线性映射关系，挖掘二者在时间方向上的相关性及局部变化趋势，得到波阻抗智能预测模型。

1. 方法原理

井监督方法以深度神经网络为建模工具，在地震和测井等数据的驱动下建立适应当前地球物理数据特征的波阻抗智能表征模型。其目标函数可以描述如式(4.1)所示：

$$F_\theta^* = M[F_\theta(\boldsymbol{d}), \boldsymbol{m}] \tag{4.1}$$

式中，$\boldsymbol{d}$ 为参与训练的地震数据；$\boldsymbol{m}$ 为波阻抗标签；F_θ^* 为神经网络学习更新的反演模型；θ 为在学习过程中待更新的网络参数；$M(\cdot)$ 为距离度量，用于最小化预测的波阻抗 $F_\theta(\boldsymbol{d})$ 和 $\boldsymbol{m}$ 之间的差异。经过多次迭代训练后，保存学习到的波阻抗反演模型。之后，将波阻抗反演模型推广应用到待测试的地震数据 $\boldsymbol{d}^*$ 中，得到的波阻抗预测结果 $\boldsymbol{m}^*$ 可以表述为

$$\boldsymbol{m}^* = F_\theta^*(\boldsymbol{d}^*) \tag{4.2}$$

井监督方法波阻抗反演流程如图 4.1(a) 所示。该方法使用神经网络作为反演求解器，通过迭代训练减小预测波阻抗与测井波阻抗标签之间的测井监督匹配误差，通过反向传播算法不断更新网络参数，直到寻找到最优的波阻抗反演求解器。地震波的连续传播和测井仪器的持续记录使地震记录和测井曲线均可以视为时间序列数据，因此波阻抗反演可以看作序列建模问题。循环神经网络旨在捕获时序数据的时间动态，与全连接神经网络和 CNN 等不同，RNN 具有一个可以在序列之间传递的隐藏状态变量。隐藏状态变量能够捕获序列数据中的长期依赖关系，使长期信息可以有效地保留，且挑选重要信息保留，不重要的信息会选择"遗忘"。因此，井监督方法采用 RNN 进行序列建模。在神经网络搭建方面，主要选用属于 RNN 的 Bi-GRU 及全连接层来混合搭建网络。本小节中，井监督方法使用的神经网络称为井震联合有监督网络，其网络架构如图 4.1(b) 所示。井震联合有监督网络包括输入层、隐藏层和输出层三个部分。其中，输入层和输出层分别是单道地震数据和对应位置的波阻抗；中间隐藏层由 3 个 Bi-GRU 和 1 个全连接层构成。Bi-GRU 主要用于从地震数据中提取出与波阻抗相关的不同水平和不同尺度的特征，全连接层对提取的特征进行线性变换，将其从特征域映射到目标域。其中，Bi-GRU 的基本原理及优势在 2.3.2 节中的基于端到端神经网络的高分辨率处理中已详细阐述，这里不再赘述。井监督方法的目标函数为

$$L_{\text{in}} = \frac{1}{N} \sum_{i=1}^{N} \left\| \ln(\boldsymbol{d}_i; \boldsymbol{W}_{\text{in}}) - \boldsymbol{m}_i \right\|_2^2 \tag{4.3}$$

式中，N 为训练集中单道地震数据或单道波阻抗的数量；$\boldsymbol{d}_i$ 为第 i 个地震数据；$\boldsymbol{m}_i$ 为第 i 个波阻抗标签；$\boldsymbol{W}_{\text{in}}$ 为井监督方法的网络参数，包括权值和偏置；$\ln(\boldsymbol{d}_i; \boldsymbol{W}_{\text{in}})$ 为反演求解器预测的波阻抗反演结果。井监督方法本质上属于单道反演，没有考虑波阻抗在地下介质中呈现横向连续变化的特点，导致其预测结果与真实波阻抗相差较大，且横向连续性较差。

2. 合成数据集生成

本节采用经典的 Marmousi 模型生成合成数据集，用于井监督方法的测试。Maromousi 模型是基于安哥拉坎扎尔盆地北部的昆圭拉海槽剖面衍生出的地质模型，其地质历史主要包含两个阶段：第一阶段的连续泥灰岩和碳酸盐沉积，在沉积结束时，发生了轻微的褶皱，并在侵蚀后形成了平坦的侵蚀面；第二阶段由最

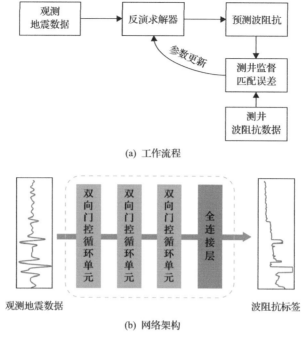

(a) 工作流程

(b) 网络架构

图 4.1　井监督方法波阻抗反演的工作流程与神经网络结构

初的盐岩沉积，在此基础上又有富含有机物的黏土质泥灰岩沉积，最后是含泥质砂质碎屑沉积物的堆积。因为上述不同岩性沉积过程及地下构造运动产生了断裂、背斜、不整合面和楔形体等复杂构造。Marmousi 模型为二维剖面，大小为 737×750，代表横向共有 737 道数据；纵向共有 750 个时间采样点，采样间隔 1ms。图 4.2(a) 为纵波速度模型，图 4.2(b) 为由经典的 Gardner 公式（$\rho = 0.23v^{0.25}$，ρ 表示密度、v 表示速度）计算得到的密度模型，图 4.2(c) 为由纵波速度与密度相乘得到波阻抗模型。从波阻抗模型可以直观地看出，波阻抗在水平方向和垂直方向的变化均较为剧烈。图 4.2(d) 为将主频为 20Hz 的里克子波与从图 4.2(c) 中的波阻抗导出的反射系数进行褶积生成的合成地震数据。图 4.2(e) 为低通滤波得到的 0～5Hz 低频波阻抗，图 4.2(f) 为图 4.2(d) 添加 30% 随机噪声得到的含噪声合成地震数据。在 Marmousi 模型中，等间隔选取 10 条波阻抗曲线和对应的地震记录[图 4.2 中黑线]作为井监督方法的训练集，另外选取 2 条波阻抗曲线和对应的地震记录[图 4.2 中红线]作为验证集。训练集和验证集使用的伪井在 Marmousi 模型中的位置见表 4.2。波阻抗模型[图 4.2(c)]作为参考标准用于评价波阻抗反演效果。为弱化局部异常值对整体训练的负面影响，在训练之前，对模型数据都进行 Z-标准分数归一化预处理：

$$X = \frac{x - x_\mu}{x_\sigma} \tag{4.4}$$

式中，x 为原始合成地震数据（或波阻抗数据）；x_μ 为 x 的平均值；x_σ 为 x 的标准差；X 为归一化后的模型数据。

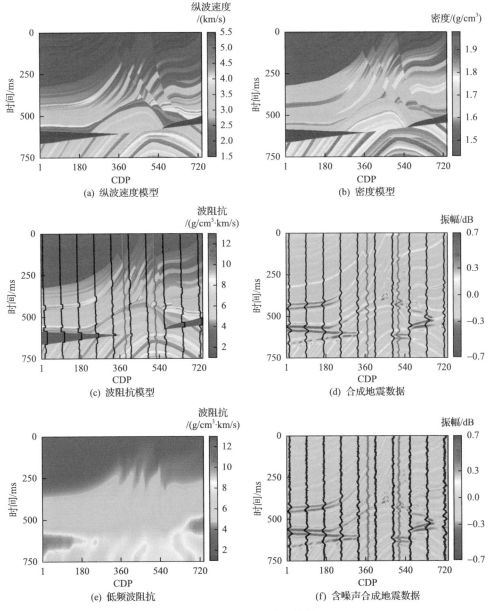

(a) 纵波速度模型　　　　　　　　(b) 密度模型

(c) 波阻抗模型　　　　　　　　(d) 合成地震数据

(e) 低频波阻抗　　　　　　　　(f) 含噪声合成地震数据

图 4.2　Marmousi 模型数据

表 4.2 训练集和验证集井位置

井类型	井位置(道数)
训练井	[1, 82, 164, 246, 328, 409, 491, 573, 655, 737]
验证井	[360, 500]

3. 合成数据分析

在井监督方法的测试中,采用了波阻抗模型[图 4.2(c)]和干净的合成地震数据[图 4.2(d)]进行测试。针对井震联合有监督网络,将训练过程中的批尺寸大小设定为 1,以充分利用训练数据。Bi-GRU 内设置隐藏变量数量为 10,并用 600 个最大迭代次数来训练反演求解器,力求达到最优,并保证反演模型不过拟合。使用 Adam 算法来优化目标函数求解出最优网络参数,经过测试设定学习率为 0.005,设置权重衰减系数为 10^{-4}。最终将最优的井震联合有监督网络模型推广应用到整个合成地震数据中,得到井监督方法的波阻抗预测结果[图 4.3(a)]。为了评估井监督方法在低频恢复方面的预测效果,并对结果进行 0~5Hz 低通滤波处理,得到的低频波阻抗如图 4.3(b)所示。相比于真实的低频阻抗模型[图 4.2(e)],图 4.3(b)在浅部地层起伏较小和横向变化缓慢的位置低频趋势恢复准确且横向连续性较好,而在中深部伴有断层和背斜发育的陡倾位置预测的低频趋势存在着假象,横向连续性较差。尤其是第 360~540 道范围内的复杂构造区域存在着较多的垂直假象。产生这种假象的原因可能包括单道反演的方法忽略了横向的地质信息;地震数据与波阻抗之间的关系在构造复杂位置更加难以学习;在地震数据与测井数据两种尺度数据相融合的过程中,由于频率成分差异过大,在复杂地区产生较差的结果。

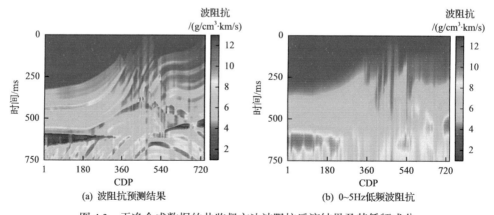

(a) 波阻抗预测结果 (b) 0~5Hz低频波阻抗

图 4.3 干净合成数据的井监督方法波阻抗反演结果及其低频成分

图 4.4(a)对比了合成地震数据的归一化振幅谱、真实波阻抗模型导出的反射

系数的归一化振幅谱和井监督方法预测结果导出的反射系数的归一化振幅谱的差异。井监督方法预测结果(红色)相较于地震数据(黑色)的频带范围明显拓宽，并且更加接近真实波阻抗(蓝色)的频带范围，在 0～5Hz 低频段尤其恢复较好，但是 35Hz 以上的高频段与真实阻抗频段仍有差距。从训练井和验证井的预测结果与真实结果的单井对比[图 4.4(b)和(c)]可以看出，浅层的波阻抗拟合比较准确，在构造复杂的深部地区波阻抗预测值与真实值相差略大。

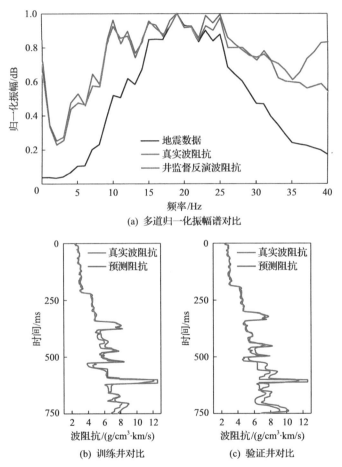

(a) 多道归一化振幅谱对比

(b) 训练井对比　　　　　　　(c) 验证井对比

图 4.4　井监督法波阻抗反演结果与真实波阻抗模型的振幅谱对比和单井预测效果对比

为了评估噪声对井监督方法预测波阻抗结果精度的影响，采用含噪声地震数据[图 4.2(f)]作为输入，波阻抗模型[图 4.2(c)]作为输出进行测试。在含噪声地震数据测试中，保持了与无噪声地震数据测试相同的神经网络结构、网络参数及训练井和验证井的设置，以确保不同测试条件的一致性和结果的可比性。同样将最优的井监督方法网络模型推广应用到整个含噪声地震数据，得到对含噪声合成地震数据的波阻抗预测结果 [图 4.5(a)]。此外，为观察井监督方法地震数据含噪声时恢复波阻抗低频成分的效果，对图 4.5(a) 进行 0~5Hz 低通滤波得到的低频成分如图 4.5(b) 所示。由图 4.5 可知，即使在含噪声情况下，井监督方法的波阻抗反演结果 [图 4.5(a)] 与真实波阻抗模型 [图 4.2(c)] 仍具有较好的相关性，其刻画 Maromousi 模型的地质结构较为清晰。同时，预测得到的低频成分也类似于真实的低频分量 [图 4.2(e)]。

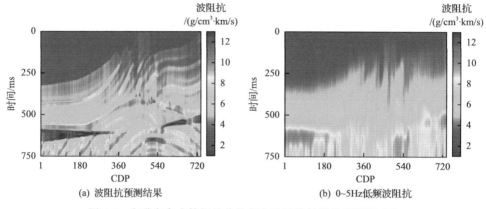

图 4.5　含噪声合成数据的井监督方法反演结果及其低频成分

4. 学习过程的可视化分析

为了深入研究井监督方法预测波阻抗的迭代演化过程，进一步展示了不同迭代次数下井监督方法的波阻抗预测结果，如图 4.6 所示。同时，将不同迭代次数下波阻抗结果导出的反射系数多道归一化振幅谱进行可视化分析与对比，如图 4.7 所示。通过比较不同迭代次数下的振幅谱，可以观察到随着迭代次数的增加，波阻抗预测结果的精度和准确性是否有所改善，并选择合适的迭代次数来获得更准确的波阻抗预测结果。首先，对于迭代 5 次的反演结果 [图 4.6(a)]，可以观察到波阻抗取值范围在 6~8g/cm³·km/s，与真实波阻抗 1~13g/cm³·km/s 的范围相差较远。在多道归一化振幅谱中，迭代 5 次的结果 (黄色曲线) 的频带范围与地震数据 (黑色曲线) 接近，但明显缺少低频成分。随着迭代次数增加到 20 次 [图 4.6(b)]，在深层构造区域反演出部分的高值波阻抗，接近 10g/cm³·km/s。在多道归一化振幅谱中，迭代 20 次的结果 (浅蓝色曲线) 的频带范围在 0~10Hz，相较于地震数据 (图 4.7 中黑色曲线) 有着明显抬升。进一步增加迭代次数到 100 次 [图 4.6(c)]，波阻抗细节刻画更加清晰，与真实波阻抗 [图 4.2(c)] 已比较接近。在多道归一化振幅谱中，迭代 100 次的结果 (图 4.7 中紫色曲线) 的频带范围进一步靠近真实波阻抗 (图 4.7 中深蓝色曲线)。当迭代次数增加到 600 次时，波阻抗反演剖面 [图 4.6(d)] 与真实波阻抗 [图 4.2(c)] 更加接近。在多道归一化振幅谱中，迭代 600 次的结果(图 4.7 中红色曲线)的频带范围整体上与真实阻抗(图 4.7 中蓝色曲线)接近,但在细节处仍有较大的提升空间, 特别是大于 35Hz 的频带范围与真实阻抗范围存在差距。

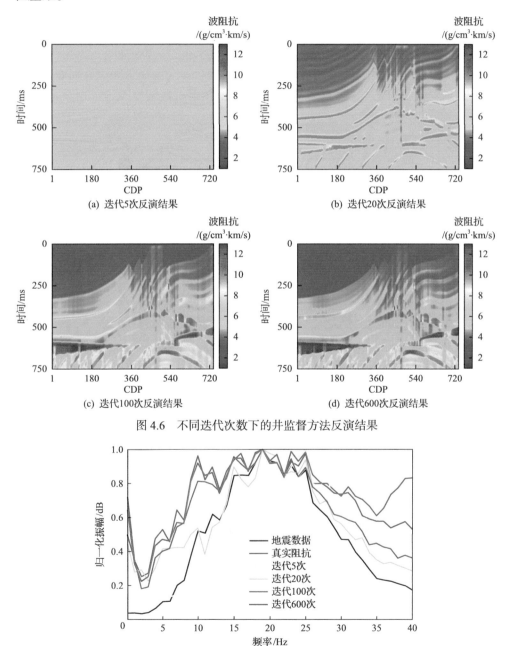

(a) 迭代5次反演结果

(b) 迭代20次反演结果

(c) 迭代100次反演结果

(d) 迭代600次反演结果

图 4.6　不同迭代次数下的井监督方法反演结果

图 4.7　井监督方法预测波阻抗导出的反射系数多道归一化振幅谱随迭代次数的变化过程

5. 实例分析

图 4.8(a) 为某工区的实际偏移地震数据, 采样间隔是 1ms, 其频带范围为 5～50Hz。地震数据的反射结构由丘状反射变为亚平行反射, 再由深到浅变为平行反射。这意味着相应的沉积环境由高能向低能转变。在偏移后的地震数据解释了两个层位,其中包含一个顶部平缓的构造(黑色实线)和一个底部凹陷与隆起(白色实线)。两条竖直黑线是两个全频带测井波阻抗曲线, 由实际的声波测井和密度测井数据相乘得到。其中, 测井波阻抗曲线的低频趋势由浅到深在 5～10g/cm^3·km/s 范围内。

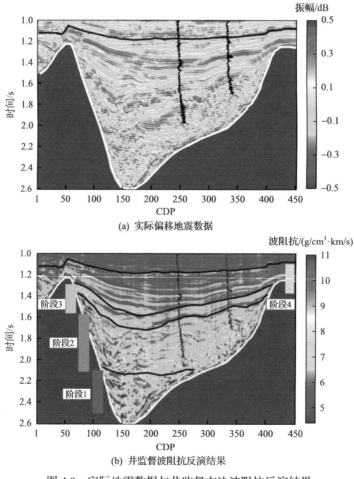

(a) 实际偏移地震数据

(b) 井监督波阻抗反演结果

图 4.8　实际地震数据与井监督方法波阻抗反演结果

由于实际工区中的已知井数量只有 2 口, 波阻抗标签数量太少, 且工区范围较大, 不能够代表整个工区的地下介质状况。这里选择利用一种模型驱动方法,即通过将叠前地震数据与叠后地震数据相结合，再基于波动方程和褶积模型反演出波阻抗(Yuan et al., 2019)。本质上，上述做法是以较长的全波形反演时间为代价获得包括低频在内的更宽频带的波阻抗，从而作为智能波阻抗反演方法增广训练样本。最终，从上述反演结果中随机选取 5 口伪井的波阻抗数据与对应地震道作为训练样本，实际 2 口井位置的井数据作为验证集，在训练过程中进行交叉验证。图 4.8(b) 为井监督方法对实际地震数据预测的波阻抗结果。如图 4.8(b) 所示，下部层位(白色实线)以上的高值波阻抗刻画细节清晰，但是整个剖面上依旧存在较多的垂向假象，剖面横向连续性较差。可以较为容易地将盆地演化分为 4 个主要阶段，并可以推断当时的沉积条件。4 个阶段被标记为阶段 1～4，即两个解释层和三条黑色实线所包围的区域。第一阶段是从 2.1～2.5s，可以推测，湖盆宽度由浅到深逐渐变窄，源区由两侧向外，沉积物以厚砾岩为主，沉积速度快。第二阶段湖盆演化时，湖面扩大，水深增加，特别是沉积具有分带性。其左侧形成陡坡带近源砂砾岩沉积区，中部湖心区以泥岩为主但夹薄层的砂体，右侧形成缓坡带富砂沉积并以退积式的叠置方式为主。在第三阶段，湖盆进入了砂泥岩互层的萎缩期。最后阶段，即第四阶段，湖盆进入拗陷阶段，平层特征明显，以河流相连续砂体沉积为主。将井监督方法基于实际数据预测的波阻抗结果再次输入预先训练过的正演求解器中得到合成地震数据[图 4.9(a)]，再与实际观测地震数据[图 4.8(a)]做残差[图 4.9(b)]。从图 4.9(b) 可以直观地观察到，地震数据残差总体较小。

4.1.3　井震联合双监督波阻抗反演

本小节介绍另外一种基于地震和测井数据联合的双监督波阻抗反演方法，后续简称为双监督方法。该方法是井监督方法的进一步升级，将宽频带的测井数据与窄频带的地震数据有机结合，建立由地震数据到波阻抗、再由波阻抗到地震数

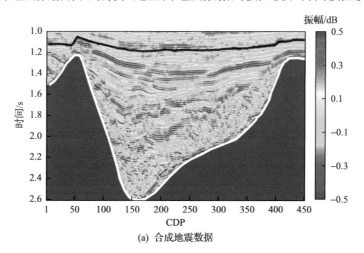

(a) 合成地震数据

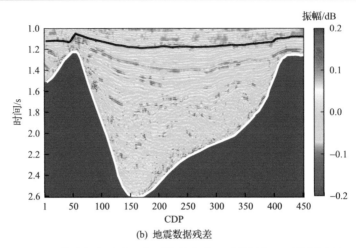

(b) 地震数据残差

图 4.9 井监督方法波阻抗反演的合成地震数据与地震数据残差

据的"反演-正演"闭环模式。接下来，本小节介绍双监督方法的基本原理，并利用合成数据和实际数据测试说明双监督方法反演波阻抗的可行性，并对比分析其相比于井监督方法的优势，以及后续的应用前景。

1. 方法原理

　　井监督方法是利用神经网络直接建立较窄频带的地震数据到波阻抗的映射关系，迭代训练出最优的网络模型，再推广应用到待预测地震数据。但是，由于地震数据的固有频带限制，仅通过井监督方法预测出更宽频带的波阻抗数据有一定的局限性。例如，该方法不能准确预测波阻抗的低频和高频成分，在发育断层、背斜等构造的复杂地区会出现垂直假象等。双监督方法是针对井监督方法上述问题而提出的一种改进方法，双监督方法的流程如图 4.10 所示，其包括数据驱动的波阻抗反演和数据驱动的地震正演两个部分。这两个部分形成了观测地震数据经

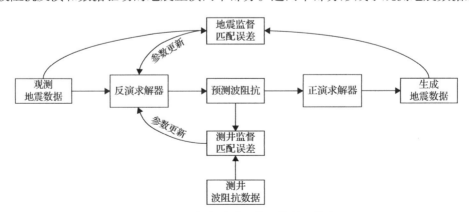

图 4.10　双监督方法波阻抗反演的工作流程

过反演求解器得到波阻抗，预测波阻抗再经过正演求解器得到生成地震数据的闭
环流程。其中，生成地震数据与观测地震数据的差异用来计算地震监督匹配误差，
地震数据的匹配程度用于约束反演求解器的反演过程，减小解空间，获得既满足
地震数据监督匹配，又满足测井数据监督匹配的波阻抗反演结果。

如图 4.11 所示，双监督方法采用的网络架构类似于自编码器，其反演求解器
等同于编码器，正演求解器等同于解码器。两个求解器与井监督方法的网络结构
相同，包括 3 个双向门控循环单元和 1 个全连接层。反演求解器的输入和输出分
别为单道的观测地震数据和对应的波阻抗曲线；正演求解器的输入和输出分别为
预测的波阻抗曲线和生成地震数据。由此得出，两个求解器互为逆过程，且二者
共同构成一个混合网络模型。正演求解器通过学习波阻抗到地震数据的映射关系，
进而总结出地震波场的传播规律，传统的正演求解方法通常是基于模型驱动的数
值方法，通过数值模拟波动方程来生成地震数据。然而，这种方法需要事先知道
准确的介质模型，并且计算成本较高。通过神经网络替代传统的模型驱动方法，
可以避免需要准确的介质模型和昂贵的数值模拟。神经网络具有较强的学习能力
和适应性，能够从大量的训练数据中学习到地震波场的传播规律，并将这一知识
应用于波阻抗反演中。将反演求解器与正演求解器相结合，可减小波阻抗反演的
多解性，提高反演效果及精度。因为反演求解器和正演求解器的构成相同，这里
便采用与井监督方法中相同的网络参数设置，以便后续对比与分析。

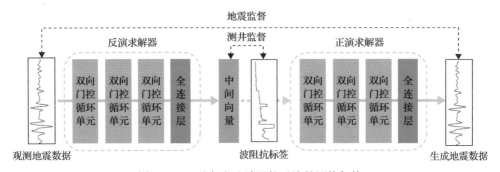

图 4.11　双监督方法波阻抗反演的网络架构

其中，正演求解器可通过如式 (4.5) 所示目标函数来表示：

$$L_{\text{for}} = \frac{1}{N} \sum_{i=1}^{N} \left\| \text{for}\left(\ln(\boldsymbol{d}_i; \boldsymbol{W}_{\text{in}}); \boldsymbol{W}_{\text{for}} \right) - \boldsymbol{d}_i \right\|_2^2 \tag{4.5}$$

式中，$\boldsymbol{d}_i$ 为第 i 道地震数据；for 为正演网络；$\boldsymbol{W}_{\text{in}}$ 为反演求解器的网络参数；L_{for}
为数据匹配项误差，是正演求解器的目标损失函数；N 为训练样本数量；$\boldsymbol{W}_{\text{for}}$ 为
正演求解器的网络参数，包括权值和偏置。将反演求解器的目标函数公式 (4.3) 与

正演求解器的目标函数公式(4.5)相结合。在预先训练的最优正演求解器固定并作为正演约束时，进行反演求解器的训练。最终的目标函数可表示为

$$L = \frac{1}{N}\sum_{i=1}^{N}\left\{\left\|\text{in}(\boldsymbol{d}_i;\boldsymbol{W}_{\text{in}}) - \boldsymbol{m}_i\right\|_2^2 + \lambda\left\|\text{for}\left(\text{in}(\boldsymbol{d}_i;\boldsymbol{W}_{\text{in}});\boldsymbol{W}_{\text{for}}\right) - \boldsymbol{d}_i\right\|_2^2\right\} \tag{4.6}$$

式中，L 为反演求解器与正演求解器的误差加权求和；λ 为两种数据监督的相对权重，可看成正演求解器误差的约束项。表 4.3 为双监督方法的波阻抗反演流程。

表 4.3 双监督方法波阻抗反演流程

初始化参数：观测地震数据 $\boldsymbol{d}$，波阻抗标签 $\boldsymbol{m}$，训练样本数量 N，验证样本数量 M，测试样本数量 K，两种数据监督的相对权重 λ，批尺寸大小 b，双向门控循环单元中的隐藏状态向量 $\boldsymbol{c}$，正演求解器的训练次数(e_1)，反演求解器的训练次数(e_2)

阶段一：数据集的准备和标准化

(1)利用模型或实际数据为网络建模准备训练样本 $\{(\boldsymbol{d}_i,\boldsymbol{m}_i)\}_{i=1}^{N}$，验证数据集 $\{(\boldsymbol{d}_i,\boldsymbol{m}_i)\}_{i=1}^{M}$，测试数据 $\{(\boldsymbol{d}_n,\boldsymbol{m}_p)\}$ $(n=1,2,\cdots,K;p \leqslant K)$；

(2)利用使用 Z-标准分数用标准化方法标准化所有的数据

阶段二：训练正演求解器

(3)设置 b、c、e_1；

(4)第 $p(p \leqslant e_1)$ 次循环时

根据训练数据 $\{(\boldsymbol{d}_i,\boldsymbol{m}_i)\}_{i=1}^{N}$ 及式(4.5)更新正演求解器的网络参数 $\boldsymbol{W}_{\text{for}}$，同时使用验证数据 $\{(\boldsymbol{d}_i,\boldsymbol{m}_i)\}_{i=1}^{M}$ 验证得到的正演求解器；

结束循环

(5)使用测试数据 $\{(\boldsymbol{d}_n,\boldsymbol{m}_p)\}$ 训练正演求解器；重复步骤(1)～(4)直到获得最优的正演求解器

阶段三：在正演求解器的约束下，训练反演求解器

(6)设置 b、c、e_2、λ

(7)第 $p(p \leqslant e_2)$ 次循环时

根据训练数据 $\{(\boldsymbol{d}_i,\boldsymbol{m}_i)\}_{i=1}^{N}$，提前训练好的正演求解器及式(4.6)更新反演求解器的网络参数 $\boldsymbol{W}_{\text{in}}$，同时使用验证数据 $\{(\boldsymbol{d}_i,\boldsymbol{m}_i)\}_{i=1}^{M}$ 验证得到反演求解器；

结束循环

(8)使用测试数据 $\{(\boldsymbol{d}_n,\boldsymbol{m}_p)\}$ 训练反演求解器；重复步骤(6)～(8)直到获得最优的反演求解器

(9)反标准化反演求解器的输出，得到反演结果

综上所述，通过结合反演求解器的训练和正演求解器的约束构成一个混合网络模型，将两种不同尺度的地震数据和测井数据融合到同一网络架构中，使测井数据真正融入反演过程中，使反演结果由窄频带向宽频带拓展；并且正演模型也使用神经网络进行重新建模，通过神经网络学习波动传播理论代替传统物理模型驱动的正演数据生成方法，从而进一步提高反演的效果及精度。尽管双监督方法与井监督方法本质上的反演策略相同，都是单道反演，但是得益于正演求解器的地震数据匹配项的约束作用，能够在一定程度上保证波阻抗预测结果，尤其是低

频和高频的精确度。

2. 合成数据分析

双监督方法的合成数据测试与井监督方法的测试思路相同。在测试过程中，设置与井监督方法相同的网络参数。由于目标函数公式式(4.6)中地震数据匹配项的正则化参数会影响双监督方法的训练方向和波阻抗的预测效果，并为了平衡地震数据匹配项和测井数据的监督权重，这里将正则化参数 λ 设定为 1，从而使两种监督的权重相等。相较于井监督方法预测的波阻抗结果[图 4.3(a)]，双监督波阻抗反演结果[图 4.12(a)]更接近真实波阻抗模型[图 4.2(c)]。这表明双监督方法在波阻抗反演中取得了更好的预测效果。为观察双监督方法预测结果的低频恢复效果，进行低通滤波得到 0～5Hz 的低频成分[图 4.12(b)]。双监督方法预测结果的 0～5Hz 低频成分不仅在浅部地层起伏较小，横向变化缓慢的位置横向连续性更好，低频趋势恢复更准确；而且在中深部的地层起伏较大并伴有断层背斜发育位置，横向连续性提升明显，低频趋势假象明显减少。尤其在模型构造复杂的第 360～540 道范围内，双监督波阻抗反演预测结果的垂直假象明显减少，低频波阻抗更加平滑。

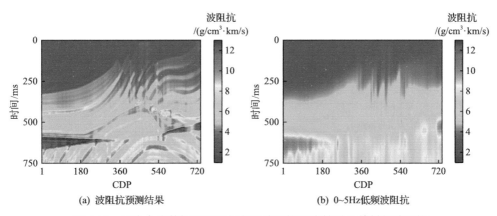

图 4.12　干净合成数据的双监督方法波阻抗反演结果及其低频波阻抗

图 4.13(a)为多道合成地震数据的归一化振幅谱、真实波阻抗模型导出的反射系数多道归一化振幅谱、双监督方法反演结果的反射系数多道归一化振幅谱的比较。从图 4.4 和图 4.13(a)可看出，相较于井监督方法，双监督方法预测结果的频率成分与真实频率成分更匹配，尤其是约 20Hz 以上的高频成分。

3. 学习过程的可视化分析

为了深入研究双监督方法与井监督方法预测波阻抗的迭代演化过程的区别，进一步展示不同迭代次数下双监督方法的波阻抗预测结果(图 4.14)。同时，将

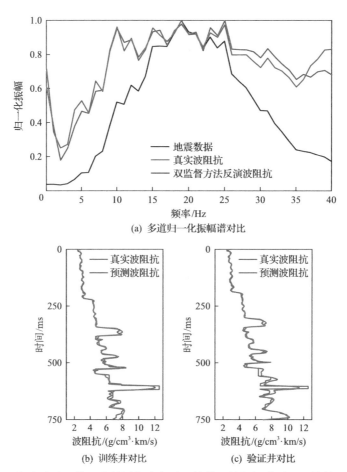

(a) 多道归一化振幅谱对比

(b) 训练井对比 (c) 验证井对比

图 4.13 双监督方法波阻抗反演结果与真实波阻抗模型的振幅谱对比和单井预测效果对比

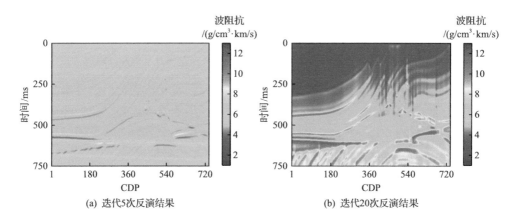

(a) 迭代5次反演结果 (b) 迭代20次反演结果

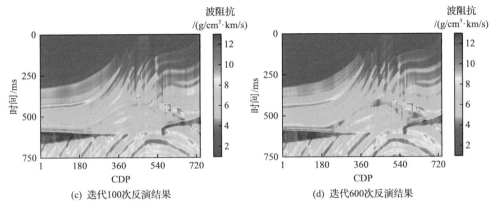

(c) 迭代100次反演结果　　　　　　　　　　(d) 迭代600次反演结果

图 4.14　不同迭代次数下合成数据的双监督方法波阻抗反演结果

不同迭代次数下波阻抗剖面导出的反射系数多道归一化振幅谱进行对比分析，如图 4.15 所示。从波阻抗预测结果对比可以看出，迭代 5 次的双监督反演结果 [图 4.14(a)] 与井监督方法迭代 5 次的结果接近。在多道归一化振幅谱中，迭代 5 次 (图 4.15 中黄色曲线) 的频带范围接近地震数据 (图 4.15 中黑色曲线)，但明显缺少低频成分。随着迭代次数增加到 20 次，在深层构造区域双监督反演出部分高值波阻抗 [图 4.14(b)]，并且明显好于井监督方法迭代 20 次结果 [图 4.6(b)]。在多道归一化振幅谱中，迭代 20 次 (图 4.15 中浅蓝色曲线) 的频带范围在 0～10Hz，相较于地震数据 (图 4.15 中黑色曲线) 有着明显抬升，尤其在 10～15Hz 范围；相较于井监督方法迭代 20 次结果频谱提升明显，有着更好的恢复效果。进一步增加迭代次数到 100 次，双监督方法预测结果 [图 4.14(c)] 的细节刻画更加清晰，与真实波阻抗更接近。在多道归一化振幅谱中，迭代 100 次 (图 4.15 中紫色曲线) 的频带范围进一步朝着真实波阻抗 (图 4.15 中深蓝色曲线) 靠近。当迭代次数达到 600 次时，双监督方法预测结果 [图 4.14(d)] 与真实波阻抗更加接近。在多道归一

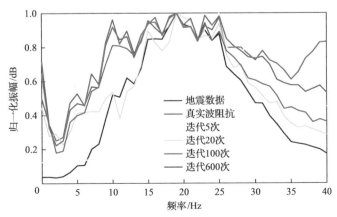

图 4.15　双监督方法预测波阻抗导出的反射系数多道归一化振幅谱随迭代次数的变化过程

化振幅谱中,迭代600次(图4.15中红色曲线)频带范围整体上和真实波阻抗(图4.15中蓝色曲线)接近,但是在细节处仍有较大的提升空间。例如,在大于35Hz的频带范围与真实波阻抗范围还有差距。

图4.16为双监督方法在不同迭代次数下预测的波阻抗结果的加权特征图,这些加权特征图是将经过训练的反演求解器中双向门控循环单元的输出与线性回归层中学习到的相应权重相乘得到的。由于之前设定隐藏变量数量为10,且是双向循环单元的,在图4.16(a)~(d)中每个子图均有20个加权特征图。图4.16(a)~(d)分别是第5次、20次、100次和600次迭代次数下的特征图。由图4.16可以看出,随着迭代次数的增加,特征图反映了地震数据属性到波阻抗属性的变化,与图4.15展现的由地震频段向波阻抗频段拓展的智能学习趋势相同。针对某一迭代次数的特征子图,以图4.16(d)为例,从左到右,从上到下,第2、5、9、19幅特征图呈现低频特征,第3、6、11、12、15、20幅特征图呈现高频细节。

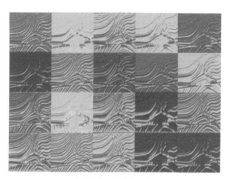
(a) 迭代5次反演结果特征图

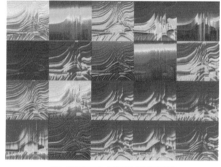
(b) 迭代20次反演结果特征图

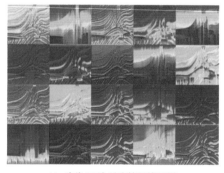
(c) 迭代100次反演结果特征图

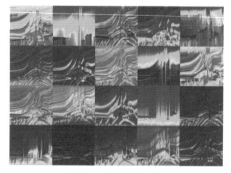
(d) 迭代600次反演结果特征图

图4.16　不同迭代次数下井震联合双监督波阻抗反演网络导出的加权特征图

4. 实例分析

图4.17为双监督方法基于实际数据预测的波阻抗反演结果。与井监督方法

[图 4.8(b)]相比，下部白色层位以上的高值波阻抗细节刻画更加清晰，浅层较多的垂直假象也明显减少，剖面横向连续性更好。双监督方法预测的波阻抗结果对 4 个盆地沉积演化阶段的划分更加清晰。图 4.18 展现了双监督方法基于实际数据预测的波阻抗结果的合成地震数据和地震数据残差。首先，使用双监督方法预测的波阻抗结果输入预先训练的正演求解器中,生成合成地震数据[图 4.18(a)]；其次，将合成地震数据与实际观测地震数据进行比较，得到它们之间的残差[图 4.18(b)]。从图 4.18(b)与图 4.9(b)的对比可以看出，图 4.18(b)的残差剖面整体上更加纯净，说明双监督方法的合成地震数据更接近实际观测地震数据。

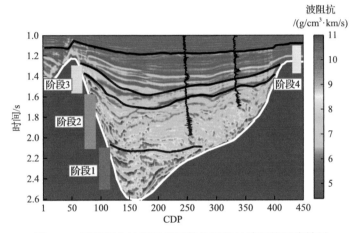

图 4.17　双监督方法基于实际数据预测的波阻抗反演结果

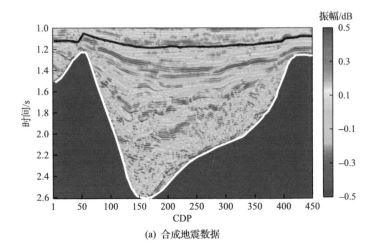

(a) 合成地震数据

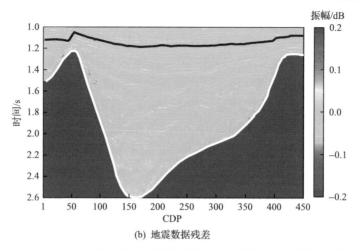

(b) 地震数据残差

图 4.18　双监督方法波阻抗反演结果的合成地震数据和地震数据残差

　　这里，选择工区中左侧的实际井进一步对比双监督方法与井监督方法反演的单道波阻抗曲线的差异。如图 4.19 所示，相对于井监督方法预测的波阻抗曲线(绿线)，双监督方法预测的单井波阻抗曲线(红线)与基于全波形反演方法得到的波阻抗曲线(蓝线)更接近。尤其在 1.1～1.4s 和 1.7s 以下范围内，说明双监督方法的反演结果更加精确。此外，在 1.7s 以上的浅层范围内，双监督方法预测的波阻抗结果与实际测井波阻抗(黑线)整体更加相似。

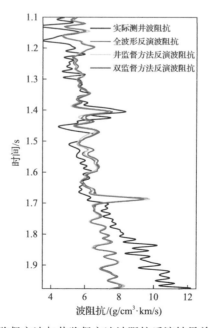

图 4.19　双监督方法与井监督方法波阻抗反演结果单道对比分析

4.1.4　数据与模型联合驱动波阻抗反演

本小节在前面两小节介绍井监督方法和双监督方法波阻抗反演的基础上，进一步介绍一种基于数据与模型联合驱动的波阻抗反演方法(简称数据模型联合驱动方法)。该方法的主要思想为利用人工智能反演的波阻抗模型为传统基于模型的反演提供低频信息更丰富的初始模型，从而改善后者的波阻抗反演精度(桑文镜等，2024)。本小节接下来从方法原理、合成数据分析和实例分析三个方面介绍该方法。

1. 方法原理

基于褶积模型，二维地震数据可以表示为反射系数与子波矩阵在时间域的褶积：

$$S = WR + N \tag{4.7}$$

式中，$S = [s_1, s_2, \cdots, s_M]$ 为由 M 道地震记录($s_j, j = 1, 2, \cdots, M$)组成的合成地震数据；W 为子波矩阵；R 为反射系数；N 为随机噪声。子波矩阵 W 与长度为 L 的地震子波 $W = [w_1, w_2, \cdots, w_L]^{\mathrm{T}}$ 的关系可以表示为

$$W = \begin{bmatrix} w_1 & 0 & \cdots & 0 \\ \vdots & w_1 & \ddots & \vdots \\ w_L & \vdots & \ddots & 0 \\ 0 & w_L & \ddots & w_1 \\ \vdots & \ddots & \ddots & \vdots \\ 0 & \cdots & 0 & w_L \end{bmatrix} \tag{4.8}$$

在水平层状介质假设下，若任意第 j 道的第 i 个采样点位置的反射系数 $R_{i,j}$ 满足 $|R_{i,j}| \leqslant 0.3$(Oldenburg et al., 1983)，则 $R_{i,j}$ 与其邻近位置的波阻抗 $Z_{i,j}$ 和 $Z_{i+1,j}$ 满足：

$$R_{i,j} = \frac{Z_{i+1,j} - Z_{i,j}}{Z_{i+1,j} + Z_{i,j}} \approx \frac{\ln Z_{i+1,j} - \ln Z_{i,j}}{2} \tag{4.9}$$

式中，$Z_{i,j}$ 和 $\ln Z_{i,j}$ 分别为第 j 道的第 i 个采样点位置的波阻抗和波阻抗的自然对数(即对数波阻抗)。将式(4.9)代入式(4.7)可得波阻抗与地震数据的关系为

$$S = WD\ln Z + N \tag{4.10}$$

式中，$Z = [z_1, z_2, \cdots, z_M]$ 为由 M 道波阻抗曲线($z_j, j = 1, 2, \cdots, M$)组成的波阻抗模型；

$\ln Z$ 为自然对数波阻抗模型。D 为差分矩阵，具体表示为

$$D = \frac{1}{2}\begin{bmatrix} -1 & 1 & 0 & \cdots & 0 \\ 0 & -1 & 1 & \ddots & 0 \\ \vdots & \ddots & \ddots & \ddots & \vdots \\ 0 & \cdots & 0 & -1 & 1 \end{bmatrix} \tag{4.11}$$

根据波阻抗与地震数据的关系，在随机噪声 N 服从高斯分布的假设下，基于模型的反演求解波阻抗的目标函数 L_{model}：

$$L_{\text{model}} = \left\| S - WD\ln Z_{\text{model}} \right\|_2^2 + \lambda \Phi(Z_{\text{model}}) \tag{4.12}$$

式中，第一项 $\left\| S - WD\ln Z_{\text{model}} \right\|_2^2$ 为数据保真项，通过最小二乘法保证合成地震数据 $WD\ln Z_{\text{model}}$ 接近观测地震数据 S；第二项 $\Phi(Z_{\text{model}})$ 为正则化约束项，用于约束预测的波阻抗模型 Z_{model} 满足已知的测井特征或其他先验认识，从而提高波阻抗反演的稳定性和减少多解性。λ 为正则化参数，用来控制上述二者的相对权重。吉洪诺夫（Tikhonov, TK）型正则化为 $\Phi(Z_{\text{model}})$ 常见的表达形式为

$$\Phi(Z_{\text{model}}) = \left\| T(Z_{\text{model}} - Z_{\text{prior}}) \right\|_2^2 \tag{4.13}$$

式中，T 为 Tikhonov 矩阵，通常设置为单位矩阵或一阶、二阶有限差分矩阵；$Z_{\text{prior}} = \left[z_{\text{prior}}^1, z_{\text{prior}}^2, \cdots, z_{\text{prior}}^M \right]$ 通常为由 M 道井插值得到的低频波阻抗曲线（z_{prior}^j, $j = 1, 2, \cdots, M$）组成的初始模型。TK 型正则化具有易于优化求解和促使反演结果呈现光滑特征等特点。因此，选取 TK 型正则化约束下的基于模型的反演作为模型驱动方法，相应的工作流程如图 4.20（e）所示。联立式（4.12）和式（4.13）可得模型驱动方法的目标函数为

$$L_{\text{model}} = \left\| S - WD\ln Z_{\text{model}} \right\|_2^2 + \lambda \left\| T(Z_{\text{model}} - Z_{\text{prior}}) \right\|_2^2 \tag{4.14}$$

4.1.2 节和 4.1.3 节的测试表明神经网络等数据驱动方法具有精确恢复低频波阻抗的优势（Yuan et al., 2022），遵从神经网络低频优先学习的原则（Qin et al., 2020）。其原因可能是优先恢复占波阻抗幅值主体部分的低频波阻抗是神经网络目标函数收敛到极小值的必要条件。本小节介绍数据模型联合驱动方法，该方法结合了数据驱动方法准确预测低频波阻抗和模型驱动方法准确预测中高频波阻抗各自的优势。具体地，该方法利用数据驱动方法预测的波阻抗模型的低频分量替代传统的井插值初始模型，从而为模型驱动方法提供更为准确的初始模型，最终提高波阻抗反演精度及效率。以合成数据波阻抗反演为例，数据模型联合驱动方法

的工作流程如图 4.20 所示。该方法包括准备合成数据集[图 4.20(a)]、数据驱动
方法的训练数据集生成[图 4.20(b)]、波阻抗智能预测模型构建[图 4.20(c)]、数
据驱动方法预测初始波阻抗结果[图 4.20(d)]和模型驱动方法预测最终波阻抗结
果[图 4.20(e)]五大步骤。图 4.20(a)～(d)为数据模型联合驱动方法的数据驱动部
分,该部分首先对合成数据集提取伪井位置的地震和测井数据构建训练数据集。
训练数据集中训练样本为井旁地震道和井插值低频波阻抗曲线,训练标签为波阻
抗曲线。尽管井插值低频波阻抗不够准确,但它能为数据驱动方法提供低频趋势
控制。另外,数据驱动方法通过以 Bi-GRU 和线性回归层为骨架,建立以式(4.15)
为目标函数的波阻抗智能预测网络。该网络模拟模型驱动的反过程,对地震数据、
井插值低频波阻抗、波阻抗之间内在的统计性规律进行深度挖掘和数学表征,在
高维空间表达它们的非线性映射关系。数据驱动方法推广到测试数据集预测的波
阻抗结果 $\boldsymbol{Z}_{\text{data}}$ 表达为

$$\boldsymbol{Z}_{\text{data}} = \boldsymbol{F}(\boldsymbol{S}; \boldsymbol{Z}_{\text{prior}}; \boldsymbol{\theta}_2) \tag{4.15}$$

式中,$\boldsymbol{\theta}_2$ 为网络参数;$\boldsymbol{F}(\cdot)$ 为数据驱动方法建立的波阻抗智能预测网络,如图 4.20(c)
所示。

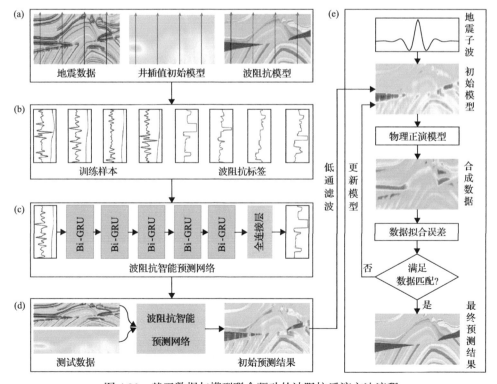

图 4.20 基于数据与模型联合驱动的波阻抗反演方法流程

为了减少数据驱动方法预测波阻抗的中高频分量对后续基于模型反演的负面影响,本小节仅使用数据驱动波阻抗结果的低频分量 $\mathrm{low}(\boldsymbol{Z}_{\mathrm{data}})$ 作为模型驱动部分的初始模型。$\mathrm{low}(\boldsymbol{Z}_{\mathrm{data}})$ 相比于 $\boldsymbol{Z}_{\mathrm{prior}}$ 的低频信息更加丰富和精细,起到了校正井插值初始模型的作用。然后 $\mathrm{low}(\boldsymbol{Z}_{\mathrm{data}})$ 引入基于模型的反演中,开展数据模型联合驱动方法的模型驱动部分[图 4.20(e)]。该部分利用从地震剖面上提取的统计性地震子波和生成子波矩阵 $\boldsymbol{W}$,接着使用 $\mathrm{low}(\boldsymbol{Z}_{\mathrm{data}})$ 作为式(4.14)正则化约束项中的测井先验信息。模型驱动方法在给定初始模型和地震子波的情况下,通过褶积模型正演合成地震记录,并利用式(4.16)计算合成地震记录与实际地震记录的残差及正则化约束项误差:

$$L_{\mathrm{data\text{-}model}} = \left\| \boldsymbol{S} - \boldsymbol{W}\boldsymbol{D}\ln\boldsymbol{Z}_{\mathrm{data\text{-}model}} \right\|_2^2 + \lambda \left\| \boldsymbol{T}(\boldsymbol{Z}_{\mathrm{data\text{-}model}} - \mathrm{low}(\boldsymbol{Z}_{\mathrm{data}})) \right\|_2^2 \quad (4.16)$$

式中,$\boldsymbol{Z}_{\mathrm{data\text{-}model}}$ 为初始模型是 $\mathrm{low}(\boldsymbol{Z}_{\mathrm{data}})$ 情况下模型驱动方法预测的波阻抗结果。通过使用梯度下降算法最小化目标函数 $L_{\mathrm{data\text{-}model}}$,实现迭代修改波阻抗模型。最后,当迭代次数达到设定的最大值或模型正演得到的地震记录与实际地震记录达到最佳匹配时,获得最终的波阻抗模型并结束反演。选取式(2.75)中的结构相似性指标 SSIM 评价预测波阻抗 $\boldsymbol{Z}$(如 $\boldsymbol{Z}_{\mathrm{data}}$ 或 $\boldsymbol{Z}_{\mathrm{data\text{-}model}}$)和真实波阻抗 $\tilde{\boldsymbol{Z}}$ 之间的相关性,并定义预测误差 Q 计算二者之间的差异:

$$Q = \sqrt{\frac{\left\| \boldsymbol{Z} - \tilde{\boldsymbol{Z}} \right\|^2}{M \times K}} \quad (4.17)$$

式中,M 和 K 分别为 $\boldsymbol{Z}$ 或 $\tilde{\boldsymbol{Z}}$ 的道数和时间采样点数。SSIM 越接近 1 或 Q 越接近 0,说明波阻抗预测效果越好。

2. 合成数据分析

为验证数据模型联合驱动方法,本小节使用 Marmousi 模型数据(图 4.21)进行测试。图 4.21(a)为速度模型导出的波阻抗模型,图 4.21(b)为正演合成的主频为 35Hz 的无噪声合成地震数据。本小节将 0～16Hz、16～60Hz 和 60Hz 以上的波阻抗分量依次称为低频波阻抗、中频波阻抗和高频波阻抗。图 4.21(c)为图 4.21(a)经过 0～16Hz 低通滤波后得到的低频波阻抗模型。对比图 4.21(a)和(c)可以看出,低频阻抗反映了波阻抗的整体变化趋势,二者的差异主要体现在后者缺少波阻抗的局部变化细节。图 4.21 中的水平黑线代表解释的层位,红线和竖直黑线分别代表 4 口伪井的波阻抗曲线和地震记录,用于生成模型驱动方法的井插值初始模型和数据驱动方法的训练集。4 口伪井的 CDP 位置分别为 91、271、451 和 631。

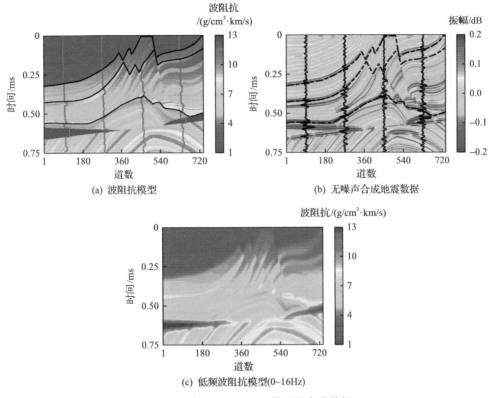

图 4.21　基于 Marmousi 模型的合成数据

　　模型驱动方法应用于实际数据时经常使用井插值初始模型，而井插值初始模型在构造复杂和储层横向变化快等地质条件下难以提供准确的低频信息，导致预测波阻抗的误差较大。为说明井插值初始模型的局限性，本小节首先采用合成数据进行测试。为模拟实际情况，利用 4 条波阻抗曲线 [图 4.21 (a) 中的红线] 和 3 个层位 [图 4.21 (a) 中的水平黑线] 进行内插外推建立的 0~8Hz 井插值初始模型如图 4.22 (a) 所示。图 4.22 (a) 中蓝线为伪井位置对应的低频波阻抗曲线。从图 4.22 (a) 可以看到，仅依靠层位和有限的井曲线插值的初始模型的精度较低。在目标函数 L_{model} [式 (4.14)] 的正则化参数 λ 设置为 0.01 和迭代次数设置为 30 次的情况下，模型驱动方法基于井插值初始模型反演的波阻抗结果如图 4.22 (b) 所示。图 4.22 (b) 与波阻抗模型 [图 4.21 (a)] 的 SSIM 为 0.64。对比图 4.22 (b) 和 (a) 可以看到，整体上基于井插值初始模型的波阻抗结果对于不同地层内的波阻抗差异刻画得不够清晰。进一步对图 4.22 (b) 进行 0~16Hz 低通滤波，得到的低频波阻抗如图 4.22 (c) 所示。图 4.22 (c) 与真实低频阻抗模型 [图 4.21 (c)] 的 SSIM 为 0.75。图 4.22 (c) 与图 4.21 (c) 的差异较大，说明提高模型驱动方法预测波阻抗的准确性需要提供低频信息更加丰富且精确的初始模型。

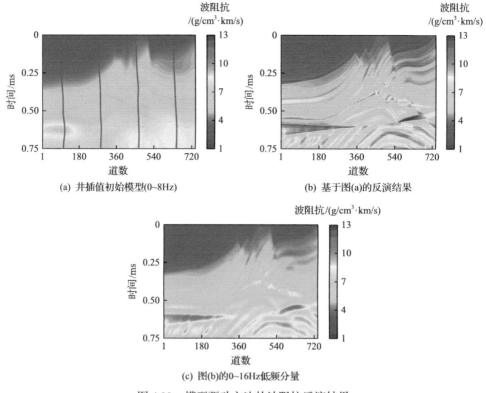

(a) 井插值初始模型(0~8Hz)　　　　　　　(b) 基于图(a)的反演结果

(c) 图(b)的0~16Hz低频分量

图 4.22　模型驱动方法的波阻抗反演结果

　　图 4.22 的测试说明了模型驱动方法基于井插值初始模型不能有效恢复构造复杂的 Marmousi 模型的绝对阻抗及低频分量。下面以井监督方法为例,通过测试说明数据驱动方法具有精确恢复低频波阻抗的优势,其预测的低频波阻抗可以替代井插值初始模型,以作为一种新的初始模型提供给模型驱动方法。根据图 4.20(a)～(d)所示的数据驱动方法工作流程,结合 4.1.2 小节介绍的网络训练过程构建波阻抗智能预测网络,保存得到最佳网络模型。最后,将波阻抗智能预测模型应用到测试集,预测的波阻抗结果如图 4.23(a)所示。图 4.23(a)与波阻抗模型[图 4.21(a)]的 SSIM 为 0.61。图 4.23(b)为图 4.23(a)经过低通滤波后得到的 0～16Hz 低频分量,其与低频波阻抗模型[图 4.21(c)]的 SSIM 为 0.76。图 4.23(a)和图 4.22(b)[或图 4.23(b)和 4.22(c)]的对比表明,数据驱动方法相比于基于井插值初始模型的模型驱动方法整体预测误差更小,特别是对中下部的背斜和楔形体等构造恢复的低频波阻抗更加接近真实低频波阻抗。为进一步说明数据驱动方法更容易恢复低频波阻抗,测试了 16 个不同训练集建立的智能预测模型预测的波阻抗效果。如图 4.23(c)所示,这些训练集的井数量由 4 口逐渐增加到 64 口。图 4.23(c)中红线表示数据驱动方法预测波阻抗的低频分量(0～16Hz)与低频波阻抗模型

[图 4.21（c）]的 SSIM 随着训练井数量的变化，黑线表示该方法预测波阻抗的中高频成分（＞16Hz）与相对阻抗模型（＞16Hz）的 SSIM 随着训练井数量的变化。红线说明整体上数据驱动方法预测低频阻抗的精度随着训练井数量的增加而上升，黑线说明增加训练井数量并不能明显改善该方法预测中高频波阻抗的效果。其原因是训练井数量的增加提高了波阻抗预测网络的训练与建模质量，挖掘出更为准确的地震数据与波阻抗内在的统计性物理关系，从而主要提高了该数据驱动方法的波阻抗及低频分量的反演效果。此外，训练井数量的增加也使训练集与测试集之间的分布差异减小，从而提高了波阻抗预测网络的推广应用效果。图 4.23（c）中的红线和黑线都表现出一定的波动性，其原因可能是以训练井数量作为唯一变量时，波阻抗预测网络仍然维持上述 4 口伪井训练网络时的参数配置，使该套网络架构及参数设置无法满足不同训练井数量情况下的建模效果都是最佳的，导致波阻抗结果的低频和中高频分量随着训练井数量增加而表现出波动上升的趋势。图 4.23（c）中红线和黑线的对比表明数据驱动方法预测低频波阻抗的精度明显高于预测的中高频波阻抗。图 4.23 的测试表明数据驱动方法反演的波阻抗结果的频带范围低于

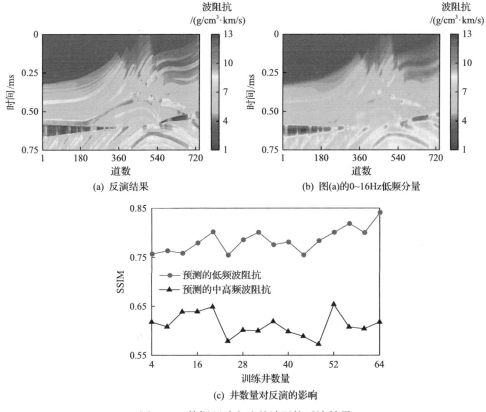

(a) 反演结果　　　　　　　　(b) 图(a)的0~16Hz低频分量

(c) 井数量对反演的影响

图 4.23　数据驱动方法的波阻抗反演结果

测井标签的频带范围，若要利用数据驱动方法反演相对波阻抗，则至少需要以频带更宽的(相对)波阻抗曲线作为标签训练神经网络。本小节以绝对波阻抗曲线作为神经网络标签的原因主要有两点：一是可以得到用于方法对比的数据驱动波阻抗反演结果；二是以该结果的低频分量作为数据模型联合驱动方法在模型驱动部分的初始模型，避免了另外使用相对波阻抗标签训练用于预测初始模型的神经网络。

图 4.22 和图 4.23 的测试结果表明数据驱动方法比基于井插值初始模型的模型驱动方法预测波阻抗及其低频分量的准确性更高，而模型驱动方法比数据驱动方法预测中高频阻抗更加精确。因此，本小节结合二者的优势开展了数据模型联合驱动方法的波阻抗反演测试。按照如图 4.20 所示的工作流程，该方法分为数据驱动部分和模型驱动部分。数据驱动部分即前面介绍的数据驱动方法，其波阻抗预测结果如图 4.23(a)所示。图 4.23(a)中的中高频分量比其低频分量的反演质量要差，且在模型两侧的楔形体及中部断层区域预测结果的横向连续性相对较差。为降低这两种因素对于后续基于模型反演的负面影响，本小节将数据驱动方法预测波阻抗的低频分量作为模型驱动部分的初始模型。该初始模型称为数据驱动初始模型(记为 Prior3)，其相比于井插值初始模型能够为模型驱动部分提供更准确的低频信息。模型驱动部分采用基于数据驱动初始模型的模型驱动方法，该模型驱动方法使用带有光滑特性的 TK 型正则化约束进一步降低数据驱动初始模型中横向不连续性对基于模型的反演的影响。当目标函数 $L_{\text{data-model}}$[式(4.16)]的正则化参数 λ 设置为 0.01、迭代次数设置为 30 次时，基于模型的反演使用数据驱动初始模型替代井插值初始模型后，反演效率提高了约 2 倍。图 4.24(a)为图 4.23(b)作为 Prior3 时数据模型联合驱动方法预测的波阻抗结果。图 4.24(a)与波阻抗模型的预测误差 Q 为 0.57。图 4.24(b)为图 4.24(a)的 0~16Hz 低频分量，其与低频阻抗模型的预测误差 Q 为 0.52。图 4.24 和图 4.23 对比说明，本小节方法相比于数据驱动方法的横向连续性得到了一定的改善。图 4.24(a)、图 4.23(a)和图 4.22(b)的预测误差对比表明，本小节方法比数据驱动方法和模型驱动方法预测的波阻抗更加接近真实模型。

图 4.25 进一步对比展示了三种方法预测的波阻抗结果通过式(4.9)推导出的反射系数的归一化振幅谱。图 4.25 中黑色实线为地震数据的振幅谱，红色实线、青色和蓝色虚线分别为真实波阻抗[图 4.21(a)]、井插值初始模型[图 4.22(a)]和数据驱动初始模型[图 4.23(b)]推导出的反射系数的振幅谱，紫色、绿色和蓝色实线分别为模型驱动、数据驱动、数据与模型联合驱动方法预测的波阻抗推导出的反射系数的振幅谱。模型驱动方法(紫色实线)和数据驱动方法(绿色实线)分别表现出低频预测不准和中高频预测不准的问题，而数据与模型联合驱动方法(蓝色实线)结合两种单一驱动方法的优势并弥补二者各自的缺陷，同时实现了对不同

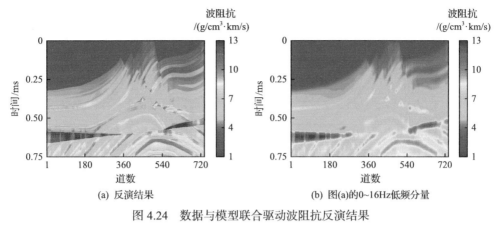

(a) 反演结果   (b) 图(a)的0~16Hz低频分量

图 4.24 数据与模型联合驱动波阻抗反演结果

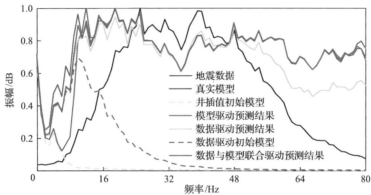

图 4.25 模型驱动、数据驱动和数据与模型联合驱动方法预测的波阻抗推导出的反射系数的
归一化振幅谱对比

频段波阻抗的精确预测，获得了更高分辨率的波阻抗结果。图 4.26 放大展示了 Marmousi 模型右下角部分的真实高频波阻抗（>60Hz）和对应的三种方法反演波阻抗结果的高频分量（>60Hz）。相比于真实高频波阻抗［图 4.26(a)］，模型驱动方法和数据与模型联合驱动方法得到的高频波阻抗［图 4.26(b)和(d)］比数据驱动方法得到的高频波阻抗［图 4.26(c)］的准确性和分辨率更高，更加清晰地刻画了断层和背斜等构造内的地层界面位置。图 4.26(b)和(d)基本相同是因为模型驱动方法和数据与模型联合驱动方法的波阻抗结果的高频分量主要来自地震数据。

3. 实例分析

最后，使用来自中国东部某油田的偏移叠加数据进行实际应用测试，进一步验证数据与模型联合驱动方法的有效性与优越性。该工区为以砂岩和泥岩为主要岩性的整装油藏。目标储集层埋深相对较浅，为 1300～1500m。

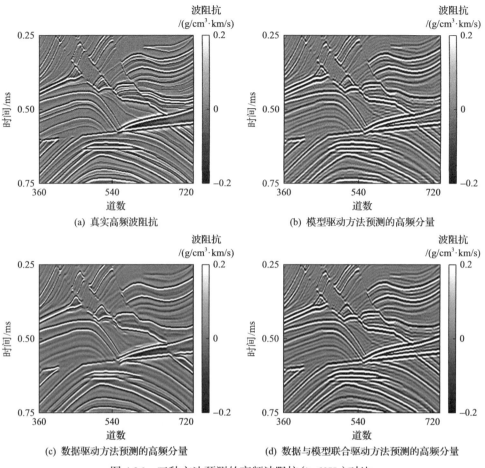

(a) 真实高频波阻抗

(b) 模型驱动方法预测的高频分量

(c) 数据驱动方法预测的高频分量

(d) 数据与模型联合驱动方法预测的高频分量

图 4.26　三种方法预测的高频波阻抗（＞60Hz）对比

　　图 4.27(a) 为经过 6 口井（W1～W6）的连井地震剖面，其近似垂直于物源方向，储层的地震传播时间范围为 1.2～1.3s。该地震剖面含有 141 道地震道，其空间采样间隔和时间采样间隔分别为 12.5m 和 2ms。如图 4.27(a) 的虚线所示，6 口井对应的 CDP 编号依次为 31、62、75、85、113 和 128。图 4.27(a) 中的黑色实线代表解释的地震层位，层位之间的地震数据对应着以辫状河为主要沉积特征的储集层单元。受河流频繁变迁和断层的影响，储层岩性横向变化快且非均质性强，垂向上砂泥岩薄互层交错分布。在地震剖面上表现为地震同相轴连续性整体较差，局部较零碎。图 4.27(b) 和 (c) 分别为从地震剖面储集层附近（1.15～1.35s）提取的统计性子波及其振幅谱。通过声波时差和密度曲线计算获得 6 口井位置的波阻抗曲线，并基于统计性子波进行精细的井震标定。6 口井合成的地震记录与对应的井旁地震道的平均相关系数为 0.79。

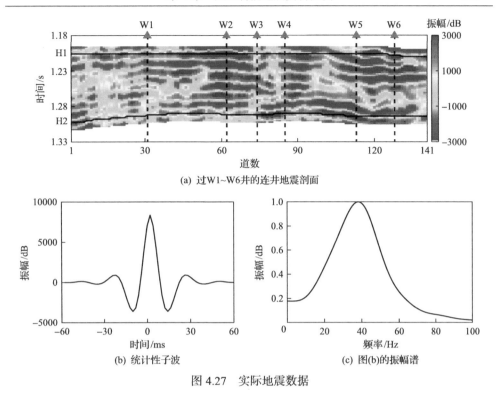

(a) 过 W1~W6 井的连井地震剖面

(b) 统计性子波

(c) 图 (b) 的振幅谱

图 4.27　实际地震数据

　　接下来，基于实际数据分别开展三种方法的波阻抗反演测试。模型驱动方法首先基于 6 口井位置的波阻抗曲线和地震层位建立波阻抗初始模型。利用反距离加权插值法建立初始模型容易产生"牛眼"现象，最终选用克里金插值法得到的初始模型如图 4.28(a) 所示。模型驱动方法基于井插值初始模型 [图 4.28(a)] 反演的波阻抗结果如图 4.28(b) 所示。图 4.28(b) 整体上横向连续性较好，且与井位置的波阻抗变化趋势吻合。由于井插值初始模型提供的光滑低频背景没有充分体现不同空间位置的低频阻抗差异，模型驱动方法在迭代过程中主要依靠地震数据匹配更新预测的波阻抗模型。最终，其预测的波阻抗结果 [图 4.28(b)] 与实际地震数据 [图 4.27(a)] 具有过高的相似性。数据驱动方法采用 W5 井作为测试盲井，其余 5 口井作为波阻抗智能预测网络的训练井。考虑储层与上覆地层的沉积环境存在较大差异，因此每口训练井只使用储层附近 1.10~1.32s 内的地震记录和波阻抗曲线参与网络训练。为减小高频波阻抗对于网络收敛稳定性和收敛速度的影响，每口训练井的标签为原始波阻抗曲线经过 0~80Hz 低通滤波得到。波阻抗智能预测网络的输入为 5 口井位置的井旁地震道和井插值低频阻抗曲线，输出为预测的波阻抗曲线。经过 300 次迭代后，保存当前建立的网络模型。之后将波阻抗智能预测模型推广应用到由实际地震数据和井插值初始模型组成的测试集。若数据驱动方法相比于模型驱动方法的盲井测试精度更高，且波阻抗反演结果的纵横向分辨率较高，则认为数据驱动方法的波阻抗反演效果良好。根据以上盲井验证和反演结果的分辨率评价准则，通过不断优化网络参数，直到寻找到最佳的波阻抗智能预测模型。其预测的储层附近的波阻抗结果如图 4.28(c) 所示。盲井检验说明该预测结果相比于井插值初始模型更好地反映了储层由浅到深的波阻抗变化趋势，但纵向分辨率较低。最后，本小节进一步使用数据与模型联合驱动方法进行测试。数据与模型联合驱动方法使用数据驱动方法预测的波阻抗的低频分量作为低频模型，之后开展基于模型驱动方法的波阻抗反演。其预测的波阻抗结果如图 4.28(d) 所示。图 4.28(d) 相比于实际地震数据和两种对比方法预测的波阻抗结果[图 4.28(b) 和 (c)]分辨率更高，不同辫状河河道砂体之间的波阻抗差异刻画得更加清晰。图 4.29 进一步对比了三种方法在 W5 井位置的波阻抗预测效果。图 4.29 中黄线和黑线为 W5 井位置的初始模型和参考曲线，绿线、蓝线和红线分别为模型驱动方法、数据驱动方法和数据与模型联合驱动方法在 W5 井位置预测的波阻抗曲线。三种方法在 W5 井处预测的波阻抗与真实波阻抗之间的预测误差 Q 依次为 0.72、0.61 和 0.38。图 4.29 说明三种方法预测的单道波阻抗具有相似性，但是本小节方法比其他两种方法的预测结果更加接近真实波阻抗曲线，具有更小的预测误差。

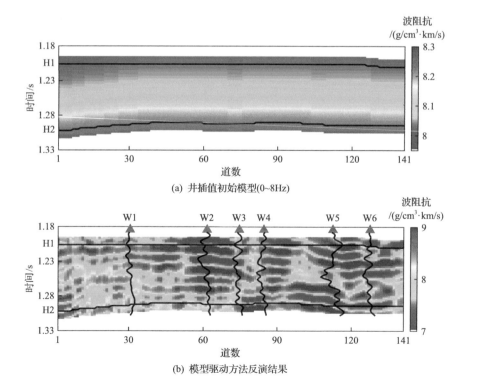

(a) 井插值初始模型(0~8Hz)

(b) 模型驱动方法反演结果

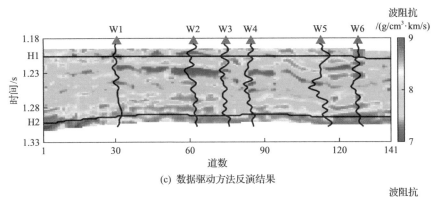

(c) 数据驱动方法反演结果

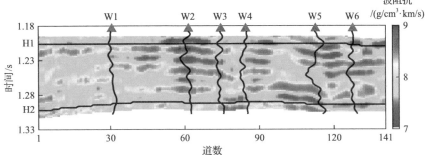

(d) 数据与模型联合驱动方法反演结果

图 4.28　三种方法的实际数据测试结果对比

初始模型
—— 参考曲线
—— 模型驱动方法预测结果
—— 数据驱动方法预测结果
—— 数据与模型联合驱动方法预测结果

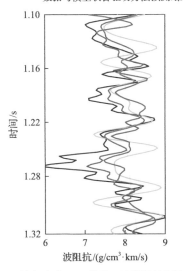

图 4.29　三种方法在 W5 井位置预测的波阻抗曲线对比

4.1.5　小结与展望

1. 小结

本节介绍了井监督、双监督和数据与模型联合驱动三种基于地震和测井数据的波阻抗反演方法。

与现有的基于模型驱动和数据驱动相结合的智能波阻抗反演方法不同，井监督和双监督方法完全由数据驱动，避免了传统正演模型(如褶积模型)带来的精度问题及地震子波的提取问题。井监督和双监督方法将不同尺度的两种数据——地震数据与测井资料，融合到同一个网络架构中，用测井数据的宽频带优势弥补了地震数据的窄频带劣势。井监督和双监督方法有着良好的低频恢复效果，克服了传统基于模型的反演方法过于依赖低频初始模型，以及初始模型构建不准确的问题。得益于地震数据匹配和测井数据监督的共同作用，双监督方法比井监督方法在预测结果的横向连续性上更具优势。

数据与模型联合驱动方法利用数据驱动神经网络反演的波阻抗的低频成分替代井插值初始模型，为基于模型的反演提供精细且丰富的低频信息，从而获得比模型驱动方法和数据驱动方法具有更高准确性和更高分辨率的波阻抗结果。实际数据测试表明本小节方法更适用于储层横向变化较快的河流相储层，相比于其他两种方法可以更加清晰地刻画储层内不同砂组的波阻抗差异。

三种方法也有一定的局限性，比如：①虽然本节提出的两种智能反演方法对低频成分的恢复效果较好，但是对高频成分反演不是特别完美；②由于前两种方法完全通过数据驱动，且地震和测井数据本身具有较大差异，无论是数据预处理时的井震标定，还是神经网络训练时的学习映射关系，都需要高质量数据作为支撑；③数据与模型联合驱动方法预测高频波阻抗的精度仍然受限于地震数据的频带范围和基于模型反演的非线性拟合能力，需要进一步研究高分辨率波阻抗反演的新方法。

2. 未来展望

(1)井监督和双监督方法对中、高频波阻抗的细节刻画不够精细，再考虑传统的基于模型的波阻抗反演方法对于中、高频成分预测精度较高，尤其是地震频段范围。为进一步提高智能波阻抗反演结果的频带范围，实现高分辨率波阻抗反演，需要进一步厘清数据驱动方法优先预测波阻抗及其低频成分的机理，解释其建立初始模型与测井内插外推建立初始模型的本质差异。利用分频反演和逐频递进的思路研究高分辨率波阻抗反演，进一步提升波阻抗的预测精度。

(2)井监督和双监督方法完全依靠数据驱动，不仅需要高质量数据，更需要加入额外的先验信息作为约束，从而降低反演多解性。人工智能的最大特点就是能够充分利用已知信息，挖掘隐含特征，表征模糊关联。因此，为进一步提高波阻抗反演精度，可以考虑加入多种先验约束。

(3)智能波阻抗反演要综合利用多种来源信息进行联合反演。随着油气勘探向深部更复杂地区发展，基于单一类型信息的反演方法难以满足分辨率与精度要求。因此，借助人工智能综合利用多种来源信息包括但不限于地震、测井、钻井、地质、工程，多角度对储层进行反演研究，降低反演结果的多解性与不确定性。

(4)智能波阻抗反演要提高其可解释性。虽然智能反演方法有着传统反演方法不具备的优势，但是其最大弊端是可解释性弱。因此，可以考虑研究物理约束的神经网络，提高物理可解释性。同时注重对智能反演方法的评价方法的研究，综合利用多种信息，并使用概率统计原理、不确定性分析等提高其可解释性。

4.2　叠前弹性参数反演

叠前反演主要利用叠前地震数据通过反演的方式得到波阻抗、速度、模量、密度等多种弹性参数信息，为储层预测与流体识别奠定基础。叠前地震反演按照其基本的理论基础可以分为基于波动理论的反演方法和基于精确反射系数方程[策普里兹(Zoeppritz)方程]及其近似表达式的反演方法。基于 Zoeppritz 方程及其近似表达式的反演方法具有稳定性好、计算效率高等优点，因此在实际生产中应用较为广泛。但是，基于 Zoeppritz 方程及其近似表达式的反演方法需要假设地层为水平层状弹性介质等。随着油气勘探开发对象由易于发现的构造油气藏向成因复杂、形态隐蔽的岩性油气藏转变，以及由常规储层向非常规复杂储层转变，如何通过叠前地震数据反演更高精度的弹性参数信息是一个亟待解决的问题。

4.2.1　研究进展

叠前 AVO 反演是将地震的反射波信息转换为弹性参数的过程,该反演过程主要依据 Zoeppritz 方程或其近似公式进行。近年来已发展出多种 AVO 反演方法,主要分为随机性反演与确定性反演两部分。随机性反演方法主要包括贝叶斯线性反演(Buland and Omre, 2003; Buland et al., 2008; Yu et al., 2020)、马尔可夫链蒙特卡罗方法(Aleardi et al., 2018; He et al., 2021; Yin et al., 2022)和地质统计学方法(Lang and Grana, 2017; Blouin et al., 2017; Yang et al., 2022)等。确定性反演方法主要包括正则化约束反演方法(Lu et al., 2018; Guo et al., 2018; Hamid et al., 2018)与压缩感知方法(Sternfels et al., 2015; Wang et al., 2021b; Du et al., 2022)等。

近年来，人工智能技术被广泛应用于地球物理领域。在地震反演方面，已经引入了很多人工智能算法，如深度神经网络、概率神经网络、卷积神经网络、长短期记忆网络及对抗生成网络等。与模型驱动地震反演方法相比，人工智能方法可以通过数据驱动的方式直接学习地震数据到测井弹性参数的映射关系，达到高效融合井震信息的目的，进而提高反演的精度与分辨率。人工智能方法在叠前反演中的部分研究进展如表 4.4 所示。

表 4.4 人工智能方法在叠前反演中的部分研究进展

作者	年份	研究内容及成果
杨培杰和印兴耀	2008	将支持向量机应用于叠前反演，无须对 Zoeppritz 方程简化及对弹性参数做假设，不需要初始地质模型和测井曲线的约束。该方法具有反演速度快、稳定性好及抗噪能力强的特点
Karimpouli 和 Fattahi	2018	提出一种自适应网络模糊推理系统(ANFIS)，可以从叠前地震数据与地震属性中预测 P 波和 S 波阻抗，具有较高的精度和鲁棒性
Biswas 等	2019	提出了物理引导的卷积神经网络进行叠前反演。该方法基于褶积模型将反演网络的输出转换为叠前道集并与观测地震数据进行匹配。与传统机器学习方法相比，该方法可以有效降低神经网络对井数据的依赖性
刘力辉等	2019	提出使用深度学习方法直接从分频叠前地震数据反演岩相。采用增量学习的策略提高预测模型的精度和稳定性。与常规方法相比，该方法具有更高的精度与分辨率
Phan 和 Sen	2019	使用玻尔兹曼机从叠前地震数据中反演纵波阻抗、横波阻抗与密度。与传统方法相比，该方法可以更好地捕捉到远离储层的一些特征
Aleardi 和 Salusti	2021	采用离散余弦变换重参数化叠前地震数据和弹性参数，利用 CNN 架构设计新的叠前反演方法，使用联合概率分布的直接序列协同模拟算法生成大量数据集用于学习，不仅减少了反演中未知参数量及网络输入和输出的维数，而且还充当模型空间中的正则化算子，并保持反演的纵波速度、横波速度和密度在纵向与横向上的连续性
Cui 等	2021	提出一种将 U-Net 和 CNN 相结合的 CUCNN 弹性参数反演方法，该方法使用从灰度图像中分割出的岩石基质和孔隙类型作为物理约束，使用卷积核提取全局和局部尺度的岩石特征，提高了弹性参数反演的精度和效率
Li 等	2022	利用地质先验信息生成大量合成数据集，使用 CNN 对合成数据与真实井数据进行训练，提高叠前反演的精度
Liu 和 Zhong	2021	设计了一种含有 6 个隐藏层的神经网络从叠前地震数据中反演弹性参数。该方法避免了传统迭代优化反演方法中遇到的典型问题(如初始模型、收敛和局部极小值问题)，同时该网络的反演精度与传统反演方法相当
Aleardi	2022	提出一种双向 LSTM 网络从叠前地震数据中估计弹性性质、岩石流体相和相关不确定性。与标准反演策略相比，该算法保证了更准确的弹性性质估计和相预测。LSTM 网络提供的预测受噪声统计和先验模型的错误假设及估计的子波中的错误影响较小
Cao 等	2022	利用 U-Net 与全连接神经网络实现叠前弹性参数的反演，在目标函数中额外加入稀疏反射系数约束，有效提高了反演准确性
Junhwan 等	2022	提出了带有蒙特卡罗 Dropout 的残差 CNN 从叠前地震数据中反演纵波阻抗与横波阻抗。该网络可以在准确预测波阻抗的同时估计其在地震测区的预测不确定性，并确定预测结果是否可靠

续表

作者	年份	研究内容及成果
刘金水等	2022	提出一种数据-模型驱动的叠前反演方法。该方法包括反演过程与正演过程,反演过程由神经网络组成,正演过程由 Zeoppritz 方程近似公式与褶积模型构成。地震记录通过反演网络得到弹性参数反演结果,同时基于正演过程的合成地震数据保证与输入地震数据匹配。该方法通过反距离加权的思想控制训练过程中反演损失与正演损失的权重。利用该方法可以提高反演精度,其适用于薄互层砂体的准确识别
Song 等	2022	提出了一种合作的多网络半监督叠前地震反演方法。在多网络协同反演框架中,采用反演网络、映射网络和修正网络协同完成反演任务。构造了一个前向网络,根据密度、P波速度和 S 波速度自动生成地震数据,可以帮助上述网络完成半监督学习。该方法可以在初始模型中有效信息较少的情况下保持较高的反演精度
Zhang 等	2022	基于反射率法数值模拟方法构建合成资料训练集,使用合成数据预训练深度学习模型,再将学习的模型迁移到实际数据中。实际数据测试表明,反射率法考虑了波传播的损耗,使深度学习模型学习到更加准确的映射关系,同时缓解了实际资料标签较少的叠前反演问题
Wang 和 Wang	2023	采用两阶段神经网络实现薄互层的 AVO 高分辨率反演。第一阶段通过全连接神经网络模拟谱反演过程消除调谐效应,第二阶段通过 CNN 实现弹性参数的高分辨率反演。与常规方法相比,该方法能更好地描述薄互层的弹性参数变化
Sun J 等	2023	通过蒙特卡罗模拟方法实现弹性参数伪标签的数据增广,利用生成伪标签与真实标签共同训练 CNN,实现弹性参数预测
Sun S 等	2023	基于模拟数据训练 GAN 进行叠前 AVA 弹性参数反演,通过加入低频地质背景和高斯噪声提高了对实际数据的泛化能力和反演效果

4.2.2　基于单监督学习的叠前弹性参数反演

本小节介绍基于单监督学习的叠前弹性参数反演,具体的网络架构选择 U-Net 网络。该方法通过数据驱动,利用神经网络的学习能力,采用卷积核提取地震数据中的时空特征、角度信息等,以端到端的方式学习叠前地震数据到弹性参数的映射关系。最后,采用三维复杂地质模型数据分析该方法的性能。

1. 方法原理

现有的叠前反演方法主要是基于模型、基于已有数学物理方程的反演方法。通过测井数据与层位插值得到目标区域弹性参数的低频初始模型,采用正演的方式计算初始模型或更新模型的合成地震数据与观测地震数据之间的波形匹配度或残差,以目标函数的梯度反方向进行模型的迭代更新,不断优化模型,从而得到最优的弹性参数结果。但是,常规方法预测结果非常依赖弹性参数的初始模型及正演模型表达实际数据与地下弹性参数之间关系的精确性。本小节基于单监督学习,改进经典的 U-Net 网络进行端到端的弹性参数反演。神经网络可以从叠前地震数据中自动学习到地震数据与弹性参数的映射关系。通过多次迭代训练得到学习完备的神经网络模型后，输入地震数据即可直接输出预测结果，无须像常规模型驱动方法一样多次迭代和解逆矩阵，大幅度提高了反演效率。主要步骤如表 4.5 所示。

表 4.5　人工智能反演流程

输入数据：叠前地震数据(角度道集或偏移距道集数据)

输出数据：弹性参数(纵波速度、横波速度与密度；纵波阻抗、横波阻抗与密度，其他)

(1)训练集制作。选择测井数据与对应的井旁叠前地震数据

(2)数据归一化。归一化测井曲线与叠前地震数据

(3)网络架构设计。设计网络的深度、宽度及卷积、池化的大小等

(4)网络模型训练。将训练集数据输入 U-Net 网络进行训练

(5)网络模型测试。将测试数据输入训练好的 U-Net 网络模型中，得到测试集数据的弹性参数反演结果

(6)预测结果反归一化。通过反归一化将弹性参数从[0,1]还原到真实范围

2. U-Net1D 网络架构

本小节采用与 3.1.2 节相似的 U-Net 网络进行叠前弹性参数反演，具体的 U-Net 网络架构如图 4.30 所示。网络由下采样过程(编码器)与上采样(解码器)过程组成，下采样用于提取特征并压缩空间维度，上采样用于恢复空间分辨率，同时结合编码器提取的特征，以生成精细的输出结果。左侧的下采样部分与 CNN 的结构类似，由多个结构相同的层组成。每一层包含 2 个 3×3 的卷积层，以及一个 ReLU 激活单元和一个尺寸为 2×2、步长为 2 的最大池化操作。在每一层的卷积操作后，特征通道的数量都会增加一倍。上采样部分由多个结构相同的反卷积层组成。每一层包含一个上采样操作，并通过跳跃连接将上采样之后的结果与编

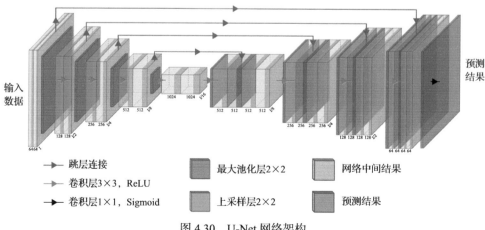

图 4.30　U-Net 网络架构

码路径中对应步骤的特征图拼接起来。将拼接结果进行 2 次 3×3 的卷积操作，每个卷积后面都有一个 ReLU 激活单元。在最后一层，使用 1×1 卷积将有 64 个元素的特征向量映射到所需的类数。为了允许输出分割映射的无缝平铺，选择合适的输入尺寸非常重要，以便使所有的 2×2 最大池化操作得到偶数的长和宽。

U-Net 网络已广泛应用于勘探地球物理的众多领域，特别是地震资料解释场景，但是在地震反演领域还较少使用。使用 U-Net 网络进行端到端反演可以不用受输入数据的尺寸限制，同时 U-Net 网络的拼接操作也可以更好地将地震信号中的高频信息与低频信息进行融合，从而得到高分辨率的反演结果。普遍地，U-Net 网络用于输入与输出等大小的分类场景。然而，叠前弹性参数反演是一种二维的叠前地震数据(时间维度与角度维度)映射至多个一维弹性参数数据(时间维度)的非线性回归问题。因此，如果使用 U-Net 网络进行叠前弹性参数反演，需要将其进行修改。第一是将 U-Net 中的 2D 卷积改为 1D 卷积，即在单个 CDP 对应的时间-角度维二维数据中，对时间维度进行 1D 卷积，并将角度维设置为通道数量。第二是将分类损失函数改为回归损失函数。弹性参数反演存在多个输出，因此需要将输出的通道数量修改为待预测弹性参数的数量。本节对 U-Net 网络架构进行修改，使用一维的 U-Net 网络(命名为 U-Net1D)进行叠前反演，其结构如图 4.31 所示。网络的输入数据是一个个 CDP 对应的角道集地震数据，输入维度是二维数据(纵向的时间维度和横向的角度维度)。叠前地震数据输入神经网络后最终输出多个弹性参数，本节为纵波速度、横波速度和密度。

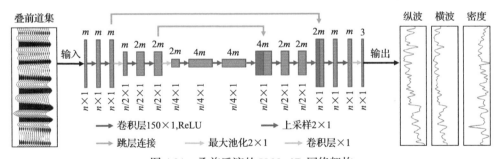

图 4.31　叠前反演的 U-Net1D 网络架构

网络输入为叠前角道集数据，输出为纵波速度、横波速度和密度曲线。其中，m 代表角度维的数量，n 代表时间深度点个数

训练的目标函数如式(4.18)所示：

$$\text{Loss} = \left\| \text{U-Net1D}(\boldsymbol{X}, \boldsymbol{m}) - \boldsymbol{E}_{\log} \right\|_2^2 \tag{4.18}$$

式中，U-Net1D$(\boldsymbol{X}, \boldsymbol{m})$ 和 $\boldsymbol{E}_{\log}=[V_P, V_S, \rho]$ 分别表示预测的"弹性参数"与测井曲线导出的弹性参数标签。该网络在多轮迭代训练中通过最小化目标函数不断更新网

络参数，直到目标函数的损失达到平稳不再下降即网络训练完毕。在网络训练完成后，将最佳的反演网络推广至未见的叠前地震数据中，从而获得反演的纵波速度、横波速度和密度。

　3. 地震数据的生成

　　本小节将对弹性参数到叠前地震数据的物理过程进行介绍，主要包含基于 Zoeppritz 方程近似公式计算反射系数及褶积模型生成叠前地震数据。这将是后续数值模型合成地震记录、半监督学习反演过程及引导网络设计的重要基础。

　　根据斯奈尔(Snell)定律，当地震波以某一角度入射到反射界面上时会产生反射波和透射波，它们之间的关系可以通过如式(4.19)所示的数学表达式表达：

$$\frac{\sin\theta_1}{V_{P1}} = \frac{\sin\theta_2}{V_{S1}} = \frac{\sin\theta_3}{V_{P2}} = \frac{\sin\theta_4}{V_{S2}}, \tag{4.19}$$

式中，θ_1、θ_2、θ_3、θ_4 分别为反射波(V_{P1}、V_{S1})和透射波(V_{P2}、V_{S2})的入射角度。假设方程满足一些理想条件，以舒依(Shuey)近似公式(Shuey, 1985)为基础，建立以反射系数 R 为变量的近似方程，如式(4.20)所示：

$$\begin{aligned}
R(\theta) &= R(0) + G\sin^2\theta \\
R(0) &= \frac{1}{2}\left(\frac{\Delta V_P}{V_P} + \frac{\Delta\rho}{\rho}\right) \\
G &= \frac{1}{2}\frac{\Delta V_P}{V_P} - 2\frac{V_S^2}{V_P^2}\left(\frac{\Delta\rho}{\rho} + 2\frac{\Delta V_S}{V_S}\right) \\
\Delta V_P &= (V_{P2} - V_{P1}) \\
V_P &= (V_{P2} + V_{P1})/2 \\
\Delta V_S &= (V_{S2} - V_{S1}) \\
V_S &= (V_{S2} + V_{S1})/2 \\
\Delta\rho &= (\rho_2 - \rho_1) \\
\rho &= (\rho_2 + \rho_1)/2
\end{aligned} \tag{4.20}$$

式中，$R(\theta)$ 为叠前反射系数；θ 为入射角度；$R(0)$ 为入射角为 0°的反射系数(即 AVO 属性中的截距属性)；G 为梯度属性；V_{P1} 和 V_{P2}、V_{S1} 和 V_{S2}、ρ_1 和 ρ_2 分别为地层界面上方与下方的纵波速度、横波速度、密度。根据褶积模型，从反射系数到地震角度道集的正演公式如式(4.21)所示：

$$S(\theta) = W(\theta)R(\theta) + n \tag{4.21}$$

式中，$S(\theta)$ 为叠前地震记录；$W(\theta)$ 为角度为 θ 时对应的地震子波褶积矩阵；n 为
噪声。

4. **实例分析**

本小节采用三维复杂模型的合成资料来说明单监督学习在叠前弹性参数反演
领域的应用效果。首先，选取带有河道体系与三角洲模式的三维数值模型进行测
试。图 4.32(a)～(c)分别表示三维纵波速度、横波速度及密度结构。数值模型的
时间深度为 200ms，采样间隔为 1ms。主测线方向有 200 条测线，联络测线方向
有 150 条测线。

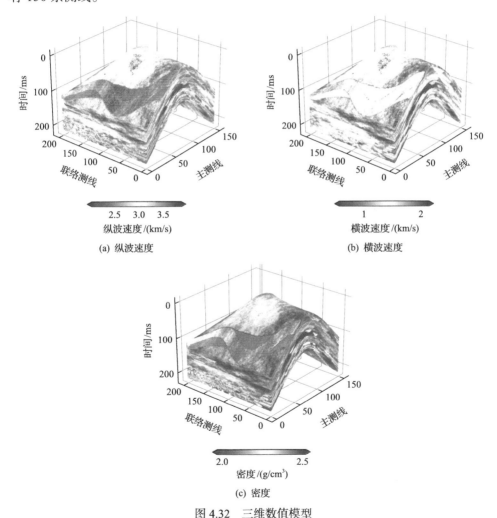

(a) 纵波速度　　　　　　　(b) 横波速度

(c) 密度

图 4.32　三维数值模型

对弹性参数(图 4.32)进行交会分析，如图 4.33 所示。从图 4.33 可以看出，纵

波速度与密度近似为双峰的混合高斯分布，横波速度近似为单峰的高斯分布。由
于数值模型的沉积体系包括河道系统与三角洲沉积，不同层段的弹性参数的分布
存在差异。从弹性参数的交会图来看，纵波速度与横向速度或密度并不是简单的
线性关系，而是较复杂的非线性关系，在不同的层段弹性参数具有不同的关系。
基于式(4.20)的 Shuey 近似公式，计算出反射系数，然后将反射系数与主频为 30Hz
的零相位里克子波进行褶积可以得到无噪声的叠前合成地震数据(角度为 5°～
30°)，如图 4.34 所示。从不同角度的三维地震数据体可以看出，随着角度增大，
不同地震数据体的振幅有差异。

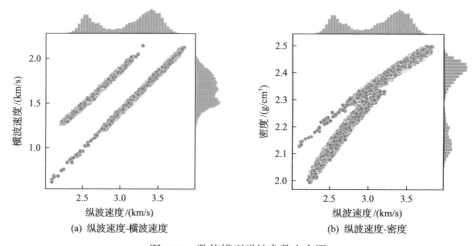

(a) 纵波速度-横波速度   (b) 纵波速度-密度

图 4.33   数值模型弹性参数交会图

选取弹性参数模型和合成地震数据中的部分伪井与井旁道地震数据构建训练
集。如图 4.35 所示，在联络测线 100 处等间隔提取 6 口伪井，其中 5 口井的全频
段弹性参数(纵波速度、横波速度与密度)与井旁叠前地震数据作为训练集，另外
一口井的全频段弹性参数与井旁叠前地震数据作为测试集。利用准备的训练集，
开展叠前数据到弹性参数的反演网络的训练，学习率大小设置为 0.001；梯度下降
算法使用自适应矩估计优化器 Adam。在训练数据、目标函数和反向传播算法等
共同作用下，反演网络通过预先设定最大迭代次数完成初步学习与训练，通过绘
制损失曲线观察训练损失是否收敛到极小值。若没有收敛，则继续迭代直至满足
收敛条件。之后将训练好的最优叠前参数反演网络模型推广到归一化后的叠前地
震数据进行测试，网络的输出结果反归一化处理后即可得到最终预测的弹性参数，
如图 4.36 所示。三维弹性参数反演结果(纵波速度、横波速度和密度)与真实弹性
参数模型(图 4.32)的相关系数分别为 0.72、0.64 和 0.76。从三维数据的平面展布
来看，预测结果的纵波与密度可以把河道区域进行较好的划分，从横波反演结果
可以看到河道微弱的轮廓，但是分辨率与真实结果相比较差。

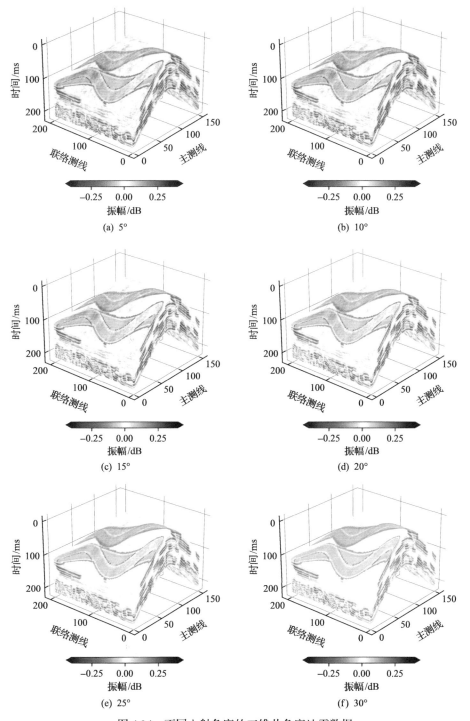

图 4.34　不同入射角度的三维共角度地震数据

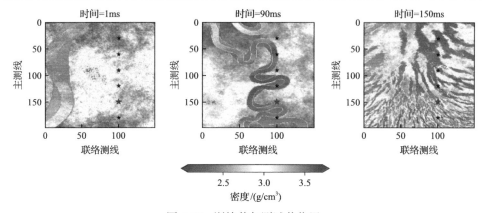

图 4.35　训练井与测试井位置

黑色五角星为训练井，红色五角星为测试井

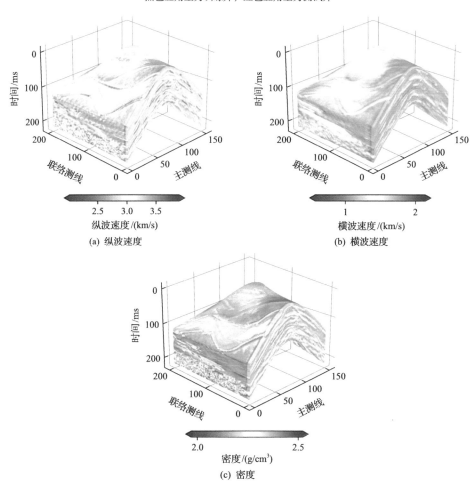

(a) 纵波速度

(b) 横波速度

(c) 密度

图 4.36　三维数值模型的单监督学习弹性参数反演结果

在直观对比预测三维弹性参数体与真实三维弹性参数体之间差异的基础上，进一步分析叠前反演网络在盲井位置预测的单道弹性参数曲线与真实结果的差异。图 4.37 显示了真实的纵波速度、横波速度和密度曲线及神经网络反演得到的纵波速度、横波速度和密度曲线之间的比较。神经网络预测的纵波速度、横波速度和密度与对应的真实参数的相关系数分别为 0.7、0.65 和 0.77。有监督学习预测结果与真实结果对比可以发现，深度学习模型通过 5 口测井数据的学习，可以较好地学习到弹性参数的一些特征。从河道位置与非河道位置的对比结果来看，由于纵波速度与密度在河道与非河道位置的数值差异本身过大（河道的纵波速度与密度是较为明显的低值），深度学习模型学习起来较为容易，纵波速度与密度预测结果也可以对河道与非河道进行较好的区分。但是，由于横波速度对河道与非河道没有较好的区分效果，深度学习模型的学习效果也相对较差，仅能保持整体趋势一致，对于更细节的河道边界的学习效果较差。数值模型的浅部为河道系统，深部为三角洲。模型深部参数的横向变化要比浅部剧烈，5 口训练井可以较好地学习到浅部的特征，但深部的特征难以充分学习。这也是浅部的反演效果要优于深部的一个主要原因。

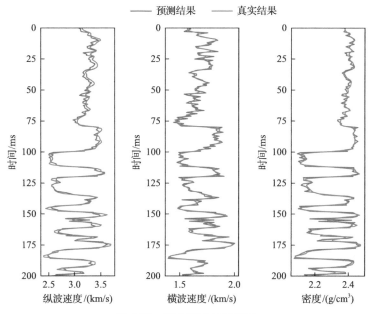

图 4.37　盲井测试结果对比

将三维数值模型的预测结果与真实结果进行交会图与分布的对比，如图 4.38 所示。在仅用 5 口井训练的情况下，本小节设计的单监督模型无法学习到在真实横波速度和密度模型中的那种明显的"双峰"分布。从弹性参数的交会图与分布图可以发现，单监督模型没有学习到弹性参数复杂的非线性关系，预测结果近似为"团状"的关系。为了进一步分析单监督模型预测结果的分布与真实结果相差较大的原因，将三维模型的真实弹性参数、训练伪井的弹性参数及训练集预测结果的交会与分布进行对比，如图 4.39 所示。其中，橙色散点表示三维模型真实的弹性参数点，蓝色散点表示训练井的弹性参数点，绿色散点表示单监督模型在盲井位置的预测结果。图 4.39 中训练伪井的分布与三维模型的弹性参数分布保持一致。单监督模型在训练集预测结果的分布与真实结果基本吻合，预测的横波速度与真实结果相比，大部分散点与训练集数据分布一致，少部分散点与训练集数据

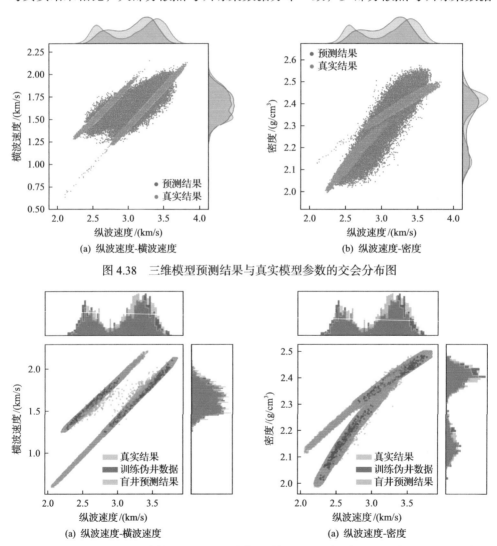

(a) 纵波速度-横波速度　　　　　(b) 纵波速度-密度

图 4.38　三维模型预测结果与真实模型参数的交会分布图

(a) 纵波速度-横波速度　　　　　(a) 纵波速度-密度

图 4.39　三维模型真实弹性参数、训练集(训练伪井)结果与训练集(盲井)预测结果的交会分布图

的分布存在差异，纵波速度与密度数据的预测结果与真实模型吻合较好。由真实的弹性参数与合成的叠前数据可知，叠前数据对于河道具有一定的区分效果，纵波速度与密度数据在河道处的识别效果明显，而横波速度数据对河道的区分效果不明显，网络训练时模型更容易学习到相对好学的特征(纵波速度与密度容易区分河道)，而相对复杂的特征(横波速度对于河道的区分效果不明显)不容易学习到，从而导致横波速度预测精度略微下降。训练井的预测结果具有较高的准确性，但是离训练井较远区域的预测结果准确性相对较低。这与训练数据不足存在关系，已有的训练集可能无法使模型学习到整个工区的数据特征，增加数据量可能会对预测结果产生改善作用。

选择训练井所在剖面(联络测线 100)的弹性参数反演结果进行正演得到合成的叠前地震数据。选择入射角度为 5°的剖面与真实地震数据进行对比，预测结果正演合成数据、真实数据与残差之间的比较如图 4.40 所示。由残差可知，虽然弹性参数反演结果与真实结果的分布相比存在差距，但是预测结果正演的地震数据

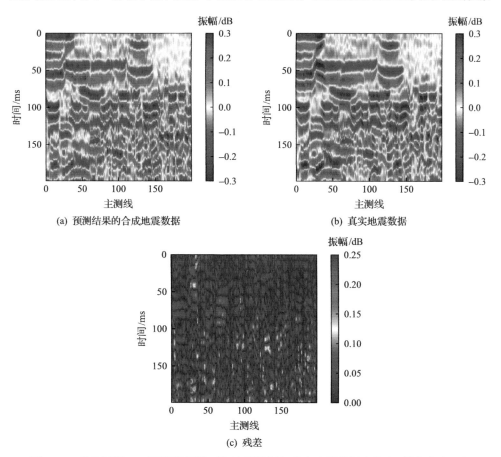

图 4.40　联络测线 100 预测结果的正演地震数据与真实地震数据比较(入射角度为 5°)

与真实数据的残差较小。为了进一步对比方法对于河道区分的有效性，选择三维预测结果的沿层切片进行对比，如图 4.41 所示。图 4.41(a)～(c)表示本小节方法的弹性参数反演结果，图 4.41(d)～(f)表示真实的弹性参数。从沿层弹性参数切片来看，神经网络的预测结果对于河道具有一定的区分效果。但是，与真实模型相比，神经网络预测结果在河道叠置复杂的位置(在联络测线 195～200 附近)存在较大误差，同时对于细节的刻画相对较差。这主要是由于训练集使用的测井数量较少，无法较好地学习到整个区域的储层特征。

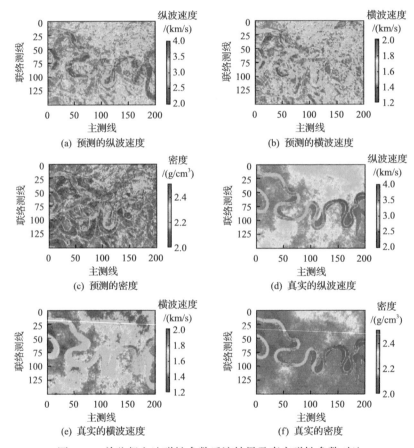

图 4.41　单监督方法弹性参数反演结果及真实弹性参数对比

　　接下来，探讨有监督学习模型对于样本的依赖性，在已有 5 口井的测试基础上，增加到 11 口井与 17 口井两组测试作为对比，其样本集为包含关系。井位置在不同层位的平面图如图 4.42 所示。分别使用 5 口井、11 口井与 17 口井训练有监督模型，将预测结果的沿层切片进行对比分析，如图 4.43 所示。随着训练集样本的增多，弹性参数的预测结果也更加准确。当训练样本仅有 5 口井时，弹性参数的预测结果仅能对河道与非河道进行区分。但是，从数值匹配的角度来说，5

口井的预测结果与真实弹性参数仍存在较大差距。同时由于训练集的数据较少，从切片上来看存在假河道的情况。当训练数据增加到 11 口井时，弹性参数的数值范围与真实结果更加匹配，假河道的情况得到了缓解。当训练数据增加到 17 口井时，河道与非河道的区分效果更加明显，同时弹性参数的数值范围与真实结果更加吻合。

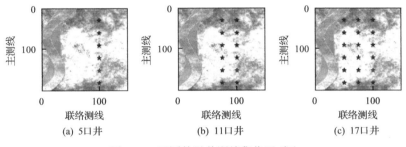

(a) 5口井　　　　(b) 11口井　　　　(c) 17口井

图 4.42　不同数量井训练集位置对比

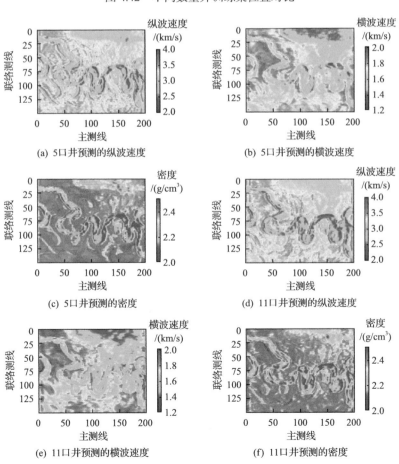

(a) 5口井预测的纵波速度　　　　(b) 5口井预测的横波速度

(c) 5口井预测的密度　　　　(d) 11口井预测的纵波速度

(e) 11口井预测的横波速度　　　　(f) 11口井预测的密度

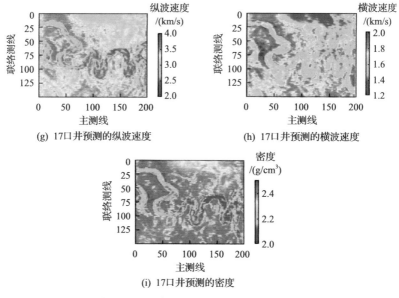

(g) 17口井预测的纵波速度　　　　　(h) 17口井预测的横波速度

(i) 17口井预测的密度

图 4.43　不同样本集训练模型的预测结果

　　从数据分布的角度进行分析，比较 5 口井[图 4.38(a)]、11 口井与 17 口井训练模型的弹性参数反演结果，如图 4.44 所示。其中，橙色散点表示三维模型真实的弹性参数点，蓝色散点表示单监督网络模型预测的结果，从图 4.44 的对比可以看出，随着训练集井数量的增加，预测的纵横波速度交会关系、各自统计分布与真实纵横波速度统计关系逐渐接近。在 5 口井与 11 口井情况下，网络预测的纵波速度的分布均接近"单峰"分布。但是，当训练集井数量进一步增加至 17 口时，

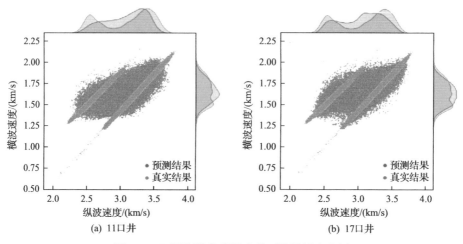

(a) 11口井　　　　　　　　　　　　(b) 17口井

图 4.44　不同训练集弹性参数反演结果交会图

纵波速度的分布向"双峰"分布的形态转变。因此，通过增加训练集数据的方式可以使模型更好地学习三维模型中的特征，从而提高弹性参数反演的准确率。

4.2.3　基于半监督学习的叠前弹性参数反演

虽然 4.2.2 节中的单监督学习叠前反演方法可以通过叠前地震数据直接反演弹性参数，但是从三维数值模型的预测结果来看，单监督学习的反演结果对于井数据的依赖性较强。在无井位置或远离井的位置，反演结果具有较强的不确定性。Biswas 等 (2019) 提出了基于物理引导的卷积神经网络叠前反演方法，该方法不仅采用了 4.2.2 节中的井监督，同时将网络输出的结果通过物理正演模型得到的合成地震数据与实际地震数据进行匹配，降低了对井数据的依赖性。本小节介绍一种基于半监督学习且正反演模型均为数据驱动的叠前反演方法，并且使用与 4.2.2 节相同的三维复杂模型的合成数据及三维实际数据进行测试。

1. 方法原理

本小节使用的网络与 4.2.2 节中的网络架构一样，均为 U-Net1D 网络。但是，不同之处在于本小节使用 U-Net1D 网络作为反演网络的同时，使用 U-Net1D 作为正演网络学习弹性参数到地震数据的正向映射过程，主要流程如表 4.6 所示。

表 4.6　半监督学习反演流程

输入数据：叠前地震数据(井旁道+非井旁道地震数据)

输出数据：弹性参数(纵波速度、横波速度与密度)

(1)训练集制作。选择测井数据与对应的井旁地震数据，均匀地从工区中提取地震数据作为非井旁地震数据

(2)数据归一化。归一化测井数据与叠前地震数据

(3)卷积神经网络架构设计。网络分为反演网络与正演网络，均采用 U-Net1D 函数进行拟合、逼近

(4)网络模型训练。将井旁地震数据输入反演网络进行训练，输出结果使用测井标签进行监督训练。将井旁道与非井旁道输入反演网络，输出结果无须标签监督直接输入正演网络中，将预测结果与输入的地震数据进行波形匹配。将两个网络的总损失同时训练，最终得到训练好的反演网络与正演网络模型

(5)网络模型测试。将测试数据输入训练好的反演网络模型中，得到测试集数据的弹性参数反演结果

(6)预测结果反归一化。通过反归一化将弹性参数从 $[0,1]$ 还原到真实范围中

图 4.45 展示了本小节的半监督叠前反演网络框架。叠前地震数据输入反演网络后，输出弹性参数的预测结果。如果有测井标签对应，那么先使用测井标签进行监督训练。随后，将预测的"弹性参数"结果输入正演网络中，网络输出合成的叠前地震资料，将合成数据与观测的叠前数据进行匹配。同时采用测井监督和地震数据监督共同训练，从而得到最佳的反演网络模型。

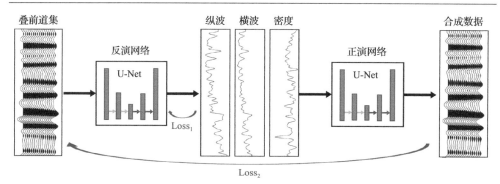

图 4.45　半监督叠前反演网络框架

半监督学习网络由正演网络与反演网络联合组成，其构建的训练目标函数如式(4.22)所示：

$$
\begin{aligned}
\text{Loss} &= \text{Loss}_1 + \lambda \text{Loss}_2 \\
\text{Loss}_1 &= \left\| E - E_{\log} \right\|_2^2 \\
\text{Loss}_2 &= \left\| F_{\text{forward}}(E) - S \right\|_2^2
\end{aligned}
\tag{4.22}
$$

式中，Loss、Loss_1 与 Loss_2 分别为总损失、有标签测井数据损失与无标签地震数据损失；$E=[V_{\text{P}}, V_{\text{S}}, \rho]$、$E_{\log}$、$S$ 分别为预测的弹性参数、测井曲线导出的弹性参数与输入的叠前地震数据；F_{forward} 为正演网络模型；λ 为正则化参数，取值为 $0\sim$ 1，表示井监督损失与正演损失的相对权重，可看成正演网络作为一种正则化项约束反演的权重。当 $\lambda = 0$ 时，整个网络退化为上一小节中的单监督网络。单个 CDP 对应的二维叠前地震数据(时间维+角度维)输入反演网络中得到对应位置的弹性参数，即纵波速度、横波速度与密度。若该位置存在测井数据，则基于式(4.22) 中的 Loss_1 进行井监督的数据匹配。将预测的弹性参数通过正演网络可以得到合成的叠前地震数据，基于式(4.22)中的 Loss_2 将合成的叠前数据与实际叠前数据进行地震数据匹配。反演网络与正演网络互为逆过程，且二者共同构成一个混合网络模型。正演网络通过学习弹性参数到叠前地震数据的映射关系，进而总结出地震波场的传播规律，通过神经网络学习波动传播理论代替常规物理模型驱动的数据生成方法。反演网络则在正演网络约束的基础上，可减小叠前弹性参数反演的多解性，提高反演效果及精度。同时，本小节的正演网络仅通过数据驱动的方式构建。正演网络也存在多种构建方式，如数据驱动、模型驱动及模型+数据驱动等多种方式。

2. 合成例子分析

为了测试半监督学习在叠前反演领域的可行效果，设计了一个已知的三维复杂数值模型（与 4.2.2 节相同）。利用准备的训练集（与 4.2.2 节相同）开展叠前反演网络的训练，学习率大小设置为 0.001，梯度下降算法使用自适应矩估计优化器 Adam。在训练数据、目标函数和反向传播算法等共同作用下，反演网络通过预先设定最大迭代次数完成初步学习与训练，通过绘制损失曲线并观察训练损失是否收敛到极小值。若没有收敛，则调整最大迭代次数直至满足收敛条件。最终确定将最大迭代次数设置为 1500 次。之后推广到归一化后的叠前地震数据进行测试，网络的输出结果反归一化处理后得到最终的弹性参数反演结果，如图 4.46(a)～(c)所示。弹性参数反演结果与真实弹性参数模型[图 4.46(d)～(f)]的相关系数分别为 0.82、0.78 和 0.83，对应的相对误差分别为 5.62%、5.33%和 2.33%，表明预测结果整体精度较高。

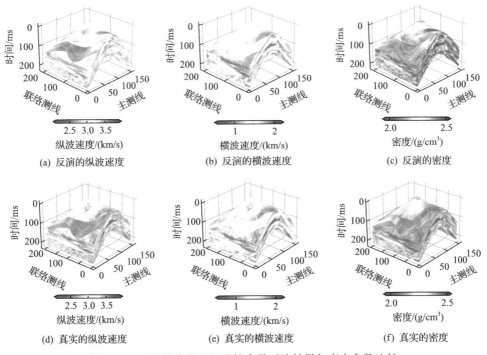

图 4.46　三维数值模型的弹性参数反演结果与真实参数比较

在直观对比预测的三维弹性参数体与真实的三维弹性参数体结构差异的基础上，进一步分析叠前反演网络在盲井位置预测的单道弹性参数曲线与真实结果的差异。图 4.46 显示了真实的纵波速度、横波速度和密度曲线及半监督学习反演网络预测的纵波速度、横波速度和密度曲线对比。基于半监督网络的弹性参数反演结果与真实模型的相关系数分别为 0.97、0.91 和 0.98。将单监督学习预测结果与半监督学习预测结果进行对比（图 4.47），半监督学习预测结果相比于有监督方法精度得到提升。半监督学习通过加入正演过程降低了模型对于大量测井数据的依赖，因此通过半监督学习的预测结果与真实结果更为接近，如图 4.48 所示。

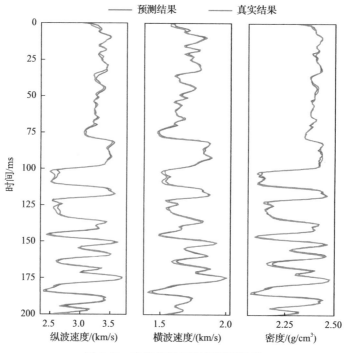

图 4.47　半监督学习盲井测试结果

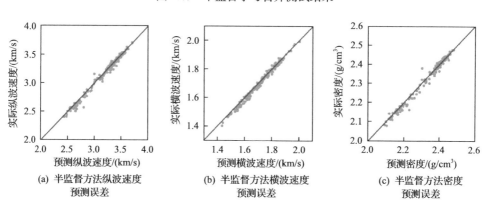

(a) 半监督方法纵波速度　　　(b) 半监督方法横波速度　　　(c) 半监督方法密度
　　预测误差　　　　　　　　　　预测误差　　　　　　　　　　预测误差

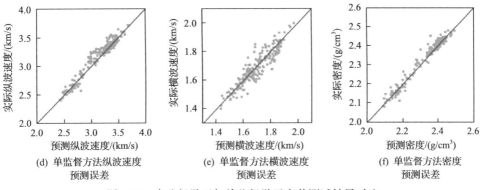

(d) 单监督方法纵波速度
预测误差

(e) 单监督方法横波速度
预测误差

(f) 单监督方法密度
预测误差

图 4.48 半监督学习与单监督学习盲井测试结果对比

  为了对比方法对于河道区分的有效性,选择三维预测结果的沿层切片进行对比,图 4.49(a)~(c) 表示本小节方法的弹性参数反演结果,图 4.49(d)~(f) 表示真实的弹性参数。从沿层切片对比来看,与有监督结果相比,半监督学习神经网络的预测结果对于河道的区分效果大大提升,半监督神经网络的预测结果对局部细节的刻画更好,横向连续性得到有效改善。半监督神经网络对于测井数据的依赖性更低,通过加入正演网络从地震波形匹配的角度使反演结果的横向连续性增强。同时在远离井的位置,反演结果与真实结果的匹配性更好,多解性降低。

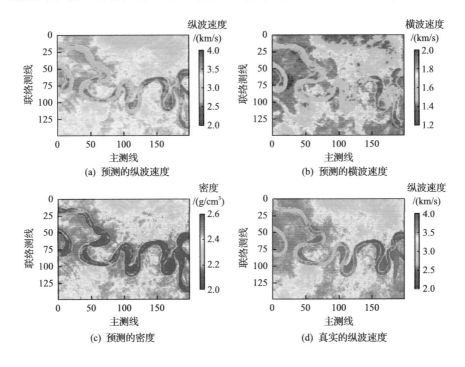

(a) 预测的纵波速度

(b) 预测的横波速度

(c) 预测的密度

(d) 真实的纵波速度

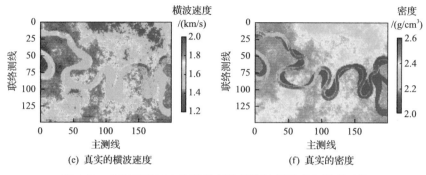

(e) 真实的横波速度   (f) 真实的密度

图 4.49   半监督学习方法弹性参数反演结果及真实模型对比

3. 实例分析

本小节除合成资料外，还使用三维实际工区数据对半监督叠前反演模型进行测试。图 4.50 为某致密砂岩储层三维工区的分角度叠加地震数据。每个数据体大小为 880×896×200，其中，联络测线方向有 880 条测线，主测线方向有 896 条测线，时间深度为 320ms（从 1030~1350ms，时间采样为 1ms）。图 4.50(a) 为 1°~13°的叠加数据体，代表 7°的小角度数据体；图 4.50(b) 为 15°~27°的叠加数据体，代表 21°的中角度数据体；图 4.50(c) 为 29°~39°的叠加数据体，代表 34°的大角度数据体。该地区地层具有明显的曲流河沉积特点，点坝砂体发育，多条河道砂体交错分布，岩性横向变化剧烈。工区中一共钻了 6 口井，分别记为井 1~井 6。

首先，使用三维工区中的一条连井剖面数据进行训练并在剖面上测试反演结果，再将学习好的反演网络模型应用于三维工区叠前数据。图 4.51 展示了一个连井地震剖面，共有 1068 条地震道，每道地震记录有 450 个时间采样点。该连井地

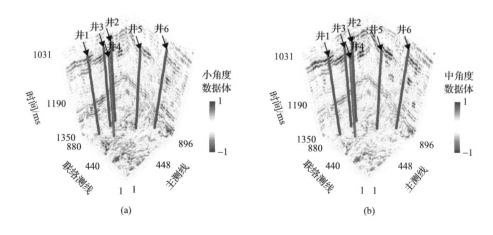

(a)   (b)

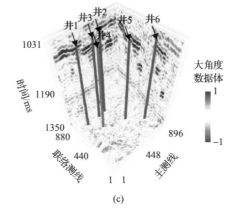

(c)

图 4.50　不同角度三维地震数据体与测井位置

蓝线表示训练井位置，红线表示测试井位置

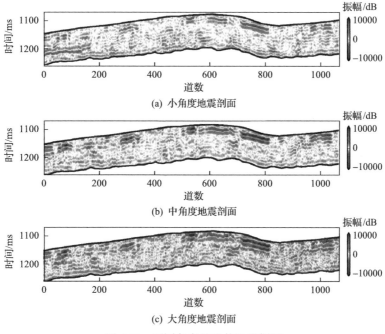

(a) 小角度地震剖面

(b) 中角度地震剖面

(c) 大角度地震剖面

图 4.51　不同角度的连井地震剖面

震剖面从左到右依次经过六口井，分别为井 1～井 6。利用六口井位置相应的声波时差曲线进行井震标定，合成地震数据与对应的井旁地震道匹配程度高，六口井的平均井震相关系数约为 0.79。在训练半监督模型时，选取其中 5 口测井的弹性参数曲线(纵波速度、横波速度与密度)作为训练集，仅井 5 一口井(图 4.50 红色)的弹性参数曲线作为测试集。沿联络测线方向与主测线方向等间隔提取 5 道，共25 道(5×5)叠前地震数据作为非井旁地震数据。

　　使用连井地震剖面的测井数据、井旁地震数据及无标签地震剖面训练神经网络，训练的迭代次数都设置为 5000 次。除迭代次数和训练集不同外，其他设置与合成数据例子相同。将训练好的反演网络模型推广到整个三维工区的叠前地震数据与连井剖面，预测弹性参数剖面如图 4.52 所示。结合专家解释的河道层位可以看出，通过弹性参数刻画的河道位置与专家解释结果基本吻合。该反演模型可以很好地表征出不同河道砂体弹性参数的差异。图 4.53 展示了用于测试验证的盲井（井 5）的单道弹性参数反演结果与实测结果比较。由图 4.53 可知，反演网络能较好地实现井位置的弹性参数曲线恢复，且神经网络反演的纵波速度、横波速度和密度与真实弹性参数的相关误差分别为 2.47%、3.33% 与 0.73%。通过对弹性参数反演结果的三维数据体进行沿层切片分析，基于弹性参数的三维数据体可以得到目标层位（图 4.52 顶部黑线位置）向下 25ms 的沿层切片，如图 4.54(a)～(c) 所示。从预测的弹性参数切片可以看出，大尺度河道具有较好的区分效果，但当河道的尺度较小时，区分效果相对变弱。

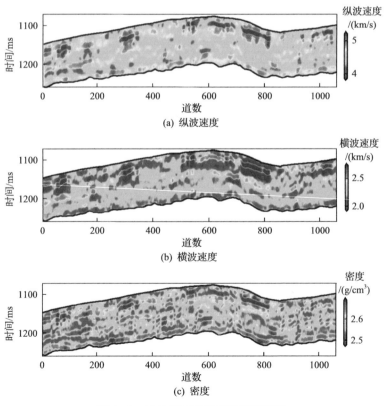

图 4.52　连井剖面弹性参数反演结果

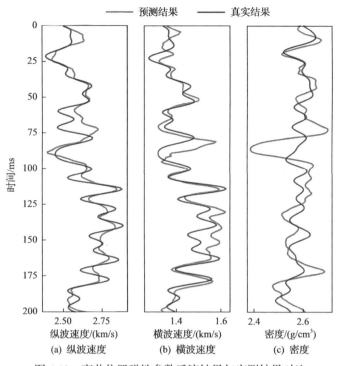

图 4.53　盲井位置弹性参数反演结果与实测结果对比

4.2.4　基于注意力机制的权重自适应弹性参数反演

基于半监督学习的叠前弹性参数反演方法使用无井位置的信息，将无标签的地震数据损失加入模型损失函数中，降低了反演结果对测井数据标签的依赖性。但是，以上深度学习方法并未考虑不同弹性参数之间的岩石物理关系，且反演结果的数学统计意义较强，在工区井数量有限的情况下可能会导致模型过拟合。本小节介绍一种基于注意力机制的权重自适应弹性参数反演方法，该方法使用多任务学习方式在训练过程中保持不同弹性参数之间的岩石物理约束关系，同时使用地震数据匹配降低反演的多解性。在本小节中，将使用 Marmousi 模型及实际数据进行测试。

1. FCN-Bi-GRU 多任务学习网络

MTL 作为机器学习的一个重要组成部分，从生物学角度看，它受人类的学习行为启发，在学习新技能的过程中尝试应用通过该任务学习到的知识去帮助学习另外一种相关能力。多任务学习的思想是对多个任务进行联合学习，希望利用隐含在多个相关任务的特定领域知识来完成训练任务，通过共享相关任务之间的表征来提高模型在多个任务上的泛化性能。传统迁移学习指将在一个领域学到的知

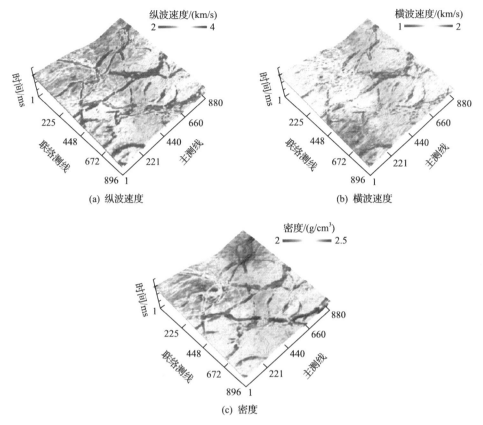

图 4.54　本小节方法预测的沿层弹性参数切片

识迁移到另一个领域，学习过程中存在先后顺序。在 MTL 中，不同类型任务之间的信息可相互共享，并且知识可在不同的任务中互相迁移。因此，MTL 也被叫作并行迁移学习。与传统的单任务学习相比，MTL 具有以下几个方面的优点。

（1）MTL 可以将多个任务的数据进行聚合，利用数据之间的相关性实现数据增强。不同任务间可挖掘领域知识及进行信息重用，并有效减少对数据的需求量从而降低多个任务单独学习的成本，缓解数据稀疏性带来的不利影响。

（2）MTL 通过挖掘和综合不同任务的领域知识和特征信息，可以为不同任务提供更具鲁棒性的嵌入表示，并实现多任务之间的知识共享，有效降低模型的过拟合风险，可提高模型在每个任务上的性能（张钰等，2020）。

（3）MTL 可同时学习多个模型，因此可以降低模型的训练时间成本、储存成本及后期的更新维护成本。同时，多任务学习还可以平衡不同任务数据的噪声，并提高模型泛化能力。

图 4.55 展示了本小节所搭建的 FCN-Bi-GRU 多任务网络模型。该模型采用参数硬共享机制实现多任务学习，其中共享层的全卷积神经网络用于提取输入叠前

地震数据的共有局部形态特征并将数据映射到高维特征空间，特殊任务层的
Bi-GRU 用于捕捉高维时序特征随深度的变化趋势和信息，对特征的内部动态变
化进行建模，更有助于学习弹性参数内部的动态变化规律。由于 Bi-GRU 的输出
和弹性参数之间具有不同的维度信息，空间对应性较弱，通过全连接层降低输出
向量的通道数，用于后续计算标签损失和预测弹性参数模型。

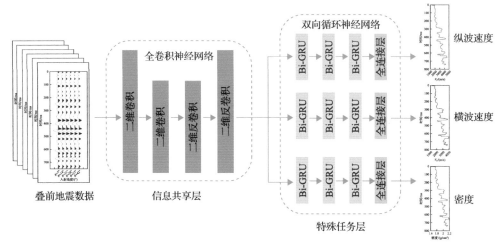

图 4.55　FCN-Bi-GRU 多任务弹性参数反演的网络架构

常规 MTL 网络的损失函数高度依赖于单个任务损失的权重系数，通常以手动
调节的方式来确定各个任务的权重系数，其定义如下：

$$\text{Loss} = \sum_{i=1}^{M} \omega_i L_i + \frac{\lambda}{2} \| \boldsymbol{w} \|^2 \tag{4.23}$$

式中，$\boldsymbol{w}$ 为模型权重参数；M 为任务的数量；ω_i 为损失函数中的超参数，代表不
同任务的权重大小；λ 为正则化参数，用于防止模型的过拟合。由于多任务网络结
构的性能受每一个任务损失函数的权重大小影响，MTL 中的一个难点便是如何平
衡不同任务间权重系数的大小。常规做法是将各任务的 Loss 简单相加或者设置统
一 Loss 权重，更进一步可能会手动进行权重调整。但是，在 MTL 中不同任务往
往有着不同的优化目标和数据分布，并且模型整体的性能表现高度依赖于每一个
任务的 Loss 权重。因此，在进行 MTL 时直接将所有任务的损失函数进行简单相
加或手动调整权重系数可能无法实现最优效果。考虑不同弹性参数之间存在的岩
石物理关系，为平衡多个弹性参数反演任务和避免手动调节权重系数，本小节通
过同方差不确定性来设计多任务学习的损失函数。假设模型的输入数据为 x，模
型权重参数为 w，σ^2 为输出值中含有的噪声，网络模型的输出为 $f^w(x)$，对于回

归任务的概率估计如式(4.24)所示：

$$p\left(y|f^w(x)\right) = M\left[f^w(x), \sigma^2\right] \tag{4.24}$$

对式(4.24)求极大似然估计得

$$\ln p\left[y|f^w(x)\right] \propto -\frac{1}{2\sigma^2}\| y - f^w(x)\|^2 - \ln\sigma \tag{4.25}$$

定义 MTL 的似然函数为

$$p\left[y_1, \cdots, y_k|f^w(x)\right] = p\left[y_1|f^w(x)\right] \cdots p\left[y_k|f^w(x)\right] \tag{4.26}$$

当模型有三个输出 y_1、y_2 和 y_3（纵波速度、横波速度、密度）时，似然函数可简写为

$$\begin{aligned} p\left[y_1, y_2, y_3|f^w(x)\right] &= p\left[y_1|f^w(x)\right] \cdot p\left[y_2|f^w(x)\right] \cdot p\left[y_3|f^w(x)\right] \\ &= N\left[y_1; f^w(x), \sigma_1^2\right] \cdot N\left[y_2; f^w(x), \sigma_2^2\right] \cdot N\left[y_3; f^w(x), \sigma_3^2\right] \end{aligned} \tag{4.27}$$

使对数似然函数最大，等价于令负对数似然函数最小，则多任务损失函数可表达为

$$\begin{aligned} \mathrm{Loss}\left(w, \sigma_1, \sigma_2, \sigma_3\right) &= -\ln p\left[y_1, y_2, y_3|f^w(x)\right] \\ &\propto \frac{1}{2\sigma_1^2}\left\|y_1 - f^w(x)\right\|^2 + \frac{1}{2\sigma_2^2}\left\|y_2 - f^w(x)\right\|^2 + \frac{1}{2\sigma_3^2}\left\|y_3 - f^w(x)\right\|^2 + \ln\sigma_1\sigma_2\sigma_3 \\ &= \frac{1}{2\sigma_1^2}L_1(w) + \frac{1}{2\sigma_2^2}L_2(w) + \frac{1}{2\sigma_3^2}L_3(w) + \ln\sigma_1\sigma_2\sigma_3 \end{aligned}$$

$$\tag{4.28}$$

式中，L_1、L_2、L_3 分别为纵波速度、横波速度、密度反演任务的损失。通过最小化该损失函数即可自适应地调整权重系数的大小，其中 σ_1^2、σ_2^2、σ_3^2 分别为反演纵波速度、横波速度和密度三个任务输出结果中的噪声，噪声越大则该任务的权重系数就会减小。$\ln\sigma_1\sigma_2\sigma_3$ 为输出噪声项的正则化器，用于防止权重系数过小。优化后的损失函数摒弃传统手动调节不同任务权重系数的过程，在网络训练过程中自适应调节不同任务的权重系数从而寻得最优解。

2. 注意力机制

人类的视觉注意力机制是一种独特的大脑信号处理技术，它能够帮助我们快

速观察外界环境，从而迅速捕捉到周围的全景，并将其作为重点关注的焦点，从而形成一个有效的注意力焦点。该机制能够帮助人类在有限的资源下从大量无关的背景信息中筛选出具有重要价值的目标区域，帮助人类更高效地处理视觉信息。注意力机制借鉴了人类视觉对不同目标的选择性注意机制，即注意力集中在视觉范围内的重要信息上，忽略不重要的信息。这样就可以从复杂的数据信息中筛选出对当前任务更有价值、更重要的信息，并按照重要程度进行资源分配。在深度学习中，注意力机制是指在不同模型中对不同信息或特征的不同重视程度进行动态调整的一种机制。通过引入注意力机制，当输入数据与表征目标的相似性越高时所分配的权重就越大，利用有限的资源从大量信息中筛选出更有效的信息，并减少模型的计算成本和提高模型任务处理的准确性和效率。注意力机制在提高网络模型表现的同时也增加了深度学习网络的可解释性。近年来，注意力机制受到了越来越多的关注，被广泛应用于语音识别、自然语言处理和图像处理等不同深度学习任务中（Bahdanau et al., 2014; Woo et al., 2018; Niu et al., 2021），并取得了良好的应用效果。

注意力机制的核心是通过学习一串权重参数，从序列中学习到每一个元素的注意力分数，这些分数可以与输入特征进行加权，将关键特征的信息编码到更高级的特征表示中，以此来提高模型输出结果的质量。图 4.56 展示了注意力机制的原理图，首先根据查询向量（Query）和某个键（Key_i），通过求两者的向量点积或余弦相似性等方法来计算它们的相关性或相似性。其中向量点积计算如式（4.29）所示：

$$\text{Sim}\left(\text{Query}, \text{Key}_i\right) = \text{Query} \cdot \text{Key}_i \tag{4.29}$$

式中，Sim 为相关性。

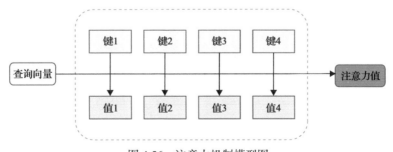

图 4.56　注意力机制模型图

接着，对上述得分进行数值转化。可采用归一化的方式将原始计算分值转化成所有元素权重之和为 1 的概率分布，或采用 Softmax 函数对每个 Key_i 得到的相似性得分进行数值转化，进而得到每个 Value_i 对应的权重系数 a_i：

$$a_i = \text{Softmax}(\text{Sim}_i) = \frac{e^{\text{Sim}_i}}{\sum\limits_{j=1}^{L_x} e^{\text{Sim}_i}} \tag{4.30}$$

最后，对 Value_i 进行加权求和得到最终的 Attention 数值，具体计算结果如式(4.31)所示：

$$\text{Attention}(\text{Query, Source}) = \sum_{i=1}^{L_x} a_i \cdot \text{Value}_i \tag{4.31}$$

式中，L_x 为 Source 的长度，即输入向量的长度。

3. 双监督神经网络构建

常规监督学习仅利用测井数据监督来进行弹性参数反演，存在着信息利用不足和过拟合的风险。本小节基于 FCN-Bi-GRU 混合网络模型并结合注意力机制提出双监督弹性参数反演方法，其网络模型如图 4.57 所示。该双监督神经网络借鉴自编码器架构，由编码网络和解码网络组成，其中编码网络 Encode 为 FCN-Bi-GRU 混合网络结构(简记为 E)，而解码网络 Decode 使用 Bi-GRU 架构(简记为 D)。编码网络 E 和解码网络 D 的输入、输出如表 4.7 所示。该网络通过学习一个解码器，将编码网络反演得到的弹性参数通过解码器生成叠前地震数据，并将该地震数据与真实地震数据之间的误差引入损失函数中，在训练过程中采用地震波形匹配约束缓解了测井数据标签对网络建模的影响，进一步降低数据驱动反演的多解性。

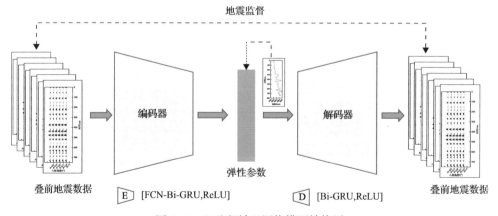

图 4.57　双监督神经网络模型结构图

表 4.7　双监督神经网络结构说明

网络	网络输入	网络输出	损失函数定义
编码器(E)	地震数据(井旁道)	弹性参数	测井监督
解码器(D)	弹性参数	生成地震数据(井旁道)	地震监督

考虑井震双尺度信息监督和网络参数正则化，设计本小节网络模型的损失函数如式(4.32)所示：

$$Loss = Loss_E + \alpha Loss_D + \frac{\lambda}{2}\|w\|^2$$

$$Loss_E = \frac{1}{2\sigma_1^2}L_1(w) + \frac{1}{2\sigma_2^2}L_2(w) + \frac{1}{2\sigma_3^2}L_3(w) + \ln\sigma_1\sigma_2\sigma_3 \qquad (4.32)$$

$$Loss_D = \left\|D_{decode}(E) - S\right\|_2^2$$

式中，D_{decode} 为正演网络模型；$E=[V_P, V_S, \rho]$；S 为输入的叠前地震数据；α 为解码网络中地震数据匹配项的损失权重系数；$\frac{\lambda}{2}\|w\|^2$ 为网络权重参数的正则化器；$Loss_E$ 为多任务编码网络的损失，代表预测弹性参数与真实弹性参数之间的误差；$Loss_D$ 为解码网络的损失，代表预测叠前地震数据与观测叠前地震数据之间的误差。

为了进一步提高弹性参数反演结果的精度，考虑在编码网络 E 中的特殊任务层嵌入自注意力机制来刻画序列中的全局依赖关系。自注意力机制允许序列中每个位置处的元素都能参与全局的规律建模，并能够更容易地捕获序列中长距离相互依赖的特征，进一步加强重要信息对模型的影响力，以避免序列过长的信息丢失问题，从而提高模型的性能表现，其结构如图 4.58 所示。

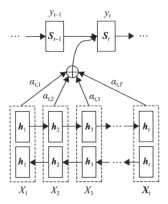

图 4.58　Attention 机制结构

X_t-输入序列

设上一层 Bi-GRU 网络隐藏层输出向量为 $\boldsymbol{h}_t$，当前 t 时刻的隐藏层向量为 $\boldsymbol{S}_t$，则注意力层计算权重参数的公式如式(4.33)所示：

$$e_t = \text{Sim}\left(\boldsymbol{S}_{t-1}, \boldsymbol{h}_t\right)$$
$$\alpha_t = \frac{\exp e_t}{\sum_{j=1}^{t} e_j} \tag{4.33}$$
$$c_t = \sum_{t=1}^{i} \alpha_t \boldsymbol{h}_t$$

式中，e_t 为采用点积计算得到的输入 X_i 和 Y_i 的相似度；α_t 为归一化后的注意力得分；c_t 为最终的 Attention 输出值。

权重自适应弹性参数多任务学习的主要步骤如表 4.8 所示。

表 4.8　权重自适应弹性参数多任务学习反演流程

输入数据：叠前地震数据(角度道集或偏移距道集数据)

输出数据：弹性参数(纵波速度、横波速度与密度)

(1)训练集制作。选择测井数据与对应的井旁地震数据

(2)数据归一化。归一化测井数据与叠前地震数据

(3)多任务双监督神经网络架构设计。网络分为反演网络与正演网络，反演网络采用 FCN-Bi-GRU 混合网络结构，正演网络采用 Bi-GRU 结构进行拟合、逼近

(4)网络模型训练。将井旁地震道输入反演网络进行训练，输出结果使用井标签进行监督训练。将输出的弹性参数结果输入正演网络训练，将预测结果与输入的地震数据进行波形匹配并计算损失，将两个网络的总损失同时训练，最终得到训练好的反演网络与正演网络模型

(5)网络模型测试。将测试数据输入训练好的反演网络模型中，得到测试集数据的弹性参数反演结果

(6)预测结果反归一化。通过反归一化将弹性参数从 $[0,1]$ 还原到真实范围中

4. 反演结果评价标准

为了对后续的反演结果进行定量评估，本小节中引入两个评价准则来对反演得到的结果进行评价与分析。第一个反演结果评价指标是皮尔逊相关系数(Pearson correlation coefficient，PCC)，用于衡量真实结果与反演结果之间的相关性程度大小，取值范围为 $[-1,1]$，如式(4.34)所示：

$$\text{PCC}(\boldsymbol{y}, \hat{\boldsymbol{y}}) = \frac{1}{N} \frac{\sum_{i=1}^{N}\left(\boldsymbol{y}_i - \mu_y\right)\left(\hat{\boldsymbol{y}}_i - \mu_{\hat{y}}\right)}{\sqrt{\sum_{i=1}^{N}\left(\boldsymbol{y}_i - \mu_y\right)^2}\sqrt{\sum_{i=1}^{N}\left(\hat{\boldsymbol{y}}_i - \mu_{\hat{y}}\right)^2}} \tag{4.34}$$

式中，y 为真实测井曲线；$\hat{y}$ 为不同反演方法得到的结果；N 为序列长度(单道时间采样点数)；μ_y、$\mu_{\hat{y}}$ 为真实值和预测值的均值。从式(4.34)的定义上可以看出，PCC 反映真实结果和预测结果之间的相关性，相关性越高则说明预测结果与真实结果在波形上高度相似，表明反演结果较好；反之则相关性低，反演结果较差。

由于不同弹性参数之间的量纲不同，数量级上存在差异，因此第二个评价指标采用平均绝对百分比误差(mean absolute percentage error，MAPE)，该指标为衡量预测准确性的统计性指标，反映了反演结果与真实结果的绝对误差百分比和可信程度，取值范围为 $[0,1]$，如式(4.35)所示：

$$\text{MAPE} = \frac{100\%}{N} \sum_{i=1}^{N} \left| \frac{\hat{y}_i - y_i}{y_i} \right| \tag{4.35}$$

MAPE 反映真实结果与预测结果的绝对误差大小，绝对误差越小说明反演结果在数值上更加接近真实结果，表明反演结果较好；反之则说明与真实结果相差较大，反演效果不佳。

5. 合成数据分析

图 4.59(a)～(c)分别为二维 Marmousi 模型的纵波速度、横波速度及密度参数，该数值模型的时间深度为 750ms，采样间隔为 1ms。选取入射角度分别为 4°、8°、12°、16°、20°、24°，采用安芸-理查兹(Aki-Richard，AR)方程计算角度反射系数序列。选取 25Hz 的零相位里克子波与角度反射系数序列进行褶积生成叠前地震数据。考虑到实际情况中地震数据会受到外界因素的干扰，从而产生不可避免的扰动。因此，本小节中对输入地震数据加入 10%的随机噪声，生成含噪声地震数据，如图 4.59(d)所示。

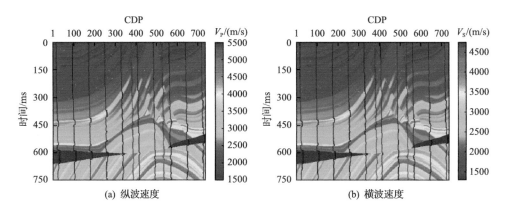

(a) 纵波速度   (b) 横波速度

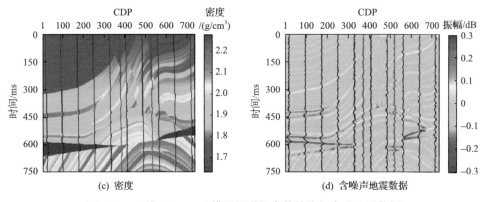

图 4.59　二维 Marmousi 模型的弹性参数结构与合成地震数据

从图 4.59 中均匀选取 10 道地震数据和对应的伪井标签作为训练数据,如图 4.59 中黑线所示,随机选取 CDP 360 和 CDP 520 位置的地震道和对应伪井标签作为验证集,如图 4.59 中红线所示。利用准备的训练集开展叠前反演网络的训练,学习率大小设置为 0.005,梯度下降算法使用自适应矩估计优化器 Adam。在训练数据、目标函数和反向传播算法等共同作用下,反演网络通过预先设定最大迭代次数完成初步学习与训练,通过绘制损失曲线并观察训练损失是否收敛到极小值。若没有收敛,则调整最大迭代次数直至满足收敛条件。最终,将最大迭代次数设置为 500 次时,可以获得最优的弹性参数反演模型。之后推广到归一化后的叠前地震数据进行测试,网络的输出结果反归一化处理后得到最终预测的弹性参数。

图 4.60 展示了双监督与单监督学习弹性参数反演结果对比。从反演结果可看出,在含噪声 10%情况下双监督反演得到的弹性参数剖面更为干净和连续。但是,单监督反演在 450～600ms 背斜区域出现"挂面条"现象,预测结果存在较大偏差。双监督反演得到的结果横向连续性得到改善,在背斜处"挂面条"现象极大减弱,较好地反映了地下真实地质构造。在测试井 CDP 360 处,双监督与单监督反演结果与真实纵波速度模型的 PCC 分别为 0.94 和 0.88,横波速度 PCC 为 0.95 和 0.93,密度 PCC 为 0.97 和 0.90。很明显,双监督学习预测比单监督学习预测可以估计更为准确的弹性参数模型。

为了验证多任务学习的有效性,采用数值模型进行单任务与多任务反演,选取与上述相同的训练和测试数据,训练权重自适应弹性参数多任务学习网络,并将其推广到归一化后的叠前地震数据进行测试,网络的输出结果反归一化处理后得到最终预测的弹性参数。为了进一步说明优化损失函数的优越性,在多任务学习情况下通过手动调节权重系数来设置两组对比测试,一组是将权重系数设置为等权重(Test 2),不同任务对损失函数的贡献相同,另一组是手动寻优最佳权重系数(Test 3),具体参数如表 4.9 所示。

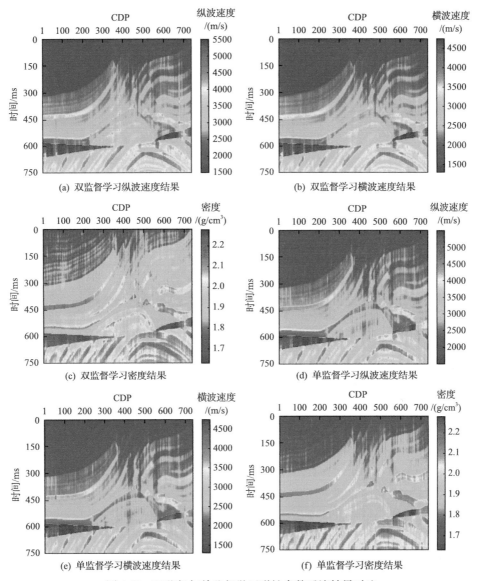

图 4.60　双监督与单监督学习弹性参数反演结果对比

表 4.9　不同测试损失函数权重系数表

名称	训练方式	权重系数
Test 1	单任务	1,0,0
Test 2	多任务等权重	0.33、0.33、0.33
Test 3	多任务最佳权重	0.21、0.35、0.44
Test 4	多任务不确定性	—

注："—"表示无数据。

图 4.61 展示了四组权重系数试验对应的反演评价指标结果。从图 4.61 可看出，基于多任务学习的反演结果与单任务结果相比，具有更高的 PCC 和较低的 MAPE。此外，在三组多任务学习(Test 2、Test 3 和 Test 4)对比实验中，不确定性权重比通过细粒度网格搜索找到的最佳权重表现得更好，这证明了优化损失函数的有效性。主要原因可能是采用网格搜索方法所寻找到的最佳权重受到搜索分辨率的限制，因此在权重搜索精度上存在一定的局限性。但是，通过不确定性来优化权重可以使不同任务的权重系数在网络训练期间动态改变，从而改善网络的优化过程。

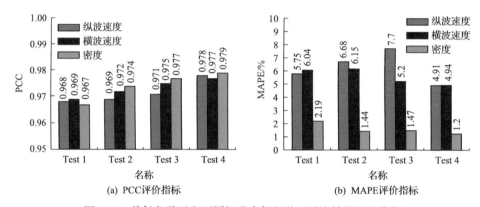

图 4.61　单任务学习和不同权重多任务学习反演结果评价指标

对单任务(Test 1)与多任务(Test 4)的反演结果进行岩石物理交会分析，如图 4.62 所示，图中黑线为真实弹性参数标签的岩石物理交会图。从图 4.62 可看出，多任务反演结果的弹性参数交会图在视觉上呈现出相对窄带分布并更接近真实交会曲线。这表明利用多任务学习可实现不同弹性参数反演任务的岩石物理知识共享，并在反演过程中保持不同弹性参数之间的岩石物理关系，从而提升单任务的性能表现并获得更加符合地下地质构造的弹性参数反演结果。

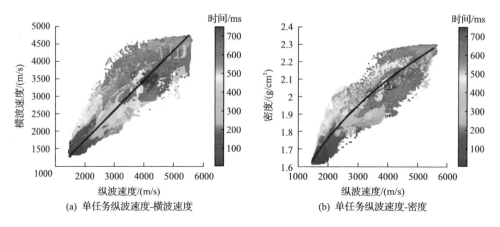

(a) 单任务纵波速度-横波速度　　　　　(b) 单任务纵波速度-密度

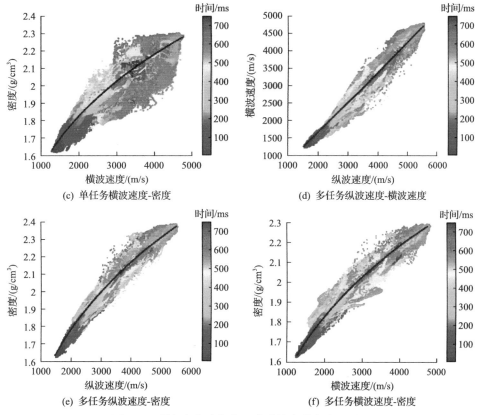

图 4.62　单任务与多任务反演弹性参数交会图对比

6. 实例分析

除了合成地震资料测试外，也使用实际工区数据检验权重自适应弹性参数多任务学习双监督神经网络的应用效果。使用的实际叠前地震数据为我国某东部油田勘探区的潜力油藏区块，该区块储层为稠油油藏，沉积相为曲流河沉积、辫状河沉积及扇三角洲。浅层储层较为疏松，具有高孔、高渗的特征，较深层储层为低孔、低渗或中孔、中渗特征。图 4.63 显示了一个过 6 口井的连井地震剖面，共有 428 道地震道，每道地震记录有 901 个时间采样点，时间范围为 1.4～2.3s，时间采样间隔为 1ms。为了测试和验证方法的有效性，选取其中的 5 口井作为训练井，剩余的 1 口井（CDP 190）作为测试井。

使用如图 4.63 所示的连井地震剖面测井数据、井旁地震数据训练多任务双监督神经网络，训练的迭代次数设置为 1500 次，除迭代次数和训练数据集不同外，其他设置与合成数据例子相同，多任务双监督学习网络输出的弹性参数反演结果如图 4.64 所示。从多任务双监督弹性参数反演剖面可以看出，反演结果总体上

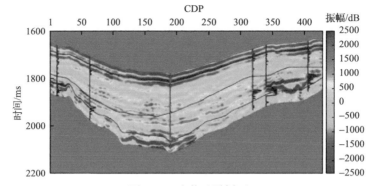

图 4.63 连井地震剖面

黑线为训练井，红线为测试井

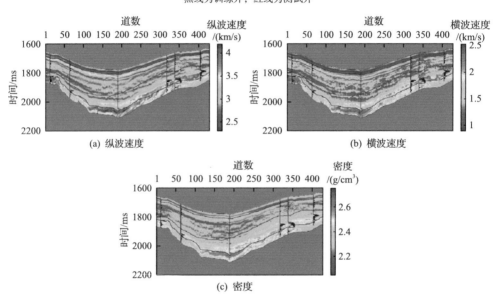

图 4.64 多任务双监督神经网络弹性参数反演结果

呈现出从浅到深依次增大的趋势，这与实际地质规律相符合，形成了一个具有明显分层背景的更具地质意义的解，很好地反映了储层的横向展布特征及纵向叠合关系。另外，反演结果的纵横向分辨率较高，且横向连续性较好。

图 4.65 展示了测试井（CDP 190）位置处不同方法反演参数结果对比。从图 4.65 可看出双监督反演方法（图 4.65 中的红线）的测试井拟合效果更符合实际弹性参数曲线（图 4.65 中的黑线）的整体趋势，并刻画出了一些小层弹性参数变化细节。在测试井上两种网络反演得到的纵波和横波速度预测结果在深层纵向变化较大区域（时间为 2000~2120ms）被低估，而密度预测结果与真实曲线拟合较好。在测试井 CDP 190 位置处双监督反演方法和单监督反演方法预测的纵波速度结果与真实纵

波速度的 PCC 分别为 0.9017 和 0.8825，横波速度结果与真实横波速度的 PCC 分别为 0.8925 和 0.8524，密度结果与真实密度的 PCC 分别为 0.8752 和 0.8579。

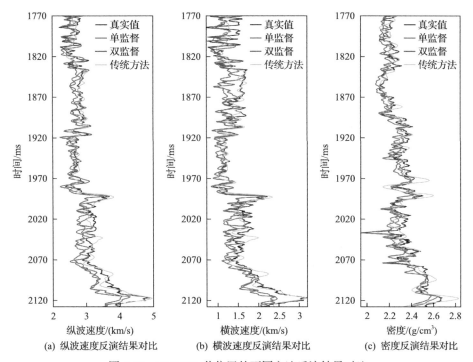

(a) 纵波速度反演结果对比　　(b) 横波速度反演结果对比　　(c) 密度反演结果对比

图 4.65　CDP 190 井位置的不同方法反演结果对比

4.2.5　小结与展望

1. 小结

本章主要介绍了基于人工智能的叠前反演方法，从单监督学习、半监督学习与双监督学习三个角度，从单任务学习与多任务学习角度，从人工设置权重参数与自适应设置权重参数角度，并结合数值模型与实际数据实现了智能化叠前反演流程。基于叠前地震数据与测井弹性参数标签，单监督学习是直接从叠前地震数据端到端地学习弹性参数特征。通过对数值模型的测试，单监督模型在训练井位置处的预测结果与真实结果的残差较小，分布较为一致。但是在推广的过程中，在无井位置的预测结果残差较大，分布存在差距。通过逐渐增加训练井的数量，预测结果的准确性逐渐改善，预测结果的分布从简单分布逐渐靠近真实结果的复杂分布。因此，受到数据量的限制，在实际工区数据中稀疏的井数据可能导致单监督学习网络过拟合。基于这种情况，本节在单监督学习的基础上加入正演过程形成了半监督学习叠前反演方法。考虑不同弹性参数之间具有一定关联性，因此可将多个弹性参数反演过程视为多任务学习过程，提出基于注意力机制的权重自适应弹性参数反演方法。通过模型数据和实际数据得出以下几个重要认识。

(1)半监督学习与双监督学习叠前反演方法通过地震波形的匹配较好地缓解了数据量不足的问题，可以降低神经网络对井数据的依赖性并提高反演结果的横向连续性。

(2)与纯物理驱动的深度学习智能方法不同，半监督学习与双监督学习叠前反演方法完全由数据驱动，避免了传统的正演模型带来的精度问题及地震子波的提取问题。

(3)针对复杂的非均质性储层，相比于单监督学习方法，半监督学习与双监督学习叠前反演方法能够更为精细地刻画出河道砂体形态及其内部的弹性参数差异。

(4)基于权重自适应的双监督叠前反演方法采用同方差不确定性设计网络的损失函数，能够在多任务学习过程中自动平衡不同弹性参数反演任务的损失权重系数，并保持不同弹性参数之间的岩石物理约束关系，降低反演过程中的不确定性。

2. 未来展望

(1)无论是模型驱动还是数据驱动方法，低频模型的准确性对于反演结果非常重要。现有的低频模型建立方法以井+层位数据插值为主，对于地层中的构造信息考虑不足。提高低频模型的精度有助于进一步改善反演结果。

(2)相比半监督学习，单监督学习的缺陷是数据量不足。因此，通过模型驱动或数据驱动的方式生成大量符合研究区地质规律与岩石物理关系的弹性参数及正演得到叠前地震数据可以实现数据量的有效扩充。此时，使用单监督学习的网络进行训练有望极大提升模型的预测结果。

(3)由于神经网络具有低频偏好，对于训练过程中映射关系的学习是从低频逐渐向高频拓展。这导致高频信息在训练中所占比例过小，神经网络的反演结果无法学习到高频信息。如何更好地利用井数据中的高频信息并使神经网络易于学习利用到高频信息是一个很有价值的研究方向。

(4)地质相与弹性参数均为同一地下储层在不同角度、不同侧面的描述，无论是模型驱动还是数据驱动方法都只是对弹性参数的曲线拟合，没有考虑弹性参数对于不同地质体的区分效果。将地质相作为先验信息加入人工智能网络的训练中形成相控叠前反演流程，可以更好地反演弹性参数曲线，更有效地区分不同地质体。

(5)与模型驱动反演方法相比，人工智能方法对于信息的融合具有更加灵活的方式，包括但不限于：先验输入、目标函数约束及网络输出等。但是，现有人工智能反演方法大多只使用了地震信息与测井信息。对于层位、空间等信息考虑不足，如何充分利用更多的信息，对于提升反演结果的精度及更好地体现人工智能技术的优势具有重要意义。

（6）智能反演训练得到的神经网络模型只能应用于目标区域，对于不同区域的地震数据泛化性较差。如何引导神经网络学习到更加泛化的映射关系并适用于其他地区的资料具有重要意义。

参 考 文 献

刘金水, 孙宇航, 刘洋. 2022. 基于小样本数据的模型-数据驱动地震反演方法. 石油勘探与开发, 49(5): 908-917.

刘力辉, 陆蓉, 杨文魁. 2019. 基于深度学习的地震岩相反演方法. 石油物探, 58(1): 123-129.

桑文镜, 袁三一, 丁智强, 等. 2024. 基于数据与模型联合驱动的波阻抗反演方法. 地球物理学报, 67(2): 696-710.

宋磊, 印兴耀, 宗兆云, 等. 2021. 基于先验约束的深度学习地震波阻抗反演方法. 石油地球物理勘探, 56(4): 716-727.

杨立强, 宋海斌, 郝天珧. 2005. 基于 BP 神经网络的波阻抗反演及应用. 地球物理学进展, 20(1): 34-37.

杨培杰, 印兴耀. 2008. 基于支持向量机的叠前地震反演方法. 中国石油大学学报(自然科学版), 32(1): 37-41.

伊小蝶, 吴帮玉, 孟德林, 等. 2021. 数据增广和主动学习在波阻抗反演中的应用. 石油地球物理勘探, 56(4): 707-715.

张钰, 刘建伟, 左信. 2020. 多任务学习. 计算机学报, 43(7): 1340-1378.

赵鹏飞, 刘财, 冯旭, 等. 2019. 基于神经网络的随机地震反演方法. 地球物理学报, 62(3): 1172-1180.

Aleardi M. 2022. Elastic properties and litho-fluid facies estimation from pre-stack seismic data through bidirectional long short-term memory networks. Geophysical Prospecting, 70(3): 558-577.

Aleardi M, Ciabarri F, Gukov T. 2018. A two-step inversion approach for seismic-reservoir characterization and a comparison with a single-loop Markov-chain Monte Carlo algorithm TS and SL inversion algorithms. Geophysics, 83(3): R227-R244.

Aleardi M, Salusti A. 2021. Elastic prestack seismic inversion through discrete cosine transform reparameterization and convolutional neural networks. Geophysics, 86(1): R129-R146.

Alfarraj M, AlRegib G. 2019. Semisupervised sequence modeling for elastic impedance inversion. Interpretation, 7(3): SE237-SE249.

Baddari K, Aïfa T, Djarfour N, et al. 2009. Application of a radial basis function artificial neural network to seismic data inversion. Computers & Geosciences, 35(12): 2338-2344.

Bahdanau D, Cho K, Bengio Y. 2014. Neural machine translation by jointly learning to align and translate. arXiv preprint arXiv: 1409.0473.

Bi Z, Wu X, Li Y, et al. 2022. Geologic-time-based interpolation of borehole data for building high-resolution models: Methods and applications. Geophysics, 87(3): IM67-IM80.

Biswas R, Sen M K, Das V, et al. 2019. Prestack and poststack inversion using a physics-guided convolutional neural network. Interpretation, 7(3): SE161-SE174.

Blouin M, Le Ravalec M, Gloaguen E, et al. 2017. Porosity estimation in the Fort Worth Basin constrained by 3D seismic attributes integrated in a sequential Bayesian simulation framework porosity from seismic with BSS. Geophysics, 82(4): M67-M80.

Buland A, Kolbjørnsen O, Hauge R, et al. 2008. Bayesian lithology and fluid prediction from seismic prestack data. Geophysics, 73(3): C13-C21.

Buland A, Omre H. 2003. Bayesian linearized AVO inversion. Geophysics, 68(1): 185-198.

Cao D, Su Y, Cui R. 2022. Multi-parameter pre-stack seismic inversion based on deep learning with sparse reflection coefficient constraints. Journal of Petroleum Science and Engineering, 209: 109836.

Chen H, Gao J, Zhang W, et al. 2021. Seismic acoustic impedance inversion via optimization-inspired semisupervised deep learning. IEEE Transactions on Geoscience and Remote Sensing, 60: 5906611.

Cui R, Cao D, Liu Q, et al. 2021. VP and VS prediction from digital rock images using a combination of U-net and convolutional neural networks velocity prediction from digital rock by DL. Geophysics, 86(1): MR27-MR37.

Das V, Pollack A, Wollner U, et al. 2019. Convolutional neural network for seismic impedance inversion. Geophysics, 84(6): R869-R880.

Dixit A, Mandal A, Ganguli S S, et al. 2023. Genetic-evolutionary adaptive moment estimation-based semisupervised deep sequential convolution network for seismic impedance inversion: Application and uncertainty analysis. Geophysics, 88(2): R225-R242.

Du S, Zhang J, Hu G. 2022. Robust data-driven AVO inversion algorithm based on generalized nonconvex dictionary learning. Journal of Petroleum Science and Engineering, 214: 110536.

Gao Z, Yang W, Tian Y, et al. 2022. Global optimization with deep-learning-based acceleration surrogate for large-scale seismic acoustic-impedance inversion. Geophysics, 87(1): R35-R51.

Ge Q, Cao H, Yang Z, et al. 2022. High-resolution seismic impedance inversion integrating the closed-loop convolutional neural network and geostatistics: An application to the thin interbedded reservoir. Journal of Geophysics and Engineering, 19(3): 550-561.

Guo Q, Zhang H, Tian J, et al. 2018. A nonlinear multiparameter prestack seismic inversion method based on hybrid optimization approach. Arabian Journal of Geosciences, 11(3): 1-13.

Hamid H, Pidlisecky A, Lines L. 2018. Prestack structurally constrained impedance inversion. Geophysics, 83(2): R89-R103.

He Y X, He G, Yuan S, et al. 2021. Bayesian frequency-dependent AVO inversion using an improved Markov chain Monte Carlo method for quantitative gas saturation prediction in a thin layer. IEEE Geoscience and Remote Sensing Letters, 19: 1001305.

Junhwan C, Seokmin O, Joongmoo B. 2022. Uncertainty estimation in AVO inversion using Bayesian dropout based deep learning. Journal of Petroleum Science and Engineering, 208: 109288.

Karimpouli S, Fattahi H. 2018. Estimation of P-and S-wave impedances using Bayesian inversion and adaptive neuro-fuzzy inference system from a carbonate reservoir in Iran. Neural Computing and Applications, 29(11): 1059-1072.

Kendall A, Gal Y, Cipolla R. 2018. Multi-task learning using uncertainty to weigh losses for scene geometry and semantics. Conference on Computer Vision and Pattern Recognition (CVPR). Proceedings of the IEEE Conference on Computer Vision and Pattern Recognition (CVPR), Salt Lake City: 7482-7491.

Lang X, Grana D. 2017. Geostatistical inversion of prestack seismic data for the joint estimation of facies and impedances using stochastic sampling from Gaussian mixture posterior distributions. Geophysics, 82(4): M55-M65.

Li D, Peng S P, Guo Y L. 2023. Progressive multitask learning for high-resolution prediction of reservoir elastic parameters. Geophysics, 88(2): M71-M86.

Li H, Lin J, Wu B, et al. 2022. Elastic properties estimation from prestack seismic data using GGCNNs and application on tight sandstone reservoir characterization. IEEE Transactions on Geoscience and Remote Sensing, 60: 1-21.

Liu S, Ni W, Fang W, et al. 2023. Absolute acoustic impedance inversion using convolutional neural networks with transfer learning. Geophysics, 88(2): R163-R174.

Liu Y, Zhong Y. 2021. Machine learning-based seafloor seismic prestack inversion. IEEE Transactions on Geoscience and

Remote Sensing, 59(5): 4471-4480.

Lu Q, Song C, Liu C. 2018. A new prestack three-parameter amplitude variation with offset inversion method. Journal of Geophysics and Engineering, 15(4): 1300-1309.

Luo R, Chen H, Wang B, et al. 2023. Semisupervised seismic impedance inversion with data augmentation and uncertainty analysis. Geophysics, 88(4): M213-M224.

Ma Q, Wang Y, Ao Y, et al. 2022. UB-Net: Improved seismic inversion based on uncertainty backpropagation. IEEE Transactions on Geoscience and Remote Sensing, 60: 5915211.

Meng D, Wu B, Wang Z, et al. 2021. Seismic impedance inversion using conditional generative adversarial network. IEEE Geoscience and Remote Sensing Letters, 19: 7503905.

Meng J, Wang S, Niu G, et al. 2023. Seismic impedance inversion using a multi‐input neural network with a two-step training strategy. Geophysical Prospecting, 72(1): 107-124.

Mustafa A, Alfarraj M, AlRegib G. 2021. Joint learning for spatial context-based seismic inversion of multiple data sets for improved generalizability and robustness. Geophysics, 86(4): 37-48.

Niu R, Sun X, Tian Y, et al. 2021. Hybrid multiple attention network for semantic segmentation in aerial images. IEEE Transactions on Geoscience and Remote Sensing, 60: 5603018.

Oldenburg D W, Scheuer T, Levy S. 1983. Recovery of the acoustic impedance from reflection seismograms. Geophysics, 48(10): 1318-1337.

Phan S D T, Sen M K. 2019. A boltzmann machine for high-resolution prestack seismic inversion. Interpretation, 7(3): SE215-SE224.

Qin Z, Xu J, Zhang Y Y, et al. 2020. Frequency principle: Fourier analysis sheds light on deep neural networks. Communications in Computational Physics, 28(5): 1746-1767.

Shuey R T. 1985. A simplification of the Zoeppritz equations. Geophysics, 50(4): 609-614.

Smith R, Nivlet P, Alfayez H, et al. 2022. Robust deep learning-based seismic inversion workflow using temporalconvolutional networks. Interpretation, 10(2): SC41-SC55.

Song L, Yin X, Zong Z, et al. 2022. Cooperative multinetworks semi-supervised pre-stack seismic inversion. Geophysical Journal International, 230(3): 1878-1894.

Sternfels R, Viguier G, Gondoin R, et al. 2015. Multidimensional simultaneous random plus erratic noise attenuation and interpolation for seismic data by joint low-rank and sparse inversion. Geophysics, 80(6): WD129-WD141.

Sun J, Yang J, Li Z, et al. 2023. Intelligent AVA inversion using a convolution neural network trained with pseudo-well datasets. Surveys in Geophysics, 44: 1075-1105.

Sun S, Zhao L X, Chen H Z, et al. 2023. Prestack seismic inversion for elastic parameters using model-data-driven generative adversarial networks. Geophysics, 88(2): M87-M103.

Wang Q, Wang Y, Ao Y, et al. 2022. Seismic inversion based on 2D-CNNs and domain adaption. IEEE Transactions on Geoscience and Remote Sensing, 60: 5921512.

Wang Y, Ge Q, Lu W, et al. 2020. Well-logging constrained seismic inversion based on closed-loop convolutional neural network. IEEE Transactions on Geoscience and Remote Sensing, 58(8): 5564-5574.

Wang Y, Liu Y, She B, et al. 2021b. Data-driven pre-stack AVO inversion method based on fast orthogonal dictionary. Journal of Petroleum Science and Engineering, 201: 108362.

Wang Y, Wang Q, Lu W, et al. 2021a. Physics-constrained seismic impedance inversion based on deep learning. IEEE Geoscience and Remote Sensing Letters, 19: 7503305.

Wang Y, Wang Y F. 2023. Spectral decomposition and multifrequency joint amplitude-variation-with-offset inversion based on the neural network. Geophysics, 88 (3) : R373-R383.

Woo S, Park J, Lee J Y, et al. 2018. CBAM: Convolutional block attention module. Proceedings of the European Conference on Computer Vision (ECCV). Munich: 3-19.

Wu B, Meng D, Wang L, et al. 2020. Seismic impedance inversion using fully convolutional residual network and transfer learning. IEEE Geoscience and Remote Sensing Letters, 17 (12) : 2140-2144.

Wu B, Xie Q, Wu B. 2022. Seismic impedance inversion based on residual attention network. IEEE Transactions on Geoscience and Remote Sensing, 60: 4511117.

Wu X, Yan S, Bi Z, et al. 2021. Deep learning for multidimensional seismic impedance inversion. Geophysics, 86 (5) : R735-R745.

Yang X, Mao N, Zhu P. 2022. Hybrid inversion of reservoir parameters based on cosimulation and the gradual deformation method. IEEE Transactions on Geoscience and Remote Sensing, 60: 5913211.

Yin L, Zhang S, Xiang K, et al. 2022. A new stochastic process of prestack inversion for rock property etimation. Applied Sciences, 2022, 12 (5) : 2392.

Yu B, Zhou H, Wang L, et al. 2020. Prestack Bayesian statistical inversion constrained by reflection features. Geophysics, 85 (4) : R349-R363.

Yuan S, Jiao X, Luo Y, et al. 2022. Double-scale supervised inversion with a data-driven forward model for low-frequency impedance recovery. Geophysics, 87 (2) : R165-R181.

Yuan S, Wang S, Luo Y, et al. 2019. Impedance inversion by using the low-frequency full-waveform inversion result as an a priori model. Geophysics, 84 (2) : R149-R164.

Zeng H L, He Y W, Zeng L. 2021. Facies control on machine learning of acoustic impedance. SEG Technical Program Expanded Abstracts, Denver: 986-990.

Zhang J, Sun H, Zhang G, et al. 2022. Deep learning seismic inversion based on prestack waveform datasets. IEEE Transactions on Geoscience and Remote Sensing, 60: 4511311.

Zheng X, Wu B, Zhu X, et al. 2022. Multi-task deep learning seismic impedance inversion optimization based on homoscedastic uncertainty. Applied Sciences, 12 (3) : 1200.

Zhu G, Chen X, Li J, et al. 2022. Data-driven seismic impedance inversion based on multi-scale strategy. Remote Sensing, 14 (23) : 6056.

第5章 人工智能储层流体预测

本章主要介绍循环神经网络、k近邻（kNN）算法、卷积神经网络和多任务学习网络的基本原理，利用合成数据和实际数据展示介绍这些人工智能算法在孔隙度预测、含气饱和度预测和多参数同时预测中的应用，并对不同人工智能算法的本质思想和适用范围进行分析。

5.1 储层孔隙度预测

岩石孔隙是储层储集流体的空间场所，其储集流体的性能与孔隙度和渗透率等储层参数紧密相关。孔隙度是指岩石的孔隙体积与岩石总体积之比，反映着岩石的孔隙大小。孔隙度进一步分为囊括所有孔隙的绝对孔隙度（总孔隙度）和只考虑连通孔隙的有效孔隙度两类。油气的流动和渗滤发生在连通孔隙之间，因此通常所说的孔隙度为更具有实际价值的有效孔隙度。由于在野外条件下无法直接测量岩石孔隙度，地震和测井等地球物理探测技术成为间接预测孔隙度空间分布的主要手段。准确预测孔隙度有利于后续开展渗透率和饱和度计算、油气储量评估、甜点区域优选、钻前风险预测和钻井方案设计等工作（Angeleri and Carpi, 1982; Doyen, 1988; Leite and Vidal, 2011）。

5.1.1 研究进展

根据所采用的地球物理探测和测量技术的差异，孔隙度预测方法主要包括岩石物理实验测量、测井解释、井震联合反演和人工智能预测四类。四类方法在发展过程中相互促进、相辅相成。岩石物理实验测量常采用氦气法（韩学辉等，2021）、高压压汞法（田华等，2012）、扫描电镜法（Sondergeld et al., 2010）、注气孔隙度测定法（Sun et al., 2016）和水浸法（Kuila et al., 2014）等测量钻井取心岩样或人造岩样的孔隙度。测井解释主要采用经验公式、三孔隙度模型、交会图、岩石物理模型和神经网络等方法构建孔隙度与密度、补偿中子、声波时差、自然伽马、泥质含量和地层电阻率等敏感参数之间的计算模型（Archie, 1942; Xu and White, 1996; Khaksar and Griffiths, 1998; 李宏兵等，2019; 安鹏等，2019; 魏国华等，2023）。井震联合反演孔隙度的理论基础是一定厚度地层内孔隙度的变化会引起声波时差或地震波传播旅行时发生相应变化（Wyllie et al., 1956; Raymer et al., 1980）。根据利用的地震属性和实现过程的差异，先后发展出叠后单属性预测、叠后多属性融合和叠前多属性融合三类孔隙度预测方法。

　　人工智能预测孔隙度可以追溯到20世纪80年代(Baldwin et al., 1989)，其发展历程主要表现出以下四大特征：①人工智能孔隙度预测技术的更新与人工智能算法的发展基本同步，机器学习、浅层神经网络、深层神经网络、CNN 和 RNN等先后应用于孔隙度预测(韩宏伟等，2022)。单一机器学习算法的改进与优化、两种机器学习算法的联合与混搭、多种机器学习算法的组合与集成先后成为孔隙度智能预测的代表性方法。②网络的输入信息从一种或多种地震属性过渡到地震、测井和地质等多源多尺度地球物理信息组合。建立的孔隙度计算模型从弹性参数预测孔隙度演变为从地震数据或多种地球物理数据直接预测孔隙度(Sang et al., 2023)。③从单一的孔隙度智能预测发展到孔隙度、渗透率、饱和度等储层参数联动预测、迁移预测和多任务预测等。从储层参数之间的物理联系、地震数据与储层参数之间的关联程度、极度稀疏样本扩充、储层参数空间分布和数值分布、多学科数据融合和跨专业跨场景应用等角度提高孔隙度智能预测模型的抗噪性、泛化性、可解释性和实用性等。④从纯数据驱动的孔隙度预测发展到模型与数据联合驱动的孔隙度预测。物理模型、岩石物理知识和地质知识等领域知识逐渐引入人工智能算法，提升了孔隙度预测结果的准确性、可靠性和稳定性，是未来孔隙度智能预测的发展趋势之一。

　　表5.1和表5.2分别系统总结了20世纪80年代末以来国外和国内孔隙度智能预测的部分研究进展。总体上，国外与国内的孔隙度智能预测技术表现出旗鼓相当、齐头并进的良好发展态势。

表5.1　国外人工智能储层孔隙度预测部分研究进展

作者	年份	研究内容及成果
Baldwin 等	1989	较早引入神经网络解决测井解释问题，开展了基于模拟神经网络的总孔隙度和视颗粒密度预测
Wong 等	1995	使用反向传播神经网络先后进行岩相和孔隙度的预测，泥质海绿石储层测试表明岩相作为额外输入能使网络的训练过程由不收敛变为收敛，从而提高不同岩相内孔隙度的预测效果
Hampson 等	2001	通过多元逐步线性回归分析优选地震属性，并结合北美地区两个应用实例说明概率神经网络相比于多元线性回归能更好地表达地震属性与孔隙度之间的非线性关系，提高预测结果的分辨率和准确性，同时指出需要量化测井数据的数量及分布对智能储层预测的影响
AlBinHassan 和 Wang	2011	研究了以二次多项式函数为基本单位，自动确定最佳网络结构的数据分组处理方法(group method of data handling, GMDH)在孔隙度预测中的应用
Leite 和 Vidal	2011	利用前馈神经网络研究了基于自然伽马体和稀疏脉冲反演得到波阻抗体的三维孔隙度预测

续表

作者	年份	研究内容及成果
Talkhestani	2015	集成多个局部线性模型树形成从地震属性预测有效孔隙度的神经模糊模型，认为随着地震属性与孔隙度的相关性由强变弱，神经模糊模型比常规神经网络更能精确预测孔隙度的优势逐渐凸显
Wang 等	2015	为实现渤海湾盆地某稠油油藏的井间孔隙度精确预测，首先联合粗糙集和主成分分析对沿层地震属性的数量与类型进行优选，再结合多元线性回归和径向基函数神经网络预测孔隙度。通过对 101 口井的误差分析，论证了这种联合属性选取方法的有效性，测试表明主要的分支河道砂体表现为高孔隙区域
Moon 等	2016	对比协同克里金插值和神经网络在不同井数量情况下的有效孔隙度预测效果，发现随着井数量减少，协同克里金插值法预测效果没有显著变化，但越易受高值的影响，导致预测的孔隙度值偏大，神经网络预测的孔隙度随训练井数量变化较大且整体偏小，可能与地震数据的带限特征有关
Lima 等	2017	在伪井周围应用图连接技术进行样本增广，提高了半监督机器学习方法直推式条件随机场回归在孔隙度预测场景中的适用性
Saikia 等	2020	系统总结了不同类型神经网络在孔隙度预测等油藏描述场景中的应用情况、适用条件和局限性
Das 和 Mukerji	2020	给出了一种油藏标签数据集生成方法，测试说明卷积神经网络不能有效捕捉小于地震分辨率(约 1/4 波长)的小尺度物性变化，建立的直接物性预测流程比间接物性预测流程的效率和预测精度更高，在某油田浊积砂岩储层预测的孔隙度和泥质含量可以用于雕刻含油砂岩的分布
Feng 等	2020	将震源子波、初始模型、岩石物理关系和褶积模型等领域知识与卷积神经网络相结合，缓解了卷积神经网络对于测井标签的依赖，形成的无监督孔隙度预测方法测试效果与传统方法相当
Feng	2020	研究了基于非线性反演和卷积神经网络的孔隙度预测方法，该方法将全波形反演得到的弹性参数转化为更能反映岩石物性质的压缩系数和剪切柔量，之后基于二维卷积神经网络实现从压缩系数和剪切柔量预测孔隙度，三维实际数据测试表明考虑相邻的局部信息的卷积神经网络获得了比全连接神经网络更高的孔隙度预测质量
Zou 等	2021	基于随机森林算法优选地震属性集合预测储层孔隙度并量化预测的不确定性，并利用预测标准差与误差与之间的统计性关系进一步提升了物性参数的表征精度
Di 等	2022	建立了以相对地质时间和地震数据为双通道输入，同时实现孔隙度等参数预测和相对地质时间重构的混合卷积神经网络，并引入相对地质时间重构损失到目标函数中约束网络建模过程，F3 荷兰数据测试表明该方法有效改善了预测结果的横向连续性
Gholami 等	2022	基于神经网络、模糊推理系统和支持向量回归三个个体学习器，构建用于孔隙度预测的异质混合模型委员会机器，并将其成功应用于只有一口勘探井的海上碳酸盐岩储层
Jo 等	2022	基于地质统计学模拟、岩石物理模型和 Zoeppritz 方程，生成了大量合成数据样本集，研究了基于多个不同频带地震数据体和 ResU-Net++的孔隙度预测方法，输入单一主频的地震数据学习容易导致 ResU-Net++发生欠拟合或过拟合，而同时使用多个具有不同主频的地震数据有助于稳定 ResU-Net++的训练过程和帮助 ResU-Net++克服局部极小值，获得精度更高的孔隙度结果
Wang 等	2022	结合高斯混合模型和深层神经网络建立叠前弹性参数与孔隙度之间的映射关系，测试表明该方法可以表达塔里木盆地深层碳酸盐岩储层复杂的孔隙度分布，并降低预测的不确定性

续表

作者	年份	研究内容及成果
Sang 等	2023	充分利用测井曲线和井旁及非井旁地震道开展基于半监督学习的孔隙度预测,统计性试验说明半监督方法比有监督方法的预测误差和预测不确定性要小,且前者更适用于测井数据未进行标准化处理和逆时偏移成像数据刻画地层精度不够等有偏差场景,预测结果揭示了高孔含油砂岩的空间分布
Zou 等	2023	系统比较和分析了轻型梯度提升机(LightGBM)、极端梯度提升(XGBoost)、分类提升(CatBoost)、随机森林、卷积神经网络和多层感知机等机器学习方法基于纵波阻抗和纵横波速度比两种弹性参数预测孔隙度的泛化性能与效率。巴西近海某非均质湖相碳酸盐岩储层测试说明,预测精度最高且运行时间最短的 LightGBM 具有快速可靠预测孔隙度的潜力

表 5.2　国内人工智能储层孔隙度预测部分研究进展

作者	年份	研究内容及成果
王治国等	2011	基于径向基函数神经网络实现从地震属性外推预测渤海某砂岩储层的孔隙度,利用 101 口井的数据进行误差检验,说明结合粗糙集属性优化和基于主成分分析的属性变换的串联流程为最佳属性优化模式
王维强	2012	使用核独立分量分析进行地震属性优化,并开展基于优化属性的支持向量机储层孔隙度预测,属性优化结果清晰地刻画了海相碳酸盐岩生物礁储层的分布特征及礁体边界,而孔隙度预测结果表明储层段物性特征整体较好,礁滩内部的气井附近区域预测为高孔隙度,一定程度上验证了该方法的有效性
王童奎等	2013	利用叠前弹性参数和 AVO 属性建立概率神经网络预测储层孔隙度,介绍了交叉检验法寻找最优地震属性集合的原理及过程
王昕旭	2015	率先将偏最小二乘回归法应用于孔隙度预测,与神经网络法和逐步回归法相比,偏最小二乘法预测储层砂体孔隙度的精度更高
马文哲	2016	优选瞬时频率和高亮体为储层孔隙度的敏感地震属性,利用反向传播神经网络在吐鲁番地区某扇三角洲储层预测的孔隙度与砂体厚度的平面展布特征一致,且断背斜构造附近的孔隙度明显高于其他区域
宋建国等	2018	建立了多种地震属性与孔隙度之间的随机森林回归模型,F3 工区实际数据试验表明使用含噪声较少的训练数据建模是随机森林算法有效预测储层孔隙度的关键,此时建立的模型对待测试数据表现出强容噪性
安鹏等	2019	提出基于长短期记忆网络和多种测井敏感参数的孔隙度预测方法,测试表明基于长短期记忆网络比全连接深度神经网络更适合解决序列化建模问题,具有更高的准确性和稳定性
宋辉等	2019	结合卷积神经网络局部感知和门控递归单元网络长期记忆的各自优势,构建表达不同测井曲线之间、测井曲线内部的时空域特征的卷积门控循环单元网络,其测井孔隙度预测精度优于卷积神经网络模型和门控递归单元网络模型
闫星宇等	2019	利用极端梯度提升集成学习算法进行致密砂岩含气储层测井孔隙度解释,并给出了一种逐步设置 XGBoost 回归预测模型参数的策略
孙歧峰等	2020	采用多阈值层次聚类预测岩相,并进一步在不同相带内使用岭回归算法将波阻抗数据转化为孔隙度结果,三角洲相页岩数据测试表明以岩相特征作为约束条件降低了储层孔隙度预测的多解性

续表

作者	年份	研究内容及成果
王俊等	2020	同时使用线性相关系数法和基于 Copula 函数的非线性相关性测度法挑选与目标参数线性或非线性关联度较高的测井曲线作为门控递归单元网络的输入特征，证明了考虑非线性相关的敏感测井曲线能提高孔隙度预测度
匡立春等	2021	阐述了人工智能正推动测井技术由"成像测井"跨入"智能测井"时代，总结了人工智能技术在测井处理解释场景的初步应用，包括横波预测、成像测井解释、孔隙度等储层参数预测
李宁等	2021	论述了人工智能在测井领域的研究进展与发展趋势，着重介绍了浅层机器学习、深层机器学习、半监督学习三种不同层次的人工智能方法在孔隙度、渗透率预测等测井研究热点中的应用
石玉江等	2021	介绍了长庆油田依托数字化油气藏研究系统构建的测井智能解释软件，研发了测井大数据治理、智能模型训练与自动推荐、孔渗饱等参数同步解释、在线绘制解释成果图等核心功能模块
张益明等	2021	综合地震、测井、层位等多源信息，创建了同时学习数据分布特征和空间分布特征的混合深度学习网络，在致密砂岩储层应用案例中能够有效识别较薄的高孔隙度甜点
韩宏伟等	2022	提出了基于双向门控循环单元网络的半监督学习孔隙度直接预测方法，测试说明了地震数据匹配这种物理正则化约束能体现半监督方法与有监督方法的物理关联，合适的正则化约束能提高孔隙度智能反演的稳定性和抗噪性，且半监督方法更适用于河流相砂岩储层，获得了反映辫状河横向变化快、纵向砂体交替叠置特征的孔隙度空间分布
邵蓉波等	2022a,2022b	系统研究了基于迁移学习和多任务学习的测井储层参数预测方法，对仅预测孔隙度或同时预测孔隙度和含水饱和度的基础模型进行参数迁移，提高了渗透率等测井参数的预测精度；数值实验对比说明单任务模型、同架构多任务模型、异架构多任务模型对测井储层参数预测达到了渐进式提升的效果
谭茂金等	2022	设计联合岩石物理模型和神经网络、贝叶斯分类器、决策树等异质学习器的回归委员会机器，用于鄂尔多斯盆地致密砂岩孔隙度的测井解释，获得了比静态委员会机器更符合地质认识的预测结果
魏国华等	2023	针对砂岩储层不同岩相内的孔隙度差异，设计了基于半监督高斯混合模型和梯度提升树的相控孔隙度预测方法，实现了砂岩与泥岩的准确划分，并通过测井敏感属性和岩石物理先验信息实现了砂岩段孔隙度的智能预测

5.1.2 井震联合有监督孔隙度预测

本小节介绍一种基于有监督学习思想的井震联合孔隙度预测方法(韩宏伟等，2022)。该方法以地震数据振幅属性为输入特征，以测井孔隙度标签为输出目标，通过 Bi-GRU 网络在高维空间建立输入特征与输出目标之间的隐式映射关系，完成地震数据到孔隙度的非线性转化。本小节将介绍方法原理、合成数据集生成、评价指标和设计的三组合成数据测试，以说明该方法的基本实现过程及适用范围。

1. 方法原理

一般地，地层的沉积规律具有渐变性，导致某一深度或时刻的地球物理响应与其邻域具有局部相关性，邻域的大小与地震波长有关。因此，地震记录和测井曲线可以视为内部关联、局部依赖的序列数据，而井震联合孔隙度预测可以视为序列建模问题。本小节采用 Bi-GRU 神经网络实现井震联合有监督孔隙度预测（Cho et al., 2014a）。Bi-GRU 采用两个方向相反的单向门控递归单元实现信息的正向和反向传播，使当前时刻的输出信息由当前时刻之前和之后的隐藏层信息共同决定（Cho et al., 2014b）。这一工作机制使其在预测某一深度点或时间点的孔隙度时能考虑局部相邻的地震或测井模式，获得更加符合地层变化规律的孔隙度预测结果。基于 Bi-GRU 建立了有监督孔隙度预测网络（以下简称为有监督网络），如图 5.1 所示，该网络包括输入层、隐藏层和输出层三个部分。输入层和输出层分别是单道地震记录和对应位置的孔隙度曲线。有监督网络的输入或输出大小为 $n \times s \times c$，其中 n、s 和 c 分别表示批尺寸大小、序列的长度和输入或输出序列的通道数。针对单道的地震记录和孔隙度曲线，此时 c 为 1。中间隐藏层由 4 个 Bi-GRU 和 1 个全连接层构成。Bi-GRU 网络从输入的地震数据或上一层学习到的低水平特征中进一步提取更高水平特征，这些特征可以视为与孔隙度有关的"地震属性"；全连接层最终将学习到的"地震属性"线性或非线性地转化为孔隙度。有监督网络利用成对的井旁地震道和孔隙度曲线进行训练，其可以视为一种广义的叠后地震反演与岩石物理建模联合的智能反演技术。期望模拟地震数据到弹性参数，弹性参数再到物性参数的反演过程，从而直接将地震数据转化为孔隙度。有监督网络（简记为 E 网络）通过反向传播算法不断更新网络参数，减小预测结果与孔隙度标签之间的差异，其差异使用目标函数 L_E 计算测井监督损失：

$$L_{\mathbf{E}} = \frac{1}{N}\sum_{i=1}^{N}\left\|\mathbf{Por}_i - \boldsymbol{E}(\boldsymbol{S}_i;\boldsymbol{\theta}_{\mathrm{E}})\right\|_2^2 \tag{5.1}$$

式中，N 为训练样本数量；$\boldsymbol{S}_i$ 和 $\mathbf{Por}_i$ 分别为训练集中第 i 个地震道振幅曲线和第 i 个孔隙度标签曲线；$\boldsymbol{\theta}_{\mathrm{E}}$ 为有监督网络的网络参数；$\boldsymbol{E}(\boldsymbol{S}_i;\boldsymbol{\theta}_{\mathrm{E}})$ 为网络 E 预测的孔隙度结果。通过迭代最小化目标函数，最终得到有监督孔隙度预测模型，以实现从单道地震记录预测出最佳的单道孔隙度曲线。

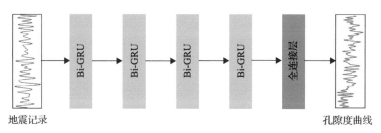

图 5.1　有监督网络

2. 合成数据集生成

本节选取 Maromousi 模型数据进行合成数据集的生成，并用于测试井震联合有监督孔隙度预测等方法。Maromousi 模型模拟地层的岩性以泥岩为主，还含有部分砂岩、泥灰岩和盐岩。模型中部从浅到深依次经过三条大断裂、一个泥灰岩背斜、一个不整合面、一个楔形真空盐岩层和一个泥岩背斜地层。基于纵波速度模型[图 5.2(a)]，通过孔隙度与速度之间的岩石物理关系导出孔隙度模型[图 5.2(b)]。二者之间的关系为

$$\phi = -0.016V_{\mathrm{P}} + 75.61 \tag{5.2}$$

式中，ϕ 为孔隙度；V_{P} 为纵波速度。

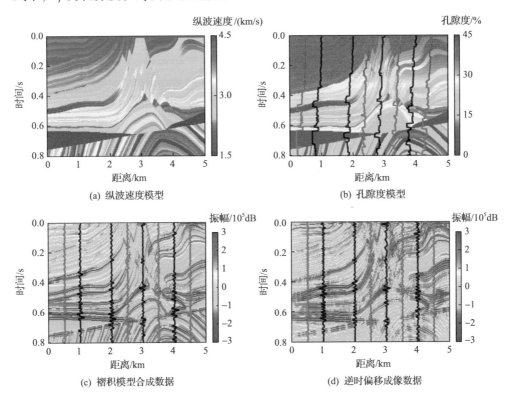

(a) 纵波速度模型　　　　　　　　(b) 孔隙度模型

(c) 褶积模型合成数据　　　　　　(d) 逆时偏移成像数据

图 5.2　Maromousi 模型数据集
红线分别为 4 口训练井 A1～A4 的伪孔隙度曲线和井旁地震道；黑线分别为 4 口验证井 B1～B4 的
伪孔隙度曲线和井旁地震道

图 5.2(c) 为波阻抗导出的反射系数与主频为 35Hz 的零相位震源子波褶积合成的无噪声地震数据。为进一步贴近实际情况，采用声波波动方程正演模拟及使用逆时偏移方法处理获得成像数据。具体地，在观测系统中放置有 100 个激发器

和 501 个接收器，其中第一个激发器或接收器位于模型的左端。激发器之间间隔为 50m，接收器之间间隔为 10m。震源是主频为 35Hz 的零相位里克子波。逆时偏移使用零延迟互相关成像条件(Claerbout, 1971)和 15 层的混合吸收边界条件(Liu and Sen, 2015)。为便于与褶积模型合成数据比较，这里直接将深度域偏移成像剖面转换为时间域地震剖面，如图 5.2(d)所示。图 5.2 中每个模型数据有 501 道，每一道有 201 个时间采样点，其中道间距为 10m，时间采样间隔为 4 ms。

3. 评价指标

在后续测试中，使用相关系数 CC 和预测误差 Q 分别从定性和定量角度评价预测结果的准确性，使用标准差 SD 从统计角度评价多次测试预测孔隙度的不确定性。相关系数定义为

$$CC = \frac{\text{Cov}(\boldsymbol{X}, \boldsymbol{X}')}{\sqrt{\text{Var}[\boldsymbol{X}]\text{Var}[\boldsymbol{X}']}} \tag{5.3}$$

式中，$\boldsymbol{X}$ 为真实孔隙度模型(或观测地震数据)；$\boldsymbol{X}'$ 为预测孔隙度结果(或生成地震数据)；$\text{Cov}(\boldsymbol{X}, \boldsymbol{X}')$、$\text{Var}[\boldsymbol{X}]$ 和 $\text{Var}[\boldsymbol{X}']$ 分别为 $\boldsymbol{X}$ 与 $\boldsymbol{X}'$ 之间的协方差、$\boldsymbol{X}$ 的方差和 $\boldsymbol{X}'$ 的方差。预测误差定义为

$$Q = \frac{\|\boldsymbol{X} - \boldsymbol{X}'\|^2}{\sqrt{m \times p}} \tag{5.4}$$

式中，m 和 p 分别为孔隙度数据的时间采样点数和道数。为检验方法的稳定性，采用标准差评价统计性试验预测的多个孔隙度结果之间的差异，具体如式(5.5)所示：

$$SD = \frac{\sqrt{\sum_{i=1}^{T} \|\boldsymbol{X}_i - \bar{\boldsymbol{X}}\|_2^2}}{M \times K \times \sqrt{T}} \tag{5.5}$$

式中，T 为试验次数；$\boldsymbol{X}_i$ 为第 i 次测试结果；M、K 分别为 $\boldsymbol{X}_i$ 的行数和列数；$\bar{\boldsymbol{X}}$ 为多次试验预测的平均孔隙度结果。

4. 褶积模型合成数据分析

首先，在孔隙度模型和褶积模型合成数据上进行井震联合有监督孔隙度预测方法测试。有监督网络的训练集由随机抽取的 4 条伪孔隙度曲线及对应的井旁地震道构成[图 5.2(b)和(c)中的红线]，而验证集由另外 4 对随机抽取的地震测井数据对构成[图 5.2(b)和(c)中的黑线]。训练集或验证集的大小为 4×201×1。4 口训练井依次命名为 A1～A4，它们分别位于 0.5km、2.5km、3.5km 和 4.5km 位置；

4 口验证井依次命名为 B1～B4，它们分别位于 1km、2km、3km 和 4km 位置。测试集由真实孔隙度模型[图 5.2(b)]和褶积模型合成数据[图 5.2(c)]组成。在训练网络之前，不同数据集中的地震数据和孔隙度都采用 Z-标准分数归一化进行预处理：

$$\bar{Y} = \frac{Y - Y_\mu}{Y_\sigma} \tag{5.6}$$

式中，Y_μ 和 Y_σ 分别为真实孔隙度模型(或观测地震数据)的均值和标准差；$\bar{Y}$ 为归一化后孔隙度数据(或地震数据)。

利用准备好的训练集与验证集进行有监督网络的训练与验证。训练过程中的批尺寸大小设置为 2，以降低训练过程中梯度下降算法寻优出现较大振荡。每个 Bi-GRU 隐藏层状态变量个数设置为 10，学习率的大小设置为 0.005。梯度下降算法使用自适应矩估计优化器 Adam(Kingma and Ba, 2014)。在训练数据、优化器、目标函数和反向传播算法等共同作用下，有监督网络通过预先设定最大迭代次数完成初步学习与训练，通过绘制损失曲线并观察训练损失和验证损失是否同时收敛到极小值，若没有则调整最大迭代次数直至二者都满足收敛条件。最终，确定最大迭代次数为 400 次时，可以获得最优的有监督孔隙度预测模型。由于此时有监督网络的非线性拟合能力已经足够精确地预测孔隙度，不再进行网络结构的调整。将训练好的有监督网络推广到褶积模型合成数据后，预测得到的孔隙度模型见图 5.3(a)。孔隙度预测结果与真实孔隙度模型的相关系数和预测误差分别为 0.949 和 0.471，表明预测结果整体精度较高。有监督网络预测得到的孔隙度在浅部横向连续性较好，这是因为孔隙度模型在浅部(小于 0.25s 的部分)地层起伏较小，横向变化较为缓慢，且浅部倾斜地层、褶皱和断层内的孔隙度整体变化也较小。而孔隙度模型在大于 0.25s 的相对中深部地层起伏较大，发育有陡倾角的断层和背斜等，且孔隙度在中深部的局部差异较大。地质构造复杂性和不同构造内部较大的孔隙度差异可能会造成孔隙度的低频成分难以估计，导致有监督网络在背斜等复杂构造位置预测误差较大[图 5.3(b)]，预测结果的横向连续性也较差。可以考虑学习相对孔隙度、加入孔隙度初始模型参与网络训练、多道地震数据预测单道孔隙度等方式缓解该问题。

5. 逆时偏移成像数据分析

在褶积合成数据测试的基础上，进一步使用逆时偏移成像数据[图 5.2(d)]和孔隙度模型[图 5.2(b)]进行测试，以探究地震数据和储层参数之间复杂的响应关系对有监督网络泛化能力的影响。相比于褶积合成数据测试，逆时偏移成像数据测试有两点不同：一是使用偏移成像数据生成训练集、验证集和测试集的样本；

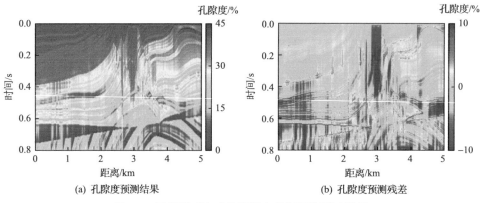

(a) 孔隙度预测结果　　　　　　　　　　(b) 孔隙度预测残差

图 5.3　褶积模型合成数据的有监督网络测试结果

二是开展多次统计试验评价有监督网络的预测不确定性。首先，使用不同的随机种子改变有监督网络的初始化条件，训练出 50 个有监督孔隙度预测模型。其次，利用上述智能孔隙度预测模型测试逆时偏移成像数据，即可得到 50 个孔隙度预测结果，进一步取它们的平均值作为统计性孔隙度预测结果，如图 5.4(a) 所示。基于逆时偏移成像数据，有监督网络预测的孔隙度整体上精度较高，预测结果与真实孔隙度模型的相关系数和相对误差分别为 0.919 和 0.668。图 5.4(b) 为图 5.4(a) 与真实孔隙度模型[图 5.2(b)]之间的残差。由于模型浅层以平滑褶皱为主，且孔隙度分布变化较小，有监督网络在这些简单构造区域的孔隙度预测误差较小。模型中部和下部的 3 套陡倾断层和 2 个不同岩性的背斜等区域内预测误差较大，可能与这些复杂构造内孔隙度分布差异较大有关。此外，受限于偏移距信息，逆时偏移成像质量随着深度增大而降低，导致孔隙度预测误差表现出随深度逐渐递增的趋势。图 5.4(c) 为 50 个孔隙度结果之间的标准差，断层系统和两侧的楔形体等区域偏移成像质量较差，导致不同的有监督网络在这些相对复杂区域预测孔隙度的标准差较大，即表现出较强的预测不确定性。图 5.3 和图 5.4 的孔隙度预测结果对比表明，有监督网络预测孔隙度的误差与地球物理数据之间的物理关联程度有关。当地震数据与孔隙度之间的物理关系由近似的褶积模型变为复杂的波动方程时，孔隙度预测误差会相应增大。因此，有监督网络更适合应用于地层横向变化较慢、孔隙度分布比较简单、地震数据质量较好等场景。

6. 有偏测井数据分析

在测试地震数据品质对有监督网络建模效果影响的基础上，进一步测试(伪)测井数据质量对有监督网络预测孔隙度的影响。上述两个测试中使用的是理想的孔隙度曲线，构建的是测井标签无偏情况下的训练集(以下简称无偏训练集)。但是，受到测井批次不一、井筒环境干扰、测量仪器误差和人为操作不当等因素的

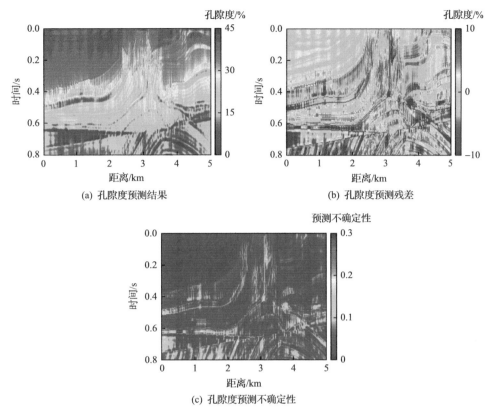

(a) 孔隙度预测结果　　　　　　　　　(b) 孔隙度预测残差

(c) 孔隙度预测不确定性

图 5.4　逆时偏移成像数据的有监督网络预测结果

影响，野外采集到的测井数据存在偏差。为模拟这一实际情况，首先从无偏真实孔隙度模型[图 5.2(b)]提取出 A4 井位置的孔隙度曲线，再加入一定的随机噪声生成有偏孔隙度曲线，最后利用有偏孔隙度曲线替换 A4 井位置的原始曲线，得到有偏孔隙度模型，如图 5.5(a)所示。有偏孔隙度曲线与周围地层的孔隙度变化趋势存在较大差异。从有偏孔隙度模型和逆时偏移成像数据的 A1～A4 井位置提取出 4 条孔隙度曲线和对应的井旁地震道，构成测井标签有偏情况下的训练集(以下简称有偏训练集)。图 5.5(b)展示了测井标签无偏和有偏两种情况下训练集的 4 条孔隙度曲线，其中青线和红线分别代表 A4 井位置的无偏孔隙度曲线和有偏孔隙度曲线，黑线、蓝线和绿线分别代表 A1～A3 井对应的孔隙度曲线。从图 5.5(b)可以看出，除了 A4 井孔隙度曲线在两个训练集中分别是有偏和无偏的，有偏训练集和无偏训练集的其他孔隙度曲线是相同的。此时，有偏训练集比无偏训练集的孔隙度分布差异更大。与偏移成像数据测试类似，利用有偏训练集建立 50 个具有不同初始化条件的有监督网络，之后测试得到 50 个孔隙度预测结果。图 5.6(a)为 50 次测试得到的统计性孔隙度预测结果，图 5.6(b)为图 5.6(a)与真实孔隙度模型之间的残差,图 5.6(c)为 50 次测试对应的预测不确定性。对比图 5.4 和图 5.6,有偏训练集建立的有监督网络预测孔隙度误差和不确定性明显增大,特别是在模型右侧 A4 井附近区域。因此,有监督网络不太适用于测井标签有偏情况下的孔隙度预测。

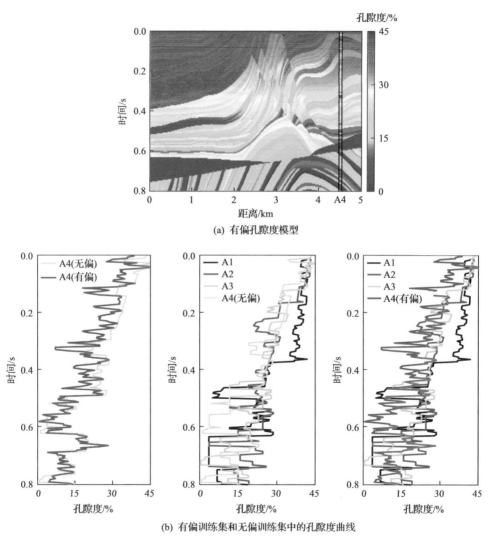

(a) 有偏孔隙度模型

(b) 有偏训练集和无偏训练集中的孔隙度曲线

图 5.5　有偏孔隙度模型及有偏训练集

5.1.3　井震联合半监督孔隙度预测

本小节介绍一种基于半监督学习思想的井震联合孔隙度预测方法。该方法是井震联合有监督孔隙度预测方法的延伸与升级。它充分利用少量的测井数据及对

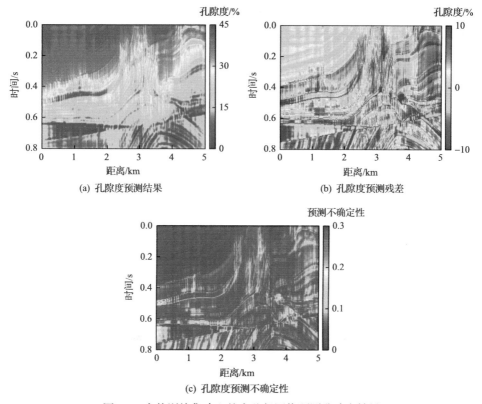

(a) 孔隙度预测结果　　　　　　　　　(b) 孔隙度预测残差

(c) 孔隙度预测不确定性

图 5.6　有偏训练集建立的有监督网络预测孔隙度结果

应的井旁地震道和大量的非井旁地震道学习广义地震反演和正演模拟的物理过程，建立地震数据到孔隙度、孔隙度到地震数据的闭环映射。在详细介绍方法基本原理的基础上，本小节将通过合成数据和实际数据测试，说明井震联合半监督孔隙度预测方法相比于井震联合有监督孔隙度预测方法的优势，并介绍前者在预测河流相砂岩储层孔隙度时的有效性和揭示油层空间分布方面的潜力。

1. 方法原理

针对井震联合有监督孔隙度预测方法不适用于地层横向变化较快、孔隙度分布比较复杂、地震和测井数据质量一般甚至有偏等场景，进一步发展出一种井震联合半监督孔隙度预测方法 (Sang et al., 2023)。对应的半监督孔隙度预测网络 (以下简称半监督网络) 如图 5.7 所示。半监督网络采用类似于自编码器的框架，由编码器 (也简记为 E 网络) 和解码器 (简记为 D 网络) 构成用于孔隙度预测的混合网络。编码器与解码器的内部结构相同，且二者与有监督网络 (图 5.1) 的网络结构保持一致，也是由 1 个输入层、4 个 Bi-GRU、1 个全连接层和 1 个输出层构成。编码器与有监督网络一致，输入和输出分别为单道地震记录和预测的孔隙度曲线；

而解码器的输入和输出分别是孔隙度曲线和生成的地震记录。编码器和解码器的输入和输出信息截然相反，导致二者模拟的物理过程互为逆过程，二者内部的网络参数也大相径庭。编码器学习地震反演的反算子，建立数据驱动的反演模型，实现数据到参数的反过程；解码器学习地震波场的传播规律，建立数据驱动的正演模型，实现参数到数据的正过程。有监督网络通常只能从极度稀疏的井点位置获得用于训练的地震测井样本标签对；而半监督网络采用正反过程联合驱动建立数据到参数、参数到数据的闭合回路，除使用有监督网络中有限的地震测井数据对外，还采用大量的无标签非井旁地震道用于神经网络建模，实现了地球物理信息的最大化利用。

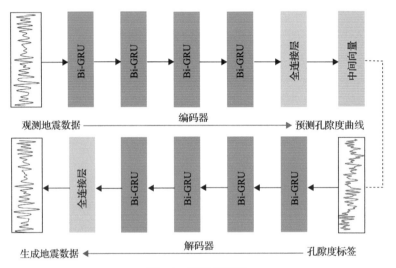

图 5.7 半监督网络

半监督网络在每次迭代优化的过程中，首先输入地震数据到编码器，编码器通过其内部的 Bi-GRU 更新候选隐藏层状态变量和隐藏层状态变量，实现从输入地震数据或上一隐藏层的输出进一步提取高维的多水平特征，不同水平特征最终通过编码器中的全连接层加权输出预测的孔隙度曲线。预测的孔隙度进一步进入解码器"正演"生成地震数据。接着进一步在当前迭代周期内随机从地震剖面上选取 M 个非井旁地震记录作为无标签数据，并依次通过编码器和解码器参与网络训练与优化。非井旁地震道由于缺少真实测井标签，只采用非井旁地震数据匹配损失间接保证井间孔隙度预测结果准确且稳定，不易受到地震振幅特征变化而出现较大偏差。解码器的目标函数 L_D 计算井旁和非井旁地震数据匹配损失：

$$L_D = \frac{1}{N}\sum_{i=1}^{N}\left\{\left\|\boldsymbol{S}_i - \boldsymbol{D}\left[\boldsymbol{E}(\boldsymbol{S}_i;\boldsymbol{\theta}_E);\boldsymbol{\theta}_D\right]\right\|_2^2 + \left\|\boldsymbol{S}_i' - \boldsymbol{D}\left[\boldsymbol{E}(\boldsymbol{S}_i';\boldsymbol{\theta}_E);\boldsymbol{\theta}_D\right]\right\|_2^2\right\} \tag{5.7}$$

式中，S_i' 为第 i 个非井位置的地震记录曲线；θ_D 为解码器 D 的网络参数；$D[E(S_i;\theta_E);\theta_D]$ 和 $D[E(S_i';\theta_E);\theta_D]$ 分别为 S_i 和 S_i' 通过半监督网络后生成的地震数据。式 (5.7) 中第一、二项分别用于计算井旁和非井旁地震道数据匹配损失。此外，不同迭代次数下的非井旁地震道是从地震剖面中随机抽取的，以保证网络较好地适应不同波形特征而高效准确训练孔隙度模型。半监督网络的总目标函数 L_{total} 是井监督损失和地震数据匹配损失的加权和，计算形式如式 (5.8) 所示：

$$L_{\text{total}} = L_E + \lambda L_D \tag{5.8}$$

式中，λ 为正则化参数，用于控制地震数据匹配程度对孔隙度预测效果的影响。当 $\lambda=0$ 时，式 (5.8) 与式 (5.1) 等价，即有监督学习范式是半监督学习范式的一种特例。每次迭代过程计算出总损失后再通过反向传播实现梯度更新并进入下一次迭代，当训练集和验证集损失都收敛到极小值后，完成半监督网络的训练。

　　传统基于模型的反演方法中，数据匹配约束保证反演的参数模型能够重构地震数据。半监督网络在摒弃弹性参数反演、属性优选等过程的基础上，引入地震数据匹配作为物理约束，并与测井数据匹配约束共同监督网络学习过程。在一定程度上，井之间的地震数据匹配可以间接作为井间孔隙度预测质量的评价指标。当非井位置的孔隙度预测结果没有明显偏差时，其通过解码器才能合成与观测地震数据接近的生成地震数据。尽管半监督孔隙度预测方法本质上仍是一种单道反演，但是数据匹配可以影响半监督网络的梯度更新方向，寻找到最优解，获得比有监督网络更好的泛化能力。总之，地震和测井的联合监督使半监督网络不仅能实现从地震数据直接定量预测地下储层孔隙度参数的空间分布，而且能保证预测孔隙度通过解码网络"正演"生成逼近真实的地震数据。同时数据匹配在半监督网络中起到减小网络过拟合、缩小参数解空间、提高预测稳定性等作用。

2. 褶积模型合成数据分析

　　类似于井震联合有监督孔隙度预测方法的测试思路，首先使用褶积模型合成数据 [图 5.2(c)] 和真实孔隙度模型 [图 5.2(b)] 进行井震联合半监督孔隙度预测方法的测试。此时，半监督网络除采用与有监督网络相同的数据作为训练集和验证集外，每次迭代过程还随机选择 4 口非井旁地震道参与神经网络训练。在与有监督网络的最大迭代次数保持一致的情况下，使用准备的数据集训练半监督网络，其使用测井数据和井位置及非井位置的地震数据匹配共同监督和质控网络的训练过程。目标函数 [式 (5.8)] 中地震数据匹配项的正则化参数会影响半监督网络的迭代优化方向和孔隙度预测效果。当 λ 设置合理时 ($\lambda = 0.1$)，在测井监督和基于地震波形匹配的物理正则化约束的共同作用下，半监督网络预测的孔隙度模型 [图 5.8(a)] 比有监督网络预测的孔隙度模型 [图 5.3(a)] 的精度更高，横向连续性更好，相应的孔隙度残差[图 5.8(b)]更小。对比图 5.3(b)和图 5.8(b)，半监督方法相比于有监督方法明显改善了地质构造复杂(如大断层)和孔隙度分布较复杂等地层的孔隙度预测精度。此外，半监督网络预测的孔隙度通过数据驱动的"正演模型"(即解码器)可以进一步生成与褶积模型合成数据[图 5.2(c)]高度吻合的地震数据[图 5.8(c)]，相应的地震数据残差[图 5.8(d)]也较小。从图 5.8 可以看到，引入合适的地震数据匹配约束才能同时提升半监督网络估计孔隙度的准确性和稳定性。通过生成地震数据也可以间接判断预测孔隙度剖面的横向连续性。这是因为当孔隙度预测结果出现较大偏差时也会导致生成地震数据不准确，即预测孔隙度剖面与生成地震剖面的横向连续性具有较强的一致性[图 5.8(a)和(c)]。

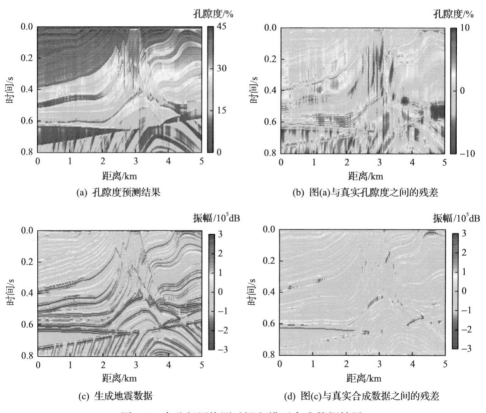

(a) 孔隙度预测结果　　　　　　　　　　(b) 图(a)与真实孔隙度之间的残差

(c) 生成地震数据　　　　　　　　　　(d) 图(c)与真实合成数据之间的残差

图 5.8　半监督网络测试褶积模型合成数据结果

3. 有偏数据分析

基于褶积模型合成数据的系列测试，说明了半监督网络相比于有监督网络能提高孔隙度预测的准确性和横向连续性。下面进一步测试半监督网络在地震成像质量一般、测井数据有误差等有偏数据场景中的应用效果与优势。与之前有监督网络的测试过程类似，首先使用逆时偏移成像数据［图 5.2(d)］和真实孔隙度模型［图 5.2(b)］中 A1～A4 井对应的孔隙度曲线与井旁地震道，并结合大量的非井旁地震道训练 50 个不同的半监督网络；其次测试获得 50 个孔隙度预测结果。图 5.9(a) 为 50 个半监督孔隙度预测结果的统计平均，图 5.9(b) 为图 5.9(a) 与图 5.2(b) 之间的残差，图 5.9(c) 为半监督网络测试 50 次对应的孔隙度预测不确定性。对比图 5.9(a) 和图 5.8(a)［或图 5.9(b) 和图 5.8(b)］发现，当地震数据与孔隙度之间的物理关联变得更加微弱时，半监督网络预测孔隙度的精度会明显下降。此时，需要通过增加训练井数量或增加网络深度才能提高半监督网络表达地震数据与孔隙度之间复杂的物理关系。但是，在同样使用逆时偏移成像数据测试的情况下，半监督网络比有监督网络预测效果更好，且预测不确定性更小，见图 5.4 和图 5.9。

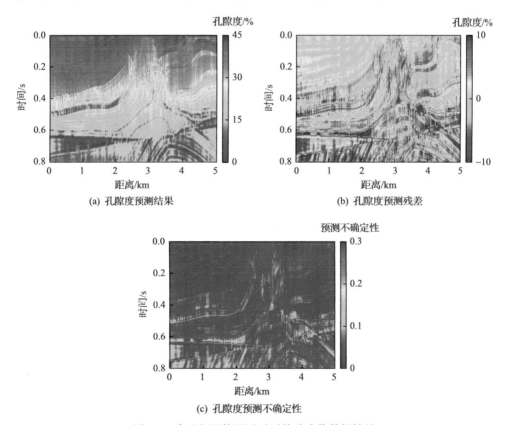

(a) 孔隙度预测结果　　　　　　(b) 孔隙度预测残差

(c) 孔隙度预测不确定性

图 5.9　半监督网络测试逆时偏移成像数据结果

接着进一步使用逆时偏移成像数据［图 5.2(d)］和有偏孔隙度模型［图 5.5(a)］进行半监督网络的训练与测试。测试过程与井震联合有监督孔隙度预测中的有偏测井数据测试类似。50 次测试得到的统计性孔隙度预测结果、孔隙度预测残差和孔隙度预测不确定性分别如图 5.10(a)、(b) 和 (c) 所示。对比图 5.9 和图 5.10 可以看出，有偏测井数据同样会降低半监督网络预测孔隙度的准确性，同时也会增大孔隙度预测的不确定性。但是，在有偏测井数据情况下，半监督网络预测的孔隙度结果(图 5.10)仍然优于有监督网络预测的孔隙度结果(图 5.6)，特别是在模型右侧部分。基于逆时偏移成像数据训练的有监督网络、基于有偏测井数据训练的有监督网络、基于逆时偏移成像数据训练的半监督网络和基于有偏测井数据训练的半监督网络依次命名为网络 1～4。图 5.11(a)中的紫线、绿线、红线和蓝线分别展示了网络 1～4 的孔隙度预测误差随距离的变化，图 5.11(b)中的紫线、绿线、红线和蓝线分别展示了网络 1～4 的孔隙度预测误差随时间的变化。图 5.11(c)和(d)分别展示了四种孔隙度残差[图 5.4(a)、图 5.6(a)、图 5.9(a)和图 5.10(a)]的分布和四种预测不确定性[图 5.4(c)、图 5.6(c)、图 5.9(c)和图 5.10(c)]的分布。表 5.3 系统总结了以上所有测试预测的孔隙度剖面与真实孔隙度剖面之间的相关系数、预测误差及预测不确定性。图 5.11 和表 5.3 均表明井震联合半监督孔隙度预测方法比井震联合有监督方法更适合地震偏移数据和测井数据有偏等贴近实际情况的应用场景(Sang et al., 2023)。

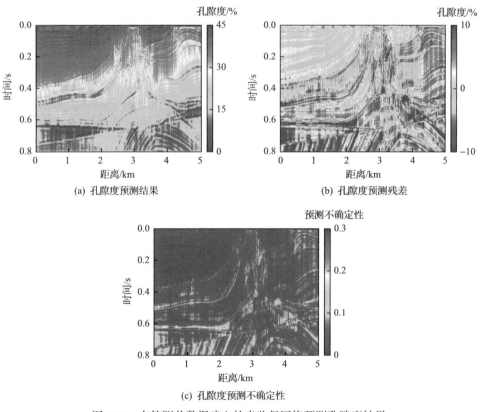

(a) 孔隙度预测结果　　　　　　　　　　(b) 孔隙度预测残差

(c) 孔隙度预测不确定性

图 5.10　有偏测井数据建立的半监督网络预测孔隙度结果

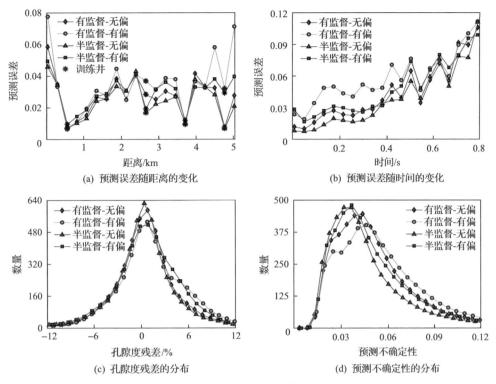

图 5.11　有监督网络和半监督网络预测孔隙度的误差及不确定性对比

表 5.3　不同数据集不同网络预测的孔隙度结果对比

数据网络	褶积合成数据+理想孔隙度模型		逆时偏移成像数据+理想孔隙度模型		逆时偏移成像数据+有偏孔隙度模型	
	有监督网络	半监督网络	有监督网络	半监督网络	有监督网络	半监督网络
相关系数	0.949	0.966	0.919	0.926	0.901	0.913
相对误差	0.471	0.281	0.668	0.602	0.858	0.731
标准差	—	—	0.049	0.044	0.053	0.046

4. 实例分析

采用来自中国东部某油田的地震偏移叠加数据进行实际应用测试，以比较两种井震联合孔隙度智能预测方法的优劣。该工区地层主要发育砂岩和泥岩，目标储层埋深相对较浅，为 1300~1500m。储层段上段发育以"泥包砂"为主要特征的网状河和曲流河；储层下段为以"砂包泥"为特征的辫状河流沉积。储层发育心滩坝、辫状河道、河缘和河道间滩 4 种沉积微相。从上到下，储层砂体逐渐增厚，泥岩夹层逐渐减薄。储层物性极好，平均孔隙度约为 30%，平均渗透率为 1~

$2\mu m^2$(Sang et al., 2023)。

　　图 5.12 为经过 6 口井(W1～W6)的连井地震剖面。该连井剖面有 141 道，道间距为 12.5m，每道地震记录有 111 个时间采样点，时间采样间隔为 2ms。该地震剖面近似垂直于物源方向，其从左至右依次经过的 6 口井对应的 CDP 编号分别为 31、62、75、85、113 和 128。6 口井经过井震标定合成的地震数据与对应的井旁地震道匹配程度高，平均相关系数为 0.79。图 5.12 中两条水平黑线之间的地震数据对应着以辫状河沉积为特征的储层单元，其地震传播时间范围为 1.2～1.3s。河流频繁改道及多条断层的存在使储层非均质性强，岩性纵横向变化大，呈现出多个砂泥岩薄互层纵向交替叠置的特征。在地震剖面上表现为整体较破碎，地震同相轴不连续且变化快。

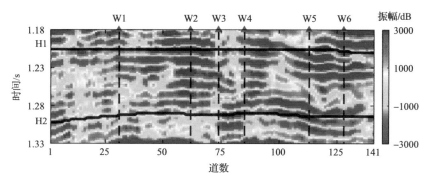

图 5.12　经过 6 口井的连井地震剖面

　　由于工区直井缺少实际解释的孔隙度曲线，本小节首先采用工区内已解释的斜井段孔隙度与不同的孔隙度敏感参数进行交会分析。图 5.13 展示了工区 111 口斜井在储层段(1300～1400m)的孔隙度与纵波速度交会关系，统计发现线性回归即可较好地从速度曲线拟合出孔隙度曲线，拟合结果与已知孔隙度的相关系数高达 0.84。利用图 5.13 建立的岩石物理关系拟合出图 5.12 中 6 口直井的孔隙度曲线，如图 5.14 的黑线所示。由于 W1 和 W6 井测得的声波时差较其他井明显偏大，拟合出的孔隙度曲线也是有偏差的，相应的孔隙度值过大。通过标准化处理后，6 口井的孔隙度曲线如图 5.14 的红线所示。图 5.15 对比了标准化前后的 6 条孔隙度曲线的分布，标准化后 6 口井的孔隙度分布范围更加一致。

　　本小节使用非标准化和标准化的孔隙度曲线进行两种孔隙度预测网络的建模。选取 W2 井作为测试盲井，并采用其他 5 口井的非标准化和标准化孔隙度曲线及其相应的井旁地震道，形成有监督网络的两种训练数据集。之后训练两种有监督网络，通过多次试验，最终确定迭代次数设为 600 较合适。此时，盲井拟合误差最小。进一步使用非标准化和标准化的孔隙度曲线建立两种半监督网络。基于非标准化孔隙度曲线建立的有监督网络和半监督网络预测的孔隙度剖面如

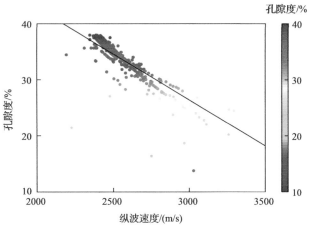

图 5.13　储层段孔隙度与纵波速度交会图

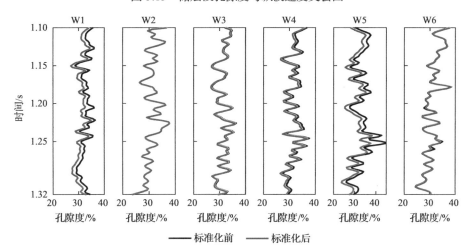

图 5.14　标准化前后的孔隙度曲线比较

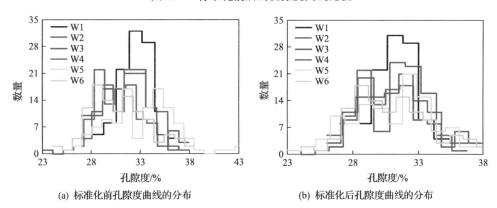

(a) 标准化前孔隙度曲线的分布　　　　　　　(b) 标准化后孔隙度曲线的分布

图 5.15　标准化前后的孔隙度曲线分布变化

图 5.16(a)和(b)所示。W1 和 W5 两口训练井标准化处理前的孔隙度值过大，而有监督网络和半监督网络建立的地震数据到孔隙度的非线性映射关系很大程度依赖于测井标签，导致两种网络预测的孔隙度结果[图 5.16(a)和(b)]明显偏高。特别是在 W5 井附近出现的成片高孔隙度区域，与河流相储层岩性变化很快、砂体容易尖灭的地质认识不符。半监督网络比有监督网络提高了地震数据在孔隙度建模中的参与程度，缓解了特殊测井标签(W1 和 W5)对网络建模的影响(Sang et al.,2023)。通过地震波形匹配约束降低了数据驱动逆过程的多解性，间接保证了不同空间位置孔隙度的差异性。因此，半监督网络比有监督网络更适用于测井数据未标准化这种有偏情况，预测得到的孔隙度剖面更加符合地质认识，且横向连续性更好，特别是在剖面左侧和 W3～W4 井之间的低信噪比区域。通过井位置的自然电位(SP)曲线[图 5.16(a)和(b)中的黑线]可以看出，整体上有监督网络和半监督网络预测的孔隙度具有一定的相似性，但是后者在井旁预测的孔隙度与 SP 曲线变化趋势更为吻合，更好地表征出不同河道砂体孔隙度的差异。基于标准化孔隙度曲线建立的有监督网络和半监督网络预测的孔隙度剖面如图 5.16(c)和(d)所示。与图 5.16(a)和(b)相比，图 5.16(c)和(d)对应的孔隙度结果整体精度和分辨率更高，没有出现成片的低孔隙度或高孔隙度区域。有监督或半监督网络预测的孔隙度模型在剖面上部(1.18～1.25s)以相对低孔地层包裹高孔地层为主，符合曲流河出现的"泥包砂"现象；在剖面下部(1.25～1.33s)以相对高孔地层包裹低孔地层为主，符合辫状河呈现的"砂包泥"现象。相比于有监督网络，半监督网络预测的孔隙度横向变化在盲井位置(W2 井)附近更为合理，与 SP 曲线的变化趋势更为吻合，刻画不同尺度河道砂体的能力更强。

为了使孔隙度估计结果更加准确和可靠，接着利用标准化孔隙度曲线进行多次测试。与合成数据测试类似，在不同网络初始化条件下训练 20 个有监督网络和 20 个半监督网络。图 5.17(a)和(b)分别展示了 20 个有监督网络和 20 个半监督网络预测的储层统计性孔隙度结果。图 5.17(a)和(b)中的黑框内的孔隙度为真实孔隙度，以检验方法的有效性。有监督和半监督方法预测地层孔隙度分布的主要特征是低孔隙度地层被高孔隙度地层包裹，符合储层段"砂包泥"辫状河沉积特征。此外，预测结果符合地质认识，即砂岩的沉积厚度在垂直于物源方向上相对稳定。垂直方向上的黑色曲线[图 5.17(a)和(b)]表示不同油层的位置。油层往往表现出局部高孔隙度，有监督方法或半监督方法识别了 26 个油层，其厚度为 3～14m。然而，半监督孔隙度预测结果优于有监督孔隙度预测结果，主要表现在前者对盲井测试精度更高和抗噪能力更强，在地震剖面左侧等低信噪比区域仍然产生了良好的孔隙度结果。图 5.17(c)和(d)分别为有监督网络和半监督网络预测的 20 个孔隙度模型对应的预测不确定性。与有监督网络相比，大量非井旁地震道的参与使得半监督网络充分利用不同的地震波形信息来降低预测的不确定性。因此，井震

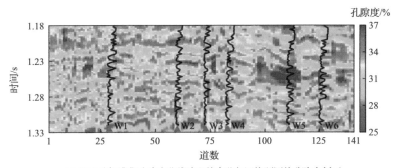

(a) 基于非标准化孔隙度曲线建立的有监督网络预测的孔隙度剖面

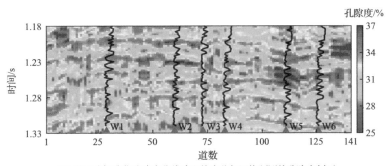

(b) 基于非标准化孔隙度曲线建立的半监督网络预测的孔隙度剖面

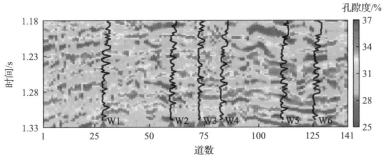

(c) 基于标准化孔隙度曲线建立的有监督网络预测的孔隙度剖面

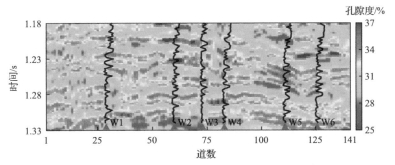

(d) 基于标准化孔隙度曲线建立的半监督网络预测的孔隙度剖面

图 5.16　有监督网络与半监督网络基于实际地震数据预测的孔隙度结果

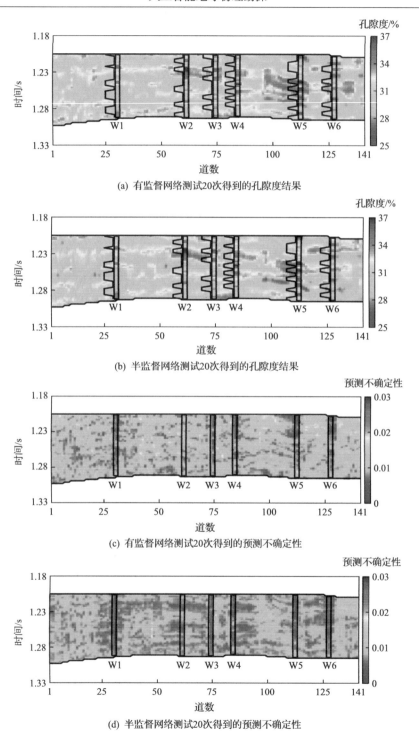

(a) 有监督网络测试20次得到的孔隙度结果

(b) 半监督网络测试20次得到的孔隙度结果

(c) 有监督网络测试20次得到的预测不确定性

(d) 半监督网络测试20次得到的预测不确定性

图 5.17　有监督网络和半监督网络测试得到的统计性孔隙度结果及预测不确定性

结合半监督孔隙度预测方法具有低偏差和低方差的特征,而井震结合有监督孔隙度预测方法由于没有数据匹配约束而具有低偏差、高方差的特征(Sang et al., 2023)。

最后,对比两种方法在 W2 盲井位置预测的孔隙度曲线的差异。图 5.18 从左到右依次展示了声波时差(AC)、自然电位(SP)、感应电导率(COND)、微电位电阻率(ML1)、微梯度电阻率(ML2)、底部梯度电阻率(R4)、有监督方法预测的孔隙度、半监督方法预测的孔隙度、真实孔隙度(ϕ)、岩相曲线。岩相曲线中黄色、蓝色和红色分别代表泥岩、砂岩和油层。油层的测井响应为高 AC、高 ϕ、高 ML1、高 ML2、高 R4、低 SP 和低 COND。目标层 H1 和 H2 之间有五个油层,每个油层厚度约为 5m 或 6m。半监督方法的盲井拟合效果更符合实际孔隙度曲线的整体趋势,刻画出更为准确的小层孔隙度变化细节,因此更适合确定不同油层的大致位置。在盲井位置,半监督方法和有监督方法预测的孔隙度结果与真实孔隙度的相关系数分别为 0.834 和 0.764。

5.1.4　小结与展望

1. 小结

人工智能技术为整合地震和测井等地球物理信息直接预测孔隙度提供了可行性途径。井震联合孔隙度智能预测实现的数学基础是神经网络能直接建立任意数据域到模型参数域的非线性映射关系,并通过梯度下降迭代优化目标函数而逼近目标解;实现的物理基础是多元地球物理数据具有“形神相似”的数学或物理特征,从不同角度刻画地下相同目标地质体(韩宏伟等,2022)。

井震联合有监督孔隙度预测方法模拟传统地震反演与岩石物理建模过程,使用有限的成对地震数据和测井标签建立基于 Bi-GRU 神经网络的孔隙度智能计算模型,实现从地震数据直接预测孔隙度。测试表明有监督孔隙度预测方法具有预测精度较高(低偏差)但预测不确定性较强(高方差)的特征。该方法的建模质量极度依赖于测井标签,适用于地震数据品质高、测井数据偏差小、地层横向变化小、孔隙度分布简单等场景。当不同井的孔隙度范围差异较大时,开展标准化处理是有监督孔隙度预测方法成功的前提。

结合测井标签的强监督和适当的数据匹配弱监督,利用半监督孔隙度预测方法构建地震测井双约束目标函数,降低了测井标签对孔隙度建模的决定性作用,缓解了有偏测井数据对建立孔隙度预测网络的负面影响,提高了孔隙度预测的准确性和横向连续性。其在保证井位置孔隙度预测精度的同时,通过学习反映局部地层性质变化的不同位置、不同信噪比的地震信息,更好地适应地震波形的变化,具有更好的泛化性和鲁棒性。通过非井旁地震数据匹配,间接增强了刻画薄层孔

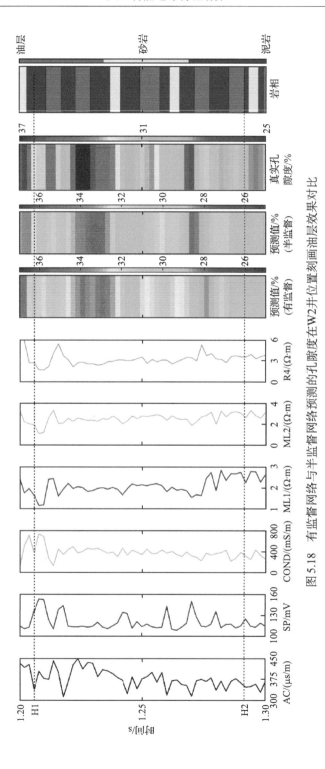

图 5.18　有监督网络与半监督网络预测的孔隙度在 W2 井位置刻画油层效果对比

隙度细节及厚层孔隙度突变的能力。测试表明半监督孔隙度预测方法具有预测精度高(低偏差)且预测不确定性小(低方差)的特点。该方法适用于地震数据品质一般、测井数据有偏差、地层横向岩性变化快、孔隙度分布较复杂等实际非均质性储层,可以合理地刻画不同辫状河河道砂体形态及其内部的孔隙度差异,而且预测的孔隙度模型具有揭示油层空间分布的潜力(Sang et al., 2023)。

井震联合有监督孔隙度预测方法和井震联合半监督孔隙度预测方法的系列测试共同表明,测井数据质量及地震数据和测井数据之间的物理关系共同影响人工智能储层孔隙度预测的性能。当地震数据和孔隙度之间的物理关系从近似褶积模型变为近似波动方程时,两种方法预测孔隙度的准确性降低,且预测不确定性增加。在地震数据与孔隙度之间的物理关系为近似波动方程的基础上,使用有偏差的孔隙度标签建模将进一步降低两种方法的估计精度和增大预测不确定性。在上述两种情况下,尽管两种方法在预测精度上有所下降,但半监督孔隙度预测方法始终优于有监督孔隙度预测方法,并且它们的差异逐渐增大。在使用的训练数据一致的情况下,半监督网络与有监督网络的预测效果存在一定关联。即当数据匹配这项物理正则化约束的权重越小时,二者的预测效果越接近。

2. 未来展望

本节介绍了两种井震联合储层参数智能表征方法在孔隙度预测中的初步应用。未来人工智能在孔隙度预测等储层预测场景中需要着重解决以下问题。

(1)地震数据匹配项的正则化参数直接影响半监督孔隙度预测方法的应用效果,如何自动优选出合理的正则化参数有待进一步研究。此外,也可以深入研究有监督学习和半监督学习两种机器学习范式在储层参数预测中的关联、区别及适用条件等。

(2)数据质量决定人工智能储层参数计算模型的性能上限。针对地震数据,有必要开展智能化去噪和智能化高分辨率处理等方面的研究,为储层参数智能化预测提供高信噪比和高分辨率的地震数据;针对测井数据,有必要开展智能化测井曲线重建和极稀疏测井样本扩充(或虚拟样本生成)等方面的研究,为储层参数智能化预测提供数量充足且质量可靠的测井标签。另外,针对测井数据的测量年代、起止深度、曲线长度和倾斜程度等实际问题,需要开展测井岩石物理分析和储层参数预测网络个性化设计等工作,还可以开展流程智能化和技术一体化的地球物理资料(地震和测井资料等)处理和储层参数预测的综合性研究。

(3)数据驱动类人工智能算法只能从数学逼近角度去拟合地震数据与储层参数之间复杂的非线性关系,没有从地球物理和地质角度建立符合物理认知和地质规律的储层参数智能预测模型。在为人工智能提供高质量地球物理数据的基础上,进一步考虑不同储层参数与地震数据之间的关联程度、不同岩性内储层参数的分布差异等，遵循"弹性、岩性、物性、含油气性"逐级预测等基本物理规律，再将岩石物理模型、正演模型、地质规律模型等引入人工智能算法中，构建以数据与模型联合驱动、数据-知识耦合模型、物理引导的智能模型、地质认识引导的智能模型、多任务参数同时预测模型等为主体的储层参数预测新框架与新范式，增强储层参数智能化预测工作机制的可解释性。深度挖掘人工智能的建模机理，使得人工智能储层参数预测结果可靠、可信且可用，服务于国家油气勘探与开发。

5.2　储层流体预测

储层流体预测是指利用地震资料对储层含油气特征进行识别与描述。地震勘探具有成本低，横向分辨率高，探测面积大等优点。实现地震储层流体预测有利于简化石油行业勘探开发环节，对实现"降本增效"具有重大意义。因此，有必要厘清地震响应与储层性质之间的复杂关系，实现地下储层的精确定位与精细刻画。地震采集和处理技术的发展丰富了地震资料携带的地下信息，是基于地震资料直接预测油气储层的数据基础。依托不同探测手段获得的同一地质体的重、磁、电、钻井和地质等多元信息，是地震资料的有效补充。但多元信息在物理意义、空间尺度和数据维度上往往差异巨大。人工智能技术使用计算机来模拟人的某些思维过程和智能行为，能够建立更加精确的模型来模拟复杂关系。利用人工智能进行储层流体预测，实现多元信息的有效筛选和相容表达，是实现储层流体预测的有力方案。

5.2.1　研究进展

传统地震储层流体预测方法主要包括地震属性分析技术、地震反演技术和AVO技术(赵政璋等，2005)。

地震属性分析是最常用的地震储层流体预测技术之一。地震属性是指通过数学手段从地震数据中提取特征参数，能够综合体现地震数据在几何学、统计学、动力学和运动学等方面的变化。而这些变化与储层物性、流体性质的空间变化关系密切。从地震数据到地震属性的数学变换通常是非线性的，可以增加预测目标参数的准确性(印兴耀和周静毅，2005)。然而，地震属性的地质意义来自于标定，没有标定过程，地震属性只是运用纯数学方法得到的地球物理参数。并且，由于储层流体的地震响应影响因素众多，地震属性与储层流体性质之间的关系并非一一对应，利用一种或几种相互独立的地震属性预测储层流体性质的多解性较强。

地震反演技术是工业界应用广泛的储层流体预测技术。主要是通过反演手段获得地下弹性参数(纵波速度、横波速度和密度)或者进一步得到流体指示因子来实现地下储层流体预测。广义的地震反演技术能够基于地震数据定量计算地层的各种地球物理参数。但是，由于地震数据频带有限和噪声影响，地震反演具有较强的多解性，其分辨率和成像精度也不能很好地满足储层流体精细表征的现实要求。此外，反演结果受到初始模型和地震子波估计精准度影响大等问题，加剧了反演问题的复杂性。

AVO 是指利用地震反射振幅随偏移距变化规律对地下储层进行分析的一类技术。AVO 技术的理论基础是 Zoeppritz 方程，可进一步分为 AVO 正演分析技术和 AVO 反演技术。地震反射系数由界面两侧的介质性质决定，通过确定不同岩性、物性下储层的 AVO 特征，能够定性地从地震记录中直接进行烃类检测或区分岩性。基于这种认识，发展了 AVO 正演分析技术。但是，在实际应用中，地下情况的复杂性使 AVO 异常与储层的岩性、物性不完全具有单一映射关系，导致利用 AVO 正演分析技术预测储层的准确度不高。通过对 Zoeppritz 方程进行近似和简化，能够建立某些地层参数与反射系数之间的直接联系，发展了 AVO 反演技术。AVO 反演技术从地震资料中反演出地层的弹性参数，通过进一步建立与储层性质的关系图版，实现基于 AVO 反演技术的储层预测方法。然而，AVO 反演技术对 Zoeppritz 方程的近似降低了方法的精度上限。为实用化设置的假设限制了方法的应用范围，如 Aki-Richards 公式需要假设相邻地层的弹性参数差异小。

人工智能方法的兴起为实现地震储层流体预测带来了新的希望和手段。该类方法具有对复杂非线性关系的强大刻画能力，为建立地震资料和储层流体性质之间的联系提供了潜在可能。实际上，很多机器学习方法在地球物理领域应用已久，如 20 世纪 80 年代兴起的模式识别技术。一些人工智能方法（如主成分分析、支持向量机和聚类等）也广泛应用于地球物理工序中。尽管人工智能方法在有些领域已进入了实际应用阶段，但是利用人工智能方法进行储层流体预测相关的研究还处于起步阶段。人工智能在储层流体预测中的部分研究进展如表 5.4 所示。

表 5.4　人工智能在储层流体预测中的部分研究进展

作者	年份	研究内容及成果
蔡煜东等	1993	利用"反向传播"模型建立能够预测油气藏产量的专家系统，认为这个专家系统能够综合多种井震信息，预测结果可能成为地震储层预测技术的有效参考
印兴耀等	2012	利用核函数在高维特征空间对地震属性进行融合得到核空间的敏感属性，并基于模糊 C 均值聚类进行储层预测，相比传统的模糊 C 均值聚类方法效果有所提升
Torres 和 Reveron	2013	通过岩石物理分析建立储层岩性和弹性参数之间的映射关系，利用地震同步反演从地震数据中得到地下弹性参数，并结合支持向量机进行分类实现储层岩性预测。该方法在一个碎屑岩储层实际数据上取得了良好效果
李芳等	2014	利用模糊逻辑进行多属性融合，采用隶属度函数量化模糊问题，并利用模糊贴近度矩阵自动求取不同属性的各自权重。测试说明了新方法进行油气预测的有效性和实用性

作者	年份	研究内容及成果
Ao 等	2018	结合传统输出岩相的分析方法和地质统计插值技术提出新的样本制作策略,并将其应用于储层岩性和砂体含量智能预测方法中,证明了这种策略能够为随机森林等机器学习方法应用于地震解释时提供更多的可靠样本
Lee 等	2018	提出一种基于半监督学习的地震岩相、流体分类工作流程。利用 SOM 方法融合井震信息,实现聚类并自动标注样本,为解决小样本问题提供可能方案
林年添等	2018	通过联合 CNN 和聚类方法从多波地震资料中提取油气储集层敏感属性,针对小样本或者极小样本条件设计 CNN 框架,对地震油气特征进行识别
Zhang 等	2018	整合地震属性、纹理属性及测井数据作为输入,基于随机森林方法预测储层的岩性和流体性质
刘力辉等	2019	在利用深度学习解决地震岩相预测问题时,基于井和岩相将样本进行分类保证训练时取得全部的样本种类,采用相控的岩相插值模型提供伪井,增加训练样本数量
朱剑兵等	2020	利用双向 RNN 融合测井信息和地震多属性信息,在与多元线性回归方法、地质统计学方法和 BP 神经网络方法进行对比后,认为考虑时序的双向 RNN 能够提升河流相储层的预测精度
Zhao 等	2021	提出一种基于极端梯度提升的工作流程,从特征工程、数据平衡和空间约束等方面改进,提升基于井震数据的储层流体和岩相预测精度
Gao 等	2022	结合实际工区钻井和岩石取心数据,设计白云岩储层地质模型,采用岩石物理和波动理论正演叠前地震数据,然后学习符合合成资料的 CNN 模型,最后通过实际测井曲线和井旁道叠前数据进行迁移学习,提升了实际少井地区的深层白云岩储层含气性预测的泛化能力和预测精度
Song 等	2022a	采用井旁局部叠前波形和精细化解释的含气性作为样本标签库,采用 kNN 对井间的局部叠前波形进行距离比较,提取含气类的概率作为含气性预测结果,三维实际致密砂岩储层资料测试表明了该方法的应用效果
Song 等	2022b	利用 kNN 制作伪训练样本对 CNN 进行预训练,再利用实际训练样本对网络进行精细调整,利用半监督学习思想缓解了利用深度学习网络预测致密砂岩储层时的小样本问题
Zhang 等	2022	基于深度神经网络和多分量复合地震属性预测四川盆地某地区的含气性,获得了比单一纵波数据更好的含气分布
Gao 等	2023	针对机器学习框架下的地震流体预测面临的类别不平衡问题,采用多种类别再均衡方法提升对某碎屑岩储层含气砂岩的识别能力,盲井测试说明基于集成学习的级联平衡方法在提高预测性能方面最为有效
Yang 等	2023	提出了一种基于多源迁移学习的数据驱动工作流来预测含气概率分布,以提高其在勘探程度低、样本数据有限地区的准确性,通过实际资料测试,比较采用合成数据迁移学习前后的预测结果,验证了深度学习模型和支持向量机模型在迁移学习后具有更高的效率和准确性
Sang 等	2024	提出一种基于多任务残差网络(MT-ResNet)的含气饱和度与阻抗同时预测流程,白云岩模型数据和致密含气砂岩实际数据测试表明,在叠前地震数据的基础上进一步联合波阻抗等含气敏感参数,可以提升含气饱和度预测的准确性和横向连续性

通过整理现有的人工智能地震储层研究方法,可以归纳出两条主要研究思路:

一是寻找更前沿的人工智能方法并测试方法在地震储层流体预测问题上的表现；二是解决人工智能方法在引入地震储层预测问题时的适应性问题，如研究解决小样本问题等。从数据角度看，大多数人工智能地震储层流体预测方法基于测井数据得到储层参数制作标签，利用对应井旁道地震记录生成样本。构成样本的特征包含了各种地震属性或弹性参数等地震资料衍生数据。

近年来，深度学习方法得到了快速发展，该方法能够通过构建深层的神经网络结构，可以不断地从样本中自动提取新的特征，并综合这些特征进行决策。从这点看，深度学习也适合地震储层、流体预测这些场景，并具有极大的潜力。但是，由于储层流体预测问题中难以获取足量的样本标签来训练深度学习网络模型，以及流体和非流体的标签也存在不均衡问题，如何在少样本或样本不均衡情况下开展人工智能储层流体预测工作受到了越来越多的关注。

5.2.2 基于机器学习的有监督含气性预测

为简化研究以说明主要问题，以储层含气性预测问题为例进行人工智能储层流体预测方法研究。在研究过程中，基于地震数据提取局部波形特征构建样本，测井含气性曲线提供标签，将储层含气性预测问题作为监督学习二分类任务进行解决，即将地震数据的采样点分为含气类和非含气类采样点。

1. 样本和标签制作

数据对机器学习来说至关重要，是机器学习建立预测模型的基础。基于局部波形特征构建样本的过程如下所述。

(1)对叠前地震数据进行精细化预处理。例如，采用噪声衰减、部分角道集叠加等方法提高资料信噪比。

(2)利用声波测井曲线和密度测井曲线进行井震匹配，将测井数据由深度域转换到时间域，并按地震资料采样间隔进行重采样。

(3)地震数据采样点的类别由测井含气性曲线确定。当含气性曲线值不为零时为含气类采样点，否则为非含气类采样点。沿时间方向设置滑动时窗，设置时窗的高一般约为一个地震子波的长度，宽为单个角道集所用角度的数量。以采样点为中心的滑动时窗覆盖的井旁道叠前地震记录作为局部波形特征，构成这个采样点的样本。

(4)预测时，利用步骤(3)中的滑动时窗在待预测叠前地震数据上滑动生成待预测数据块，输入训练好的模型中，得到时窗中心对应采样点的分类预测结果。

考虑地层是否含气可能仅影响到一定区域内的地震响应，局部波形特征理论上包含地震资料所携带的判断中心采样点位置含气类别的全部信息，具有明确的物理意义(在 5.2.3 小节中做进一步讨论)。

　　测井含气性曲线由测井解释得到的含气饱和度曲线二次解释获得。测井数据解释得到的含气饱和度曲线一般是根据岩石物理关系(如经验公式或者岩石物理实验拟合)计算得到的连续值,难以真实反映含气储层位置。若需要真实反映工区的含气特征,则需要排除岩性、物性上明显不利于成藏的区域(Song et al., 2022a)。图 5.19 展示了某口井的含气性曲线解释成果,其中 GR、SP 和 CAL 分别代表自然伽马测井曲线、自然电位测井曲线和井径,代表了该井段地层的岩性性质。AC、DEN 和 CNL 分别代表声波测井曲线、密度测井曲线和中子孔隙度测井曲线,代表了地层的物性。LLD 和 LLS 分别代表深侧向电阻率测井曲线和浅侧向电阻率测

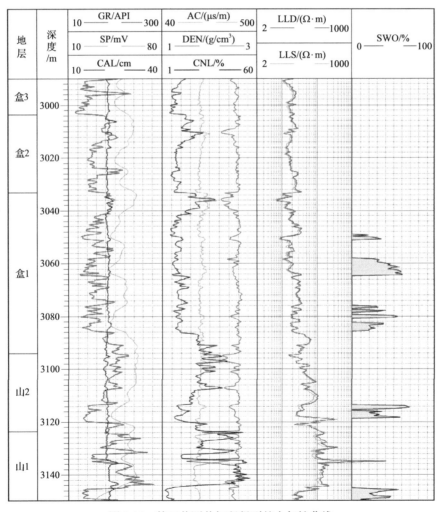

图 5.19　某口井测井解释得到的含气性曲线

井曲线，代表地层的电性性质。地层的岩性、物性和电性性质决定地层的含气性，而地层的含气性综合反映地层的岩性、物性和电性性质。因此，可以利用测井资料对含气饱和度曲线进行二次解释，得到该井位处的含气性曲线(图 5.19 中简写为 SWO)。实践证明，测井解释得到的含气性曲线能够较好地指示含气储层的位置，但是曲线的数值与气层实际储量相关性较弱。若此时含气性曲线已完成井震分布一致性等数据预处理过程，那么当地震数据采样点对应的含气性曲线值大于零时，规定采样点类别为含气类；否则，将采样点标记为非含气类。经过以上工作流程，完成人工智能含气性预测方法中的标签制作过程。

大多数机器学习方法需要人工提取特征，方法本身关注基于特征的决策过程。应用在储层流体预测问题时，构成样本的特征借助地球物理知识得到，具有明确的物理意义。当选取原理简单的机器学习方法时，人工智能储层流体预测方法具有较好的可解释性，有助于客观理解智能方法在含气性预测中所起的作用，准确评价预测结果的可靠性。因为 kNN 算法简单且可解释性强，所以本节详细介绍基于 kNN 的储层含气性预测。

2. 方法原理

kNN 方法是一种常用的有监督机器学习算法，其算法原理简单明了。在建模过程中，只是将训练样本和对应标签储存起来。测试时，在训练集中基于某种距离度量确定与测试样本在特征空间最靠近的 k 个训练样本，然后利用决策函数基于 k 个训练样本做出预测。因此，k 个最靠近的训练样本也被形象地称为测试样本的 k 个近邻。Cover 和 Hart(1967)以经典的贝叶斯最优分类器作对比，分析了关于最近邻准则在分类问题上的性能。假设样本之间独立且均符合同一种数据分布特征，对于测试样本 x，存在任意小正数 δ 使 x 在 δ 范围内总有训练样本 z 存在。即对于任意测试样本，总是能在训练集中找到其最近邻训练样本。当最近邻准则成立时，分类器将 x 与 z 分为不同的类别时，出现分类错误。此时概率为

$$P(\mathrm{err}) = 1 - \sum_{c \in y} P(c \mid x) P(c \mid z) \tag{5.9}$$

式中，y 为这个分类任务中所有类别；c 为分类器预测的样本类别。而基于贝叶斯理论，测试样本 x 最可能被分类为 c^* 类，有

$$c^* = \arg\max_{c \in y} P(c \mid x) \tag{5.10}$$

则最近邻分类器和贝叶斯最优分类器出错的概率之间的关系为

$$P(\text{err}) = 1 - \sum_{c \in y} P(c \mid x) P(c \mid x)$$

$$\simeq 1 - \sum_{c \in y} P^2(c \mid x)$$

$$\leqslant 1 - P^2\left(c^* \mid x\right) \tag{5.11}$$

$$= \left[1 + P\left(c^* \mid x\right)\right]\left[1 - P\left(c^* \mid x\right)\right]$$

$$\leqslant 2 \times \left[1 - P\left(c^* \mid x\right)\right]$$

如式(5.11)所示，最近邻分类器的泛化错误率不超过贝叶斯最优分类器错误率的两倍。足以说明，最近邻准则具有相当良好的分类性能。然而在实际应用中，为了增加方法的稳定性，将最近邻准则推广为 kNN 准则。kNN 算法有三个要素，即 k 值、距离度量和决策规则。

k 值决定参与决策的近邻个数，是 kNN 算法中的超参数。当 k 取值较小时，表达的模型复杂，但噪声点对模型的干扰影响较大，同时可能出现过拟合现象。当 k 取值较大时，模型基于较大邻域内的训练样本做出决策，预测的稳定性增加，但是存在引入不相关训练样本的风险，从而容易出现欠拟合现象。实际应用中可以采用交叉验证的方式确定 k 值。

距离度量是样本之间距离的定义方式。一般定义样本在特征空间中的距离越近，则样本的相似度越高。在定义距离度量时，需要考虑样本的物理意义，不同的距离度量对预测结果影响较大。假设有 2 个 m 维的样本 $\boldsymbol{a} = [a_1, a_2, \cdots, a_i, \cdots, a_m]$ 和 $\boldsymbol{b} = [b_1, b_2, \cdots, b_i, \cdots, b_m]$，其中 a_i 和 b_i 是 2 个样本的第 i 个特征。常用的距离度量有闵可夫斯基距离 L_p，实际上闵可夫斯基距离是一类距离的定义，并不是某种特定的距离，其具体的表达如式(5.12)所示：

$$L_p = \left(\sum_{i=1}^{m} |a_i - b_i|^p\right)^{\frac{1}{p}} \tag{5.12}$$

式中，$|\cdot|$ 为求向量的模；p 为一个常数，当 p 取 1 时，为曼哈顿距离 L_1：

$$L_1 = \sum_{i=1}^{m} |a_i - b_i| \tag{5.13}$$

当 p 取 2 时，为欧几里得距离 L_2：

$$L_2 = \left(\sum_{i=1}^{m} |a_i - b_i|^2\right)^{\frac{1}{2}} \tag{5.14}$$

当 p 趋近于无穷大时，为切比雪夫距离 L_∞：

$$L_\infty = \max_{i=1}^{m} \left(|a_i - b_i| \right) \tag{5.15}$$

闵可夫斯基距离能够表征样本在各个维度上数值的绝对差异。

当需要考虑方向上的相对差异时，可采用余弦距离：

$$\text{cosdistance} = 1 - \frac{\sum\limits_{i=1}^{m} a_i b_i}{|a| \times |b|} \tag{5.16}$$

决策函数需要根据任务种类进行选择。假设有包含 N 个样本的训练集 $\boldsymbol{T}$：

$$\boldsymbol{T} = \left\{ (\boldsymbol{x}_1, y_1), \cdots, (\boldsymbol{x}_i, y_i), \cdots, (\boldsymbol{x}_N, y_N) \right\} \tag{5.17}$$

式中，训练样本 $\boldsymbol{x}_i = [x_{i1}, x_{i2}, \cdots, x_{im}] \in \mathbf{R}^m$ 为 m 维向量；y_i 为第 i 个向量的标签。则当 kNN 算法执行分类任务时，决策可以采用"投票法"，即测试样本的类别 c' 预测为 k 个近邻中出现最多的类别：

$$c' = \arg\max \sum_{\boldsymbol{x}_k \in N_k(x)} I(c, y_k), \quad c \in N_k(y) \tag{5.18}$$

式中，$\boldsymbol{x}_k$ 表示预测样本的近邻中的一个样本；$N_k(x)$ 指待预测样本的近邻组成的集合。

此时，可以输出 k 个近邻中每种样本的频数近似为测试样本被分入该类别的概率(Song et al., 2022a)：

$$P_i \approx \left(\sum_{\boldsymbol{x}_k \in N_k(x)} I(c, y_k) \right) \bigg/ k, \quad c \in N_k(y) \tag{5.19}$$

式中，$I(c, y_k)$ 为第 k 个近邻样本预测的分类结果(0 或 1)。

3. 合成数据分析

为了测试基于 kNN 算法地震储层含气性预测的可行性，设计了一个简单三维砂泥岩薄互层地质模型，如图 5.20 所示，包括上覆和下伏泥岩地层，纵波速度分别为 2600m/s 和 3000m/s。在两个泥岩层之间由于速度差异大形成了强反射界面。在下伏地层发育两套水平层状薄砂体，其中位于上方的砂体时间厚度为 8ms，纵波速度为 3200m/s，位于下方的砂体时间厚度为 4ms，因为砂体含气，纵波速度下降，为 3100m/s。图 5.20(a)和(b)分别展示了两套薄砂体的横向展布形态，图 5.20(c)展示了地质体纵向上的分布情况。由于地质模型中的地质体水平分布，为简化研

究，利用地质模型的叠后地震数据进行含气性预测。首先基于褶积理论，生成叠
后地震数据。图 5.21(a)展示了叠后地震数据中编号为 100 的联络线地震剖面，
图 5.21(b)展示地震数据在 216ms 时刻的时间切片。从图 5.21 可以观察到，两个
薄砂体的地震响应在地震剖面上相互干涉，在水平切片上叠置在一起。仅利用叠
后地震数据，无法将下方含气砂体识别出来。按照图 5.21(b)中星号指示的位置设
置伪井，对应的合成地震记录作为井旁道地震记录。参照伪井处含气砂岩的位置
生成伪含气性曲线。基于伪含气性曲线和对应井旁道地震记录生成训练样本和标
签。图 5.22 展示了基于 W1 井生成的含气砂体附近的部分训练样本，其中红色代
表含气类样本，蓝色代表非含气类样本。

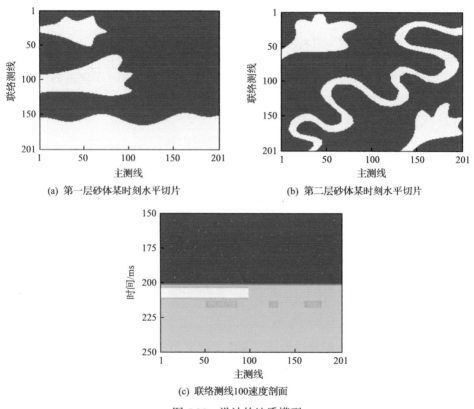

(a) 第一层砂体某时刻水平切片　　　　　　　(b) 第二层砂体某时刻水平切片

(c) 联络测线100速度剖面

图 5.20　设计的地质模型

首先，利用 W1～W4 井[图 5.21(b)]制作训练样本和标签。其次，采用 kNN
方法，设置 $k = 1$，即最近邻，预测结果如图 5.23 所示。从图 5.23 可以看出，kNN
方法能够准确预测出含气砂岩储层的位置和横向展布形态。由于伪井钻遇工区纵
向上全部的地质体组合类型，同时井旁道地震记录包含工区全部的地震响应模式，
基于伪井和井旁道地震记录制作的训练样本包含了工区全部种类的局部波形特

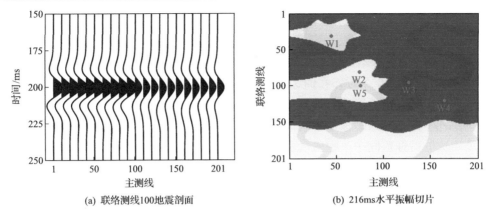

(a) 联络测线100地震剖面　　　　　　　　　　(b) 216ms水平振幅切片

图 5.21　地质模型的叠后地震数据

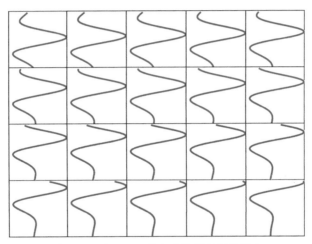

图 5.22　基于 W1 井生成的部分训练样本

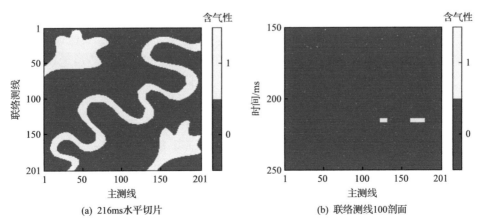

(a) 216ms水平切片　　　　　　　　　　　　(b) 联络测线100剖面

图 5.23　基于 kNN 方法的含气性预测结果($k = 1$)

1-含气；0-不含气

征。图 5.24 展示了 W1 井处中心采样点位于 216ms 的训练样本(样本 1-216)的前
10 个近邻在 W1~W4 井上的分布情况，图中红色星形标记代表样本 1-216 在 W1
井上的位置。近邻样本的编号越小表示近邻样本在特征空间距离样本 1-216 越近。
样本 1-216 的前 10 个近邻在训练井的分布情况反映出 kNN 方法能够一定程度上
摆脱地下空间连续性影响，找到与测试样本空间距离较远但是与特征空间距离近
的训练样本进行决策，保证了测试样本近邻的多样性。同时也反映出，局部波形
特征组成的特征空间中，距离代表样本在波形上的相似程度。

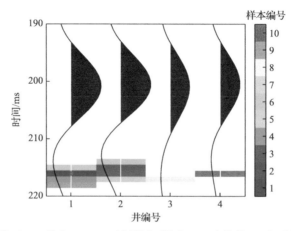

图 5.24　位于 W1 井上 216 ms 时刻样本(样本 1-216)的前 10 个近邻分布情况

　　基于式(5.19)，在 kNN 方法的预测结果中不直接输出分类结果，而是输出将
待预测样本分类为含气类样本的概率时，利用 kNN 方法得到一种新的数据驱动的
地震属性——kNN 含气属性。图 5.25 展示的是，当利用 W1~W5 井生成训练样
本和标签，设置 k = 5 得到地质模型的 kNN 含气属性体在 216ms 的时间切片。从
图 5.25 可以观察到，第二层砂体的横向展布形态被单独刻画出来。值得注意的是，
第二层砂体分布区域的 kNN 含气属性整体小于第一层砂体单独分布区域。这是因
为第一层砂体和第二层砂体的地震响应被两层泥岩之间的强屏蔽层地震响应掩
盖。然而，第一层砂体具有更强的能量对样本之间的相似性具有更强的影响。这
反映出 kNN 方法基于样本中的主要信息成分进行决策，不能完全解决储层含气性
预测问题，但是 kNN 含气属性与储层真实分布具有良好的对应性，具有明确的物
理含义，能够作为储层预测的有利参考。当训练井不包含 W1 井和 W5 井时，设
置 k = 5 得到地质模型的 kNN 含气属性，如图 5.26 所示。从图 5.26 可以观察到，
当训练样本库不能提供工区全部种类的局部波形特征时，kNN 算法不能将第二层
砂体直接分离出来，但是 kNN 含气属性在第二层砂体分布的区域具有更接近的
值，并且纵向上对砂体位置的刻画依然具有较高的准确性。

　　以上数值试验说明，当训练样本库尽可能包含工区内所有的局部波形特征，

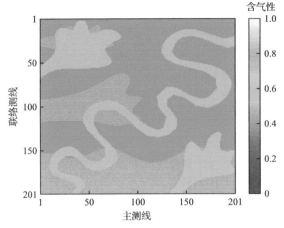

图 5.25　基于 W1～W5 井生成训练样本库的 kNN 含气属性体在 216ms 处的水平切片($k = 5$)

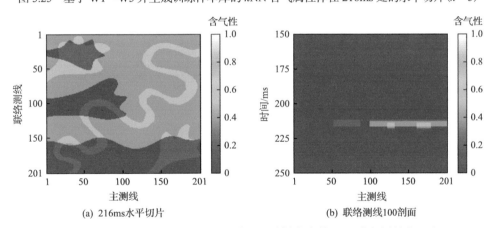

(a) 216ms水平切片　　　　　　　　　　　　(b) 联络测线100剖面

图 5.26　基于不包含 W1 井和 W5 井的训练样本库的 kNN 含气属性($k = 5$)

并且 k 值在合理范围内取相对小的值时，kNN 含气属性与储层分布具有良好的对应性。然而，单纯依靠 kNN 方法不可能完全解决储层含气性预测问题。

4. 实例分析

选取实际三维工区中的过井地震剖面来测试 kNN 方法的实际应用潜力。该实际数据的靶区位于中国北方某工区。工区叠前地震数据经过精细的预处理，具有较高的信噪比。工区内有 24 口井数据中包含含气性曲线。通过井震分布一致性处理等手段将测井数据的参考系由深度域转换到时间域并与地震数据的参考系匹配。图 5.27(a) 和 (b) 分别展示过某井的主测线和联络测线叠后地震剖面，其中红色曲线表示 2 个解释的地震层位。钻井显示，在 2 个地震层位间发育致密含气砂岩储层，其具有低孔低渗特征。利用工区 24 口井和对应井旁道叠前地震记录制作训练样本和标签，设置 $k = 5$，得到 kNN 含气属性剖面，如图 5.28(a) 和 (b) 所示。

图 5.27 中红色曲线表示自然伽马测井曲线，一般被认为与地层岩性有良好的对应性。从图 5.27 可以发现，即使地震数据分辨率很低，目标储层只有一个波谷响应，但是含气概率结果上能解释出底部 3 套含气砂体及顶部分散的含气性。此外，*k*NN 含气属性与自然伽马测井曲线指示的砂岩层相关性较强。间接证明了 *k*NN 含气属性能够在一定程度上指示致密含气砂岩储层位置。图 5.28(c) 将两条过井剖面叠合显示，*k*NN 含气属性指示的含气区域在两条过井剖面上闭合，符合工区对储层的先验认识。

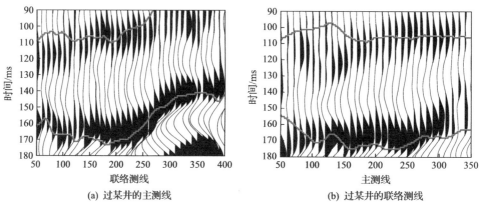

(a) 过某井的主测线　　　　　　　　　(b) 过某井的联络测线

图 5.27　实际数据叠后地震剖面

5.2.3　基于深度学习的有监督含气性预测

1. 方法原理

1) 卷积神经网络原理

神经网络是模拟人类神经系统工作原理的一类机器学习技术。如果存在包含足够多神经元的隐藏层，神经网络就能以任意精度逼近任意复杂度的连续函数 (Hornik et al., 1989)。然而实际应用中，神经网络的训练存在难度，限制了方法的效果。CNN 是一类带有卷积结构的神经网络。卷积结构具有局部感知、权值共享等特点，有利于减少网络参数量，缓解模型过拟合问题。CNN 具有解决含气性预测问题的潜力。

CNN 通过卷积、批量归一化、非线性激活函数、池化和全连接等一系列操作的层层堆叠，将高维信息从样本中抽取出来，这一过程称为"前馈运算"，最终 CNN 最后一层将其任务(分类、回归等)形式转化为目标函数，通过计算网络预测值与真实值之间的误差或损失，凭借反向传播算法将误差或者损失由最后一层逐层向前反馈，更新每层参数，并在更新参数后再次向前反馈，如此反复，直到模型收敛，从而建立起叠前地震数据到含气性曲线的非线性映射。

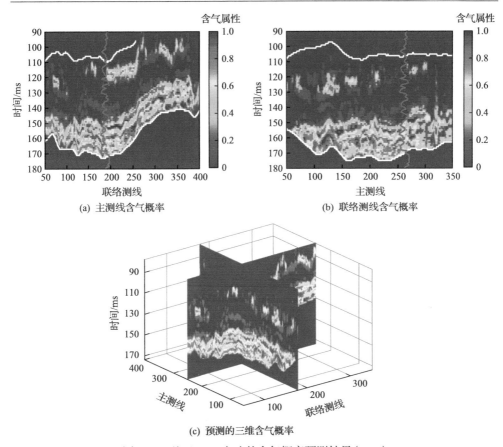

(a) 主测线含气概率　　　　　　　　(b) 联络测线含气概率

(c) 预测的三维含气概率

图 5.28　基于 kNN 方法的含气概率预测结果 ($k=5$)

CNN 的结构能够极大地影响方法的预测效果。基于这种认识,首先借鉴经典的 Lenet-5 (Lecun et al., 2015),搭建基于深度学习的储层含气性预测网络架构,深度学习网络架构如图 5.29 所示。

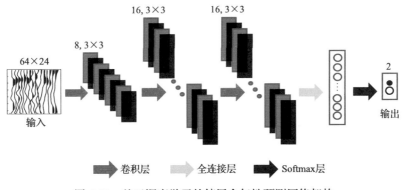

图 5.29　基于深度学习的储层含气性预测网络架构

　　基于深度学习的储层含气性预测网络由一个输入层、三组卷积处理单元、一个全连接层和一个 Softmax 层组成，其中每个卷积处理单元包含卷积层、批量归一化层、激活函数层和最大池化层。卷积层中包含的卷积核的大小为 3×3。卷积核数量由浅层至深层依次为 8 个、16 个和 16 个。基于深度学习的储层含气性预测网络完成监督二分类任务。网络的输入和输出由 5.2.2 节中介绍的样本和标签制作方式生成。在本小节中网络的输入样本大小为 64×24。含气类样本和非含气类样本标签分别标记为 [1 0] 和 [0 1]。深度学习储层含气性预测网络的基本思想是在输入样本和标签之间建立描述二者映射关系的非线性映射：

$$y= \text{CNNs}(X; m) \tag{5.20}$$

式中，CNNs 为基于深度学习的储层含气性预测网络结构；m 为由权值矩阵和偏差构成的网络参数；X 为局部波形特征构成的输入样本；y 为样本的标签。

　　网络的训练过程可以看作一个非线性反演问题，代价函数为

$$\text{Loss}(m) = \frac{1}{2N}\sum_{i=1}^{N}\| \text{CNNs}(X_i; m) - y_i^{\text{known}} \|_2^2 \tag{5.21}$$

式中，X_i 为第 i 个输入样本；y_i^{known} 为第 i 个输入样本对应的标签；N 为训练样本数量。通过使网络的输出和样本真实标签的均方根误差最小，得到最优的 m 值，即确定了深度学习储层含气性预测网络的最优模型。

　　2) 专家知识

　　深度学习网络往往缺乏足够的训练数据。然而，地球物理领域通过多年的发展和实践，积累了大量能够描述地下一般模式的专家知识。因此，提出用逼近实际的数值模型和岩石物理参数制作合成样本和标签进行样本增强 (Gao et al., 2022)。本小节利用实际工区岩石物理参数生成数值模型。基于 Kuster-Toksöz (KT) 模型 (Kuster and Toksöz, 1974) 计算数值模型的弹性参数，并进一步利用 Aki-Richards 公式基于弹性参数计算数值模型的反射系数。最后利用地震波褶积理论，得到数值模型的叠前地震数据。其中，KT 模型能够表征双相介质中岩石孔隙参数和岩石体积模量、剪切模量之间的关系；AR 公式是 Zoeppritz 方程在一定假设下的近似表达式。Zoeppritz 方程建立了地层弹性参数和反射系数之间的直接联系。然而，Zoeppritz 方程形式复杂，限制了其应用，AR 公式是假设界面两侧介质弹性参数差异较小时的 Zoeppritz 方程近似形式，适用于区分岩性。

　　3) 迁移学习

　　由于地球物理问题的复杂性，绝大多数地球物理公式都是对地下真实情况的不完全概括。如果单纯利用这些合成的训练样本和标签训练网络，那么最优的网

络模型也只能达到和已有地球物理模型相同的精度，这使深度网络丧失了自主学习能力，自动提取特征超越人类专家的潜力。基于这种认识，借鉴迁移学习的思路，在模型的训练阶段首先利用合成训练数据进行预训练，其次再利用实际训练数据对模型进行微调(Gao et al.，2022)。

概括来讲，迁移学习就是将源领域的知识迁移到目标领域，使目标领域能够取得更好的学习效果。其中，已有的先验知识的数据集称为源领域，需要算法学习的新知识的数据集称为目标领域。迁移学习可以分为基于实例、基于映射、基于网络和基于对抗四类(Tan et al.，2018)。其中，基于网络的深度迁移学习是指将源领域中预先训练好的部分网络包括其网络结构和连接参数重新利用，将其转化为用于目标领域的深度神经网络的一部分。本小节涉及的迁移学习方法均属于基于网络的迁移学习方法。事实上，"预训练+微调"的做法可视为将大量参数分组，对每组先找到局部看来比较好的设置，然后再基于这些局部较优的结果联合起来进行全局寻优。

2. 合成数据分析

为了增加模型的普适性，首先参考 Marmousi Ⅱ 模型(Martin et al.，2006)确定数值模型的地层格架。在地球物理领域，Marmousi Ⅱ 模型被广泛应用于方法测试。为了逼近实际情况，在地层格架中填充实际工区实测得到的岩石物理参数，图 5.30 展示的是数值模型的实际岩石物理参数剖面。图 5.30(a)展示了数值模型的岩性剖面，其中黄色区域为含气白云岩储层区域，绿色区域为气水同层的白云岩区域，浅蓝色区域为含水的白云岩区域，深蓝色区域为其他岩性区域。图 5.30(b)～(d)分别展示了数值模型的泥质含量、孔隙度及含气饱和度剖面。结合数值模型的岩性和物性剖面，对含气饱和度剖面进行二次解释，得到数值模型的含气性剖面，如图 5.31(a)所示，其中白色虚线表示抽取的伪井位置。图 5.31(b)展示了对应模型的合成叠前地震数据。从图 5.31 可以看出，含气位置地震振幅随偏移距或入射

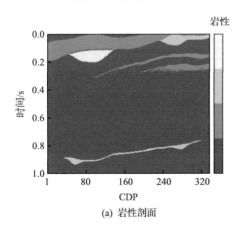

(a) 岩性剖面

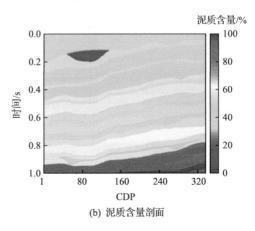

(b) 泥质含量剖面

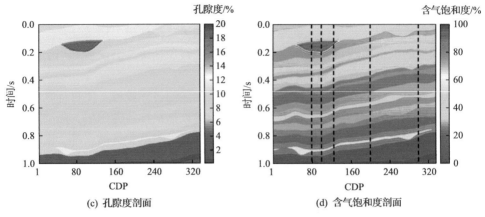

(c) 孔隙度剖面　　　　　　　　　　　(d) 含气饱和度剖面

图 5.30　数值模型对应的不同参数剖面

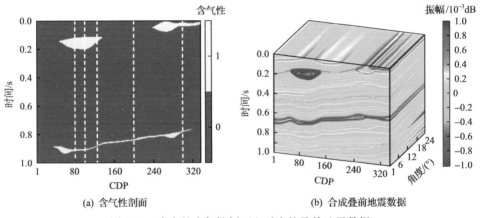

(a) 含气性剖面　　　　　　　　　　　(b) 合成叠前地震数据

图 5.31　真实的含气性剖面和对应的叠前地震数据

角度有明显的变化。

　　按照图 5.29 中的架构搭建深度学习网络，利用 5 口伪井含气性数据和对应的井旁道叠前地震数据对这个网络进行训练。然后，采用学习到的最优网络模型，一个 CDP 一个 CDP 地对整个叠前地震数据进行预测，得到数值模型的含气性预测剖面，预测结果如图 5.32 所示。从图 5.32 可以观察到，深度学习方法能够较好地预测得到数值模型的含气性分布。但是，位于右上角的长叶状储层没有被预测出来。通过分析伪井的分布，认为出现这种结果的主要原因可能是深度学习受到小样本问题的影响。

3. 实例分析

　　为了验证深度学习含气性预测方法的可行性与实用性，选取位于中国西部的某三维实际数据进行测试。工区面积约 800km^2，目标储层为白云岩含气储层，埋

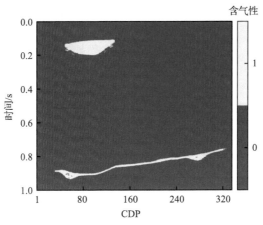

图 5.32 深度学习预测的含气性剖面

深约 4500m，工区内有 9 口井。工区平均孔隙度小于 4%，显示出较差的物性和较强的各向异性。首先利用实际井数据和对应井旁道叠前地震数据生成实际训练数据。依然采用图 5.29 中的深度学习网络架构搭建深度学习网络模型。只利用实际训练数据(井旁道叠前输入数据和测井标签数据)训练深度学习网络模型，并对整个工区进行含气性预测，得到目标层切片含气概率结果，如图 5.33(a)所示。利用合成数据训练的网络模型直接对实际数据进行预测，得到目标层切片，如图 5.33(b)所示。利用实际数据对合成数据预训练的模型进行微调，之后预测得到的目标层切片如图 5.33(c)所示。对比图 5.33(a)和(c)，可以观察到只基于实际训练数据得到的预测含气性切片能够大致显示储层的分布形态，但被预测为含气的区域呈现不连续的斑块状，不符合工区含气储层的先验地质认识。这种现象说明小样本问题影响方法的预测效果。对比图 5.33(b)和(c)，可以观察到只基于合成训练数据得到的预测含气性切片的含气区域散乱，近似随机地分布在整个工区中。这可能是因为合成训练数据是传统地球物理方法对地下情况的近似，含气敏感信息被掩盖。图 5.33(c)展示的含气性预测切片地质意义明确，符合工区的地质先验认识。实际上，首先利用合成训练数据对深度网络模型进行预训练，相当于在模型的训练过程中引入已有的地球物理专家知识，有利于缩小解空间。然后再利用实际训练数据对模型进行微调，针对工区特征进一步寻优。图 5.34 展示了在 3 口训练井位置预测得到的含气性曲线(黑色实线)和测井解释得到的含气性曲线(红色虚线)对比图，预测准确率分别为 97.06%、96.67%和 96.15%。图 5.34 中，蓝色曲线表示自然伽马测井曲线。通过对比可以发现，预测的含气性曲线与自然伽马指示的岩性趋势相符合。

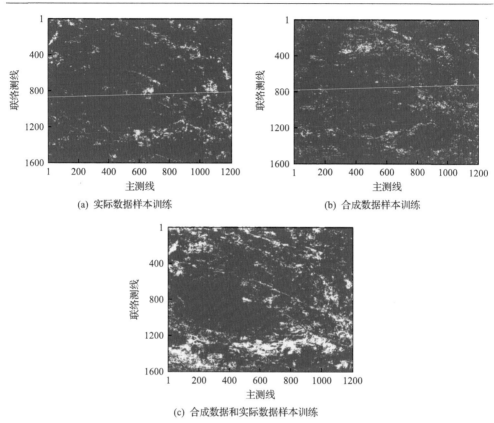

(a) 实际数据样本训练　　　　　(b) 合成数据样本训练

(c) 合成数据和实际数据样本训练

图 5.33　基于不同训练样本的深度学习含气性预测结果

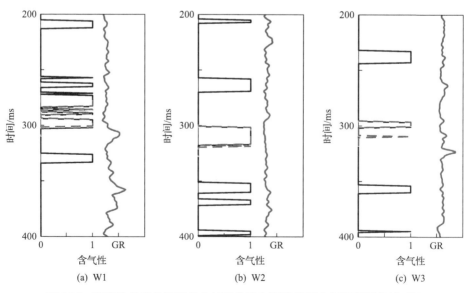

(a) W1　　　　　(b) W2　　　　　(c) W3

图 5.34　训练井处测井解释的含气性曲线和深度学习含气性预测曲线对比

5.2.4　基于半监督学习的含气性预测

1. 方法原理

半监督学习方法属于一种弱监督学习方法。在很多机器学习任务中，训练集标签的质量难以保证，弱监督学习方法的目标是解决或者缓解这一问题。从这点来看，弱监督学习方法要解决的问题实际上非常接近迁移学习，只是实现过程存在本质差异。"监督"实际上是对机器学习情境的描述，可以简单地理解为机器在什么条件下进行学习。监督学习是指在有标签条件下进行的学习，而弱监督学习方法即弱监督情境（训练集标签不理想）下的一类机器学习方法。根据训练集标签非理想的原因类型，弱监督情境可以分成不完全监督、不确切监督和不准确监督。对应机器学习含气性预测任务可能遇到的标签不理想问题，当有标签数据不能包含工区地下全部的含气储层类型时，即有标签数据集是真实数据集的子集且二者数据分布存在一定的差异时，属于不完全监督情境。当只能获得工区砂泥岩分布情况作为标签，而要求在砂岩区域预测储层区域时，即标签标注精度低于任务要求时，属于不确切监督情境。当标签存在错误（人工标注不准确等原因）时，属于不准确监督情境。可以看到，不确切监督和不准确监督情境的出现具有明显的偶然性，本小节聚焦不完全监督情境进行分析。

不完全监督情境下，适用主动学习或半监督学习两种不同方向的机器学习方法。主动学习引入人工专家经验，使智能方法和专家人工解释过程交互迭代从而增强智能方法的标签质量，提高方法效果。半监督学习基于待预测目标的范围分为纯半监督学习和直推式半监督学习。纯半监督学习指从无标签数据得到关于真实数据集的有效信息并用以提升监督学习方法效果的一类机器学习方法。纯半监督学习是一种归纳式学习，归纳式学习试图通过已知样本的规律推测未知样本。而直推式半监督学习不关心真实数据全集的分布，只期望在给定的待预测样本中达到更好的效果。在机器学习地球物理应用的初级阶段，针对储层含气性预测问题，追求训练出一个能在各种类型的含气储层上都具有良好应用效果的模型可能将问题复杂化。对于特定的工区，决策者更关心在当前地质条件下储层的分布情况。

基于专家知识的样本增强方式受到模型的表达能力限制，往往不具备很好的针对性。大量的人工合成数据作为样本增强数据还可能掩盖具体工区个性化的含气特征。利用工区含气性曲线和对应叠前地震数据生成实际训练样本和标签。第一，利用 kNN 方法基于实际训练样本和标签进行含气性预测，得到整个工区的 kNN 含气属性。第二，在整个工区的待预测样本中以一定的比例随机筛选 kNN 含气属性为 0 和 1 的样本，分别作为伪训练样本。第三，搭建合理的 CNN 模型，利用伪训练样本对 CNN 模型进行预训练。第四，重复伪训练样本的筛选和对 CNN

模型的训练过程，直到 CNN 代价函数的收敛曲线不再变化。第五，利用实际训练样本对 CNN 模型进行迁移学习得到优化的 CNN 含气性预测器。图 5.35 展示了半监督学习含气性预测方法工作流程(Song et al., 2022b)。

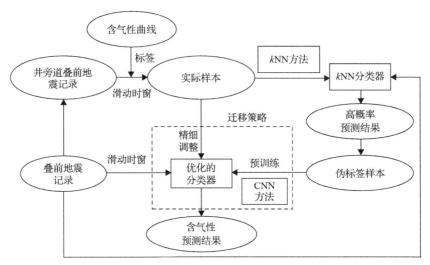

图 5.35　半监督学习含气性预测方法工作流程图

kNN 含气属性衡量待预测样本与训练样本库中含气类样本的综合相似性，而样本的局部波形特征反映部分反映地下地质体组合在空间上的差异性。而由于地下情况随空间的微小变化，局部波形特征上出现差异是样本增强的信息基础。结合测井段一般在目的层附近，利用 kNN 含气属性筛选的伪训练样本大概率集中在目标层。利用这些伪训练样本进行预训练，有利于增加 CNN 模型对目标层区域的学习比例，缩小解空间，提升建模的针对性。

2. 实例分析

在第 5.2.2 小节中的实际数据中截取一个地震剖面验证方法的实际效果。为更加清晰地展示工区地震数据特征，图 5.36 展示了过井的叠后地震剖面。从图 5.36 可以观察到，在目标层区域，只有一组负极性同相轴，分辨率非常有限。利用工区所有的测井含气性曲线和对应井旁道叠前记录生成实际训练样本和标签。由于含气类样本通常是少数类样本，在 kNN 方法中，随着参考近邻数量增加到一定阈值，只能继续引入非含气类样本作为参考近邻，此时工区的 kNN 含气属性值整体下降。为了确保 kNN 方法提供尽可能准确的伪训练样本，设置 kNN 方法中近邻数 k 等于使工区的 kNN 含气属性值出现整体下降时的阈值。此时 $k = 26$，剖面的 kNN 含气属性如图 5.37(a)所示。由于采用了较大的 k 值，可以观察到，kNN 含气属性在含气储层区域呈现层状连续结构，反映出 kNN 方法得到的伪训练样本在地下空间的分布情况。由于工区的实际训练样本中含气类样本和非含气类样本的数量分别为 951 个和 1614 个。为了避免样本增强后改变训练数据的真实分布特征，同时说明半监督方法的有效性，保持含气类样本和非含气类样本的比例制作伪训练样本。具体做法为随机选取 951 个 kNN 含气属性为 1 的非井位置的待预测样本作为伪含气类样本；随机选取 1614 个 kNN 含气属性为 0 的非井位置的待预测样本作为伪非含气类样本。为了形成对比，依然采用图 5.29 中的 CNN 架构。本质上，kNN 含气属性是 kNN 方法将待预测样本预测为含气类样本的概率。所以，为了使 kNN 和 CNN 预测结果具有可对比性，在 CNN 模型的预测结果中，输出待预测样本为含气类样本的概率(用 P 表示)。

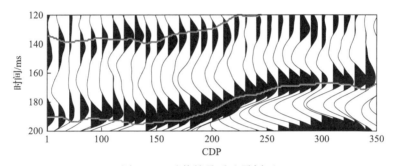

图 5.36　过井的叠后地震剖面

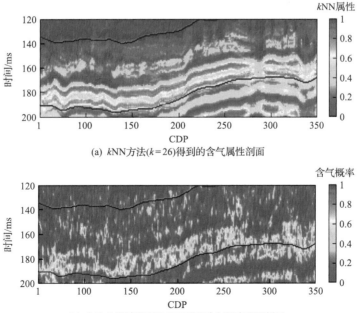

(a) kNN方法($k=26$)得到的含气属性剖面

(b) 方法 I 训练得到的CNN模型含气概率预测剖面

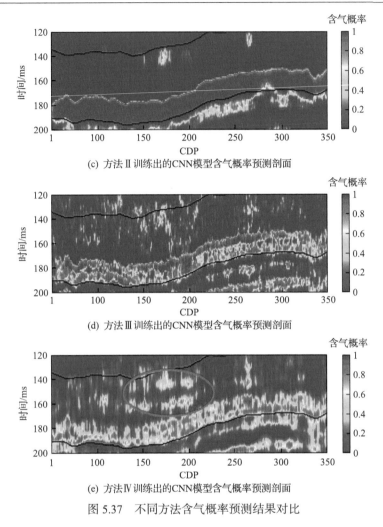

(c) 方法Ⅱ训练出的CNN模型含气概率预测剖面

(d) 方法Ⅲ训练出的CNN模型含气概率预测剖面

(e) 方法Ⅳ训练出的CNN模型含气概率预测剖面

图 5.37　不同方法含气概率预测结果对比

　　为了说明半监督学习方法的优势，对实际训练样本和伪训练样本采用不同的利用策略并将预测结果进行对比。当只使用实际训练样本和标签对 CNN 模型进行训练(简称"方法Ⅰ")时，过井剖面的预测结果如图 5.37(b)所示。从图 5.37(b)可以看出，有较高 P 值的区域与储层位置具有一定的对应性。但是，分布散乱没有连续性，这可能是因为受到小样本问题的影响。当只使用伪训练样本和标签对CNN 模型进行训练(方法Ⅱ)时，过井剖面的预测结果如图 5.37(c)所示。可以观察到 P 值分布集中，整个剖面的 P 值差异较大。这种现象间接说明了伪训练样本能够反映含气和非含气类样本间最明显的差异。结合图 5.37(a)，说明 kNN 方法筛选出的伪含气类样本集中在下方地震层位附近，而伪非含气类样本则均匀分布在目标层范围内。方法Ⅱ的预测结果可以作为比较准确的初始模型，显示出伪训练样本具有缩小解空间等作用。当使用两种训练样本和标签同时对 CNN 模型进行训练(方法Ⅲ)时,过井剖面的预测结果如图 5.37(d)所示。可以观察到,方法Ⅲ的预测效果介于方法Ⅰ和方法Ⅱ之间。由于伪训练样本是随机挑选的,可能引入干扰信息,掩盖过井剖面的细节信息。最后按照基于半监督学习的含气性预测方法对 CNN 模型进行训练(方法Ⅳ)时,过井剖面的预测结果如图 5.37(e)所示。首先利用伪训练样本对网络模型进行预训练,其次利用真实训练样本对网络模型进行精细调整的策略,缓解了伪训练样本引入干扰信息的影响。样本增强后对储层段的上半部分也有比较良好的刻画效果。图 5.38 展示了井位处不同方法预测得到的 P 值与测井含气性曲线的对比图。由图 5.38 可见方法Ⅳ预测得到含气概率与测井含气性曲线相关性较强。

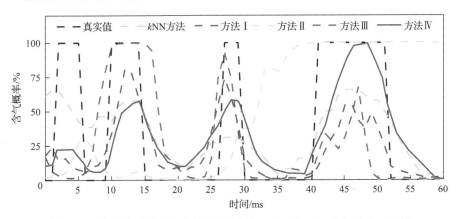

图 5.38 井位处不同方法含气概率(P)预测结果与测井含气性曲线比较

5.2.5 基于多任务学习的含气饱和度和波阻抗同时预测

在传统的地球物理框架下,同时联合地震数据和更多的互补信息(如地震属性)来实现含气饱和度(GS)预测是充满挑战性的。本小节基于多任务学习的思想,介绍一种基于多任务残差网络(MT-ResNet)的含气饱和度和阻抗同时预测方法(Sang et al., 2024)。所设计的 MT-ResNet 由两个预测任务相关的子网络组成,每个子网络由 2 个残差单元、3 个卷积层和 3 个全连接层组成。第一个子网络旨在建立低频波阻抗、叠前地震数据和波阻抗之间的非线性联系。之后,叠前地震数据和第一子网络预测的波阻抗曲线共同进入第二子网络,并预测出含气饱和度曲线。MT-ResNet 实现了叠前地震数据、测井导出的波阻抗和测井解释的含气饱和度等不同尺度多元信息的充分融合和相互补充,从而同时高效预测出含气饱和度和波阻抗模型。本小节接下来从合成数据集生成、方法原理、合成数据分析和实例分析等方面介绍该方法的基本思想和应用效果。

1. 合成数据集生成

　　昂贵的钻井成本使测井数据有限。大量的地震数据和极少的测井数据使用于储层参数智能预测的油气样本是极度有偏的，限制了大部分需要标签训练的机器学习算法在储层参数预测中的快速应用。为了缓解这一问题，本小节通过地质统计学模拟生成较为全面的白云岩储层合成数据集。该数据集可以为深度神经网络建模提供足够的样本和标签，同时为基于多任务学习的储层参数反演提供不同的参数模型。

　　在岩石物理理论和波动理论的指导下，基于实测的测井数据和相关地质知识，设计包括岩性、弹性参数、物性参数和叠前地震数据的白云岩储层合成数据集。这四类地球物理数据从不同角度模拟了位于中国西部某盆地的深层致密白云岩气藏。生成合成数据集时，第一，将实际致密白云岩储层测得的岩石物理参数填充到 Marmousi II 模型框架(Martin et al., 2006)，以生成含气饱和度[图 5.39(a)]、孔隙度[图 5.39(b)]和泥质含量[图 5.39(c)]三种岩石物理模型。第二，根据含气饱和度的大小，划分出泥岩、含水白云岩、气水同层白云岩和含气白云岩 4 类岩相[图 5.39(d)]，分别用数字 1~4 表示。碗状的含气白云岩[图 5.39(d)红圈]、勺状或条带状的气水同层白云岩[白圈或绿圈]是主要含气区，其含气饱和度超过 40%，具有低泥质含量和高孔隙度的储层特点。第三，利用 KT 模型(Kuster and Toksöz，1974)将岩石物理参数进一步转换为纵波速度[图 5.39(e)]、横波速度[图 5.39(f)]和密度[图 5.39(g)]三种弹性参数。图 5.39(h)为波阻抗模型，其在含气白云岩内表现为明显的低波阻抗。第四，三种弹性参数通过 AR 近似公式推导出与角度有关的反射系数(Aki and Richards, 2002)，并利用主频为 35Hz 的里克子波对不同角度的反射系数进行褶积得到无噪声叠前地震数据。第五，在无噪声地震数据中加入 30%的随机噪声，得到含噪声叠前地震数据。该白云岩储层合成数据集可灵活应用于测试不同的储层参数预测任务，如同时预测含气饱和度和波阻抗等。

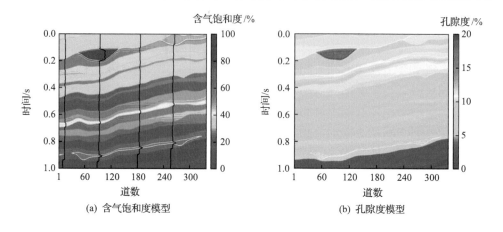

(a) 含气饱和度模型　　　　　　　　　　　　(b) 孔隙度模型

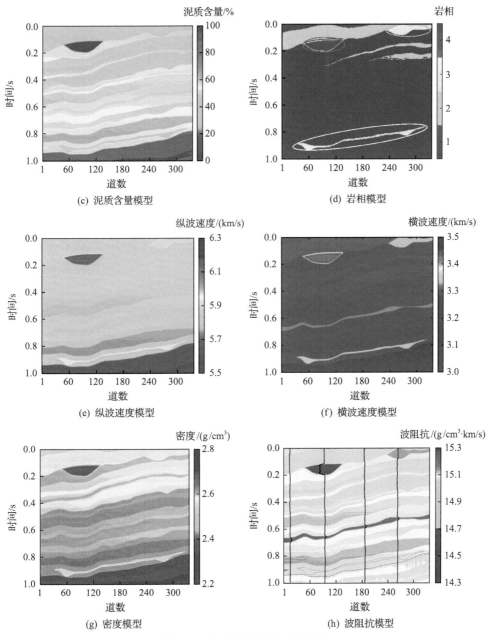

图 5.39　白云岩储层合成数据集

2. 基于 MT-ResNet 的多任务学习原理

在设计的白云岩储层合成数据集中，不同储层参数模型从不同角度揭示了同一地下气藏的性质。例如，碗状的含气白云岩[图 5.39(d)中红圈处]具有高含气饱和度、高孔隙度、低波阻抗和低泥质含量的特点，这表明不同储层参数是相互关联和互补的。因此，可以选择一个或多个与含气性相关的参数来帮助预测目标参数的含气饱和度。在本小节介绍的合成和实际应用案例中，波阻抗和含气饱和度具有较高的相关性。例如，图 5.40 显示了波阻抗模型[图 5.39(h)]中所有数据点与含气饱和度模型[图 5.39(a)]中所有数据点之间的交汇图，其中的蓝点、青点、黄点和红点分别对应泥岩、含水白云岩、气水同层白云岩和含气白云岩四种岩相。图 5.40 表明含气饱和度与波阻抗之间的关联性较强，可以用如式(5.22)所示的非线性拟合方程近似表示：

$$GS = -46.4PI^2 + 1256.1PI - 8361.7 \tag{5.22}$$

式中，GS 为含气饱和度值；PI 为波阻抗值。利用式(5.22)估计出的含气饱和度模型与真实模型的相关系数约为 0.6。因此，本小节基于多任务学习框架，以含气饱和度和波阻抗同时反演为例，说明联合地震数据与敏感属性可以提高目标参数的预测精度。

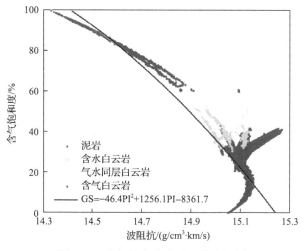

图 5.40　含气饱和度和波阻抗交汇图

储层参数的数量与类型直接决定多任务学习的网络架构设计。确定含气饱和度和波阻抗作为待反演的两种储层参数后，本小节设计了相应的储层多参数同时预测网络，命名为 MT-ResNet。MT-ResNet 的网络架构如图 5.41 所示，其主要任务是含气饱和度预测，辅助任务是波阻抗反演。MT-ResNet 采用两个子网络来表达地震数据与储层参数之间的内在物理关联性，建立将地震数据同时转换为含气饱和度和波阻抗的复杂非线性映射。第一个子网络是数据驱动的波阻抗反演求解器，其输入是低频波阻抗曲线和叠前角道集或叠前偏移距道集，输出是预测的波

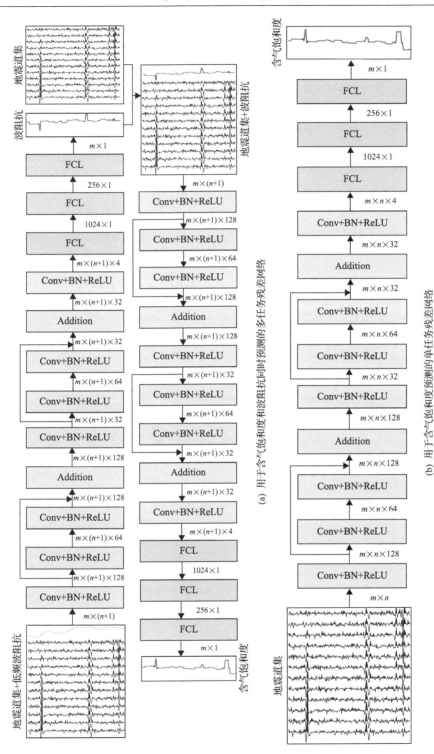

图5.41　用于含气饱和度预测的多任务和单任务网络架构图

阻抗曲线。低频波阻抗曲线用于控制低频趋势，增强数据驱动波阻抗反演的稳定性(Wu et al., 2021)。第一个子网络的作用主要是为第二个子网络提供含气饱和度的敏感地震属性，即波阻抗。第二个子网络整合叠前地震数据和含气敏感属性，形成多元信息融合的含气饱和度估计器。第二个子网络的输入不仅是原始的叠前道集，还包括第一个子网络预测的波阻抗曲线，输出是含气饱和度曲线。在MT-ResNet 框架中，第一个子网络预测的波阻抗和第二个子网络估计的含气饱和度可以相互验证。它们之间的结构相似性和对应的岩石物理关系可以用来说明MT-ResNet 同时预测多种储层参数的可靠性。第一或第二个子网络的隐藏层由 2个残差单元、3 个卷积层和 3 个全连接层组成。每个残差单元包括 2 个卷积层和 1个加法层。卷积层由卷积核大小为 3×3 的卷积(Conv)运算、批量归一化(BN)运算和 ReLU 激活函数组成。Conv 操作用于提取与波阻抗或含气饱和度相关的高维"地震属性"。BN 操作可以保持收敛的稳定性，加速 MT-ResNet 的训练过程(Ioffe and Szegedy, 2015)。ReLU 用于增强 MT-ResNet 的非线性表达能力。加法层旨在将提取的浅层特征添加到提取的深层特征中。残差单元的引入可以改善不同层之间的信息流动，从而避免性能下降(He et al., 2016)。

在介绍网络架构的基础上，接下来阐述 MT-ResNet 的工作流程。首先，对归一化的井旁地震道集进行裁剪，得到多个 $m \times n$ 大小的地震数据块，其中 m 和 n分别代表时间采样点数和角度个数或偏移距个数。同时提取地震数据块对应的归一化低频波阻抗曲线、波阻抗曲线和含气饱和度曲线，每条曲线大小为 $m \times 1$。叠前地震数据和低频波阻抗两种信息作为 MT-ResNet 的输入。因此，MT-ResNet 的输入大小为 $m \times (n+1)$。其次，在阻抗曲线的监督下，第一个子网络从低频波阻抗和地震数据块中逐渐学习潜在储层特征或属性信息，并通过卷积层和残差单元将它们抽象成不同尺度或不同水平的特征图。提取的高维特征经过第一个子网络 3个全连接层加权回归得到预测的波阻抗曲线。最后，$m \times 1$ 大小的预测波阻抗曲线和 $m \times n$ 大小的叠前地震数据块进入第二个子网络。第二个子网络可以看作高维岩石物理量版的隐式表达，它最终将地震道集和含气性敏感属性(即波阻抗)映射为期望的含气饱和度曲线。如图 5.41(a)所示，每个卷积层或残差单元的输出大小为 $m \times (n+1) \times c_1$，其中 c_1 为特征图的通道数。每个全连接层的输出大小为 $p_1 \times 1$，其中 p_1 为全连接层的节点数。MT-ResNet 的目标函数用来测量两种储层参数与它们对应的真实标签之间的距离：

$$L_1 = \frac{1}{N}\sum_{i=1}^{N}\left[(1-\lambda)\left\|PI_i^{true} - Net_1(d_i; PI_i^{low}; \theta_1)\right\|_2^2 + \lambda\left\|GS_i^{true} - Net_1(d_i; PI_i^{pre}; \theta_1)\right\|_2^2\right]$$

(5.23)

式中，N 为训练样本数；θ_1 为 MT-ResNet 的网络参数；$Net_1(\cdot)$ 为 MT-ResNet 的非

线性映射；d_i、$\mathrm{PI}_i^{\mathrm{low}}$、$\mathrm{PI}_i^{\mathrm{true}}$ 和 $\mathrm{GS}_i^{\mathrm{true}}$ 分别为第 i 个叠前地震数据块、第 i 条低频波阻抗曲线、第 i 条真实波阻抗曲线及第 i 条真实含气饱和度曲线。总损失 L_1 由两项组成，每项采用均方误差计算估计误差，两项误差共同监督 MT-ResNet 的学习过程。第一项计算估计波阻抗 $\mathrm{PI}_i^{\mathrm{pre}} = \mathrm{Net}_1(d_i; \mathrm{PI}_i^{\mathrm{low}}; \boldsymbol{\theta}_1)$ 与阻抗标签 $\mathrm{PI}_i^{\mathrm{true}}$ 之间的损失，第二项计算预测的含气饱和度 $\mathrm{GS}_i^{\mathrm{pre}}$ 与测井数据解释的含气饱和度标签 $\mathrm{GS}_i^{\mathrm{true}}$ 之间的损失。λ 可以控制阻抗反演任务与含气饱和度预测任务之间的相对权重。由于含气饱和度是更为重要的目标参数，λ 通常设置为 0.5~1 的常数。采用 Adam（Kingma and Ba, 2014）算法对 MT-ResNet 的网络参数 $\boldsymbol{\theta}_1$ 进行迭代更新，直到估计误差收敛到较小的值且没有明显上升趋势时，完成网络的训练。

如图 5.41(b) 所示，使用单任务残差网络 (ST-ResNet) 作为含气饱和度预测的对比方法。ST-ResNet 是一种传统的监督学习框架，其网络架构与 MT-ResNet 的第一个或第二个子网络的网络结构类似，也由 2 个残差单元、3 个卷积层和 3 个全连接层组成。两种网络配置的卷积核数量和全连接层节点数量也保持相同。与 MT-ResNet 相比，ST-ResNet 仅利用 $m \times n$ 大小的叠前地震数据块直接预测 $m \times 1$ 大小的含气饱和度曲线。因此，ST-ResNet 并没有充分利用除地震数据之外的含气敏感信息来预测含气饱和度，其预测误差往往比 MT-ResNet 更大。ST-ResNet 的目标函数为

$$L_2 = \frac{1}{N} \sum_{i=1}^{N} \left\| \mathrm{GS}_i^{\mathrm{true}} - \mathrm{Net}_2(d_i; \boldsymbol{\theta}_2) \right\|_2^2 \tag{5.24}$$

式中，$\boldsymbol{\theta}_2$ 为 ST-ResNet 的网络参数；$\mathrm{Net}_2(\cdot)$ 为 ST-ResNet 的非线性映射，表示通过 ST-ResNet 估计的第 i 条含气饱和度曲线。

本小节使用均方根误差 (RMSE) 来定量评价真实模型 $\boldsymbol{X}$（即含气饱和度或波阻抗）与预测结果 $\bar{\boldsymbol{X}}$ 之间的距离：

$$\mathrm{RMSE} = \frac{\sqrt{\left\| \boldsymbol{X} - \bar{\boldsymbol{X}} \right\|_2^2}}{\sqrt{J \times K}} \tag{5.25}$$

式中，J 和 K 分别为 $\boldsymbol{X}$ 或 $\bar{\boldsymbol{X}}$ 的行数和列数。此外，使用结构相似性 SSIM 定性评价 $\boldsymbol{X}$ 与 $\bar{\boldsymbol{X}}$ 之间的相似性：

$$\mathrm{SSIM} = \frac{(2\mu_{\boldsymbol{X}}\mu_{\bar{\boldsymbol{X}}} + c_1)(2\mathrm{Cov}_{\boldsymbol{X}\bar{\boldsymbol{X}}} + c_2)}{\left(\mu_{\boldsymbol{X}}^2 + \mu_{\bar{\boldsymbol{X}}}^2 + c_1\right)\left(\sigma_{\boldsymbol{X}}^2 + \sigma_{\bar{\boldsymbol{X}}}^2 + c_2\right)} \tag{5.26}$$

式中，$\mu_{\boldsymbol{X}}$ 和 $\mu_{\bar{\boldsymbol{X}}}$ 分别为 $\boldsymbol{X}$ 与 $\bar{\boldsymbol{X}}$ 的均值；$\sigma_{\boldsymbol{X}}$ 和 $\sigma_{\bar{\boldsymbol{X}}}$ 分别为 $\boldsymbol{X}$ 与 $\bar{\boldsymbol{X}}$ 的标准差；$\mathrm{Cov}_{\boldsymbol{X}\bar{\boldsymbol{X}}}$

为 X 与 $\bar{X}$ 之间的协方差；c_1 和 c_2 为常数，一般来说，$c_1 = 0.01$，$c_2 = 0.03$。

3. 合成数据分析

在本小节中，首先介绍训练、验证和测试数据集的准备过程。其次，对 ST-ResNet 和 MT-ResNet 进行网络训练。最后，通过合成数据测试说明了 MT-ResNet 相比于 ST-ResNet 在含气饱和度预测方面的优越性。

除了含气饱和度模型[图 5.39(a)]、波阻抗模型[图 5.39(h)]和叠前含噪声地震数据[图 5.42(a)]外，进一步对图 5.39(g)进行低通滤波得到 0～5Hz 的低频波阻抗模型。使用上述四种数据进行合成数据测试。低频波阻抗、宽频波阻抗或含气饱和度模型的大小为 1000×337，合成的叠前地震数据大小为 1000×24×337。其中，1000 为时间采样点数，24 为角度数，337 为共深度点数。图 5.42(a)中地震同相轴的连续性受到噪声干扰而严重破坏，地震信号与随机噪声的能量之比为10：3。这些参数模型或地震数据的时间采样间隔为 1ms。

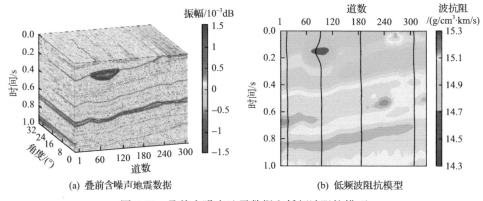

(a) 叠前含噪声地震数据　　　　　　　(b) 低频波阻抗模型

图 5.42　叠前含噪声地震数据和低频波阻抗模型

在生成训练集之前，首先研究了不同空间位置的地震数据、含气饱和度和波阻抗之间的物理联系，为评估两个网络的预测结果提供了物理基础。图 5.43 描述了 CDP 92 和 CDP 306 井位置的井旁叠前角道集、含气饱和度曲线(红线)和波阻抗曲线(蓝线)。如图 5.43 所示，含气白云岩的地震和测井响应与其他岩相有明显区别，它具有高含气饱和度、低阻抗和强振幅的特点，且振幅随入射角的增大而减小。气水同层白云岩在小角度和中角度范围内振幅正常，在大角度范围内振幅随入射角增大而增大。含水白云岩或泥岩的振幅响应随角度变化不明显，且相比于其他岩相的振幅要弱。不同岩相具有不同的振幅随角度变化(AVA)的特征，为准确估算含气饱和度和波阻抗提供了物理依据。与其他岩石相比，含气白云岩中含气饱和度与波阻抗的相关性最好。因此，相比于 ST-ResNet，MT-ResNet 的主要优势可能改善含气白云岩附近的含气饱和度预测效果。

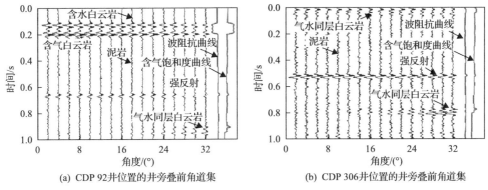

图 5.43　训练井位置的井旁叠前角道集、含气饱和度曲线(红线)和波阻抗曲线(蓝线)

为了进行方法比较，使用来自相同伪井位置的地震数据和测井数据构建两种网络的训练集。两种网络的训练井均为随机选择，具体选取的位置分别为 CDP 13、CDP 92、CDP 184 和 CDP 306。以 MT-ResNet 的训练集构建为例，图 5.39(a) 和 (h)中的黑线分别表示提取的含气饱和度和波阻抗曲线，用于生成训练标签；提取的低频波阻抗曲线[图 5.42(b)中的黑线]和相应的井旁叠前道集用于生成训练样本。随后，滑动时窗按照滑动步长为 1，将提取的 4 条低频波阻抗、波阻抗和含气饱和度曲线分割成多个大小为 65×1 的曲线片段。提取的井旁叠前道集也进行类似的处理。最后，将获得的地震数据块和低频阻抗曲线片段作为 MT-ResNet 的训练样本，含气饱和度曲线片段和波阻抗曲线片段作为 MT-ResNet 的训练标签。具体来说，MT-ResNet 的训练集有 3744 个训练样本，3744 个波阻抗标签和 3744 个含气饱和度标签。每个训练样本大小为 65×25，每个含气饱和度或波阻抗标签大小为 65×1。此外，MT-ResNet 训练集中的所有地震数据块和含气饱和度标签也被用作 ST-ResNet 的训练集。两种网络的验证集和测试集的准备方法与训练集类似。完成三种数据集构建后，使用训练集训练 MT-ResNet，设置批大小为 256，学习率为 0.001。在训练数据、优化器、目标函数和反向传播算法的共同实现下，MT-ResNet 的训练过程达到预先设定的最大迭代次数后完成初步的网络建模。通过绘制损失曲线，观察训练损失和验证损失是否同时收敛到最小值。如果不满足，则调整最大迭代次数和目标函数中正则化参数值的大小，直到两者都满足收敛条件。通过反复试验，最后确定将 MT-ResNet 目标函数中的相对权重 λ 设置为 0.6，最大迭代次数为 400 时，可得到同时预测波阻抗和含气饱和度的最优 MT-ResNet 模型。在其他条件不变的情况下，使用地震数据块和含气饱和度标签训练得到 ST-ResNet。

接下来将训练好的两种网络模推广应用到测试集。图 5.44(a) 是 ST-ResNet 预测的含气饱和度结果，图 5.44(b) 是图 5.44(a) 与真实含气饱和度模型[图 5.39(a)]之间的残差。图 5.44(a) 和图 5.39(a) 之间的 RMSE 和 SSIM 分别为 0.07 和 0.59。

从图 5.44(a)和(b)可以看出,ST-ResNet 的估计精度受叠前地震道集质量的影响较大,随机噪声的负面干扰导致 ST-ResNet 估计的含气饱和度模型的预测误差较大且横向连续性较差,特别是局部信噪比较低的区域。因此,当地震数据受噪声污染严重时,神经网络需要依靠更多的含气敏感属性来提高含气饱和度预测的准确性和稳定性。值得注意的是,图 5.44(a)清晰地刻画了含气白云岩的空间形态,其潜在原因可能是含气白云岩周围的地震数据相比于围岩具有较高的局部信噪比,且训练集已经足以表征含气白云岩的含气特征。图 5.44(c)和(e)分别为 MT-ResNet 预测的波阻抗结果和含气饱和度结果。图 5.44(c)与真实波阻抗模型[图 5.39(h)]的残差如图 5.44(d)所示,图 5.44(e)与真实含气饱和度模型[图 5.39(a)]的残差如图 5.44(f)所示。图 5.44(e)与图 5.39(a)的 RMSE 和 SSIM 分别为 0.06 和 0.81。从图 5.44(c)和(d)可以看出,MT-ResNet 利用地震振幅和低频波阻抗可以精确地估计波阻抗。图 5.44(c)与图 5.39(h)之间的 RMSE 和 SSIM 分别为 0.02 和 0.97。一方面,MT-ResNet 精确预测的波阻抗可以降低地震噪声对于含气饱和度预测的影响。另一方面,它作为含气敏感属性可以提高含气饱和度的预测精度。因此,MT-ResNet 预测的含气饱和度模型[图 5.44(e)]明显优于 ST-ResNet 预测的含气饱

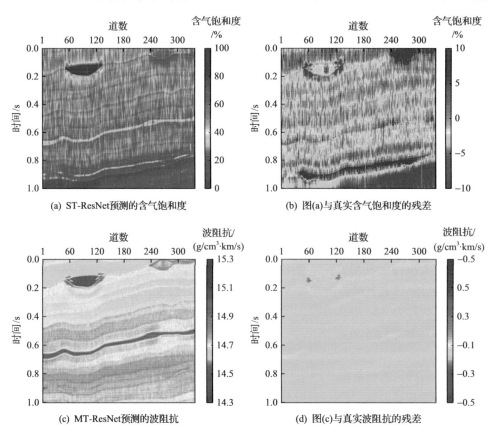

(a) ST-ResNet预测的含气饱和度

(b) 图(a)与真实含气饱和度的残差

(c) MT-ResNet预测的波阻抗

(d) 图(c)与真实波阻抗的残差

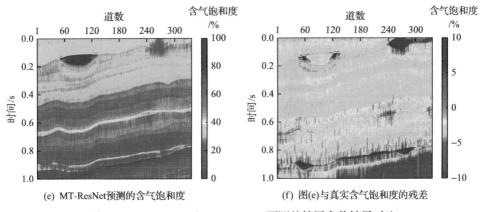

(e) MT-ResNet预测的含气饱和度   (f) 图(e)与真实含气饱和度的残差

图 5.44 ST-ResNet 和 MT-ResNet 预测的储层参数结果对比

和度模型[图 5.44(a)]，具有更好的连续性和更高的准确性，特别是局部信噪比较低的区域。

图 5.45 进一步比较了 ST-ResNet 和 MT-ResNet 预测的含气饱和度的频率分布。图 5.45(a)～(c) 分别为真实含气饱和度模型[图 5.39(a)]、ST-ResNet 预测的含气饱和度模型[图 5.44(a)]和 MT-ResNet 预测的含气饱和度模型[图 5.44(e)]的频率分布直方图。图 5.45 中紫色圈、青色圈、绿色圈和红色圈代表 4 种含气饱和度范围，它们对应的岩相分别为泥岩、泥岩或含水白云岩、含水白云岩或气水同层白云岩、含气白云岩。从图 5.45(a)可以看出，真实含气饱和度模型服从非高斯分布。由于神经网络的非线性拟合能力，ST-ResNet 和 MT-ResNet 都能近似拟合这种非高斯分布。总体而言，MT-ResNet 估计的含气饱和度分布比 ST-ResNet 估计的含气饱和度分布更接近真实情况。如图 5.44(e)和图 5.45 中的青色圈所示，在部分泥岩或含水白云岩中，MT-ResNet 对含气饱和度的预测性能优于 ST-ResNet。其原因可能是这些岩相在训练集和测试集中所占比例最大，MT-RcsNet 通过准确预测波阻抗而主要提高了泥岩或含水白云岩含气饱和度的预测精度。两种网络对绿色圈和紫色圈内的含气饱和度预测精度较低，可能是由于含水白云岩或气水同层白云岩在中小角度范围内与泥岩的 AVA 特征比较相似(图 5.43)。这种相似性可能导致两种网络将含水白云岩或气水同层白云岩的含气饱和度误判为泥岩的含气饱和度范围。

4. 实例分析

在本小节中，采用来自中国北方的实际数据进一步验证使用 MT-ResNet 进行含气饱和度和波阻抗同时预测的有效性。工区为低孔低渗的致密砂岩气藏，其岩性主要为砂岩和泥岩。图 5.46(a)展示了经过五口井(从左到右依次命名为 W1～W5)的叠前地震数据。叠前地震数据的大小为 121×16×735，其中，121、16 和

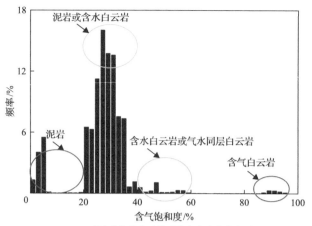

(a) 真实含气饱和度模型的频率分布直方图

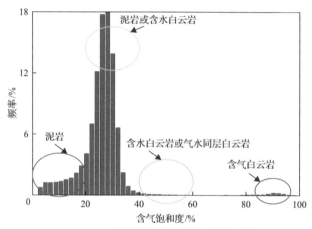

(b) ST-ResNet预测的含气饱和度结果的频率分布直方图

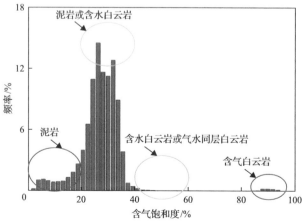

(c) MT-ResNet预测的含气饱和度结果的频率分布直方图

图 5.45　ST-ResNet 和 MT-ResNet 预测的含气饱和度结果的频率分布图对比

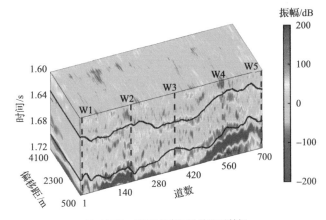

(a) 过W1～W5井的实际叠前地震数据

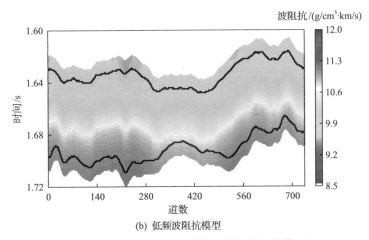

(b) 低频波阻抗模型

图 5.46　实际叠前地震数据和低频波阻抗模型

735 分别表示时间采样点数、偏移距数和共深度点数。叠前地震数据的时间范围和偏移距范围分别为 1.60～1.72s 和 500～4100m，时间采样间隔为 1ms。两个目标层位[图 5.46(a)中的水平黑线]之间的地层代表关注的储层，埋深约 3km。储层的厚度为 110～150m。储层的地质特征为严重的砂泥互层，发育的单个薄砂体的厚度约 10m。从图 5.46(a)可以看出，地震数据分辨率较低，在储层仅发育一个波谷。经过深时转换后，对波阻抗曲线和测井解释的含气饱和度曲线进行上采样至 1ms。图 5.46(b)为由地震层位和波阻抗曲线插值得到的 0～8Hz 低频波阻抗模型。

　　实际数据测试时，采用 W4 井作为测试盲井，其余 4 口井作为训练井。利用 4 条解释的含气饱和度曲线及其对应的井旁地震道集构建 ST-ResNet 的训练数据集。利用 4 条波阻抗曲线和 ST-ResNet 的训练集建立 MT-ResNet 的训练集。

ST-ResNet 和 MT-ResNet 测试实际数据时使用与合成数据相同的网络架构。两种网络通过 300 次迭代训练后得到最佳的网络模型,并将它们应用于整个测试集。图 5.47(a)～(d)分表示储层周围的叠后地震剖面、ST-ResNet 预测的含气饱和度剖面、MT-ResNet 预测的波阻抗剖面和 MT-ResNet 预测的含气饱和度剖面。与图 5.47(a)中的地震数据相比,两种方法估算的含气饱和度结果[图 5.47(b)和(d)]具有更高的垂向和横向分辨率,两者均表明储层底部为高含气区,而储层顶部几乎无气。图 5.47(b)和(d)的对比表明,基于 ST-ResNet 的含气饱和度结果在储层底部仅识别出一个含气地层,而基于 MT-ResNet 的含气饱和度结果可以成功识别出储层底部的两套高含气砂体。此外,与 ST-ResNet 相比,MT-ResNet 在 W4 盲井位置具有更高的吻合率。预测的波阻抗与含气饱和度结果对比[图 5.47(c)和(d)]表明,高含气区表现出相对低的波阻抗,这与井中含气饱和度与波阻抗之间的岩石物理关系相吻合。图 5.48 对比了两种方法在 W4 盲井位置预测的含气饱和度曲线。MT-ResNet 预测的含气饱和度(红线)相比于 ST-ResNet 预测的含气饱和度(蓝线)更接近真实含气饱和度(黑线)。真实含气饱和度与 ST-ResNet 预测的含气饱和度之间的 RMSE 为 0.07,而真实含气饱和度与 MT-ResNet 预测的含气饱和度之间的 RMSE 为 0.04。实际测试数据表明,MT-ResNet 更适合实际应用,其利用预测的波阻抗进一步提高了目标参数含气饱和度的预测精度和分辨率。此外,波阻抗和含气饱和度的预测结果相互验证,具有降低钻井决策风险的潜力。

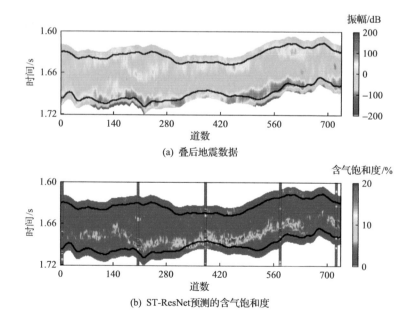

(a) 叠后地震数据

(b) ST-ResNet预测的含气饱和度

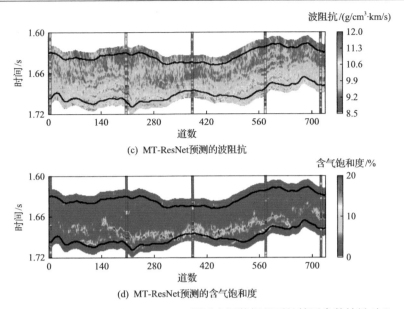

(c) MT-ResNet预测的波阻抗

(d) MT-ResNet预测的含气饱和度

图 5.47　ST-ResNet 和 MT-ResNet 测试实际数据得到的储层参数结果对比

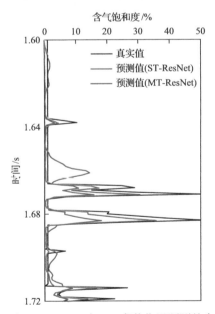

图 5.48　ST-ResNet 和 MT-ResNet 在 W4 盲井位置预测的含气饱和度曲线对比

5.2.6　小结与展望

1.　小结

机器学习含气性预测方法能够作为储层含气性预测研究的强力辅助和参考,

具有提升储层含气性预测精度的潜力。但是，应用人工智能方法进行储层流体预测的研究尚处于初级阶段。

kNN 基于特征空间相似性筛选近邻样本，建立局部模型对待预测样本进行决策。在机器学习含气性预测方法框架下，kNN 含气属性物理含义明确。kNN 含气属性的高分辨率来自测井数据对局部波形特征的标定。合理地设置 k 值和在预测结果中输出 kNN 含气属性，能够使 kNN 含气性预测方法具有在近井局部区域精确指示储层的潜力。通常来说，k 越小，kNN 模型复杂度越高，表达地震数据与含气性的关系也越复杂，但越容易过拟合；k 越大，模型复杂度越低，但表达能力有限，越容易欠拟合。理论上，kNN 含气预测模型的泛化错误率不超过贝叶斯最优含气性预测模型错误率的 2 倍。

以 CNN 为代表的深度学习方法，需要更大量的训练样本来训练模型。在利用深度学习方法进行含气性预测研究的初期，利用适当的样本增强方法，缓解小样本问题是提升方法效果的关键。同时引入迁移学习的策略，缓解由增强样本和实际样本不匹配导致的对模型精度的潜在负面影响也能够提升深度学习含气性预测方法的效果。基于专家知识的样本增强策略通过建立数值模型提供合成训练样本，不涉及对网络内部的改造。有利于降低地球物理知识引入智能方法时的技能要求。

考虑到训练一个泛化性强的模型可能并不是必要的，建立对当前工区含气性精确描述的智能模型有利于简化问题，提高预测精度。基于半监督学习思想，利用 kNN 方法制作伪训练样本对 CNN 进行预训练也是一种有效的样本增强策略。kNN 方法通过多次局部建模对样本的特征空间进行更为精确的描述，有利于提升 CNN 建模的准确性。

用于含气饱和度和波阻抗同时预测的 MT-ResNet 为储层多参数同时预测提供了一种实用的、可借鉴的多元信息联合驱动框架。致密白云岩储层合成数据和致密砂岩储层实际数据测试表明，与 ST-ResNet 相比，MT-ResNet 在地震数据的基础上进一步使用含气敏感属性(如波阻抗)提高含气饱和度的预测精度，具有效率高、可靠性强、预测的波阻抗和含气饱和度相互验证等优点。MT-ResNet 充分利用多元地球物理信息，减小了地震噪声的负面影响。它通过自动挖掘叠前地震数据与储层参数之间及不同储层参数之间的内在关系，生成了符合伪井或实际测井曲线的高精度波阻抗和含气饱和度模型。二者相互验证，从不同角度描述了地下的含气区域。

2. 未来展望

然而，以上研究中还存在很多未尽之处。以下几个问题有待进一步探究。

(1)在 kNN 含气性预测方法中，局部波形特征的差异还可能由地下结构、不同岩性组合等因素引起。量化 kNN 含气属性与含气性之间的关联性值得进一步研究。

　　(2)基于半监督学习的含气性预测方法研究中,如何从理论上推导半监督含气性预测思路的有效性,需要进一步研究。选择 kNN 生成伪样本的过程中,存在引入错误标注样本的风险。同时,在训练集中引入伪样本存在改变数据真实分布的风险。若实际样本中包含大量位于边界的样本,也可能造成正负样本边界模糊。

　　(3)尝试将 MT-ResNet 多任务学习应用于其他多种储层参数(如孔隙度)和岩相的同时预测,并阐明辅助任务(储层参数和岩相预测)帮助含气性预测这一主任务的内在机制。

　　(4)将地质信息引入人工智能流体预测算法中,这些地质信息包括但不限于地震相或断裂分布等。

　　(5)挖掘和利用频散、衰减信息到人工智能流体饱和度预测模型中。

参 考 文 献

安鹏, 曹丹平, 赵宝银, 等. 2019. 基于 LSTM 循环神经网络的储层物性参数预测方法研究. 地球物理学进展,
　　34(5): 1849-1858.

蔡煜东, 宫家文, 甘骏人, 等. 1993. 应用人工神经网络方法预测油气. 石油地球物理勘探, 28(5): 634-638.

韩宏伟, 刘浩杰, 桑文镜, 等. 2022. 基于半监督学习的井震联合储层横向孔隙度预测方法. 地球物理学报, 65(10):
　　4073-4086.

韩学辉, 张浩, 毛新军, 等. 2021. 基于岩心室应力应变和不确定度分析的致密储层氦孔隙度测量方法. 地球物理
　　学报, 64(1): 289-297.

匡立春, 刘合, 任义丽, 等. 2021. 人工智能在石油勘探开发领域的应用现状与发展趋势. 石油勘探与开发, 48(1):
　　1-11.

李芳, 王守东, 陈小宏, 等. 2014. 基于模糊逻辑的多属性融合油气预测方法. 石油地球物理勘探, 49(1): 197-204.

李宏兵, 张佳佳, 蔡生娟, 等. 2019. 复杂孔隙储层三维岩石物理模版. 地球物理学报, 62(7): 2711-2723.

李宁, 徐彬森, 武宏亮, 等. 2021. 人工智能在测井地层评价中的应用现状及前景. 石油学报, 42(4): 508-522.

林年添, 张栋, 张凯, 等. 2018. 地震油气储层的小样本卷积神经网络学习与预测. 地球物理学报, 61(10):
　　4110-4125.

刘力辉, 陆蓉, 杨文魁. 2019. 基于深度学习的地震岩相反演方法. 石油物探, 58(1): 123-129.

马文哲. 2016. 叠后地震属性分析在台北凹陷西缘吐鲁番地区有利储层预测中的应用. 成都: 西南石油大学.

邵蓉波, 肖立志, 廖广志, 等. 2022a. 基于多任务学习的测井储层参数预测方法. 地球物理学报, 65(5): 1883-1895.

邵蓉波, 肖立志, 廖广志, 等. 2022b. 基于迁移学习的地球物理测井储层参数预测方法研究. 地球物理学报, 65(2):
　　796-808.

石玉江, 刘国强, 钟吉彬, 等. 2021. 基于大数据的测井智能解释系统开发与应用. 中国石油勘探, 26(2): 113-126.

宋辉, 陈伟, 李谋杰, 等. 2019. 基于卷积门控循环单元网络的储层参数预测方法. 油气地质与采收率, 26(5):
　　73-78.

宋建国, 杨璐, 高强山, 等. 2018. 强容噪性随机森林算法在地震储层预测中的应用. 石油地球物理勘探, 53(5):
　　954-960.

孙歧峰, 段友祥, 柳璠, 等. 2020. 多阈值 BIRCH 聚类在相控孔隙度预测中的应用. 石油地球物理勘探, 55(2):
　　379-388.

田华, 张水昌, 柳少波, 等. 2012. 压汞法和气体吸附法研究富有机质页岩孔隙特征. 石油学报, 33 (3): 419-427.

谭茂金, 白洋, 吴静, 等. 2022. 多源数据驱动下委员会机器测井解释研究进展. 石油物探, 61 (2): 224-235.

王俊, 曹俊兴, 尤加春, 等. 2020. 基于门控循环单元神经网络的储层孔渗参数预测. 石油物探, 59 (4): 616-627.

王童奎, 赵宝银, 戴晓峰, 等. 2013. 叠前多属性概率神经网络反演储层孔隙度. 物探化探计算技术, 35 (2): 162-167.

王维强. 2012. 独立分量分析在地震勘探中的应用研究. 青岛: 中国石油大学(华东).

王昕旭. 2015. 偏最小二乘回归在孔隙度预测中的应用. 地球物理学进展, 30 (6): 2807-2813.

王治国, 尹成, 雷小兰, 等. 2011. 预测砂岩孔隙度的地震多属性优化模式对比. 石油地球物理勘探, 46 (3): 442-448.

魏国华, 韩宏伟, 刘浩杰, 等. 2023. 基于半监督高斯混合模型与梯度提升树的砂岩储层相控孔隙度预测. 石油地球物理勘探, 58 (1): 46-55.

闫星宇, 顾汉明, 肖逸飞, 等. 2019. XGBoost算法在致密砂岩气储层测井解释中的应用. 石油地球物理勘探, 54 (2): 447-455.

印兴耀, 叶端南, 张广智. 2012. 基于核空间的模糊聚类方法在储层预测中的应用. 中国石油大学学报(自然科学版), 36 (1): 53-59.

印兴耀, 周静毅. 2005. 地震属性优化方法综述. 石油地球物理勘探, 40 (4): 482-489.

张益明, 张繁昌, 丁继才, 等. 2021. 基于混合深度学习网络的致密砂岩甜点预测. 石油物探, 60 (6): 995-1002.

赵政璋, 赵贤王, 王英民. 2005. 储层地震预测理论与实践. 北京: 科学出版社.

朱剑兵, 王兴谋, 冯德永, 等. 2020. 基于双向循环神经网络的河流相储层预测方法及应用. 石油物探, 59 (2): 250-257.

Aki K, Richards P G. 2002. Quantitative seismology. 2nd ed. SanFrandsco: Mill Valley, CA: University Science Books: 245-247.

AlBinHassan N M, Wang Y H. 2011. Porosity prediction using the group method of data handling. Geophysics, 76 (5): 15-22.

Angeleri G P, Carpi R. 1982. Porosity prediction from seismic data. Geophysical Prospecting, 30 (5): 580-607.

Ao Y, Li H, Yang Z, et al. 2018. An alternative approach for machine learning seismic interpretation and its application in Daqing Oilfield. 88th Annual International Meeting, Anaheim: 2201-2205.

Archie G E. 1942. The electrical resistivity log as an aid in determining some reservoir characteristics. Transactions of the AIME, 146 (1): 54-62.

Baldwin J L, Otte D N, Wheatley C L. 1989. Computer emulation of human mental processes: Application of neural network simulators to problems in well log interpretation. 64th Annual Technical Conference and Exhibition of the Society of Petroleum Engineers, SPE Annual Technical Conference and Exhibition, San Antonio: 481-493.

Cho K, Merriënboer B V, Bahdanau D, et al. 2014a. On the properties of neural machine translation: Encoder-decoder approaches. Proceedings of SSST-8, Eighth Workshop on Syntax, Semantic and Structure in Statistical Translation, Doha.

Cho K, Merriënboer B V, Gulcehre C, et al. 2014b. Learning phrase representations using RNN encoder-decoder for statistical machine translation. Conference on Empirical Methods in Natural Language Processing, Doha.

Claerbout J F. 1971. Towards a unified theory of reflector mapping. Geophysics, 36 (3): 467-481.

Cover T, Hart P. 1967. Nearest neighbor pattern classification. IEEE Transactions on Information Theory, 13 (1): 21-27.

Das V, Mukerji T. 2020. Petrophysical properties prediction from prestack seismic data using convolutional neural networks. Geophysics, 85 (5): N41-N55.

Di H B, Li Z, Abubakar A. 2022. Using relative geologic time to constrain convolutional neural network-based seismic interpretation and property estimation. Geophysics, 87(2): IM25-IM35.

Doyen P M. 1988. Porosity from seismic data: A geostatistical approach. Geophysics, 53(10): 1263-1275.

Feng R H. 2020. Estimation of reservoir porosity based on seismic inversion results using deep learning methods. Journal of Natural Gas Science and Engineering, 77: 103270.

Feng R H, Hansen T M, Grana D, et al. 2020. An unsupervised deep-learning method for porosity estimation based on poststack seismic data. Geophysics, 85(6): M97-M105.

Gao J H, Song Z H, Gui J Y, et al. 2022. Gas-bearing prediction using transfer learning and CNNs: An application to a deep tight dolomite reservoir. IEEE Geoscience and Remote Sensing Letters, 19: 3001005.

Gao S L, Xu M H, Zhao L X, et al. 2023. Seismic predictions of fluids via supervised deep learning: Incorporating various class-rebalance strategies. Geophysics, 88(4): M185-M200.

Gholami A, Amirpour M, Ansari H R, et al. 2022. Porosity prediction from pre-stack seismic data via committee machine with optimized parameters. Journal of Petroleum Science and Engineering, 210: 110067.

Hampson D P, Schuelke J S, Quirein J A. 2001. Use of multiattribute transforms to predict log properties from seismic data. Geophysics, 66(1): 220-236.

He K M, Zhang X Y, Ren S Q, et al. 2016. Deep residual learning for image recognition. IEEE Conference on Computer Vision and Pattern Recognition, Las Vegas: 770-778.

Hornik K, Stinchcombe M, White H. 1989. Multilayer feedforward networks are universal approximators. Neural Networks, 2(5): 359-366.

Ioffe S, Szegedy C. 2015. Batch Normalization: Accelerating deep network training by reducing internal covariate shift. Proceedings of the 32nd International Conference on International Conference on Machine Learning, Lille: 448-456.

Jo H, Cho Y, Pyrcz M, et al. 2022. Machine-learning-based porosity estimation from multifrequency poststack seismic data. Geophysics, 87(5): M217-M233.

Khaksar A, Griffiths C M. 1998. Porosity form sonic log in gas-bearing shaly sandstones: Field data versus empirical equations. Exploration Geophysics, 29(3-4): 440-446.

Kingma D P, Ba J. 2014. Adam: A method for stochastic optimization. International Conference on Learning Representations, Banff.

Kuila U, McCarty D K, Derkowski A, et al. 2014. Total porosity measurement in gas shales by the water immersion porosimetry (WIP) method. Fuel, 117: 1115-1129.

Kuster G T, Toksöz M N. 1974. Velocity and attenuation of seismic waves in two-phase media: Part I. Theoretical formulations. Geophysics, 39(5): 587-616.

Lecun Y, Bengio Y, Hindon G. 2015. Deep learning. Nature, 521(7553): 436-444.

Lee S, Choi J, Yoon D, et al. 2018. Automatic labeling strategy in semi-supervised seismic facies classification by integrating well logs and seismic data. 88th Annual International Meeting, Anaheim: 2166-2170.

Leite E P, Vidal A C. 2011. 3D porosity prediction from seismic inversion and neural networks. Computers & Geosciences, 37(8): 1174-1180.

Lima L A, Görnitz N, Varella L E, et al. 2017. Porosity estimation by semi-supervised learning with sparsely available labeled samples. Computers & Geosciences, 106: 33-48.

Liu Y, Sen M K. 2015. A hybrid scheme for absorbing edge reflections in numerical modeling of wave propagation. Geophysics, 75(2): A1-A6.

Martin G S, Wiley R, Marfurt K J. 2006. Marmousi II: An elastic upgrade for Marmousi. The Leading Edge, 25(2):

156-166.

Moon S, Lee G H, Kim H, et al. 2016. Collocated cokriging and neural-network multi-attribute transform in the prediction of effective porosity: A comparative case study for the Second Wall Creek Sand of the Teapot Dome field, Wyoming, USA. Journal of Applied Geophysics, 131: 69-83.

Raymer L L, Hunt E R, Gardner J S. 1980. An improved sonic transit time-to-porosity transform. 21st Annual Logging Symposium, Lafayette: 1-13.

Saikia P, Baruah R D, Singh S K, et al. 2020. Artificial neural networks in the domain of reservoir characterization: A review from shallow to deep models. Computers & Geosciences, 135: 104357.

Sang W J, Ding Z Q, Li M X, et al. 2024. Prestack simultaneous inversion of P-wave impedance and gas saturation using multi-task residual networks. Acta Geophysica, 72: 875-892.

Sang W J, Yuan S Y, Han H W, et al. 2023. Porosity prediction using semi-supervised learning with biased well log data for improving estimation accuracy and reducing prediction uncertainty. Geophysical Journal International, 232(2): 940-957.

Sondergeld C H, Ambrose R J, Rai C S, et al. 2010. Micro-structural studies of gas shales. SPE Unconventional Gas Conference, Pittsburgh.

Song Z H, Yuan S Y, Li Z M, et al. 2022a. KNN-based gas-bearing prediction using local waveform similarity gas-indication attribute—An application to a tight sandstone reservoir. Interpretation, 10(1): SA25-SA33.

Song, Z. H, Li, S. H, He, S. M, et al. 2022b. Gas-bearing prediction of tight sandstone reservoir using semi-supervised learning and transfer learning. IEEE Geoscience and Remote Sensing Letters, 19: 3007205.

Sun J M, Dong X, Wang J J, et al. 2016. Measurement of total porosity for gas shales by gas injection porosimetry (GIP) method. Fuel, 186: 694-707.

Talkhestani A A. 2015. Prediction of effective porosity from seismic attributes using locally linear model tree algorithm. Geophysical Prospecting, 63(3): 680-693.

Tan C, Sun F, Kong T, et al. 2018. A survey on deep transfer learning. 27th International Conference on Artificial Neural Networks, Rhodes: 270-279.

Torres A, Reveron J. 2013. Lithofacies discrimination using support vector machines, rock physics and simultaneous seismic inversion in clastic reservoirs in the Orinoco Oil Belt, Venezuela. 83th Annual International Meeting, Houston: 2578-2582.

Wang Y Y, Niu L P, Zhao L X, et al. 2022. Gaussian mixture model deep neural network and its application in porosity prediction of deep carbonate reservoir. Geophysics, 87(2): M59-M72.

Wang Z G, Yin C, Lei X L, et al. 2015. Joint rough sets and Karhunen-Loève transform approach to seismic attribute selection for porosity prediction in a Chinese sandstone reservoir. Interpretation, 3(4): SAE19-SAE28.

Wong P M, Jian F X, Taggart I J. 1995. A critical comparison of neural networks and discriminant analysis in lithofacies, porosity and permeability predictions. Journal of Petroleum Geology, 18(2): 191-206.

Wu X M, Yan S S, Bi Z F, et al. 2021. Deep learning for multidimensional seismic impedance inversion. Geophysics, 86(5): R735-R745.

Wyllie M R J, Gregory A R, Gardner L W. 1956. Elastic wave velocities in heterogeneous and porous media. Geophysics, 21(1): 41-70.

Xu S, White R E. 1996. A physical model for shear-wave velocity prediction. Geophysical Prospecting, 44(4): 687-717.

Yang J Q, Lin N T, Zhang K, et al. 2023. A data-driven workflow based on multisource transfer machine learning for gas-bearing probability distribution prediction: A case study. Geophysics, 88(4): B163-B177.

Zhang K, Lin N T, Yang J Q, et al. 2022. Predicting gas-bearing distribution using DNN based on multi-component seismic data: Quality evaluation using structural and fracture factors. Petroleum Science, 19(4): 1566-1581.

Zhang Z, Halpert A D, Bandura L, et al. 2018. Machine learning based technique for lithology and fluid content prediction, case study from offshore West Africa. 88th Annual International Meeting, Anaheim: 2271-2276.

Zhao B, Yong X, Gao J, et al. 2021. Progress and development direction of PetroChina intelligent seismic processing and interpretation technology. China Petroleum Exploration, 26(5): 12-23.

Zou C F, Zhao L X, Xu M H, et al. 2021. Porosity prediction with uncertainty quantification from multiple seismic attributes using random forest. Journal of Geophysical Research: Solid Earth, 126(7): e2021JB021826.

Zou C F, Zhao L X, Hong F, et al. 2023. A comparison of machine learning methods to predict porosity in carbonate reservoirs from seismic-derived elastic properties. Geophysics, 88(2): B101-B120.